KALKSANDSTEIN

PLANUNG
KONSTRUKTION
AUSFÜHRUNG

Ein Nachschlagewerk
für Architekten, Ingenieure,
Bauausführende und
Studierende

Wohnhaus in Wuppertal
Architekten: R. Franke und F. Gebhard, Berg/Pfalz

KALKSANDSTEIN

PLANUNG
KONSTRUKTION
AUSFÜHRUNG

R. Cordes, Bensheim
B. Diestelmeier, Osnabrück
I. Linde, Dresden

K. Martin, Kerpen
G. Meyer, Hannover
W. Raab, Feucht b. Nürnberg

unter Mitarbeit von:
C. Hahn, Braunschweig
Prof. G. Hauser, Kassel
Prof. K. Kirtschig, Hannover
Dr. Klinkenberg, Ober-Ramstadt
D. Kutzer, Dortmund

B. Mankowski, Hannover
Prof. W.-H. Pohl, Hannover
Prof. M. Prepens, Lübeck
Dr. P. Schubert, Aachen
M. Simons, Kerpen

Herausgeber:

**KALKSANDSTEIN
INFORMATION GMBH+CO KG**
Entenfangweg 15 · 30419 Hannover · Telefon 05 11 / 75 11 30

Die Deutsche Bibliothek —
CIP-Einheitsaufnahme

Kalksandstein: Planung, Konstruktion,
Ausführung / Hrsg. Kalksandstein-Information GmbH + Co KG. / R. Cordes ...
unter Mitarb. von C. Hahn ...
— 3., überarb. Aufl. —
Düsseldorf: Beton-Verlag, 1994

   ISBN 3-7640-0301-4

NE: Cordes, Roland; Kalksandstein-
Information GmbH + Co KG,
< Hannover >

Stand: Januar 1994

Empfohlener Ladenpreis DM 98,–

Alle Angaben erfolgen nach bestem Wissen
und Gewissen, jedoch ohne Gewähr.

Gestaltung u. Produktion: Beton-Verlag GmbH
Layout: W. Ritter
Architekturfotos: K. Kinold, München
Zeichnerische Darstellung:
H. Richstein und
C. W. Richardt, Düsseldorf

Satz: tgr – typo-grafik-repro gmbh, Remscheid
Lithos: K. Urlichs, Düsseldorf
Druck: Druckhaus Haberbeck, Lage/Lippe

Vorwort

1894–1994. Das sind 100 Jahre Kalksandsteinindustrie in Deutschland. Bereits vor 10 Jahrzehnten wurden in dem ersten Kalksandsteinwerk in Neumünster weiße Mauersteine aus den natürlichen Rohstoffen Kalk, Sand und Wasser industriell hergestellt. Heute nimmt die Kalksandsteinindustrie eine führende Position unter den Wandbaustoffherstellern ein.

Gütesicherung der KS-Produkte und ständige Verbesserungen der technischen Eigenschaften legen Zeugnis ab für die hohe Qualität des weißen Steines.

Rationelle Bautechniken, energiebewußte und umweltfreundliche Anwendung sind Ziele innovativer Forschungsarbeiten der Kalksandsteinindustrie. Sie führten zum KS-Bausystem, das seit 12 Jahren Inbegriff des wirtschaftlichen Bauens ist und die vielfältigen, immer neuen Aufgabenstellungen des Marktes mit durchdachten und bewährten Mauerwerkskonstruktionen erfüllt.

Rechtzeitig zum 100jährigen Jubiläum der Kalksandsteinindustrie wird das erfolgreiche Fachbuch „Kalksandstein, Planung, Konstruktion, Ausführung" in vollständig überarbeiteter 3. Auflage herausgegeben. Es ermöglicht Architekten, Ingenieuren, Bauausführenden und Studenten optimale und technisch einwandfreie Anwendungen mit Kalksandstein.

Normen, Verordnungen und Bauvorschriften sind auf dem neuesten Stand der Technik, bauphysikalische Zusammenhänge werden erläutert, Konstruktionen und Details vom Fundament bis zum Schornstein gezeigt.

Die Kapitel Wärme-, Schall- und Brandschutz machen den aktuellen bauphysikalischen Stand zukunftsorientierten Bauens und Wohnens offen. Zum Beispiel Energieeinsparung mit höchster umweltpolitischer Priorität. Hier verfügen KS-Außenwandkonstruktionen über eine Vielzahl von Möglichkeiten, nennenswerte Einsparungspotentiale zu erzielen. Schallschutz nach DIN 4109 und die erhöhten Empfehlungen nach Beiblatt 2 werden umfassend und komplett in Wort und Bild erörtert. Auch hier empfiehlt die Kalksandsteinindustrie bewährte Konstruktionen, die wirtschaftlich realisierbar sind.

Ökologie und Schutz unserer Umwelt gewinnen immer mehr an Bedeutung und treten gleichwertig neben bauphysikalische und konstruktive Themen. Das Kapitel „Kalksandstein und Umwelt" erläutert umfassend und praxisnah die ökologischen Eigenschaften von KS, ebenso wie Recycling und Produktion.

In den Kapiteln über KS-Mauerwerk werden Lösungen im Detail von Keller-, Außen- und Innenwandkonstruktionen, über Sockel und Wandöffnungen bis zu Gebäudeanschlüssen aufgezeigt.

Die Rationalisierung des Mauerwerkbaus ist und bleibt eine wichtige Aufgabe für das gesamte Bauwesen. Die Kalksandsteinindustrie bietet der Bauwirtschaft in diesem Buch umfangreiche neue Entwicklungen und Ergebnisse an. Neu sind schlanke und wirtschaftliche KS-Innen- und Außenwände, wie sie mit der Mauerwerksnorm DIN 1053 Teil 1 möglich sind. Sie ergeben einen deutlichen Wohn- und Nutzflächengewinn. Oder kurze KS-R-Blocksteine, die das Mauern von Hand erheblich erleichtern. Der Praktiker findet in dem Fachbuch eine Fülle weiterer bewährter Maßnahmen zur Rationalisierung und zum wirtschaftlichen Bauen mit KS-Mauerwerk.

Die isometrisch-räumlich dargestellten Skizzen und Detailzeichnungen der 2. Auflage sind aktualisiert auf dem neuesten Stand der Technik. Zusammen mit neuen Zeichnungen konstruktiver Details und farbigen Fotos erleichtern sie visuell den Benutzern die Umsetzung von Verarbeitungshinweisen, Normen und Vorschriften.

Aufgrund der bisher regionalen Bedeutung wird erdbebensicheres Bauen und bewehrtes KS-Mauerwerk im Sinne von DIN 1053 Teil 3 nicht behandelt.

Wir verweisen auf die Literaturzusammenstellung.

Die Kalksandsteinindustrie und die Kalksandstein-Information als Herausgeberin sind sich sicher, mit dieser 3. Auflage eine Brücke vom heute technisch Möglichen zur täglichen Baupraxis geschlagen zu haben. Das Fachbuch ist insbesondere unter den Gesichtspunkten des Umweltschutzes ein weiterer Beitrag zur Rationalisierung des Mauerwerkbaus.

Allen an der Erarbeitung Beteiligten sei an dieser Stelle für ihre engagierte Arbeit gedankt.

Dipl.-Volkswirt Horst Diekmann
Geschäftsführer des Bundesverbandes Kalksandsteinindustrie eV

Hannover, im Januar 1994

Bürogebäude in Karlsruhe
Architekt: Dipl.-Ing. E. Schäfer, Karlsruhe

Inhaltsverzeichnis

Wohnhaus in Viersen-Ummer,
Architekt: H. Schmitges, Mönchengladbach

Kostengünstiges Bauen mit KS

Die Wohnungsnot der 90er Jahre rückt den Wohnungsbau wieder in den Blickpunkt der Politik. Auf allen Ebenen sind intelligente Lösungen gefragt. Für Neubauten gilt der Ansatz: höchste städtebauliche und architektonische Qualität bei günstigen Kosten. Durch die Rationalisierung und Optimierung in Planung, Konstruktion und Ausführung sowie einen gut organisierten Bauablauf ist dieses Ziel sicher zu erreichen. Es erfordert jedoch höchste gemeinsame Anstrengungen aller am Bau Beteiligten. Die KS-Industrie leistet hierzu ihren Beitrag durch konsequente Kundenorientierung bei Produkten und Service.

Schlanke Wände, Steine hoher Druckfestigkeit und hoher Rohdichte sind eine Voraussetzung für wirtschaftliche Wandkonstruktionen bei vielfältigsten Bauaufgaben.

Wertbeständigkeit, Standsicherheit und Schutzbedürfnisse der Nutzer lassen sich mit dem Baustoff Kalksandstein problemlos erfüllen. Beispiele sind:

☐ 11,5 cm dicke tragende Wände, die Auflasten aus mehreren Geschossen tragen,

☐ 17,5 cm dicke Außenwände mit Thermohaut, die praktisch alle Möglichkeiten des energiesparenden Wärmeschutzes bieten.

Schlanke, hochbelastbare KS-Wände mit der klaren Funktionstrennung von Schall- und Wärmeschutz liegen im Trend. Der Nutzflächengewinn dieser Konstruktionen wird immer wichtiger, vor allem im Geschoßwohnungsbau und bei knappem und teurem Baugrund.

Lärmschutz ist Umweltschutz. Er ist eine wichtige Voraussetzung für die Gesundheit und das Wohlbefinden der Menschen. Heute ist Lärm die wichtigste Ursache für vielfältige Krankheiten.

Schallschutz ist im wesentlichen vom Wandflächengewicht der trennenden und der flankierenden Bauteile abhängig. Schlanke, aber schwere Wände leisten deshalb mehr. Eine hohe Rohdichte – also Vollsteine – ist immer die richtige Wahl. Das gilt auch für einen sicheren Brandschutz mit KS-Wänden. Wohnungs- und Haustrennwände aus KS-Konstruktionen setzen Maßstäbe für Schallschutz- und Sicherheitsbedürfnisse.

Die Forderungen des Umweltschutzes und der Energieeinsparung werden mit hochwärmedämmenden Außenwandkonstruktionen zukunftsweisend erfüllt. Als besonders wirtschaftlich erweist sich die einschalige KS-Außenwand mit Thermohaut, die bei k-Werten von 0,2 bis 0,4 W/m²K die Forderungen der Wärmeschutzverordnung ebenso erfüllt wie die der verschiedenen Förderungsrichtlinien, die das Niedrigenergiehaus als Standard unterstellen. Die passive Sonnenenergienutzung und ein angenehmes, ausgeglichenes Raumklima werden durch die hochwärmespeichernden KS-Außen- und Innenwände optimal ermöglicht.

Moderner Mauerwerksbau ist ohne rationelle Bauausführung vom Keller bis zum Dach nicht denkbar. Zu den vielfältigen Rationalisierungsbemühungen der KS-Industrie gehören:

☐ kurze Blocksteine mit *optimierten Griffhilfen sowie Nut-Feder-System* an den Stirnflächen zum einfachen und kräfteschonenden Mauern von Hand,

☐ Blocksteine *zum Mauern mit Versetzgerät* in Dünnbett- und Normalmörtel sowie eine Vielzahl spezieller Formate, z.B. für leichte Trennwände, runde Ecken usw.

Ergänzt wird die Palette durch das Bausystem KS-Planelemente, dessen wesentlicher Bestandteil die Lieferung werkseitig konfektionierter Wandbausätze ist. Die Lieferung schließt alle Paß- und Ergänzungssteine, die EDV-Versetzpläne für jede Wand sowie die Vermietung bzw. den Verkauf von Versetzgeräten, Zubehör etc. ein.

Für die Zukunft gewinnen ökologische Aspekte weiter an Bedeutung. Kalksandstein ist ein relativ junger Baustoff – das erste Patent wurde 1880 erteilt –, der aus den natürlichen, seit alters her bekannten Rohstoffen Kalk, Sand und Wasser hergestellt wird. Das Produktionsverfahren ist denkbar einfach. Bei der Steinherstellung entstehen, abgesehen von der Dampferzeugung, keinerlei Emissionen aus Verbrennungsrückständen, z.B. Formaldehyd, Benzol, Schwefel etc. Umweltbelastende Rückstände fallen nicht an. Umweltschädliche Abwasser treten nicht auf. Der Primärenergiegehalt ist gering. Kalksandsteine sind im eingebauten Zustand wie auch nach dem Abbruch von Bauwerken umweltneutral und wieder verwendbar. Dies alles macht Kalksandstein zu einem modernen Baustoff, der sich technisch sicher und wirtschaftlich vorteilhaft bei unterschiedlichsten Bauaufgaben einsetzen läßt.

Über das Wie informieren insbesondere technische Schriften, PC-Programme, Vortragsveranstaltungen etc. sowie die kostenlose KS-Bauberatung.

1. KS-Mauerwerk

1.1 Kalksandsteine nach DIN 106

Kalksandsteine sind Mauersteine, die aus den natürlichen Rohstoffen Kalk und kieselsäurehaltigen Zuschlägen hergestellt, nach innigem Mischen verdichtet, geformt und unter Dampfdruck gehärtet werden. Die Zuschlagarten sollen DIN 4226 Teil 1 entsprechen. Die Verwendung von Zuschlagarten nach DIN 4226 Teil 2 ist zulässig, soweit hierdurch die Eigenschaften der KS-Steine nicht ungünstig beeinflußt werden. Die Beigabe von Wirkstoffen und Farbstoffen ist zulässig.

Kalksandsteine werden für tragendes und nichttragendes Mauerwerk vorwiegend zur Erstellung von Außen- und Innenwänden verwendet. Für tragende Wände gilt DIN 1053, für nichttragende Wände DIN 4103.

Als 1880 ein Patent zur Erzeugung von Kalksandsteinen erteilt wurde, konnte niemand ahnen, welcher Erfolg dieser Entwicklung beschieden sein würde. Die Formgebung durch Pressen und die Hochdruckdampfhärtung ermöglichten bereits am Ende des letzten Jahrhunderts eine industrielle KS-Produktion.

Im Jahre 1900 wurden 300 Mill. Steine und 1905 bereits 1 Mrd. KS-Steine produziert. Durch die schnelle Marktverbreitung und das Vertrauen zu diesem Mauerstein erschien bereits 1927 die erste Ausgabe der Kalksandsteinnorm DIN 106. Seitdem unterliegen KS-Produkte einer ständigen Güteüberwachung, die aus Eigen- und Fremdüberwachung besteht.

Während in den Ländern der alten Bundesrepublik in den letzten Jahren eine stetige Aufwärtsentwicklung beim Absatz von Kalksandsteinen festzustellen war, ist in den neuen Bundesländern seit 1990 die Kalksandsteinproduktion sprunghaft gewachsen. Diese Entwicklung wird auch sichtbar anhand der Standorte von KS-Werken in den neuen Bundesländern, wie sie auf der Übersichtskarte auf der vorletzten Seite verzeichnet sind.

1.1.1 Herstellung

Die wesentlichen Stationen der KS-Produktion sind (Bild 1/3):

① Kalk und Sand aus den heimischen Abbaustätten werden im Werk in Silos gelagert.

Die Rohstoffe werden nach Gewicht dosiert – und zwar im Mischungsverhältnis Kalk:Sand = 1:12 –, intensiv miteinander gemischt und über eine Förderanlage in den Reaktionsbehälter geleitet.

② Im Reaktionsbehälter löscht der Branntkalk zu Kalkhydrat ab. Gegebenenfalls wird das Mischgut dann im Nachmischer auf Preßfeuchte gebracht.

③ Mit vollautomatisch arbeitenden Pressen werden die Steinrohlinge geformt.

④ Es folgt dann das Härten der Rohlinge unter geringem Energieaufwand bei Temperaturen von 160 bis 220 °C unter Sattdampfdruck etwa vier bis acht Stunden. Beim Härtevorgang wird durch die heiße Dampfatmosphäre Kieselsäure von der Oberfläche der Sandkörner angelöst. Die Kieselsäure bildet mit dem Bindemittel Kalkhydrat kristalline Bindemittelphasen – die CSH-Phasen –, die auf die Sandkörner aufwachsen und diese fest miteinander verzahnen (Bild 1/7). Es entstehen keine Schadstoffe.

⑤ Nach dem Härten und Abkühlen sind die Kalksandsteine gebrauchsfertig, eine werkseitige Vorlagerung ist nicht erforderlich.

Bild 1/1: KS-Härtekessel

Bild 1/2: Leitstand eines KS-Werkes

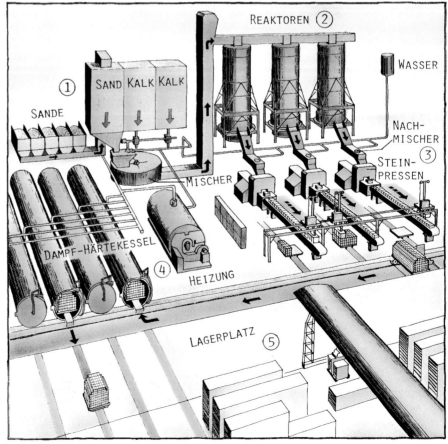

Bild 1/3: Stationen der KS-Stein-Herstellung

1.1.2 Steinarten und Anforderungen nach DIN 106 – Kalksandsteine

Die DIN 106 (1980) enthält zwei Teile, in denen die nachfolgend aufgeführten Steinarten und -gruppen beschrieben sind:

Teil 1 Vollsteine
Lochsteine
Blocksteine
Hohlblocksteine (1980)

Teil 2 Vormauersteine und Verblender (1980)

DIN 106 Teil A1 (Entwurf) Plansteine (1989)

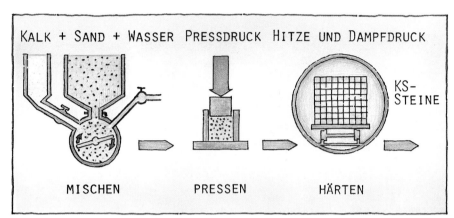

Bild 1/4: KS-Herstellung – Produktionsschema

KS-Vollsteine (KS)

sind Mauersteine mit einer Steinhöhe von ≤ 113 mm, deren Querschnitt durch Lochung senkrecht zur Lagerfläche bis zu 15% gemindert sein darf.

KS-Lochsteine (KS L)

sind, abgesehen von durchgehenden Grifföffnungen, fünfseitig geschlossene Mauersteine mit einer Steinhöhe von ≤ 113 mm, deren Querschnitt durch Lochung senkrecht zur Lagerfläche um mehr als 15% gemindert sein darf.

KS-Blocksteine (KS)

sind, abgesehen von durchgehenden Grifföffnungen, fünfseitig geschlossene Mauersteine mit Steinhöhen > 113 mm, deren Querschnitt durch Lochung senkrecht zur Lagerfläche bis zu 15% gemindert sein darf.

KS-Hohlblocksteine (KS L)

sind, abgesehen von durchgehenden Grifföffnungen, fünfseitig geschlossene Mauersteine mit einer Steinhöhe von mehr als 113 mm, deren Querschnitt durch Lochung senkrecht zur Lagerfläche um mehr als 15% gemindert sein darf.

KS-Plansteine (KS (P))

sind Voll-, Loch-, Block- und Hohlblocksteine, die in Dünnbettmörtel zu versetzen sind. Es werden erhöhte Anforderungen an die zulässigen Abweichungen für die Höhe gestellt.

Weitere Steinbezeichnungen

Die Handhabung beim Vermauern wird durch Nut-Feder-Systeme und Griffhilfen, die nach den neuesten ergonomischen Erkenntnissen ausgebildet sind, wesentlich erleichtert. Im allgemeinen kann das Vermörteln der Stoßfugen entfallen. Für die Lagerfugen wird Normal- oder Dünnbettmörtel verwendet.

Zur Unterscheidung, insbesondere von der älteren Blockgeneration, werden diese Steine mit Nut-Feder-System als KS-R-Steine, KS-R-Blocksteine bzw. KS-R-Plansteine und großformatige KS-R-Plansteine bezeichnet. Das R steht für Rationalisierung durch Verbesserung des Handlings.

Für 12 mm dicke Lagerfugen in Normalmörtel gibt es:

KS-R-Steine (h = 11,3 cm)
KS-R-Blocksteine ⎫
KS L-R-Hohlblocksteine ⎭ h = 23,8 cm

Für 1 bis 3 mm dicke Lagerfugen aus Dünnbettmörtel gibt es:

KS-R-Plansteine (h = 12,4 cm)
KS-R-großformatige
Plansteine ⎫
KS L-R-Planhohlblock- ⎭ h = 24,9 cm
steine

Nach einem Merkblatt der Bauberufsgenossenschaft sollen Steine bauüblicher Feuchte mit einem Gewicht von mehr als 25 kg grundsätzlich mit Versetzgerät verarbeitet werden.

KS-Bauplatten mit d < 11,5 cm

meist mit umlaufendem Nut-Feder-System werden vorzugsweise in Dünnbettmörtel verarbeitet. Abweichend von KS-R-Blocksteinen und großformatigen KS-R-Plansteinen werden die Stoßfugen grundsätzlich vormörtelt.

KS-Planelemente (KS-PE)

werden in kompletten Wandbausätzen gefertigt und inklusive aller Paß- und Ergänzungssteine zusammen mit EDV-Versetzplänen auf die Baustelle geliefert.

Geräte, Zubehör und Hilfsmittel können vom Lieferwerk bezogen und z. T. gemietet werden.

Durch die Komplettlieferung aus einer

Hand wird ein besonders hoher Rationalisierungseffekt erreicht.

KS-Planelemente werden in den Steinrohdichteklassen 1,8 und 2,0 und in den Steinfestigkeitsklassen 12 und 20 hergestellt. (Bevorzugt werden sie in der Steinrohdichteklasse 2,0 und der Steinfestigkeitsklasse 20 angeboten.) Die zulässige Druckspannung ist gegenüber Mauerwerk nach DIN 1053 erhöht.

Das KS-Bausystem

Die KS-Industrie versteht ihre Produkte als Komplettlösung eines Bausystems. Für diese Bausysteme werden deshalb, abhängig von regionalen Gegebenheiten, Geräte, Zubehör und Hilfsmittel von den Vertriebs- und Beratungsgesellschaften oder direkt von den örtlichen KS-Werken angeboten. Dazu gehören Versetzgeräte, Mörtelschlitten, weißer Dünnbettmörtel, Edelstahl-Flachanker, Luftschichtanker usw.

KS-Vormauersteine (KS Vm)

sind frostbeständige Kalksandsteine (25facher Frost-Tau-Wechsel) mindestens der Festigkeitsklasse 12.

KS-Verblender (KS Vb)

sind frostbeständige Kalksandsteine mindestens der Festigkeitsklasse 20. An sie werden bezüglich der Frostbeständigkeit (50 Frost-Tau-Wechsel), Ausblühungen und Verfärbungen sowie Maßabweichungen erhöhte Anforderungen gestellt. Für die Herstellung der KS-Verblender (KS Vb) werden besonders ausgewählte Rohstoffe verwendet. KS-Verblender müssen werkseitig frei sein von schädlichen Einschlüssen oder anderen Stoffen, die später zu Abblätterungen, Kavernenbildung und anderen Gefügestörungen sowie zu Ausblühungen und Verfärbungen führen können, die das Aussehen der unverputzten Wände dauernd beeinträchtigen.

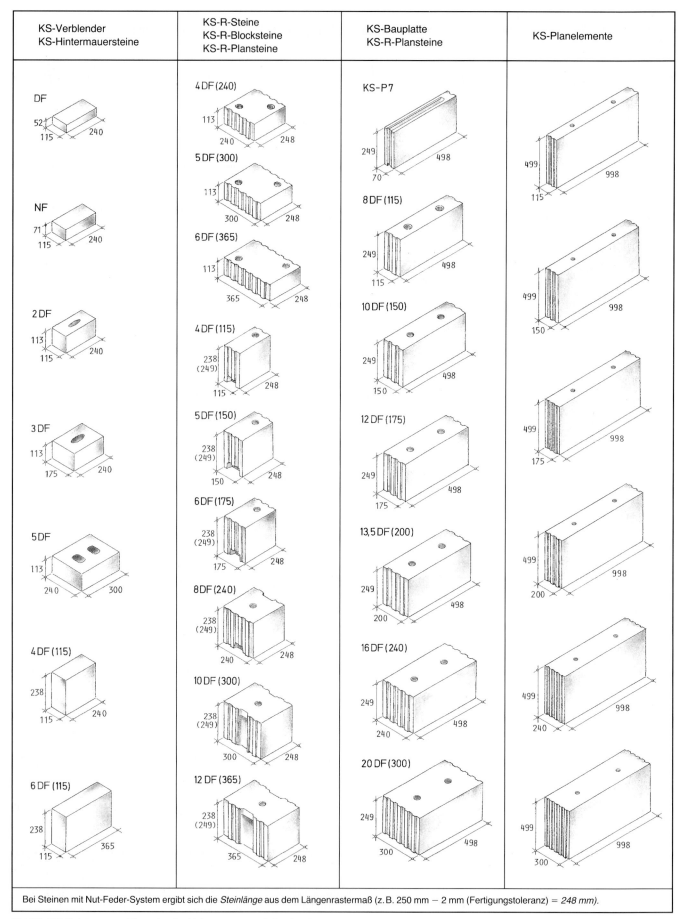

KS-Verblender KS-Hintermauersteine	KS-R-Steine KS-R-Blocksteine KS-R-Plansteine	KS-Bauplatte KS-R-Plansteine	KS-Planelemente
DF	4 DF (240)	KS-P7	
NF	5 DF (300)	8 DF (115)	
2 DF	6 DF (365)	10 DF (150)	
3 DF	4 DF (115)	12 DF (175)	
5 DF	5 DF (150)	13,5 DF (200)	
4 DF (115)	6 DF (175)	16 DF (240)	
6 DF (115)	8 DF (240)	20 DF (300)	
	10 DF (300)		
	12 DF (365)		

Bei Steinen mit Nut-Feder-System ergibt sich die *Steinlänge* aus dem Längenrastermaß (z.B. 250 mm − 2 mm (Fertigungstoleranz) = *248 mm*).

Bild 1/5: KS-Steinformate − Die regionalen Lieferprogramme sind zu beachten.

Tafel 1/1: KS-Steinbezeichnungen und Kurzbezeichnungen

Steinbezeichnungen	
KS	KS-**Voll**steine
KS L	KS-**Loch**steine
KS-R	KS-R-**Steine**
KS-R	KS-R-**Block**steine
KS L-R	KS-R-**Hohlblock**steine
KS-R(P)	KS-R-**Plan**steine
KS-R(P)	KS-R-**großformatige Plan**steine
KS L-R(P)	KS-R-**Plan-Hohlblock**steine
KS-P	KS-**Bauplatten**
KS-PE	KS-**Planelemente**
KS Vb	KS-**Verblend**steine als **Voll**steine
KS Vb L	KS-**Verblend**steine als **Loch**steine

Bei allen KS-R-Steinen ist die Wanddicke anzugeben.

Kurzbezeichnungen nach Norm

KS-Verblender NF
Festigkeitsklasse 20
Rohdichteklasse 2,0
KS Vb 20−2,0−NF

KS-Lochstein 3 DF
Festigkeitsklasse 12
Rohdichteklasse 1,6
KS L 12−1,6−3 DF

KS-R-Blockstein 10 DF
Festigkeitsklasse 12
Rohdichteklasse 1,4
Wanddicke 240 mm
KS L-R 12−1,4−10 DF (240)

Tafel 1/2: KS-R-Steine, KS-R-Block- und KS-R-Hohlblocksteine sowie KS-Bauplatten für Einsteinmauerwerk
(Steinbreite = Wanddicke)

Wand-dicke in cm	Stein-formate	Steinabmessungen		
		Länge in mm	Breite in mm	Höhe*) in mm
5,0	KS-P5	498	50	249
7,0	KS-P7	498	70	249
11,5	4 DF	248	115	238 (249)
	8 DF	498	115	238 (249)
17,5	6 DF	248	175	238 (249)
	12 DF	498	175	238 (249)
24,0	4 DF	248	240	113
	8 DF	248	240	238 (249)
	16 DF	498	240	238 (249)
30,0	5 DF	248	300	113
	10 DF	248	300	238 (249)
36,5	6 DF	248	365	113
	12 DF	248	365	238 (249)

*) Die Höhe der Plansteine für Dünnbettmörtel ist in Klammern angegeben.

Tafel 1/3: Bedeutung der Kurzbezeichnungen (Beispiel)

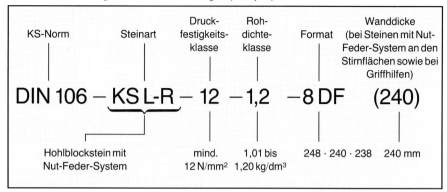

DIN 106 − KS L-R − 12 − 1,2 − 8 DF (240)

KS-Norm	Steinart	Druck-festigkeits-klasse	Roh-dichte-klasse	Format	Wanddicke (bei Steinen mit Nut-Feder-System an den Stirnflächen sowie bei Griffhilfen)
Hohlblockstein mit Nut-Feder-System		mind. 12 N/mm²	1,01 bis 1,20 kg/dm³	248 · 240 · 238	240 mm

KS-Verblender und -Vormauersteine

KS-Verblender sollen eine kantensaubere Kopf- und eine kantensaubere Läuferseite haben.

Bei einsteindickem, doppelseitigem Sichtmauerwerk werden erhöhte Anforderungen gestellt. Gegebenenfalls ist eine größere Anzahl von Steinen auf der Baustelle auszusortieren.

An das Aussehen und die Kantenbeschaffenheit von Hintermauersteinen werden grundsätzlich keine besonderen Anforderungen gestellt. Dies gilt für alle Steinfestigkeitsklassen, auch bei Anlieferung per Kranwagen bandagiert oder folienverpackt. Es empfiehlt sich deshalb, für Sichtmauerwerk grundsätzlich KS-Verblender vorzusehen.

KS-STRUKTUR

ist ein Sammelbegriff für Kalksandsteine, die durch Spalten, Brechen oder Bossieren von Vollsteinen eine bruchrauhe, strukturierte Oberfläche erhalten. Sie werden in unterschiedlichen Abmessungen und Sorten angeboten (Bild 1/6).

Maßtoleranzen

Die zulässigen Abweichungen für Länge, Breite und Höhe der Steine betragen für den Einzelwert ± 3 mm, für den Mittelwert ± 2 mm. Abweichend davon betragen bei Steinen ≥ 2 DF die zulässigen Abweichungen der Höhenmaße für den Einzelwert ± 4 mm, für den Mittelwert ± 3 mm. Die zulässigen Abweichungen bei KS-Verblendern (KS Vb) betragen für Länge, Breite und Höhe für den Einzelwert ± 2 mm, für den Mittelwert ± 1 mm.

Bei Plansteinen, u. a. KS-R (P), KS L-R (P), KS-PE, sind die zulässigen Maßabweichungen der Höhe für den Mittelwert und den Einzelwert auf ± 1 mm festgelegt. Alle zulässigen Maßabweichungen sind in Tafel 1/4 zusammengestellt.

Stein-Rohdichte

Kalksandsteine sind in den Rohdichteklassen 0,6 − 0,7 − 0,8 − 0,9 − 1,0 − 1,2 − 1,4 − 1,6 − 1,8 − 2,0 − 2,2 genormt, Vormauersteine und Verblender in den Rohdichteklassen 1,0 bis 2,2.

(Bevorzugt werden die Rohdichteklassen 1,2 − 2,0.)

> **Nach DIN 106 wird zwischen KS-Vormauersteinen und KS-Verblendern unterschieden. Aus Gründen der Vereinfachung wird in diesem Buch nur der Begriff KS-Verblender verwendet.**

Bild 1/6: Innensichtmauerwerk aus KS-Struktur

Tafel 1/4: Zulässige Maßabweichungen

Zulässige Maßab-weichungen vom Sollmaß der Steine	KS-Hinter-mauer-steine	KS-Plan-steine	KS-Vor-mauer-steine	KS-Ver-blender*)	KS-Plan-elemente
Steinlängen und -breiten					
Einzelwerte	±3	±3	±3	±2	±3
Mittelwerte	±2	±2	±2	±1	±2
Höhenmaß bei DF und NF					
Einzelwerte	±3		±3	±2	
Mittelwerte	±2		±2	±1	
bei Steinen ≥ 2 DF					
Einzelwerte	±4	±1	±4	±2	±1
Mittelwerte	±3		±3	±1	

*) KS-STRUKTUR-Steine haben eine oder zwei bossierte oder gebrochene Sichtflächen. Das Längen- oder Breitensollmaß darf hier bis zu 5 mm unterschritten werden. Sie werden mit regional unterschiedlichen Bezeichnungen und Abmessungen im Markt gehandelt, deshalb sind diese dem entsprechenden Lieferprogramm zu entnehmen.

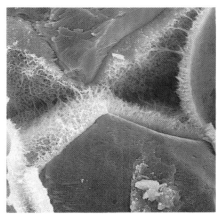

Bild 1/7: Raster-Elektronen-Mikroskopaufnahme (REM) – Die beim Herstellungsprozeß gebildeten Strukturen aus Kalk, Sand und Wasser sind dafür verantwortlich, daß der KS-Stein ein festes Gefüge hat.

Bild 1/8: Innensichtmauerwerk aus KS Vb im Format 2 DF.

Die örtlich lieferbaren Kalksandsteine sind den Liefer- und Produktprogrammen der KS-Vertriebs- und Beratungsgesellschaften bzw. der KS-Werke zu entnehmen. Sie informieren auch über Hersteller und Lieferanten von Produkten, Geräten und Zubehörteilen. Für bestimmte Anwendungszwecke werden Sonderformate hergestellt, u.a. KS Vb-rund, Installationssteine.

Druckfestigkeit

Kalksandsteine sind in den Festigkeitsklassen 4 – 6 – 8 – 12 – 20 – 28 – 36 – 48 – 60 genormt, KS Vm und KS Vb in den Festigkeitsklassen 12 bzw. 20 bis 60 (KS Vb ≥ 20).

Die Festigkeitsklassen 36, 48 und 60 sind auf Sonderfälle beschränkt. (Bevorzugt werden die Festigkeitsklassen 12 – 20 – 28.)

Güteüberwachung

Nach DIN 106 unterliegen die KS-Steine einer ständigen Güteüberwachung. Die Güteüberwachung besteht aus Werkseigenüberwachung und Fremdüberwachung. Die Fremdüberwachung wird i.a. durch den Güteschutz Kalksandstein e.V., Hannover, vorgenommen.

1.1.3 Produkte für Sonderbauteile

Sonderbauteile der Kalksandsteinindustrie tragen wesentlich zur Rationalisierung des Bauablaufes bei.

Rohstoffbedingte Farbunterschiede zwischen Sonderbauteilen und den KS-Verblendern der Fassade sind nicht zu vermeiden, wenn die Anlieferung aus verschiedenen Werken erfolgt. Sie beeinträchtigen aber das Aussehen des Bauteils nicht wesentlich. Bei farbiger Oberflächenbehandlung des Mauerwerks spielen diese Farbunterschiede ohnehin keine Rolle.

KS-Flachstürze

KS-Stürze werden vorzugsweise für Verblendmauerwerk gefertigt. Sie werden auch für das schnelle und preiswerte Überdecken von Tür- und Fensteröffnungen sowie Heizkörpernischen verwendet. Der KS-Sichtmauersturz hat drei sichtbare Flächen mit vorgefertigten Fugen (Stoßfugendicke 10 mm nach DIN 1053). Er fügt sich homogen in das Sichtmauerwerk aller Formate ein und ist als Sturz nicht mehr erkennbar. Durch die vorgefertigte offene Fuge wird eine einheitliche Verfugung mit dem Mauerwerk gewährleistet. Regional werden KS-Flachstürze auch aus KS-Hintermauersteinen nach DIN 106 Teil 1 hergestellt.

KS-U-Schalen

KS-U-Schalen werden für Ringbalken, Stürze, Stützen und Schlitze im Mauerwerk verwendet. Sie sind maßgenau, flächeneben und weitgehend unempfindlich gegen Bruch wie alle üblichen KS-Steinformate. In der Qualität entsprechen sie KS-Verblendern nach DIN 106 Teil 2. Sie werden folienverpackt auf Paletten geliefert.

KS-Sondersteine

Regional werden eine Reihe von Sondersteinen produziert, z.B. Installationssteine für Schalter und Steckdosen, Verblender mit schrägen oder runden Ecken.

Für die Erstellung von Schallschluckwänden werden spezielle Steine verschiedener Wanddicken angeboten.

KS-Design

Für eine unverwechselbare Optik des Mauerwerks steht der KS-Design zur Verfügung. Er wird mit einer umlaufenden Fase für verschiedene Wanddicken hergestellt (siehe Bild 1/10). Durch die Anordnung eines Nut-Feder-Systems an den Stirnflächen ist er einfach zu verarbeiten. Es werden neben dem Standardblock zusätzlich spezielle Ergänzungsformate angeboten.

1.1.4 Rohbau-Richtmaße

In DIN 4172 „Maßordnung im Hochbau" sind Rohbau-Richtmaße festgelegt. Die sich daraus ergebenden Abhängigkeiten zwischen den verschiedenen Steinhöhen sind der Tafel 1/5 zu entnehmen.

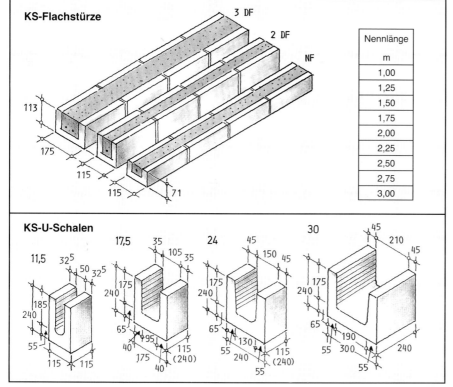

Bild 1/9: KS-Sonderbauteile

Tafel 1/5: Gegenseitige Abhängigkeit der Steinhöhen

	a) bei Normalmörtel				b) bei Dünnbettmörtel		
					KS-R (P)		KS-PE
Steinhöhe in cm	5,2	7,1	11,3	23,8	12,4	24,9	49,8
Lagerfugendicke in cm	1,05	1,23	1,2	1,2	0,1–0,3	0,1–0,3	0,1–0,3
Schichthöhe in cm	6,25	8,33	12,5	25,0	12,5	25	50
Schichten pro 25 cm	4	3	2	1	2	1	0,5
Schichten pro m	16	12	8	4	8	4	2

Bild 1/10: KS-Design

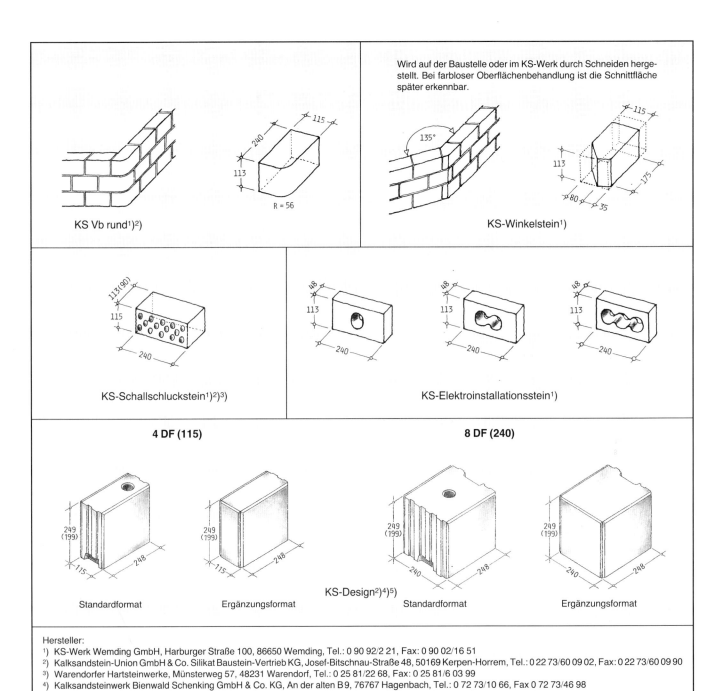

Wird auf der Baustelle oder im KS-Werk durch Schneiden hergestellt. Bei farbloser Oberflächenbehandlung ist die Schnittfläche später erkennbar.

KS Vb rund[1])[2])

KS-Winkelstein[1])

KS-Schallschluckstein[1])[2])[3])

KS-Elektroinstallationsstein[1])

4 DF (115)

8 DF (240)

KS-Design[2])[4])[5])

Standardformat   Ergänzungsformat   Standardformat   Ergänzungsformat

Hersteller:
[1]) KS-Werk Wemding GmbH, Harburger Straße 100, 86650 Wemding, Tel.: 0 90 92/2 21, Fax: 0 90 02/16 51
[2]) Kalksandstein-Union GmbH & Co. Silikat Baustein-Vertrieb KG, Josef-Bitschnau-Straße 48, 50169 Kerpen-Horrem, Tel.: 0 22 73/60 09 02, Fax: 0 22 73/60 09 90
[3]) Warendorfer Hartsteinwerke, Münsterweg 57, 48231 Warendorf, Tel.: 0 25 81/22 68, Fax: 0 25 81/6 03 99
[4]) Kalksandsteinwerk Bienwald Schenking GmbH & Co. KG, An der alten B 9, 76767 Hagenbach, Tel.: 0 72 73/10 66, Fax 0 72 73/46 98
[5]) Ostfriesisches Baustoffwerk GmbH & Co. KG, Dornumer Straße 92, 26607 Aurich, Tel.: 0 49 41/7 22 68, Fax: 0 49 41/7 22 68

Bild 1/11: KS-Sonderformate (bei Bezug aus verschiedenen Werken sind Farbunterschiede nicht zu vermeiden)

1.2 Mauermörtel

Für den Baustellen-Mauermörtel gibt es im Gegensatz zu den Mauersteinen keine eigene Stoffnorm. Die Eigenschaften und Anforderungen von Mauermörtel sind vielmehr traditionsgemäß in der Mauerwerksnorm DIN 1053 Teil 1, zusammenfassend im Anhang, geregelt.

Die Norm definiert Mauermörtel ganz allgemein als Gemisch aus Sand, Bindemittel und Wasser, dem gegebenenfalls zur Erzielung bestimmter Eigenschaften auch Zusätze und Zusatzmittel zugegeben werden. Unterschieden wird nach Art der Herstellung in Baustellen- und Werkmörtel sowie nach den Mörtelarten.

1.2.1 Baustellenmörtel

Es ist mind. Mörtel der Mörtelgruppe II nach DIN 1053 Teil 1 zu verwenden. Für Sichtmauerwerk vorzugsweise Mörtelgruppe IIa. Bei Normalmörtel, die auf der Baustelle gemischt werden (Tabellen- oder Rezeptmörtel), ist zu beachten, daß die Mischungsverhältnisse (in Raumteilen) nach Tabelle A 1, DIN 1053 Teil 1, einzuhalten sind. Zusatzstoffe (z.B. Baukalk nach DIN 1060 Teil 1, Trass nach DIN 51043 und Gesteinsmehle nach DIN 4226 Teil 1) dürfen höchstens 15 Vol.-% vom Sandgehalt betragen; eine Anrechnung auf den Bindemittelgehalt ist nicht zulässig. Eine Zugabe von Zusatzmitteln (z.B. Mischöle) ist nur zulässig, wenn für die Mörtel eine Eignungsprüfung (insbesondere Haftscherfestigkeit) durchgeführt wird. Der Sand muß frei sein von schädlichen Bestandteilen (Salzen, Lehm, organischen Verunreinigungen), die zu Ausblühungen und Verfärbungen des Mauerwerks führen. Grundsätzlich gilt für das Mischen Tafel 1/7.

Tafel 1/6: Lieferformen von Mauermörtel

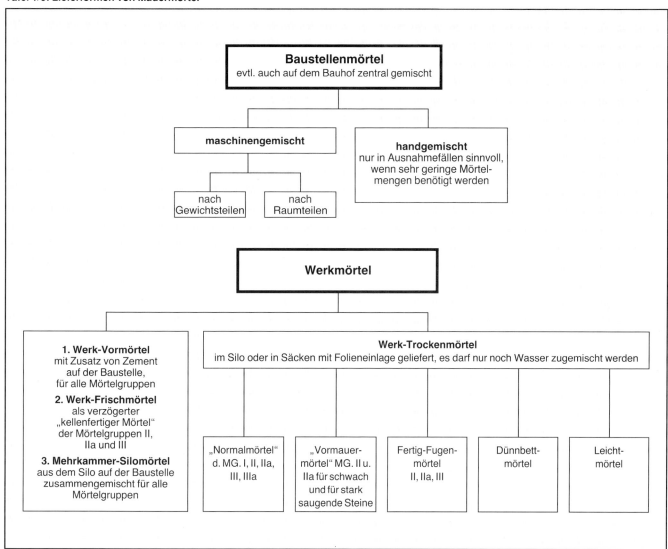

Tafel 1/7: Baustellenmörtel, Mischungsverhältnisse in Raumteilen

Mörtelgruppe	Luftkalk und Wasserkalk		Hydraulischer Kalk	Hochhydraulischer Kalk, Putz- und Mauerbinder	Zement	Sand[1] (Natursand)
	Kalkteig	Kalkhydrat				
I	1					4
		1				3
			1			3
				1		4,5
II	1,5				1	8
		2			1	8
			2		1	8
				1		3
IIa		1			1	6
			2		1	8
III					1	4
IIIa[2]					1	4

[1]) Die Werte des Sandanteils beziehen sich auf den lagerfeuchten Zustand.
[2]) Der Zementgehalt darf nicht vermindert werden, wenn Zusätze zur Verbesserung der Verarbeitbarkeit verwendet werden.

Charakterisierung der Mörtelarten

Normalmörtel: dichte Zuschläge $\varrho \geq 1{,}5\ kg/dm^3$ als Baustellen- und Werkmörtel

Leichtmörtel: leichte Zuschläge $\varrho \leq 1{,}5\ kg/dm^3$ Wärmeleitfähigkeitsgruppen LM 21 und LM 36 nur als Werkmörtel

Dünnbettmörtel: dichte Zuschläge Größtkorn 1,0 mm hohe Druckfestigkeit (MG III) nur als Werkmörtel

Tafel 1/8: Anforderungen an die Druckfestigkeit und an die Haftscherfestigkeit von Mörteln im Alter von 28 Tagen nach DIN 1053 Teil 1

Mörtelgruppe	Mindestdruckfestigkeit im Alter von 28 Tagen Mittelwert		Mindesthaftscherfestigkeit im Alter von 28 Tagen, Mittelwert bei Eignungsprüfungen N/mm²
	bei Eignungsprüfungen[1] N/mm²	bei Güteprüfungen N/mm²	
I	–	–	–
II	3,5	2,5	0,10
IIa	7	5	0,20
III	14	10	0,25
IIIa	25	20	0,30

[1]) Richtwert bei Werkmörtel

1.2.2 Werkmörtel

Werkmörtel ist der in einem Werk aus Ausgangsstoffen zusammengesetzte und gemischte Mörtel, der – ggf. nach weiterer Bearbeitung – die Anforderungen der jeweiligen Anwendungsnorm erfüllen muß. Für Werkmörtel einschließlich Leicht- und Dünnbettmörtel ist eine Eignungsprüfung erforderlich.

Die Herstellung, Überwachung und Lieferung von Werkmörtel wird in DIN 18 557 geregelt. Der Mörtel muß so zusammengesetzt sein, daß bei fachkundiger Verarbeitung die Anforderungen für den jeweiligen Verwendungszweck im Verarbeitungs- und Endzustand erfüllt werden. Grundlagen für die Auswahl der Ausgangsstoffe und deren Mischungsanteile sind die Anforderungen der Anwendungsnorm bzw. die geforderten oder angestrebten Eigenschaften der Mörtel.

Werk-Vormörtel

Werk-Vormörtel ist ein Gemisch aus Zuschlägen und Luft- oder Wasserkalk als Bindemittel sowie ggf. Zusätzen, das auf der Baustelle durch Zugabe von Wasser und Bindemittel seine endgültige Zusammensetzung erhält.

Werk-Frischmörtel

Werk-Frischmörtel ist gebrauchsfertiger Mörtel in verarbeitbarer Konsistenz. Diesem Mörtel sind abbindeverzögernde Zusätze für Verzögerungszeiten von 24 bis 36 Stunden zugegeben. Der Mörtel muß über ein hohes Wasserrückhaltevermögen verfügen.

Die Mörtelrezeptur sollte auf KS-Steine eingestellt sein. Dann bleibt auch bei langen Verzögerungszeiten dem Mörtel das zum Abbinden notwendige Wasser erhalten. Die Beurteilung der Mörtel ist in der Mörtel-Eignungsprüfung nach DIN 1053 geregelt. Wegen der langen Verzögerungszeit dieses Mörtels kommt der Feuchthaltung des frischen Mauerwerks besondere Bedeutung zu.

Mehrkammer-Silomörtel

Mehrkammer-Silomörtel wird in einem werkmäßig gefüllten Silo, in welchem die Mörtelausgangsstoffe einzeln oder teilweise vorgemischt in getrennten Kammern enthalten sind, auf die Baustelle geliefert; dort werden die Mörtelausgangsstoffe in dem vom Werk fest eingestellten Mischungsverhältnis dosiert und unter ausschließlicher Zugabe einer vom Hersteller anzugebenden Menge Wasser gemischt.

1.2.3 Werk-Trockenmörtel

Werk-Trockenmörtel ist ein Gemisch der Ausgangsstoffe, das auf der Baustelle durch ausschließliche Zugabe einer vom Hersteller anzugebenden Menge Wasser und durch Mischen verarbeitbar gemacht wird.

Die Mörtelindustrie bietet fertig gemischte, in Silos oder Säcken verpackte Mauermörtel nach DIN 18557 als „Werkmörtel" an. Für KS-Sichtmauerwerk wurden spezielle, auch farbige „Vormauermörtel für KS-Sichtmauerwerk" der Mörtelgruppe MG IIa entwickelt, die sowohl hinsichtlich ihrer Festigkeitseigenschaften als auch wegen der guten Mörtelhaftung für die Ausführung von Kalksandstein-Sicht- und Verblendmauerwerk bevorzugt einzusetzen sind. Diese Mörtel eignen sich aufgrund ihrer Zusammensetzung besonders für Mauern und Fugenglattstrich in *einem* Arbeitsgang. Sie können für schlagregenbeanspruchtes Mauerwerk auch hydrophobiert bezogen werden.

Normalmörtel

ist ein Mörtel mit Zuschlägen ausschließlich nach DIN 4226 Teil 1 und einer Trockenrohdichte $\geq$ 1500 kg/m³. Zusatzmittel (z.B. Luftporenbildner) dürfen nur in solchen Mengen zugegeben werden, daß die Trockenrohdichte dadurch nicht mehr als um 300 kg/m³ verringert und die Trockenrohdichte von 1500 kg/m³ nicht unterschritten wird.

Normalmörtel werden in die Mörtelgruppen I, II, IIa, III und IIIa eingeteilt.

Leichtmörtel

Die erhöhten Anforderungen an den Wärmeschutz von Gebäuden führten zur Entwicklung der sogenannten Wärmedämmörtel. Da diese Mörtel vorwiegend mit leichten Zuschlägen hergestellt werden, hat sich hierfür der Begriff „Leichtmörtel" eingebürgert. Je nach Rohdichte und Wärmeleitfähigkeit werden Leichtmörtel der Gruppen LM 21 und LM 36 unterschieden. Die Ziffer 21 bzw. 36 bezieht sich auf den Rechenwert λ_R der Wärmeleitfähigkeit, d. h. für LM 36 ist $\lambda_R = 0,36$ W/(m K) und für LM 21 ist $\lambda_R = 0,21$ W/(m K).

Die vorgegebenen Trockenrohdichte-Grenzen für LM 21 ($< 0,7$ kg/dm³) und LM 36 ($< 1,0$ kg/dm³) sind im Zusammenhang mit den Anforderungen an die Wärmeleitfähigkeit zu sehen. Wenn die Grenzwerte eingehalten werden, sind die Anforderungen an die Wärmeleitfähigkeit λ_{tr} im Trockenzustand, für LM 21 $\lambda_{tr} < 0,18$ W/(m K) und für LM 36 $\lambda_{tr} < 0,27$ W/(m K) ohne besonderen Nachweis als erfüllt anzusehen, da beide Eigenschaften eng miteinander korrelieren.

Dünnbettmörtel

sind in DIN 1053 Teil 1 geregelt. Die Druckfestigkeit für Dünnbettmörtel muß der Mörtelgruppe III entsprechen. Die Mindesthaftscherfestigkeit liegt mit $\geq 0,5$ N/mm² deutlich über dem Mindestwert für die Mörtelgruppe III a ($\geq 0,3$ N/mm²). Dünnbettmörtel wird in den Farben zementgrau und weiß geliefert. Aus optischen Gründen ist ein weißer Dünnbettmörtel im allgemeinen zu bevorzugen.

Grundsätzlich gilt:

Frischer Mörtel ist vor dem „Verbrennen" zu schützen. Er sollte nicht zu trocken verarbeitet werden; gegebenenfalls sind die Steine vorzunässen. Direkt nach dem Vermauern sind die Sichtflächen vor starker Sonneneinstrahlung, Wind sowie vor Schmutz, Nässe und Frost zu schützen.

2. Berechnungsgrundlagen

2.1 Berechnungsgrundlagen

Die Norm DIN 1053 Teil 1 (1990) gilt für Rezeptmauerwerk und enthält ein vereinfachtes Bemessungsverfahren, das auf das genauere Bemessungsverfahren nach Teil 2 abgestimmt ist. In der DIN 1053 Teil 2 sind damit nur noch Mauerwerk nach Eignungsprüfung (EM) sowie das genauere Berechnungsverfahren geregelt.

Rezeptmauerwerk (RM) ist Mauerwerk, dessen zulässige Druckspannung in Abhängigkeit von Steinfestigkeitsklassen, Mörtelarten und Mörtelgruppen festgelegt wird.

Bei den zulässigen Druckspannungen für Mauerwerk wird unterschieden zwischen Mauerwerk mit Normalmörtel, Dünnbettmörtel und Leichtmörtel. Grundwerte für die zulässigen Druckspannungen enthält die Tafel 2/2. Soll jedoch die Festigkeitsklasse des Mauerwerks mit Hilfe einer Eignungsprüfung festgelegt werden, so muß die Berechnung des Mauerwerkes in jedem Fall nach dem genaueren Verfahren in DIN 1053 Teil 2 erfolgen.

Bei der Anwendung des vereinfachten Bemessungsverfahrens müssen bestimmte Voraussetzungen eingehalten werden. So ist z. B. die Gebäudehöhe auf 20 m über Gelände begrenzt. Außerdem darf die Stützweite der aufliegenden Decken 6 m nur überschreiten, wenn eine Zentrierung vorgenommen wird (Bild 2/1).

Für die Bemessung von zweiachsig gespannten Decken ist zu beachten, daß die kürzere Spannweite als maßgebliche Länge eingesetzt werden soll.

Die lichte Geschoßhöhe h_s ist für Wanddicken von d < 24 cm auf höchstens 2,75 m begrenzt, und die Verkehrslast auf den Decken darf höchstens 5 kN/m² betragen. Dafür brauchen beim vereinfachten Verfahren bestimmte Nachweise nicht geführt zu werden: zum Beispiel Biegemomente aus Deckeneinspannung, ungewollte Exzentrizitäten beim Knicknachweis und Windlasten auf Außenwände.

Die Randbedingungen (Tafel 2/3) des vereinfachten Verfahrens sind damit so ausgelegt, daß 90% der Wohngebäude außerordentlich wirtschaftlich bemessen werden können. Dabei dürfen einzelne Geschosse oder auch einzelne Bauteile mit dem genaueren Verfahren nach Teil 2 nachgewiesen werden.

Tafel 2/1: Übersicht über Teile der Mauerwerksnorm DIN 1053

Teil 1	Ausgabe 02.90	Mauerwerk; Rezeptmauerwerk; Berechnung und Ausführung Anhang A: Mauermörtel
Teil 2	Ausgabe 07.84	Mauerwerk; Mauerwerk nach Eignungsprüfung, Berechnung und Ausführung Anhang A: Anforderungen an die Mauersteine, Eignungsprüfung, Einstufung in Mauerwerksfestigkeitsklassen, Überwachung Anhang B: Inzwischen in Teil 1 übernommen Rezeptmauerwerk (RM)
Teil 3	Augabe 02.90	Mauerwerk; Bewehrtes Mauerwerk; Berechnung und Ausführung Anhang A: Anforderungen an Formsteine
Teil 4	Ausgabe 09.78	Mauerwerk; Bauten aus Ziegelfertigbauteilen

Tafel 2/2: Grundwerte σ_0 [MN/m²] für Mauerwerk in Abhängigkeit von der Mörtelart

Stein-festig-keits-klasse	Normalmörtel					Leichtmörtel		Dünnbettmörtel	
	MG I	MG II	MG IIa	MG III	MG IIIa	LM 21	LM 36	Plansteine	
								Voll-steine	Loch-Hohlblock-steine
	Voll-, Loch- und Hohlblocksteine								
6	0,5	0,9	1,0	1,2	–	0,7	0,9	1,4	1,2
8	0,6	1,0	1,2	1,4	–	0,8	1,0	1,8	1,4
12	0,8	1,2	1,6	1,8	1,9	0,9	1,1	2,0[1])	1,8
20	1,0	1,6	1,9	2,4	3,0	0,9	1,1	2,9[2])	2,4
28	–	1,8	2,3	3,0	3,5	0,9	1,1	3,4	–

[1]) Für KS-Planelemente (Z. 17.1−487): $\sigma_0 \leq 2,2$ MN/m²
[2]) Für KS-Planelemente (Z. 17.1−487): $\sigma_0 \leq 3,4$ MN/m²

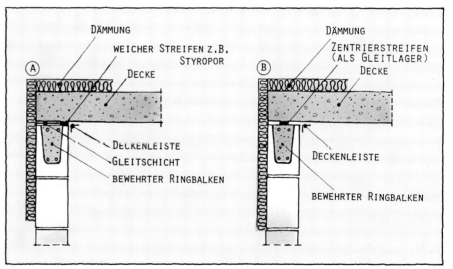

Bild 2/1: Konstruktive Maßnahmen zur Zentrierung der Deckenauflagerkraft am Beispiel der Außenwand unter einer Dachdecke
a) mit eingelegtem Styropor-Randstreifen an der Wandinnenseite,
b) mit Zentrierstreifen zwischen Wand und Decke. Z. B. System Cigular-Dachdeckenlager der Firma Calenberg, 31020 Salzhemmendorf, Tel.: 05153/6015, Fax: 05153/6017

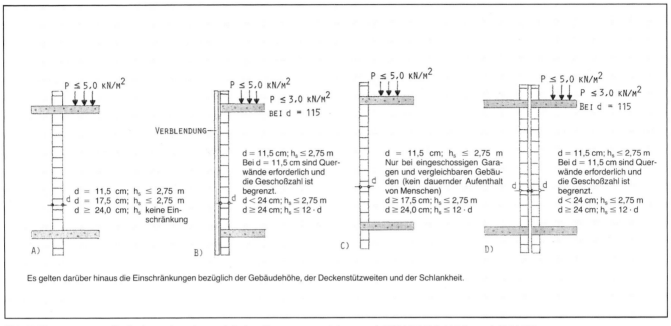

Es gelten darüber hinaus die Einschränkungen bezüglich der Gebäudehöhe, der Deckenstützweiten und der Schlankheit.

Bild 2/2: Voraussetzungen für die Anwendung des vereinfachten Bemessungsverfahrens nach DIN 1053 Teil 1 (siehe auch Tafel 2/3)
a) Innenwände
b) Tragschale von zweischaligen Außenwänden
c) Einschalige Außenwände
d) Zweischalige Haustrennwände

Tafel 2/3: Voraussetzungen für die Anwendung des vereinfachten Bemessungsverfahrens nach DIN 1053 Teil 1, Abschnitt 6.1 (siehe auch Bild 2/2)

Bauteil	Wanddicke d [cm]	lichte Geschoß-höhe h_s [m]	Verkehrs-last der Decke[2]) p [kN/m²]	Geschoß-zahl/ Gebäude-höhe	Aussteifende Quer-wände Abstand e_q [m]
Innenwände	$\geq 11,5$ $< 24,0$	$\leq 2,75$		[1])	nicht erforder-lich
	$\geq 24,0$	keine Ein-schränkung			
Einschalige Außenwände	$\geq 11,5$ $< 17,5$	$\leq 2,75$	$\leq 5,0$	[3])	
	$\geq 17,5$ $< 24,0$			[1])	
	$\geq 24,0$	$\leq 12 \cdot d$			
Tragschalen zweischaliger Außenwände und zweischalige Haustrennwände	$\geq 11,5$ $< 17,5$	$\leq 2,75$	$\leq 3,0$ ein-schließlich Trennwand-zuschlag	≤ 2 Voll-geschosse + ausgebautes Dach-geschoß	$e_q \leq 4,5$ Rand-abstand von einer Öffnung $e \leq 2,00$
	$\geq 17,5$ $< 24,0$		$\leq 5,0$	[1])	nicht erforderlich
	$\geq 24,0$	$\leq 12 \cdot d$			

[1]) Gebäudehöhe $\leq 20,0$ m, bei geneigten Dächern Mittel zwischen First- und Traufhöhe.
[2]) Deckenstützweite $l \leq 6,00$ m, sofern nicht die Biegemomente aus Deckendrehwinkel durch konstruktive Maßnahmen begrenzt werden (z. B. Zentrierleisten).
[3]) Nur für eingeschossige Garagen und vergleichbare Bauwerke, die nicht dem dauernden Aufenthalt von Menschen dienen.

2.2 Aussteifungen und Knicklängen

Innen- und Außenwände werden nach zwei-, drei- und vierseitig gehaltenen unterschieden.

Die zulässige Schlankheit für tragende Wände ist in DIN 1053 mit $h_k/d < 25$ festgelegt.

Damit sind beispielsweise schlanke Wände mit 11,5 cm Dicke als vollwertig tragend möglich, ohne daß aussteifen-de Querwände in geringen Abständen vorhanden sein müssen. Schlanke Wände mit $d = 11,5$ cm können ohne Aussteifungen als tragend nachgewiesen werden.

Bild 2/3: Tragende Wand $d = 11,5$ cm, deckenglei-che Unterzüge

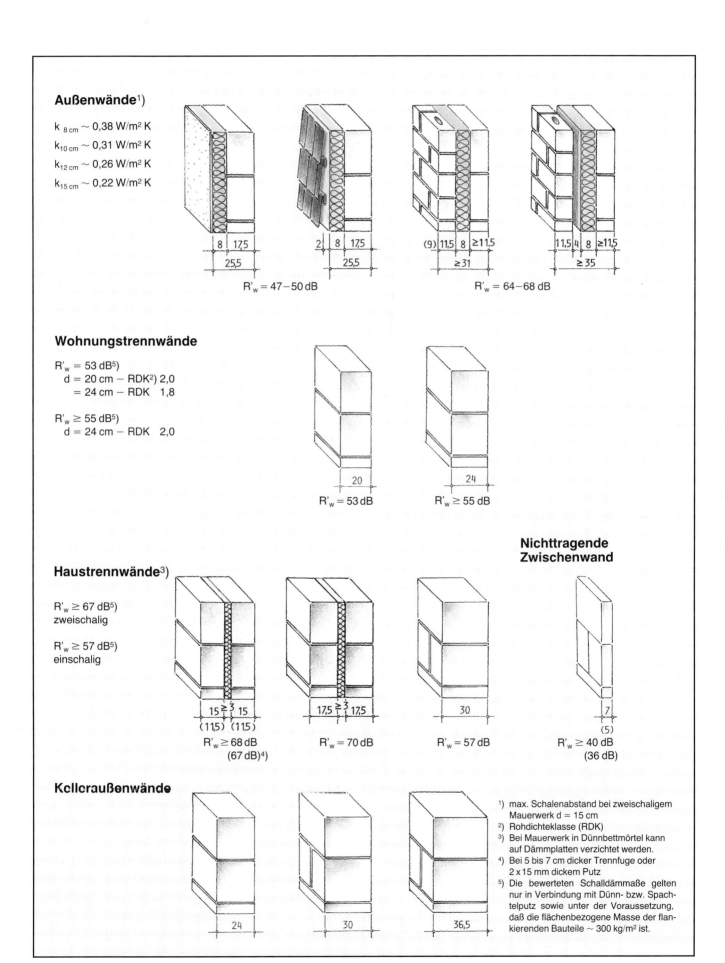

Außenwände[1])

$k_{8\,cm} \sim 0,38$ W/m² K

$k_{10\,cm} \sim 0,31$ W/m² K

$k_{12\,cm} \sim 0,26$ W/m² K

$k_{15\,cm} \sim 0,22$ W/m² K

8 | 17,5
25,5

2 | 8 | 17,5
25,5

$R'_w = 47-50$ dB

(9) | 11,5 | 8 | ≥11,5
≥ 31

11,5 | 4 | 8 | ≥11,5
≥ 35

$R'_w = 64-68$ dB

Wohnungstrennwände

$R'_w = 53$ dB[5])
d = 20 cm – RDK[2]) 2,0
= 24 cm – RDK   1,8

$R'_w \geq 55$ dB[5])
d = 24 cm – RDK   2,0

20

24

$R'_w = 53$ dB

$R'_w \geq 55$ dB

Nichttragende Zwischenwand

Haustrennwände[3])

$R'_w \geq 67$ dB[5])
zweischalig

$R'_w \geq 57$ dB[5])
einschalig

15 | ≥3 | 15
(11,5)   (11,5)

$R'_w \geq 68$ dB
(67 dB)[4])

17,5 | ≥3 | 17,5

$R'_w = 70$ dB

30

$R'_w = 57$ dB

7
(5)

$R'_w \geq 40$ dB
(36 dB)

Kelleraußenwände

24

30

36,5

1) max. Schalenabstand bei zweischaligem Mauerwerk d = 15 cm

2) Rohdichteklasse (RDK)

3) Bei Mauerwerk in Dünnbettmörtel kann auf Dämmplatten verzichtet werden.

4) Bei 5 bis 7 cm dicker Trennfuge oder 2 x 15 mm dickem Putz

5) Die bewerteten Schalldämmaße gelten nur in Verbindung mit Dünn- bzw. Spachtelputz sowie unter der Voraussetzung, daß die flächenbezogene Masse der flankierenden Bauteile ~ 300 kg/m² ist.

Bild 2/4: Wirtschaftliche KS-Wandkonstruktionen – Systemzeichnung – ohne Putz

Die Knicklänge h_k ergibt sich aus $h_k = \beta \cdot h_s$, wobei h_s die lichte Höhe zwischen den Deckenplatten ist und β ein Abminderungsfaktor, der für 11,5 cm und 17,5 cm dicke, zweiseitig gehaltene Wände mit flächig aufgelagerten Massivdecken $\beta = 0,75$ beträgt.

DIN 1053 Teil 1 erlaubt den vereinfachten Nachweis zwei-, drei- oder vierseitig gehaltener, schlanker tragender Wände und trägt damit zu wirtschaftlichen Wanddicken bei. Voraussetzung hierfür sind hohe Steinfestigkeiten wie bei den Festigkeitsklassen 12, 20 und 28, die Kalksandsteine problemlos erreichen.

Ein genauer Nachweis nach Teil 2 der Norm kann beispielsweise bei Haustrennwänden mit d = 2 x 11,5 cm vorteilhaft sein. Die Haustrennwände werden als einschalige Wände nachgewiesen und müssen beim Nachweis nach Teil 1 alle 4,50 m ausgesteift sein, auch wenn sie statisch als zweiseitig gehalten nachgewiesen werden. Falls aussteifende Querwände nicht gewünscht oder vorhanden sind, sollte der Nachweis für dieses Bauteil nach Teil 2 geführt werden.

2.3 Auswirkungen auf die Grundrißgestaltung

Die DIN 1053 Teil 1 – Rezeptmauerwerk, Berechnung und Ausführung regelt u. a. auch Bauweisen wie:

☐ Mauerwerk ohne Stoßfugenvermörtelung,

☐ Mauerwerk mit Dünnbettmörtel und

☐ zweischaliges Mauerwerk mit Kerndämmung.

Außerdem werden in ihr Festlegungen getroffen, die entscheidende Auswirkungen auf die Grundrißgestaltung heutiger Gebäude haben:

Die *Mindestwanddicke* bei Innenwänden und bei der Tragschale zweischaliger Außenwände beträgt 11,5 cm, bei einschaligen Außenwänden 17,5 cm. Das Bemessungsverfahren ist so ausgelegt, daß auch Wanddicken von 15 und 20 cm nachgewiesen werden können.

Der *Nachweis der Standsicherheit* erfolgt nach einem aus DIN 1053 Teil 2 abgeleiteten vereinfachten Bemessungsverfahren. Durch die Anwendungsgrenzen und das Verfahren zur Ermittlung der zulässigen Druckspannungen aus Grundwerten sind die nach DIN 1053 Teil 2 erforderlichen Nachweise für den Wand-Decken-Knoten, die Knicksicherheit und die Windlast bei Außenwänden bereits berücksichtigt.

DIN 1053 Teil 1 erlaubt *schlanke Wandkonstruktionen*. In größerem Umfang können 11,5 cm dicke Raumtrennwände als tragend bemessen werden, die dann als Deckenauflager zur Verfügung stehen. Dadurch werden die Deckenspannweiten geringer, was gleichbedeutend ist mit einer reduzierten Deckendicke und einem geringeren Stahlbedarf. Insgesamt gesehen ergeben sich Kostenreduzierungen und erheblich größere Netto-Grundrißflächen. Das Ziel ist jedoch nur erreichbar, wenn auch die bauphysikalischen Anforderungen Schall-, Wärme- und Brandschutz sicher erfüllt werden. KS bietet hierfür geeignete Lösungen.

2.4 Mauerwerk ohne Stoßfugenvermörtelung

Beim Mauern ohne Stoßfugenvermörtelung sind die Steine stumpf oder mit Verzahnung knirsch bzw. ineinander verzahnt zu versetzen. Bei nicht knirsch verlegten Steinen mit Fugendicken > 5 cm müssen die Fugen an der Außenseite beim Mauern mit Mörtel verschlossen werden. Aufgrund der hohen Maßhaltigkeit von KS-Steinen können aber Fugendicken ≤ 2 mm erreicht werden.

Der Arbeitsablauf ist einfach. Er wird durch den Fortfall der Stoßfugenvermörtelung erheblich beschleunigt. Der Lagerfugenmörtel – wahlweise als Normal- oder Dünnbettmörtel – wird vorzugsweise mit dem Mörtelschlitten, wenn möglich auf ganzer Wandlänge, sonst in Abhängigkeit von der Witterung und der Art des Mörtels, aufgezogen. Es entsteht eine gleichmäßig dicke Lagerfuge, die die Reihenverlegung der Steine wesentlich erleichtert, weil das Verkanten und Nachjustieren weitestgehend entfällt.

Mauerwerk ohne Stoßfugenvermörtelung beeinträchtigt die Drucktragfähigkeit des Mauerwerks nicht. Das Nut-Feder-System erleichtert es dem Maurer, ebene Wandflächen zu erstellen. Das Verkanten der paßgenauen Steine wird vermieden.

Die Steinoberflächen bleiben sauber. Falls verlangt, können die Griffhilfen

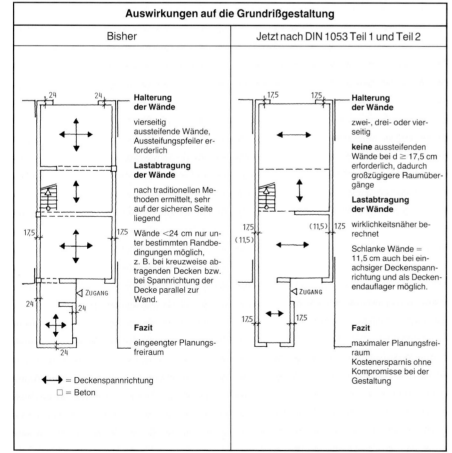

Auswirkungen auf die Grundrißgestaltung	
Bisher	Jetzt nach DIN 1053 Teil 1 und Teil 2

Halterung der Wände (Bisher)
vierseitig aussteifende Wände, Aussteifungspfeiler erforderlich

Lastabtragung der Wände (Bisher)
nach traditionellen Methoden ermittelt, sehr auf der sicheren Seite liegend
Wände <24 cm nur unter bestimmten Randbedingungen möglich, z. B. bei kreuzweise abtragenden Decken bzw. bei Spannrichtung der Decke parallel zur Wand.

Fazit (Bisher)
eingeengter Planungsfreiraum

Halterung der Wände (Jetzt)
zwei-, drei- oder vierseitig
keine aussteifenden Wände bei d ≥ 17,5 cm erforderlich, dadurch großzügigere Raumübergänge

Lastabtragung der Wände (Jetzt)
wirklichkeitsnäher berechnet
Schlanke Wände = 11,5 cm auch bei einachsiger Deckenspannrichtung und als Deckenendauflager möglich.

Fazit (Jetzt)
maximaler Planungsfreiraum
Kostenersparnis ohne Kompromisse bei der Gestaltung

◄─► = Deckenspannrichtung
☐ = Beton

Bild 2/5: Auswirkungen auf die Grundrißgestaltung

verfüllt oder die Stoßfugen angeworfen werden.

Bei vergleichbaren Wanddicken und Steinrohdichten gelten die gleichen Schalldämm-Maße für KS-Mauerwerk mit und ohne Stoßfugenvermörtelung, wenn die Wände mindestens einseitig mit einem üblichen Putz oder beidseitigem Spachtelputz versehen sind.

Die Maßhaltigkeit der KS-Steine mit paßgenauem Nut-Feder-System ermöglicht es, mauerwerksabdichtende Arbeiten zu minimieren. So ist der Brandschutz von raumabschließenden KS-Wänden bei Ausführung ohne Stoßfugenvermörtelung nach DIN 1053 ohne Putz oder Verspachtelung gewährleistet (Bild 2/6). Bei Schallschutzanforderungen ist entweder mindestens ein einseitiger Putz oder beidseitiger Spachtelputz anzuordnen.

2.5 Wandanschlüsse in Stumpfstoßtechnik

Sollen Wände durch Querwände ausgesteift werden, so darf eine unverschiebliche Halterung nur dann angenommen werden, wenn die Wände aus Baustoffen gleichen Verformungsverhaltens bestehen und gleichzeitig im Verband hochgeführt werden oder wenn die zug- und druckfeste Verbindung durch andere Maßnahmen gesichert ist.

Unter diesen anderen Maßnahmen ist zum Beispiel der Wandanschluß in Stumpfstoßtechnik zu verstehen, wenn er statisch nachgewiesen ist, die Anschlußfuge der Wände vermörtelt ist und im Bereich des Stumpfstoßes Edelstahl-Flachanker eingelegt sind. Unter diesen Voraussetzungen können die ausgesteiften Wände auch als drei- oder vierseitig gehalten nachgewiesen werden. Bei zweiseitig gehaltenen Wänden wird empfohlen, die Querwände konstruktiv mit Edelstahl-Flachankern anzuschließen. Die Anschlußfuge ist auch hierbei voll zu vermörteln. Beim Bauen in erdbebengefährdeten Gebieten ist örtlich zu klären, ob z.B. ein Stumpfstoß noch ohne rechnerischen Nachweis zulässig ist.

Anwendungsbereich

Die Außenecken der Kelleraußenwände sind grundsätzlich zu verzahnen. Alle übrigen Wandanschlüsse können stumpf gestoßen werden. Für bis zu viergeschossige Gebäude ist die Regelausführung zeichnerisch dargestellt.

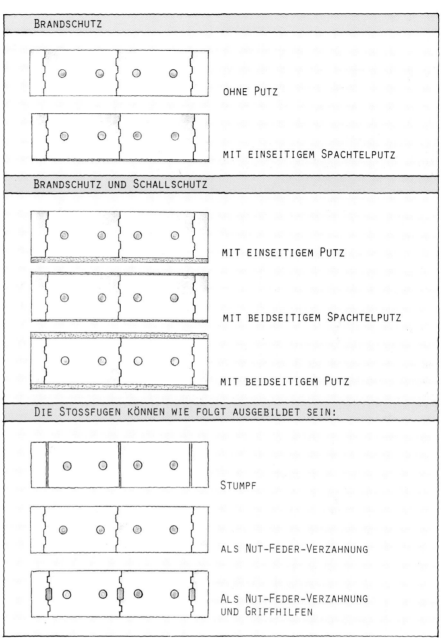

Bild 2/6: Mauerwerk in Normal- und Dünnbettmörtel ohne Stoßfugenvermörtelung für Anwendungen im Brand- und Schallschutz

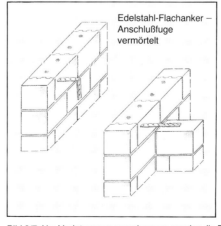

Bild 2/7: Um Verletzungen vorzubeugen, werden die Flachanker bis zum Gegenmauern der Querwände nach unten abgebogen. Edelstahl-Flachanker in Normal- oder Dünnbettmörtel

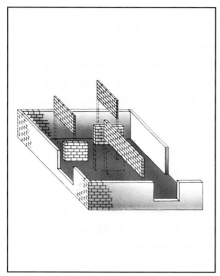

Bild 2/8: KS-Stumpfstoßtechnik
(Merkblatt der Berufsgenossenschaft für das Aufmauern von Wandscheiben beachten.)

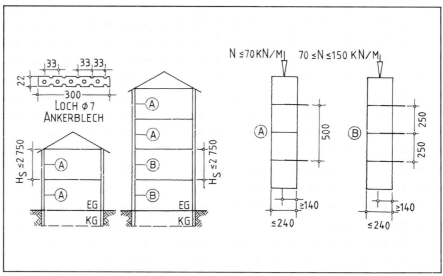

Bild 2/9: Stumpfstoß mit Edelstahl-Flachanker, Regelausführung
1. Edelstahl-Flachanker 30 cm lang
2. Aus baupraktischen Gründen wird empfohlen, generell Edelstahl-Flachanker einzulegen. Die Anschlußfuge ist zu vermörteln.

Vorteile der Stumpfstoßtechnik

☐ Stumpfstoß ist zwischen allen Wänden möglich (einfacher Bauablauf).

☐ Wände aus Steinen mit unterschiedlichen Steinhöhen sind problemlos zu kombinieren.

☐ Mehr Bewegungsspielraum und Lagerfläche auf der Geschoßdecke.

☐ Vereinfachter Einsatz von mechanischen Versetzhilfen und Gerüsten.

2.6 Aussparungen und Schlitze nach DIN 1053 Teil 1

Schlitze und Aussparungen sind zulässig, wenn dadurch die Standsicherheit der Wand nicht beeinträchtigt wird. Sie sind bei der Bemessung des Mauerwerks zu berücksichtigen, sofern sie von den Tabellenwerten abweichen.

Werden Aussparungen und Schlitze nicht im gemauerten Verband hergestellt, so sind sie zu fräsen oder mit speziellen Werkzeugen herzustellen (Bilder 2/10 und 2/11).

Schlitze und Aussparungen, die ohne statischen Nachweis zulässig sind, sind der Tafel 2/4 aus DIN 1053 Teil 1 Tab. 10 zu entnehmen.

☐ Horizontal- und Schrägschlitze in einem Bereich ≤ 40 cm ober- oder unterhalb der Rohdecke jeweils an einer Wandseite: Die Schlitzabmessungen sind von der Wanddicke d ≥ 17,5 cm und von der Schlitzlänge abhängig; bei d = 11,5 cm sind Horizontal- und Schrägschlitze nicht zulässig. Die Fußnoten 1, 2 und 3 der Tabelle 10 sind zu beachten.

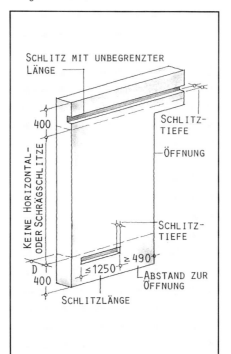

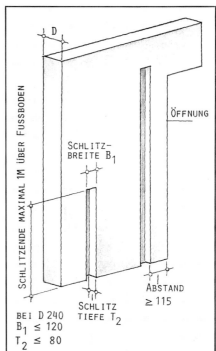

Wanddicke (mm)	unbeschränkt Tiefe[3] (mm)	≤ 1,25 m lang[2] Tiefe[3] (mm)
≥ 115	–	–
≥ 175	0	≤ 25
≥ 240	≤ 15	≤ 25
≥ 300	≤ 20	≤ 30
≥ 365	≤ 20	≤ 30

[2] und [3]: Fußnoten wie in Tafel 2/4
Bild 2/10: Nachträglich hergestellte horizontale und schräge Schlitze nach DIN 1053 Teil 1, Tab. 10

Wanddicke (mm)	Tiefe[4] (mm)	Einzelschlitzbreite (mm)	Abstand der Schlitze und Aussparungen von Öffnungen (mm)
≥ 115	≤ 10	≤ 100	
≥ 175	≤ 30	≤ 100	
≥ 240	≤ 30	≤ 150	≥ 115
≥ 300	≤ 30	≤ 200	
≥ 365	≤ 30	≤ 200	

[4]: Fußnote wie in Tafel 2/4
Bild 2/11: Nachträglich hergestellte vertikale Schlitze und Aussparungen nach DIN 1053 Teil 1, Tab. 10

Tafel 2/4: Ohne Nachweis zulässige Schlitze und Aussparungen in tragenden Wänden (DIN 1053 Teil 1, Tabelle 10)

1	2	3	4	5	6	7	8	9	10
Wanddicke	Horizontale und schräge Schlitze [1] nachträglich hergestellt		Vertikale Schlitze und Aussparungen nachträglich hergestellt			Vertikale Schlitze und Aussparungen in gemauertem Verband			
	Schlitzlänge		Tiefe[4]	Einzelschlitzbreite[5]	Abstand der Schlitze und Aussparungen von Öffnungen	Breite[5]	Restwanddicke	Mindestabstand der Schlitze und Aussparungen	
	unbeschränkt Tiefe[3]	≤ 1,25 m lang[2] Tiefe						von Öffnungen	untereinander
≥ 115	–	–	≤ 10	≤ 100	≥ 115	–	–	≥ 2fache Schlitzbreite bzw. ≥ 365	≥ Schlitzbreite
≥ 175	0	≤ 25	≤ 30	≤ 100		≤ 260	≥ 115		
≥ 240	≤ 15	≤ 25	≤ 30	≤ 150		≤ 385	≥ 115		
≥ 300	≤ 20	≤ 30	≤ 30	≤ 200		≤ 385	≥ 175		
≥ 365	≤ 20	≤ 30	≤ 30	≤ 200		≤ 385	≥ 240		

[1]) Horizontale und schräge Schlitze sind nur zulässig in einem Bereich < 0,4 m ober- oder unterhalb der Rohdecke sowie jeweils an einer Wandseite. Sie sind nicht zulässig bei Langlochziegeln.

[2]) Mindestabstand in Längsrichtung von Öffnungen ≥ 490 mm, vom nächsten Horizontalschlitz zweifache Schlitzlänge.

[3]) Die Tiefe darf um 10 mm erhöht werden, wenn Werkzeuge verwendet werden, mit denen die Tiefe genau eingehalten werden kann. Bei Verwendung solcher Werkzeuge dürfen auch in Wänden ≥ 240 mm gegenüberliegende Schlitze mit jeweils 10 mm Tiefe ausgeführt werden.

[4]) Schlitze, die bis maximal 1 m über den Fußboden reichen, dürfen bei Wanddicken ≥ 240 mm bis 80 mm Tiefe und 120 mm Breite ausgeführt werden.

[5]) Die Gesamtbreite von Schlitzen nach Spalte 5 und Spalte 7 darf je 2 m Wandlänge die Maße in Spalte 7 nicht überschreiten. Bei geringeren Wandlängen als 2 m sind die Werte in Spalte 7 proportional zur Wandlänge zu verringern.

Die Schlitztiefe aus der Tabelle darf um 1 cm vergrößert werden, wenn durch entsprechende Werkzeuge die Tiefe genau eingehalten werden kann (z. B. Mauernutfräsen). Bei Verwendung solcher „Präzisionswerkzeuge" dürfen auch in Wänden ≥ 24 cm gegenüberliegende Schlitze mit jeweils 1 cm Tiefe ausgeführt werden. Der Mindestabstand eines Horizontalschlitzes (l ≤ 1,25 m) von dem seitlichen Rand einer Öffnung muß mindestens 49 cm betragen. Wenn zwei Horizontalschlitze von l ≤ 1,25 m in einer Wand angeordnet sind, muß ein Mindestabstand von mindestens 2 · l eingehalten werden.

☐ Vertikalschlitze nachträglich hergestellt: Schlitze, die bis 1 m über den Fußboden reichen, dürfen bei Wanddicken ≥ 24 cm bis 8 cm Tiefe und 12 cm Breite ausgeführt werden. Bei einer Wanddicke von 17,5 cm darf die Gesamtbreite pro 2 m Wandlänge 26 cm nicht überschreiten, bei Wandlängen < 2 m ist zu interpolieren.

☐ Vertikalschlitze in gemauertem Verband: Eine Restwanddicke ist einzuhalten. Sie sind zulässig, wenn die Querschnittsschwächung, bezogen auf 1 m Wandlänge, nicht mehr als 6% beträgt. Alle übrigen Schlitze und Aussparungen sind bei der Bemessung des Mauerwerks zu berücksichtigen.

☐ In Schornsteinwangen sind Schlitze und Aussparungen nicht zulässig.

2.6.1 Statisch nachzuweisende Aussparungen und Schlitze

Wird von den in DIN 1053 Teil 1, Tab. 10, (Tafel 2/4) geregelten Anforderungen abgewichen, sind Schlitze und Aussparungen statisch nachzuweisen.

Unabhängig von der Lage eines vertikalen Schlitzes oder einer Nische ist an ihrer Stelle ein freier Rand (wie z. B. Tür) anzunehmen, wenn die Restwanddicke kleiner als die halbe Wanddicke oder kleiner als 11,5 cm ist.

Bei horizontalen Schlitzen ist die Größe der Tragfähigkeitsminderung im allgemeinen proportional zur Querschnittsminderung.

Die Größe der Minderung kann durch das Verhältnis Restquerschnitt / ungeschwächter Querschnitt ausgedrückt werden. Die Aussage gilt für dicke und schlanke Wände sowie für mittige und ausmittige Belastung.

Versuche haben eindeutig gezeigt, daß bei der Bemessung von schlanken KS-Wänden nach DIN 1053 Teil 2 horizontale Wandschlitze nur im Verhältnis geschwächter Querschnitt / ungeschwächter Querschnitt zu berücksichtigen sind.

Das bedeutet, daß die Anordnung eines horizontalen Schlitzes von 2 cm Tiefe bei einer 17,5 cm dicken Tragwand lediglich zu einer geringen Spannungserhöhung um den Faktor

$$\frac{17,5}{15,5} = 1,3$$

führt, die bei den hohen Tragreserven von KS-Mauerwerk im allgemeinen keine Rolle spielt.

Inwieweit sich die statischen Anforderungen der DIN 1053 Teil 1 mit den Schallschutzanforderungen der DIN 4109 decken, die für den Innenausbau nicht unerheblich sind, zeigen in Abhängigkeit von der Steinrohdichte die Tafeln 2/5 bis 2/9 [2/1].

2.6.2 Schlitzwerkzeuge

Beim Fräsen der Schlitze wird das Gefüge des Mauerwerks nicht erschüttert, ein Ausbrechen bzw. Ausspringen der Steine wird vermieden. Die Wandschlitze können exakt in den erforderlichen Breiten und Tiefen hergestellt werden. Eine optimale Leistung wird durch gut gewartetes und scharfes Werkzeug erreicht.

Für die Anordnung der vertikalen Leitungen im Mauerwerk haben sich auch KS-U-Schalen bewährt. Sie sind maßgenau und passen in den Abmessungen zu den üblichen Steinen. KS-U-Schalen entsprechen in der Qualität den KS-Verblendern nach DIN 106, sie werden folienverpackt geliefert.

> **Schlitze und Aussparungen sollten rechtzeitig geplant werden. Sie sind nicht unter dem Auflager hochbelasteter Stürze und Pfeiler anzuordnen.**
>
> **Horizontale Schlitze sollten dicht unter der Decke oder über dem Fußboden vorgesehen werden.**
>
> **Bei Einsatz geeigneter Werkzeuge darf die Tiefe um 1 cm erhöht werden.**
>
> **DIN 1053 Teil 1, Tab. 10 ist zu beachten.**

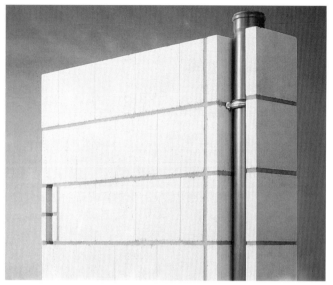
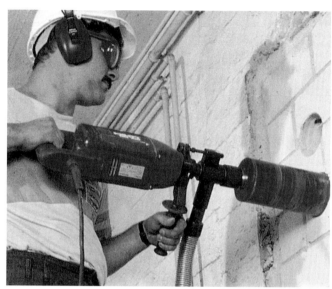

Bild 2/12: Rohrführungen in KS-Mauerwerk. Links in KSU-Schalen, rechts Kernbohrung

Tafel 2/5: Zulässige vertikale Aussparungen und Schlitze bei der Rohdichteklasse 1,4

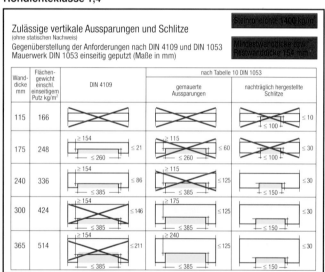

Tafel 2/7: Zulässige vertikale Aussparungen und Schlitze bei der Rohdichteklasse 1,8

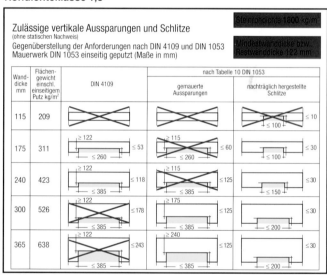

Tafel 2/6: Zulässige vertikale Aussparungen und Schlitze bei der Rohdichteklasse 1,6

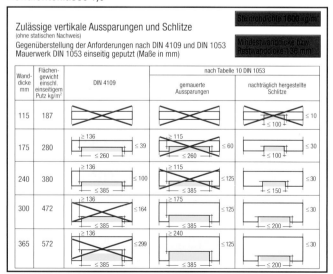

Tafel 2/8: Zulässige vertikale Aussparungen und Schlitze bei der Rohdichteklasse 2,0

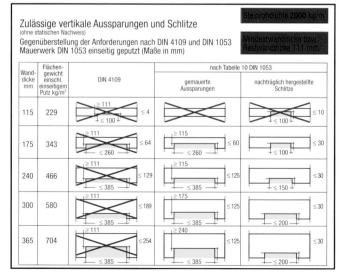

Bild 2/13: KS-Sichtmauerwerk − Durch Holzleiste verdeckte Kabelführung

Bild 2/15: Fräsen von Öffnungen für Schalterdosen

Bild 2/16: Mauernutsäge

Bild 2/14: Elektroinstallation als Aufwandmontage

Bild 2/17: Senkrechtes und waagerechtes Fräsen von Schlitzen

Bild 2/18: Die Vorwandinstallation gewährleistet eine wirtschaftliche und technisch einwandfreie Verlegung der Sanitärinstallation.

Vorwandinstallationen

Beim kostengünstigen Bauen zeigt sich im besonderen Maße die Notwendigkeit, die Leitungsführung der Sanitär-, Heizungs- und Elektroinstallation zur Vermeidung zusätzlicher Kosten an der Baustelle umsichtig vorzuplanen. Die Anordnung von Installationsschächten mit vorgefertigten Elementen bei sinnvoller Planung der Küchen und Bäder bringt auch in schallschutztechnischer Hinsicht Vorteile (Bilder 2/18 bis 2/20).

Bild 2/19: Vorwandinstallation für Dusche und Badewanne

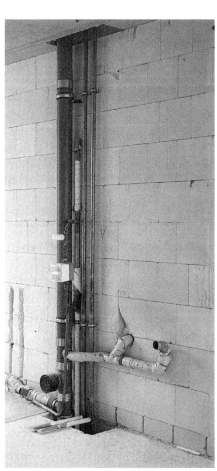

Bild 2/20: Vorwandinstallation der Wasserleitungen und Abwasserrohre

3. Kelleraußenwände

3.1 Beanspruchung der Kelleraußenwände

Kellerwände werden hoch beansprucht. Sie tragen die vertikalen Lasten aus den Geschoßdecken und den aufgehenden Wänden über die Fundamente in den Baugrund ab. Bei den Kelleraußenwänden ergibt sich zusätzlich eine horizontale Belastung durch die Erdanschüttung. Die dadurch hervorgerufene Biegebeanspruchung der Wand kann bei ausreichend großer vertikaler Belastung relativ leicht aufgenommen werden. In diesem Fall können die Kelleraußenwände daher auch bei hohen Erdanschüttungen sehr schlank ausgeführt werden mit Wanddicken $\geq$ 24 cm.

Ungünstige Verhältnisse liegen bei Kelleraußenwänden mit geringen Auflasten und hoher Erdanschüttung vor.

Dieser Fall tritt zum Beispiel bei Einfamilienhäusern auf, wenn im Wohnzimmer des Erdgeschosses zur Terrasse hin große Fensterflächen angeordnet sind, oder z.B. bei leichten Fertighäusern. Hier sind dickere Kelleraußenwände erforderlich und die Wände zusätzlich auszusteifen. Mögliche Lastabtragungssysteme für Kelleraußenwände sind in Tafel 3/1 zusammengestellt.

3.2 Bemessung von Kelleraußenwänden nach DIN 1053 Teil 1

Auf einen besonderen rechnerischen Nachweis – entsprechend DIN 1053 Teil 1 – kann verzichtet werden, wenn folgende Bedingungen erfüllt sind:

☐ Wanddicke $d \geq$ 24,0 cm,

☐ lichte Höhe der Kellerwand $h_s \leq$ 2,60 m.

☐ Die Kellerdecke wirkt als Scheibe und kann die aus dem Erddruck entstehenden Kräfte aufnehmen.

☐ Im Einflußbereich des Erddruckes auf die Kellerwand beträgt die Verkehrslast auf der Geländeoberfläche nicht mehr als 5 kN/m², die Geländeoberfläche steigt nicht an und die Anschütthöhe h_e ist nicht größer als die Wandhöhe h_s.

☐ Die Auflast N_0 der Kelleraußenwand unterhalb der Kellerdecke liegt innerhalb folgender Grenzen:

max $N_0 \geq N_0 \geq$ min N_0

mit

max $N_0 = 0,45 \cdot d \cdot \sigma_0$

min N_0 nach Tafel 3/2

Tafel 3/1: Lastabtragungssysteme

Statisches System	Erforderliche Auflast am Wandkopf	Bemerkungen
1)	hoch	Einachsige, lotrechte Lastabtragung
2)	mittel	Zweiachsige Lastabtragung
3)	keine	Lotrechte Lastabtragung über Gewölbewirkung in Zugglieder
4)	keine	Horizontale Lastabtragung über Gewölbewirkung; Gewölbeschub an Endstützen beachten; die reduzierte Druckfestigkeit von Loch- und Hohlblocksteinen in Richtung Steinlänge bzw. -breite ist zu beachten. Stoßfugenvermörtelung erforderlich.

Es bedeuten:

d — Wanddicke

σ_0 — Grundwert für die zulässige Druckspannung

max N_0 — oberer Grenzwert der Auflast

min N_0 — unterer Grenzwert der Auflast

N_0 — Auflast aus dem Lastfall Vollast bzw. aus dem Lastfall Eigengewicht

Für den Nachweis des oberen Grenzwertes max N_0 muß die Auflast aus dem Lastfall Vollast, für den unteren Grenzwert min N_0 aus dem Lastfall Eigengewicht bestimmt werden.

Die Mindestwanddicken in Abhängigkeit von min N_0 unter der Berücksichtigung der Normalkraft und der Höhe der Anschüttung h_e sind der Tafel 3/2 zu entnehmen.

Anhaltswerte für die Lasten:

☐ Keine Auflasten (z.B. im Terrassenbereich): 5–6 kN/m aus der Geschoßdecke.

☐ Auflast vorhanden: je Geschoß 20–40 kN/m aus Mauerwerk und Geschoßdecke.

Zweiachsige Lastabtragung der Kelleraußenwand

Ist die Kelleraußenwand durch Querwände oder statisch nachgewiesene Bauteile im Abstand b ausgesteift, so daß eine zweiachsige Lastabtragung in der Wand stattfinden kann, darf der un-

Tafel 3/2: min N_0 für Kelleraußenwände ohne rechnerischen Nachweis – einachsige, lotrechte Lastabtragung – gemäß DIN 1053 Teil 1

Wanddicke d [cm]	min N_0. bei einer Höhe der Anschüttung h_e			
	1,0 m [kN/m]	1,5 m [kN/m]	2,0 m [kN/m]	2,5 m [kN/m]
24	6	20	45	75
30	3	15	30	50
36,5	0	10	25	40
49	0	5	15	30

Zwischenwerte sind geradlinig zu interpolieren.

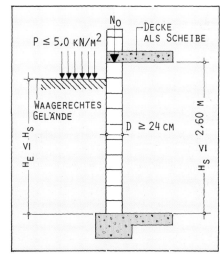

Bild 3/1: Randbedingungen für Kelleraußenwände nach DIN 1053 Teil 1

Hierin bedeuten:

h_s lichte Höhe der Kellerwand
h_e Höhe der Anschüttung
d Wanddicke
p Verkehrslast
N_0 Auflast der Kellerwand

Tafel 3/3: α-Werte in Abhängigkeit von b/h$_s$

		b/h$_s$		
≤ 1	1,25	1,5	1,75	≥ 2
0,5	0,63	0,75	0,98	1

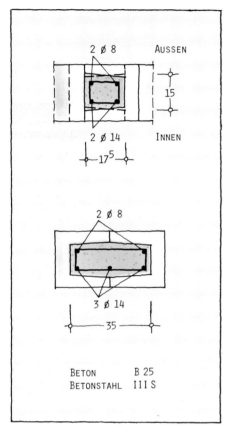

2 ø 8   AUSSEN

15

2 ø 14   INNEN

17^5

2 ø 8

3 ø 14

35

BETON   B 25
BETONSTAHL   III S

Bild 3/2: Aussteifende Stahlbetonstützen in 24 cm dicken Kelleraußenwänden unter Verwendung von KS-U-Schalen (Querschnitt)

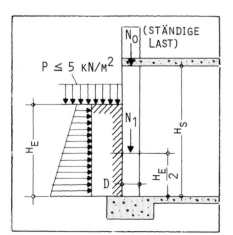

P $\leq$ 5 KN/M^2

N$_0$ (STÄNDIGE LAST)

N$_1$

H$_E$

H$_S$

$\frac{H_E}{2}$

D

Bild 3/3: Randbedingungen für den Nachweis der Kelleraußenwände nach DIN 1053 Teil 2
Hierin bedeuten:
h$_s$ lichte Höhe der Kellerwand
h$_e$ Höhe der Anschüttung
d   Wanddicke
ϱ_e Rohdichte der Anschüttung
β_R = 2,67 $\times$ σ_0 (nach DIN 1053 Teil 1)
γ = Sicherheitsbeiwert, z. B. 2,0 für Wände

tere Grenzwert min N$_0$ in Abhängigkeit vom Abstand b der Aussteifung und der Geschoßhöhe h$_s$ abgemindert werden.

Die erforderliche Auflast ergibt sich aus N$_0 \geq \alpha \cdot$ min N$_0$ mit α nach Tafel 3/3 [3/1].

Zwischenaussteifung bei zweiachsiger Lastabtragung

Zwischenaussteifungen können bei langen Wandscheiben durch Querwände oder Aussteifungsstützen aus Stahl oder Stahlbeton erfolgen. Hierfür sind auch ausbetonierte KS-U-Schalen geeignet.

3.3 Bemessung von Kelleraußenwänden nach DIN 1053 Teil 2

Abweichend zu Teil 1 muß die Wandlängskraft N$_1$ aus ständiger Last in halber Höhe der Erdanschüttung innerhalb folgender Grenzen liegen:

$$\frac{d \cdot \beta_R}{3\gamma} \geq N_1 \geq N_{min}$$

$$\text{mit } N_{min} = \frac{\varrho_e \cdot h_s \cdot h_e^2}{20\,d}$$

Für eine lichte Kellergeschoßhöhe von h$_s$ = 2,40 m und max. zulässiger Erdanschüttung von h$_e \leq$ 2,40 m sind die erforderlichen Auflasten am Wandkopf und die erforderlichen Wandnormalkräfte in halber Höhe der Erdanschüttung für lotrecht gespannte Kelleraußenwände in Tafel 3/4 angegeben.

Nachweis bei zweiachsiger Lastabtragung

Ist die dem Erddruck ausgesetzte Kellerwand durch Querwände oder statisch nachgewiesene Bauteile im Abstand b ausgesteift, so daß eine zweiachsige Lastabtragung in der Wand stattfinden kann, darf der untere Grenzwert für N$_1$ wie folgt abgemindert werden:

$$b \leq h_s: \quad N_1 \geq \frac{1}{2}\,N_{min}$$

$$b \geq 2\,h_s; \quad N_1 \geq N_{min}$$

Zwischenwerte sind geradlinig einzusetzen.

3.4 Genauere Nachweisverfahren

Bei einachsig gespannten Kelleraußenwänden kann entweder ein Grenzlast-

Tafel 3/4: Zweiachsig gespannte Kelleraußenwand bei geschoßhoher Erdanschüttung – erforderliche Auflasten am Wandkopf bzw. Wandnormalkräfte in halber Höhe der Erdanschüttung – Nachweis nach DIN 1053 Teil 2

Steinroh-dichte-klasse	Rechen-wert der Eigen-lasten	Lichte Kellergeschoß-höhe = Höhe der Anschüttung h$_e$ = h$_s$	Erforderliche Auflast am Wandkopf [kN/m] (Erforderliche Wandnormalkraft in halber Höhe der Erdanschüttung)					
			Seitenverhältnis b : h$_s$ = 1 : 1			Seitenverhältnis b : h$_s$ = 2 : 1		
			Wanddicke d					
	[kN/m³]	[m]	24 cm	30 cm	36,5 cm	24 cm	30 cm	36,5 cm
1,2	14	2,40	23,0 (27,3)	16,5 (21,9)	11,4 (18,0)	50,4 (54,7)	38,4 (43,8)	29,4 (36,0)
2,0	20	2,40	21,5 (27,3)	14,7 (21,9)	9,2 (18,0)	49,0 (54,7)	36,6 (43,8)	27,2 (36,0)

Zwischenwerte sind zu interpolieren.

Anhaltswerte für die Lasten:
– keine Auflasten (z. B. im Terrassenbereich): 5–6 kN/m aus der Geschoßdecke
– Auflast vorhanden: je Geschoß 20–40 kN/m aus Mauerwerk und Geschoßdecke

Tabellenwerte zwischen dem Seitenverhältnis b:h$_s$ von 1:1 bis 2:1 sind geradlinig zu interpolieren.

Tafel 3/5: Lotrecht gespannte Kelleraußenwände – zulässige Erdanschüttungshöhen für Mauerwerk in Abhängigkeit von Wandbelastungen – genauer Nachweis

Lichte Kellerge-schoßhöhe h$_s$	Wanddicke d	Zulässige Erdanschüttung über dem Wandfuß h$_e$ [m]						
		Lotrechte Wandbelastung (ständige Lasten) am Wandkopf N$_0$ [kN/m]						
[m]	[cm]	5	10	15	20	30	40	50
2,40	24	1,05	1,30	1,50	1,70	2,05	2,35	2,40
	30	1,25	1,50	1,75	1,95	2,35	2,40	2,40
	36,5	1,45	1,75	2,00	2,25	2,40	2,40	2,40

nachweis (DIN 1053 Teil 1 oder Teil 2) oder ein Nachweis mit den ermittelten Schnittgrößen geführt werden:

Die Belastung aus Erddruck bewirkt eine nach innen gerichtete Verformung der Kelleraußenwand. Am Wandkopf und Wandfuß kann sich wegen der Kellerdecke und des Fundamentes keine freie Verdrehung der Wandenden einstellen. Infolge dieser Einspannwirkung am Wandkopf und Wandfuß entstehen für die Wand günstig wirkende Biegemomente. Beim rechnerischen Nachweis wird davon ausgegangen, daß die Wandlängskraft an beiden Wandenden mit der Ausmitte e = d/3 wirkt [3/1].

Die Auswertung der Bemessungsgleichungen ergibt die Werte in den Tafeln 3/5 und 3/6. Die Werte wurden dabei so ermittelt, daß an der Stelle des größten Biegemomentes der Wandquerschnitt bis zur Wandmitte klafft. Die ungewollte Ausmitte von $f_1 = 0,04 \cdot d$ ist berücksichtigt.

Neben den Normalspannungen an der Stelle des größten Feldmomentes ist die Einhaltung der Normal- und Schubspannungen am Wandkopf und Wandfuß sichergestellt. Weiterhin sind in den Tafeln 3/5 und 3/6 folgende Voraussetzungen eingearbeitet:

☐ Steinfestigkeitsklasse ≥ 4

☐ Berechnungsgewicht der Kelleraußenwand (Rechenwert der Eigenlast) $= 15\,\text{kN/m}^3$

☐ Rohdichte der Anschüttung $\varrho_e = 19\,\text{kN/m}^3$

☐ Erddruckbeiwert $k_a = 1/3$

☐ Verkehrslast im Einflußbereich des Erddrucks $p = 5,0\,\text{kN/m}^2$

Tafel 3/6: Lotrecht gespannte Kelleraußenwände — erforderliche Wandbelastungen bei geschoßhoher Erdanschüttung — genauer Nachweis

Stein-rohdichte-klasse	Rechenwert der Eigenlasten [kN/m³]	Lichte Kellergeschoßhöhe ≤ Höhe der Anschüttung $h_e \leq h_s$ [m]	Erforderliche Auflast am Wandkopf (erforderliche Wandnormalkraft in halber Höhe der Erdanschüttung h_e*) [kN/m] Wanddicke d		
			24 cm	30 cm	36,5 cm
1,2	14	2,40	40,4 (44,7)	30,2 (35,6)	22,6 (29,2)
2,0	20	2,40	38,9 (44,7)	28,3 (35,5)	20,3 (29,1)

*) im vorliegenden Fall: halbe KG-Höhe h_s.

3.5 Abdichtungen

Nachstehend werden die Lastfälle A — Bodenfeuchtigkeit — und B — Nichtdrückendes Wasser — behandelt. Der Lastfall C — Abdichtungen gegen von außen drückendes Wasser — wird hier nicht behandelt, da dieser Lastfall wegen der erforderlichen aufwendigen abdichtungstechnischen und zum Teil

auch statischen Maßnahmen eine objektbezogene Betrachtung erfordert.

Lastfälle

Kelleraußenwände unterliegen besonderen Dauerbelastungen aus dem sie berührenden Erdreich. Die dadurch erforderlichen Schutzmaßnahmen gegen Wasser im Boden richten sich nach dem zu erwartenden Lastfall. Drei Lastfälle

Lastfall A: Bodenfeuchtigkeit
Abdichtung nach DIN 18 195 Teil 4

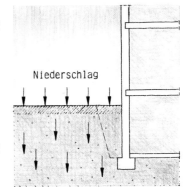

Boden nichtbindig

sehr gut durchlässig

gut durchlässiger Boden; Wasser sickert lotrecht ab; keine horizontale Bewegung; Dränung nicht erforderlich

Lastfall B: Nichtdrückendes Wasser
Abdichtung nach DIN 18 195 Teil 5

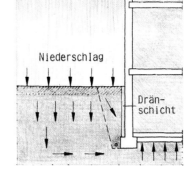

Boden bindig

mittel bis schlecht durchlässig

Gebäude in Hanglage; bindiger Boden; Bildung von Stauwasser; Dränung erforderlich

Lastfall C: Drückendes Wasser
Abdichtung nach DIN 18 195 Teil 6 (wird in diesem Buch nicht behandelt)

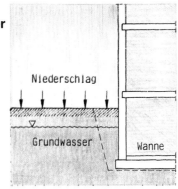

Boden bindig oder nichtbindig

grundwasservernäßter Boden; Wasser steht allseitig an; Dränung nicht erforderlich, Wanne

Bild 3/4: Kellerabdichtungen nach DIN 18195 — Lastfälle

sind (Bild 3/4) nach DIN 18195 – Bauwerksabdichtungen – zu unterscheiden (Bild 3/4):

☐ Teil 4: Abdichtungen gegen Bodenfeuchtigkeit.

☐ Teil 5: Abdichtungen gegen nichtdrückendes Wasser.

☐ Teil 6: Abdichtungen gegen von außen drückendes Wasser.

Oft werden Kellergeschoßräume als Hobby- und Werkräume, Hausarbeitsräume, Spielzimmer u. ä. genutzt. Ein sicherer Feuchtigkeitsschutz ist deshalb Bedingung. Keller aus KS-Mauerwerk haben sich seit Jahrzehnten bewährt. Die hohe Maßhaltigkeit und Ebenflächigkeit der Kalksandsteine bieten einen hervorragenden Untergrund für die waagerechten und senkrechten Abdichtungen.

3.5.1 Waagerechte Abdichtungen

Waagerechte Abdichtungen haben die Aufgabe, die Kellerwände gegen kapillar aufsteigende Feuchtigkeit zu schützen.

Nach DIN 18195 Teil 4 sind folgende waagerechte Abdichtungen vorzusehen:

☐ Die untere Abdichtung ist etwa 10 cm über Oberfläche Kellerfußboden anzuordnen. Bei durchgehenden Fundament- oder Bodenplatten hat es sich in der Praxis bewährt, die untere waagerechte Abdichtung unter der ersten Steinschicht anzulegen, weil dadurch auch die untere Steinschicht im trockenen Bereich liegt. Die Lage der Abdichtung unter der ersten Steinschicht empfiehlt sich insbesondere dann, wenn für die Kellerwände Block- und Hohlblocksteine mit 25 cm Schichthöhe verwendet werden [3/2].

☐ Die obere Abdichtung ist etwa 30 cm über Gelände und mind. 5 cm unter der Kellerdecke anzuordnen (Bild 3/5).

☐ Eine dritte waagerechte Abdichtung ist oberhalb der Kellerdecke erforderlich, wenn die obere Abdichtung weniger als 30 cm über Geländeoberfläche liegt.

Die oberen Abdichtungen sind nur in den Außenwänden erforderlich, die untere Abdichtung auch in den Innenwänden. Für horizontale Abdichtungen nach DIN 18195 sind bituminöse Dach- und Dichtungsbahnen geeignet. Vor dem Verlegen der Dichtungsbahnen sind die Auflageflächen, wenn erforderlich, mit Mörtel auszugleichen, damit eine ebene, waagerechte Fläche entsteht und keine Unebenheiten die Bahnen durchstoßen können. Die Stöße der Bahnen müssen sich mindestens 20 cm überdecken, sie können verklebt werden. Die Bahnen selbst werden nicht flächig aufgeklebt.

In der Praxis haben sich außerdem die nichtgenormten mineralischen Dichtungsschlämme[1]) gut bewährt.

Zur Frage, ob durch die untere waagerechte Sperrschicht am Wandfuß die Haftscherfestigkeit verringert wird, wurden von Kirtschig/Anstötz [3/3] umfangreiche Untersuchungen durchgeführt. Die Untersuchungen haben ergeben: Die Haftscherfestigkeit bei Wandproben mit Feuchtesperrschichten aus Bitumenpappe oder aus Dichtungsschlämme ist mindestens gleich groß, zum Teil auch deutlich höher als bei den gleichen Mauerwerksproben ohne Sperrschicht. Nur bei Feuchtesperrschichten aus PVC-Folie wurden geringere Haftscherfestigkeiten erreicht.

3.5.2 Senkrechte Abdichtungen

Abdichtungen gegen Bodenfeuchtigkeit nach DIN 18195 Teil 4

Unter Bodenfeuchtigkeit wird das im Boden vorhandene, kapillargebundene und durch Kapillarkräfte auch entgegen der Schwerkraft fortleitbare Wasser verstanden; weiterhin das aus Niederschlägen herrührende, nicht steigende Sickerwasser. Mit einer Feuchtigkeitsbeanspruchung nach Teil 4 der Norm darf nur gerechnet werden, wenn das Baugelände bis zu einer ausreichenden Tiefe unter der Fundamentsohle sowie das Verfüllmaterial aus nichtbindigem Boden, z. B. aus Sand oder aus Kies besteht.

Unter Berücksichtigung eines höherwertigen Ausbaus des Kellergeschosses sollten jedoch die erdberührten Bauteile eines Wohnhauses stets so abgedichtet werden, daß sie den Anforderungen des Teiles 5 entsprechen. Dadurch wird das Risiko einer Durchfeuchtung der Kelleraußenwand gering gehalten.

Im Teil 4 der Norm sind folgende Ausführungen beschrieben:

☐ Bituminöse Aufstriche
aus einem haftflüssigen Voranstrich und zwei heiß- oder drei kaltflüssig aufzubringenden Aufstrichen.

☐ Spachtelmassen
kalt zu verarbeiten, in zwei Schichten auf kaltflüssigem Voranstrich.

☐ Bitumenbahnen
einlagig, auf kaltflüssigem Voranstrich.

In der Praxis gut bewährt haben sich die – in der Norm nicht behandelten – elastisch aushärtenden mineralischen Dichtungsschlämme. Deren Anwendung ist heute für den angegebenen Bereich den Allgemein anerkannten Regeln der Technik zuzuordnen.

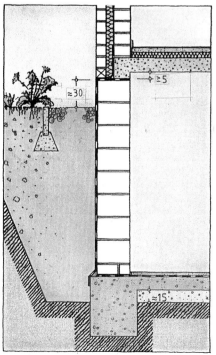

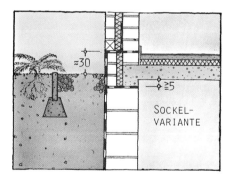

Bild 3/5: Waagerechte und senkrechte Abdichtung nach DIN 18195 Teil 4 und Teil 5. In der Praxis bewährt und von Oswald [3/2] empfohlen: Untere waagerechte Abdichtung unter der ersten Steinschicht anlegen.

SOCKEL-VARIANTE

BEWEHRTE FUNDAMENTPLATTE

Abdichtungen gegen nichtdrückendes Wasser DIN 18 195 Teil 5

Nichtdrückendes Wasser ist nach der Norm Wasser in tropfbar flüssiger Form, wie Niederschlags- oder Sickerwasser, das auf die Abdichtung entweder keinen oder einen nur vorübergehenden, geringen hydrostatischen Druck ausübt.

Bei bindigen Böden und bei Gebäuden in Hanglage ist immer mit Wasser in tropfbar flüssiger Form zu rechnen. Es gelten in diesen Fällen grundsätzlich mindestens die Festlegungen aus Teil 5 der Norm.

Die Abdichtungen müssen im Erdreich und gegenüber natürlichen Wässern beständig sein. Sie müssen Risse, die im Untergrund vorhanden sind (bis 0,5 mm Breite) oder später auftreten (bis 2 mm Breite bei 1 mm Kantenversatz), sicher überbrücken.

Zusätzlich sind Maßnahmen nach DIN 4095 − Dränung zum Schutz baulicher Anlagen − zu treffen, um das Entstehen von auch nur kurzzeitig drückendem Wasser zu vermeiden.

In der Norm werden folgende Ausführungsvarianten beschrieben:

☐ Nackte Bitumenbahnen oder Glasvlies-Bitumenbahnen; bei mäßiger Beanspruchung 2-lagig; bei hoher Beanspruchung 3-lagig.

☐ Bitumen-Dichtungsbahnen oder Dachdichtungs- oder Schweißbahnen; bei mäßiger Beanspruchung 1-lagig, bei hoher Beanspruchung 2-lagig, jeweils mit Gewebe oder Metallbandeinlage.

☐ Kunststoff-Dichtungsbahnen aus PIB*) oder ECB**); bei mäßiger Beanspruchung 1-lagig, 1,5 mm dick, bei hoher Beanspruchung 2-lagig, 1,5 mm bzw. 2 mm dick, zwischen zwei Lagen aus nackten Bitumenbahnen.

☐ Kunststoff-Dichtungsbahnen aus PVC weich; bei mäßiger Beanspruchung 1-lagig; 1,2 mm dick, mit einer Schutzlage, bei hoher Beanspru-

---

*) = Polyisobutylen
**) = Ethylen-Cop.-Bitumen

[1] Lieferfirmen u. a.:
   Deitermann-Chemiewerk, 45711 Datteln,
   Tel.: 0 23 63/3 99-0 / Fax: 0 23 63/3 99-3 54
   Deutsche Hey'di, 26639 Wiesmoor,
   Tel.: 0 49 44/30 30 / Fax: 0 49 44/3 02 25
   Remmers-Chemie, 49624 Löningen,
   Tel.: 0 54 32/20 51 / Fax: 0 54 32/8 31 09
   Schomburg, 32760 Detmold,
   Tel.: 0 52 31/9 53 00 / Fax: 0 52 31/95 31 23
   Vandex, Isoliermittelges., 22525 Hamburg,
   Tel.: 0 40/5 40 70 64 / Fax: 0 40/5 40 10 90

chung 1-lagig; 1,5 mm dick, zwischen zwei Schutzlagen.

☐ Asphaltmastix
mit Schutzschicht aus Gußasphalt für waagerechte Flächen.

☐ Metallbänder
in Verbindung mit Gußasphalt.

☐ Bitumen-Dickbeschichtungen.

Seit über 20 Jahren werden lösungsmittelfreie, kalt zu verarbeitende Bitumen-Dickbeschichtungen[1] eingesetzt. Es

handelt sich dabei um kunststoffvergütete Bitumen-Wasser-Emulsionen. Durch die Vergütung mit Kunststoff-Dispersionen wird erreicht, daß sie auch bei niedrigen Wintertemperaturen im Erdreich ihre hohe Elastizität, Dehnfähigkeit und Rißüberbrückung beibehalten.

Die Bitumen-Dickbeschichtungen werden als ein- und zweikomponentige Massen angeboten. Und obwohl die Abdichtung mit Bitumen-Dickbeschichtungen nicht in DIN 18195 Teil 4 beschrie-

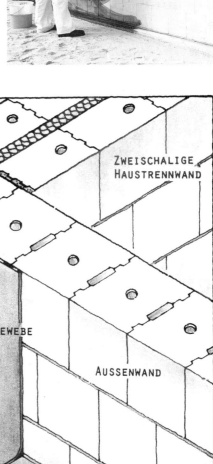

Bild 3/6: Dickbeschichtung auf KS-Mauerwerk

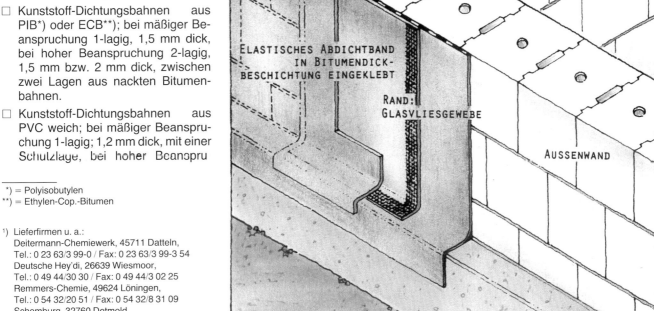

Bild 3/7: Senkrechte Abdichtung bei zweischaligen Haustrennwänden

Bild 3/8: KS-Kelleraußenwand mit Perimeterdämmung

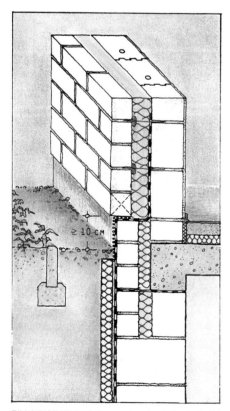

Bild 3/9: Mindestens 5 cm unter der Kellerdecke ist eine obere waagerechte Abdichtung im Mauerwerk vorzusehen. Liegt diese Abdichtung im Mauerwerk weniger als 30 cm über Geländeoberfläche, ist eine weitere Abdichtung oberhalb der Kellerdecke anzuordnen. Die hier gezeigte Führung der Wärmedämmung vermeidet im Anschlußbereich, „Einschaliges Kellermauerwerk – Zweischaliges Außenmauerwerk", Wärmebrücken.

ben sind, ist ihr Einsatz aufgrund der langjährigen Praxisbewährung heute den Allgemein anerkannten Regeln der Technik zuzuordnen.

Bitumen-Dickbeschichtungen – mit und ohne Gewebeeinlage – können bei handwerksgerechter Verarbeitung des KS-Mauerwerks direkt auf das Mauerwerk aufgebracht werden. Das trifft auch zu für KS-Mauerwerk aus KS-R-Block- und -Hohlblocksteinen ohne Stoßfugenvermörtelung. Bei Stoßfugenbreiten bis ca. 2 mm ist keine weitere Vorbehandlung des Mauerwerks erforderlich, bei Stoßfugenbreiten von 2 mm bis etwa 5 mm werden die Fugen durch eine Kratzspachtelung mit der Abdichtungsmasse geschlossen. Fugendicken > 5 mm Breite sind entsprechend DIN 1053 Teil 1 mit Mörtel zu verschließen.

Nach Auftrag des Voranstrichs läßt sich die pastöse Abdichtungsmasse direkt auf das Mauerwerk mit einer Glättkelle auftragen. Ein Putz oder Rapputz ist bei KS-Mauerwerk nicht erforderlich. Auch die Hohlkehle sowie Anschlüsse an Rohrdurchführungen werden mit der Abdichtungsmasse ausgeführt.

Erforderlich sind Schutzschichten, die die Abdichtungen dauerhaft vor schädigenden Einflüssen statischer, dynamischer und thermischer Art schützen. Hohen Schutz vor mechanischer Beschädigung einerseits und wirtschaftlichen und wirksamen Wärmeschutz der Kelleraußenwände andererseits bietet die Perimeterdämmung.

Waagerechte Abdichtung der Kellerbodenplatte: Die waagerechte Flächenabdichtung des Kellerfußbodens erfolgt bei Beanspruchungen durch Erdfeuchtigkeit und durch nichtdrückendes Wasser *auf* der Stahlbeton-Bodenplatte. Hierfür kann das gleiche Abdichtungssystem wie für die senkrechte Abdichtung der Kelleraußenwände verwendet werden: Voranstrich und Bitumen-Dickbeschichtung. Die fertige Abdichtung wird zweilagig mit einer PE-Folie abgedeckt und zum Beispiel durch einen schwimmenden Estrich dauerhaft vor Beschädigung geschützt.

3.6 Hochgedämmte KS-Kelleraußenwände

Die Außendämmung erdberührter Gebäudeflächen – Perimeterdämmung – bringt viele Vorteile mit sich:

☐ Der Wärmeschutz ist nach individuellen Vorgaben dimensionierbar. Dämmschichtdicken bis 120 mm sind konstruktiv problemlos möglich.

☐ Die Außendämmung verhindert Wärmebrücken, insbesondere im Sockelbereich.

☐ Die Abdichtung wird vor mechanischen Beschädigungen geschützt.

☐ Das auf der Innenseite sichtbare KS-Mauerwerk wird deckend gestrichen. Dies trifft auch für Kellermauerwerk aus den besonders wirtschaftlichen KS-Großformaten zu. Ein Verputzen ist nicht notwendig.

Die Perimeterdämmung ist durch bauaufsichtliche Zulassung geregelt. Als Materialien für die Perimeterdämmung kommen in Frage: PS-Partikelschaum PS 30, PS-Extruderschaum ($\varrho \geq$ 30 kg/m³), Foamglas und auch Mineralwollesysteme. Bei der Berechnung des Wärmeschutzes ist der Wärmedurchgangskoeffizient um einen Zuschlag (bei PS-Partikelschaum z. B. $\Delta k = 0,04$ W/(m²·K)) zu erhöhen. Die besonderen Bestimmungen der Zulassungsbescheide sind zu beachten.

Perimeterdämmplatten werden im allgemeinen einlagig und dicht gestoßen im Verband verlegt. Im Regelfall erfolgt eine punktweise Verklebung mit Klebern auf Bitumen- oder Kunststoffbasis. Im Sockelbereich oberhalb des Geländes ist eine Verdübelung möglich.

Zum Verfüllen des Arbeitsraumes der Baugrube sollte gut durchlässiger nichtbindiger Verfüllboden wie Sand oder feinkörniger Kies lagenweise mit eingebracht werden. Bei der Verdichtung ist darauf zu achten, daß keine Beschädigung der Perimeterdämmplatten erfolgt. Bei bindigem Verfüllboden ist eine lotrechte Flächendränung (Sickerplatte + Filtervlies) erforderlich.

Im Teil 10 von DIN 18 195 werden Schutzschichten auf Bauwerksabdichtungen geregelt. Sie sollen die Bauwerksabdichtungen vor Beschädigungen schützen.

Als Schutzschichten sind u.a. auch die Dämmplatten der Perimeterdämmung zulässig. Diese Dämmplatten sind genügend druckfest, widerstandsfähig gegen mechanische Belastungen, nehmen keine oder nur geringe Mengen Feuchtigkeit auf und sind widerstandsfähig gegen die im Erdreich vorkommenden Huminsäuren [3/4].

3.7 Wirtschaftlicher Kellerwandaufbau

Lösung 1 (Bild 3/10)

Für Vorratskeller und Abstellräume sind

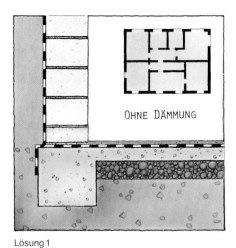
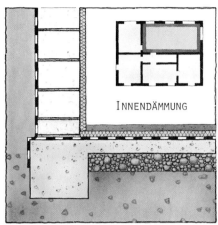
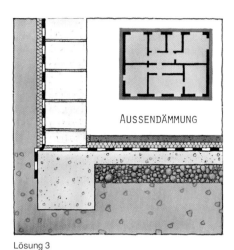

Lösung 1   Lösung 2   Lösung 3

Bild 3/10: KS-Kelleraußenwände mit und ohne Dämmung

wirtschaftliche Gesichtspunkte der Beheizung nicht vorrangig. Es werden eher gleichmäßig kühle Räume gewünscht. Das Erdreich garantiert weitgehend konstante Kellertemperaturen, die für die Lagerung von Kartoffeln, Gemüse oder Getränken günstig sind.

Lösung 2 (Bild 3/10)
Für gelegentlich beheizte Räume (Werk- oder Spielkeller) bietet sich aus wirtschaftlichen Gründen eine auf den einzelnen Raum beschränkte Innendämmung an. Sie ermöglicht eine schnellere Lufterwärmung. Auch nachträglicher Einbau der Innendämmung bei Nutzungsänderung ist möglich.

Lösung 3 (Bild 3/10)
Soll der größte Teil des Kellers beheizt werden, ist eine Kelleraußendämmung (Perimeterdämmung) sinnvoll.

Bild 3/11: KS-Kellerwände brauchen nicht verputzt zu werden. Außenisolierung z. B. Dickbeschichtung (Sulfiton)

37

4. KS-Außenwände

Außenwände haben vielfältige Aufgaben zu erfüllen. Die Leistungsfähigkeit kann jedoch nicht nur nach technisch-wirtschaftlichen Kriterien bewertet werden, sondern muß in gleichem Maße auch nach gestalterischen und ökologischen Maßstäben beurteilt werden. Entsprechend dieser Vielfalt von Auswahlkriterien gibt es für Außenwände die unterschiedlichsten konstruktiven Lösungen. Die KS-Außenwandkonstruktionen berücksichtigen alle Anforderungen in hohem Maße. Es ist hervorzuheben, daß alle gestalterischen und technischen Vorteile von KS-Außenwandkonstruktionen gleichzeitig rationelle und wirtschaftliche wie auch ökologische Forderungen auf einen Nenner bringen. Die wesentlichen Merkmale aller KS-Außenwandkonstruktionen sind:

□ gestalterische Vielfalt,
□ optimaler Wärmeschutz,
□ hervorragender Lärmschutz,
□ hohe Tragfähigkeit,
□ sicherer Befestigungsuntergrund,
□ Wohn-/Nutzflächengewinn,
□ Wertbeständigkeit.

Diese Vorteile werden erreicht durch die Eigenschaften von Kalksandsteinen, wie hohe Steindruckfestigkeiten und Maßhaltigkeit in Kombination mit anderen Funktionsschichten, die vor allem die Wärmedämmung und die Oberflächengestaltung bestimmen. Bauphysikalisch einwandfreie Konstruktionen

sowie eine handwerksgerechte Ausführung sind – neben der Wahl geeigneter Baustoffe – eine wesentliche Voraussetzung für Funktionsfähigkeit und langfristig einwandfreies Erscheinungsbild der KS-Außenwände.

4.1 KS-Mauerwerk mit Außendämmung

4.1.1 KS als tragende Mauerwerksschale

Da bei allen Außendämmungen das tragende Mauerwerk auf die statisch notwendige Dicke beschränkt werden kann, sind Kalksandsteine mit hoher Druckfestigkeit zu empfehlen. Die Mindestwanddicke d beträgt nach der DIN 1053 $\geq$ 11,5 cm. Bei einschaligen Außenwänden mit Wärmedämmverbundsystem ist aus schalltechnischen und baupraktischen Gründen im Wohnungsbau eine mindestens 17,5 cm dicke KS-Außenwand – vorzugsweise aus Vollsteinen – zu erstellen. Damit sind z.B. bei einer Gesamtwanddicke von unter 30 cm wirtschaftliche, schlanke Außenwände mit hohem Wärme- und Schallschutz möglich. Gegenüber Wanddicken von 36,5 cm Dicke kann bei einem durchschnittlichen Gebäudegrundriß erfahrungsgemäß ein Wohnflächengewinn von 2 bis 4% erzielt werden.

Die hohe flächenbezogene Masse der KS-Außenwände bewirkt eine gute Schalldämmung zum Schutz gegen

Außenlärm und reduziert als flankierendes Bauteil die Schallübertragung von Raum zu Raum innerhalb des Gebäudes.

Die Sicherheit gegenüber unzulässigem Tauwasserausfall im Bauteilinnern infolge Dampfdiffusion ist nach DIN 4108 Teil 3 gewährleistet. KS-Steine hoher Rohdichteklassen wirken sich hierbei günstig aus.

Der Temperaturverlauf in einer KS-Außenwand mit Wärmedämmung zeigt einen ausgeprägten Temperatursprung innerhalb der Dämmschicht. Die tragende KS-Wand verbleibt in allen Jahreszeiten auf einem ausgeglichenen Temperaturniveau und weicht insbesondere an der inneren Oberfläche nur wenig von der Wohnraumtemperatur ab.

Dies vermeidet zuverlässig den Tauwasserausfall an der inneren Wandoberfläche und ist Voraussetzung für ein günstiges, ausgeglichenes Raumklima im Sommer und im Winter.

Hinzu kommt, daß kurzfristige Feuchtebelastungen, wie sie in Küchen und Bädern entstehen, durch das gute Wasserdampf-Sorptionsverhalten vom KS-Mauerwerk abgepuffert werden. Innere Beschichtungen (Anstrich, Putz, Tapeten, Fliesenanteil usw.) sollten – zumindest in wesentlichen Anteilen – aus Materialien mit geringem Dampfdiffusionswiderstand bestehen, weil sonst das günstig wirkende KS-Mauerwerk vom Raum entkoppelt wird und Feuchte-

Bild 4/1: Wohnanlage mit KS-Mauerwerk und Wärmedämm-Verbundsystem (WDVS) in Herdecke/Ruhr, Architekten: Grüneke, Fischer, Flunkert; Herdecke

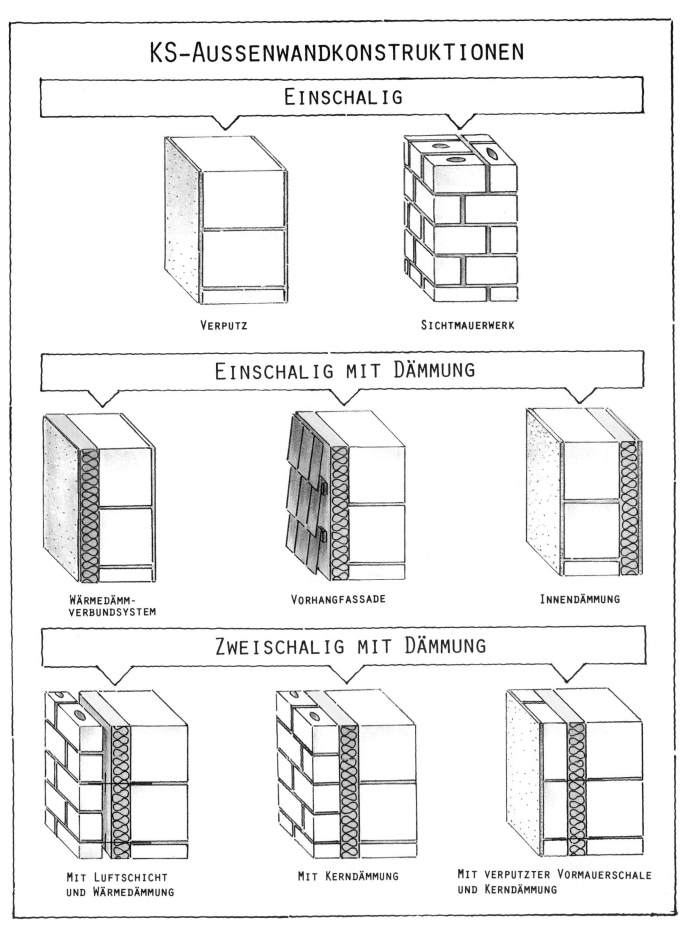

KS-AUSSENWANDKONSTRUKTIONEN

EINSCHALIG

VERPUTZ

SICHTMAUERWERK

EINSCHALIG MIT DÄMMUNG

WÄRMEDÄMM-
VERBUNDSYSTEM

VORHANGFASSADE

INNENDÄMMUNG

ZWEISCHALIG MIT DÄMMUNG

MIT LUFTSCHICHT
UND WÄRMEDÄMMUNG

MIT KERNDÄMMUNG

MIT VERPUTZTER VORMAUERSCHALE
UND KERNDÄMMUNG

Bild 4/2: Außenwandkonstruktionen – Systemübersicht

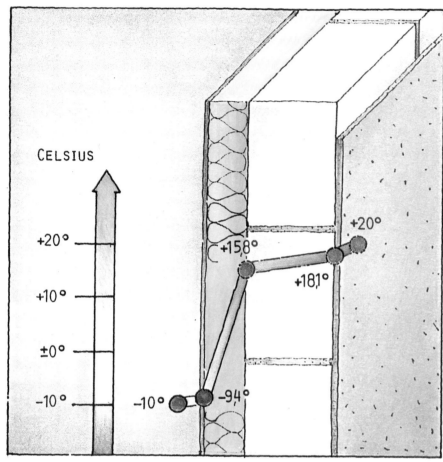

Bild 4/3: Temperaturverlauf durch eine Wand mit außenliegender Wärmedämmung

schwankungen nicht mehr kompensieren kann.

Eine thermische Rißbildung in der tragenden KS-Wand ist durch das ausgeglichene Temperaturniveau ausgeschlossen.

Durch die Außendämmung werden sowohl die stoffbedingten Wärmebrükken – z. B. Ringbalken oder Stützen aus Stahlbeton – wie auch geometrische Wärmebrücken, z. B. Außenwandecken oder in Außenwände einbindende Innenbauteile, in ihrer Auswirkung reduziert. Auch Wärmebrücken infolge Punktverankerungen haben keine baupraktische Bedeutung. Massive Auskragungen sind wegen ihrer Wärmebrücken-Wirkung möglichst konstruktiv zu vermeiden.

Bei Außenwandfußpunkten im Übergangsbereich zu nicht beheizten Kellern sind die äußeren Dämmschichten möglichst weit nach unten über die Kellerdecke zu führen. Fenster sind direkt hinter einer äußeren Dämmschicht anzuordnen. Idealerweise sollen die Mittelachsen von äußerer Dämmschicht und Fenster in einer Ebene liegen.

Rolladenkästen sollen, soweit sie als Fertigteil eingebaut werden, ausreichende Dämmschichten (k $\leq$ 0,6 W/(m² · K)) aufweisen, insbesondere auch im Deckenbereich.

Bei örtlicher Ausführung ist auch im Übergangsbereich Rolladenkasten/ Massivdecke auf das Anbringen einer Dämmschicht zu achten. Thermisch getrennte Balkon- oder Loggiaplatten sind zu empfehlen.

Dämmschichten müssen eng und lückenlos an das KS-Mauerwerk anschließen. Planebenes KS-Mauerwerk bietet hierfür eine gute Voraussetzung. Als sicherer Befestigungsuntergrund – z. B. für Dübel – sind vor allem KS-Vollsteine zu empfehlen.

4.1.2 KS mit WDVS (KS + Thermohaut)

Wird auf der tragenden KS-Wand außenseitig eine Dämmschicht angeordnet, die anschließend mit einer darauf abgestimmten, armierten Putzbeschichtung versehen wird, spricht man von KS + Thermohaut oder KS mit Wärmedämm-Verbundsystem, früher auch „Vollwärmeschutz" genannt. Im weiteren wird die amtliche Abkürzung „WDVS" verwendet.

Schlanke, hochbelastbare KS-Außenwände in Kombination mit einem WDVS erreichen bei geringstmöglichen Wanddicken (d $\leq$ 30 cm) einen wirtschaftlich

Bild 4/4: Wohnanlage in Stein bei Nürnberg mit KS und WDVS. Architekten: Dipl.-Ing. H. Höllfritsch, Dipl.-Ing. H.-J. Deisler; München

Bei der Darstellung der Details wurde eine einheitliche neutrale Farbgebung für die einzelnen Bauteile zum besseren Verständnis der Konstruktion gewählt, zum Beispiel

Kalksandstein = hell,

Dämmung = ocker,

Beton = grün,

Holz = braun.

Als Dämmung können unter Berücksichtigung der stofflichen Eigenschaften und in Abhängigkeit von der Konstruktion alle genormten oder bauaufsichtlich zugelassenen Dämmstoffe verwendet werden, zum Beispiel Hartschaumplatten, Hyperlite-Schüttungen, Mineralwolleplatten.

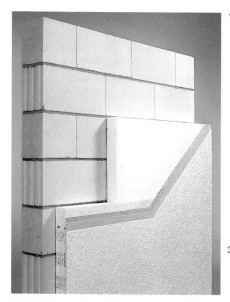

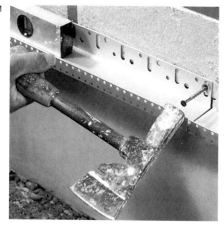

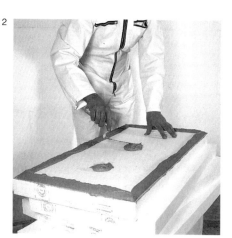

Bild 4/5: Wärmedämm-Verbundsysteme auf KS

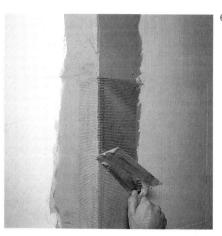

optimalen Wärmeschutz. Der Wohn-/ Nutzflächengewinn dieser Konstruktionen wird immer wichtiger, vor allem im Geschoßwohnungsbau und bei knappem und teurem Baugrund. Das WDVS besteht aus tragfähigen Wärmedämmplatten im Verbund mit einer mehrlagigen, armierten Putzbeschichtung. Mit diesen Systemen liegen über 30jährige Erfahrungen vor.

WDVS entsprechen den Allgemein anerkannten Regeln der Technik und bedürfen keiner allgemeinen bauaufsichtlichen Zulassung, da alle Komponenten bauübliche, zum Teil genormte Bauprodukte sind. Mit DIN V 18559 besteht eine erste Norm, die Vereinbarungen über Begriffsdefinitionen umfaßt. Auf europäischer Ebene wird eine CEN-Norm gewünscht*).

Das WDVS ist grundsätzlich als ein „geschlossenes System" zu betrachten − das heißt, alle Komponenten eines Systems sollen von einem Hersteller bezogen werden. Die Arbeiten sind von eingeübten Fachverarbeitungsfirmen auszuführen.

Ein rechnerischer Nachweis über Tauwasserausfall im Bauteilinnern infolge Dampfdiffusion ist nach DIN 4108 Teil 3 nicht erforderlich. Der Schlagregenschutz der WDVS erfüllt die Anforderungen der höchsten Beanspruchungsgruppe der DIN 4108 Teil 3.

Die Fassaden sind auch bei ausgesprochenen Unwettern widerstandsfähig. Dies bestätigen auch die Erfahrungen bei dem außergewöhnlichen Hagel-

*) Siehe fortführende Festlegungen in den Mitteilungen des DIBt 5/1993, Seite 154 ff „Wärmedämmverbundsysteme".

Bildfolge: Verlegevorgang − WDVS

schlag des Sommers 1984 im Münchener Raum sowie die Belastung unter den Orkanen im Frühjahr 1990. Umfangreiche Untersuchungen des Alterungsverhaltens von WDVS haben bestätigt, daß die Lebensdauer vergleichbar ist mit der Lebensdauer anderer Außenputze.

Vor dem Hintergrund der gebotenen Einsparung von Heizenergie, verbunden mit erhöhten Anstrengungen für den Umweltschutz (Verminderung von CO_2- und Schadstoff-Emission), ist in den letzten Jahren die Bereitschaft zur Wahl größerer Dämmstoff-Dicken stetig gewachsen.

Außenwand-Dämmungen mit bis zu 120 mm dicken EPS-Hartschaum- oder Mineralwolle-Platten unter gewebearmierter Putzbeschichtung sind – gemäß den Allgemein anerkannten Regeln der Technik – problemlos auszuführen. Auch mit wesentlich größeren Dämmstoffdicken der WDVS wurden bei Niedrigenergiehäusern Erfahrungen gesammelt. Kombiniert mit anderen hochgedämmten Bauteilen ist dies eine besonders günstige Voraussetzung für niedrige Heiz- und Betriebskosten.

Die Vielfalt der im Markt eingeführten, bewährten Systeme trägt den verschiedenen bautechnischen Gegebenheiten, aber auch unterschiedlichen Zielvorstellungen und Gestaltungswünschen Rechnung. Im Prinzip unterscheiden sich die verschiedenen Systeme in der Ausführung durch

☐ Befestigungsart,

☐ Art der Dämmplatten,

☐ Armierungsschicht und

☐ Schlußbeschichtung.

Standsicherheit

Je nach Ausführung und Anwendungsbereich des WDVS sind verschiedene Nachweise zu führen.

■ Eigenlast des WDVS: $g \leq 0,1$ kN/m²

Bei einer Eigenlast des WDVS, bestehend aus Hartschaum und Putzbeschichtung, $\leq 0,1$ kN/m², kann auf einen Standsicherheitsnachweis verzichtet werden. Die kraftschlüssige Verbindung zwischen WDVS und KS-Mauerwerk erfolgt normalerweise *ausschließlich über Klebeverbindung.* Es ist Aufgabe des Systemherstellers nachzuweisen, daß die Haftfestigkeit des Klebers zwischen Hartschaumplatte und

Mauerwerk mindestens 0,1 N/mm² beträgt.

■ Eigenlast des WDVS: $g > 0,1$ kN/m²

Bei einer Eigenlast des WDVS, bestehend aus Hartschaum Dämmplatte und Putz sowie generell bei Verwendung von Mineralwolle-Dämmplatten erfolgt der Standsicherheitsnachweis entsprechend den Regelungen des Deutschen Instituts für Bautechnik, Berlin: „Zum Nachweis der Standsicherheit von Wärmedämmverbundsystemen mit Mineralfaser-Dämmstoffen und mineralischem Putz" (1990).

Eine kraftschlüssige Verbindung zwischen WDVS und Mauerwerk erfolgt durch *Verklebung und Verdübelung.* Es sind bauaufsichtlich zugelassene Schraubdübel zu verwenden. Je nach Anwendungsbereich sind verschiedene Nachweise zu führen. Eine Übersicht gibt Tafel 4/1.

Wird die Erfüllung aller Parameter (Tafel 4/1, Spalte 2) nachgewiesen, kann an Gebäuden < 20 m Höhe ohne rechnerischen Standsicherheitsnachweis mit den Dübelanzahlen, die in der Tafel 4/2 angegeben sind, gearbeitet werden.

Tafel 4/1: Standsicherheitsnachweise für WDVS mit Eigenlasten > 0,1 kN/mm

1	2	3	4
Gebäude mit Höhen < 8 m	Gebäude mit Höhen 8 bis 20 m		Gebäude mit Höhen > 20 m
Ohne Nachweis	*Variante 1* Vereinfachter Nachweis ohne rechnerischen Nachweis	*Variante 2* Rechnerischer Nachweis	Rechnerischer Nachweis
Für Gebäude mit Höhen < 8 m bzw. Wohngebäude bis zu 2 Vollgeschossen sind keine Nachweise für die Standsicherheit des WDVS vorzulegen.	Werden die vorgegebenen Anforderungen[1]) an ☐ Verankerungsgrund ☐ Kleber ☐ Mineralfaser-Dämmstoff[3]) ☐ Dübel ☐ Bewehrungs-Gewebe ☐ Putzsystem erfüllt, braucht kein rechnerischer Nachweis geführt zu werden. Die Erfüllung der Anforderungen an das Putzsystem ist durch Gutachten zu belegen[2]).	Alternativ kann auch ein rechnerischer Standsicherheitsnachweis geführt werden. Die dem Standsicherheitsnachweis zugrunde zu legenden Materialeigenschaften sowie die vorgeschriebenen Bauteilversuche sind durch gutachterliche Äußerung zu belegen[2]).	Es muß ein rechnerischer Standsicherheitsnachweis geführt werden. Die dem Standsicherheitsnachweis zugrunde zu legenden Materialeigenschaften sowie die vorgeschriebenen Bauteilversuche sind durch gutachterliche Äußerung zu belegen[2]).
Je nach Erfordernis Verdübelung gemäß Ausschreibung bzw. Herstellerangabe.	Ab Sockelkante sind je m² Wandfläche mind. 4 Dübel (durch das Gewebe) bzw. 5 Dübel (unter dem Gewebe) anzuordnen. Im Randbereich sind 8 bzw. 12 Dübel zu verwenden.	Unabhängig von den Materialeigenschaften und dem rechnerischen Ergebnis des Standsicherheitsnachweises darf die Mindestanzahl von 4 Dübeln/m² (durch das Gewebe gedübelt) bzw. 5 Dübel (unter dem Gewebe gedübelt) nicht unterschritten werden. Die erforderliche Dübelanzahl im Randbereich richtet sich nach dem Ergebnis des Standsicherheitsnachweises.	

[1]) Anforderungen: Siehe IfBt-Regelung bzw. Interpretation im Merkblatt des Fachverbands Fassaden-Vollwärmeschutz

[2]) Für entsprechende Gutachten und Untersuchungen sind autorisiert:
  – Universität Dortmund, Institut für Beton- und Stahlbetonbau, Prof. Dr.-Ing. G. G. Schäfer
  – Technische Universität Berlin, Institut für Baukonstruktionen und Festigkeit, Prof. Dr. E. Cziesielski

[3]) Die IfBt-Regelung 4/90
  Zum Nachweis der Standsicherheit von Wärmedämm-Verbundsystemen mit Mineralwolle-Dämmstoffen und mineralischem Putz gilt sinngemäß auch für Wärmedämm-Verbundsysteme mit Hartschaum-Dämmstoffen nach DIN 18164 Teil 1 und Eigenlasten (Dämmstoff und Putzbeschichtung) über 0,1 kN/m²

Tafel 4/2: Dübelanzahl für verschiedene WDVS an Gebäuden unter 20 m Höhe

	durch das Gewebe gedübelt	unter dem Gewebe gedübelt
in der Fläche	4 Stück/m²	5 Stück/m²
im Randbereich	8 Stück/m²	12 Stück/m²

■ Sonderfälle

Für WDVS, die ohne Kleber, nur mit Dübeln, oder die mit Profilschienen auf dem KS-Mauerwerk befestigt werden oder für Systeme mit auf Putz geklebten keramischen Fliesen, Natursteinplatten oder Riemchen, sind gutachtliche Stellungnahmen dafür zugelassener Prüfstellen erforderlich.

Verklebung

Bei flächenebenem KS-Mauerwerk wird im Klebeverfahren eine kraftschlüssige Verbindung zwischen den Hartschaumplatten und dem tragenden Untergrund erzielt, so daß die Hartschaumplatten allein mit dem systemeigenen Klebemörtel angesetzt werden können. Es sind unterschiedliche Klebetechniken gebräuchlich; bei der überwiegend angewandten Wulst-Punkt-Verklebung werden die Hartschaumplatten streifenförmig an den Rändern und punkt- bzw. streifenförmig in der Fläche mit Klebemörtel versehen und unter schiebender Bewegung in das Kleberbett „eingeschwommen". Die Plattenstöße sind vom Kleber freizuhalten.

Für WDVS mit Hartschaum-Dämmstoffen und Eigenlasten bis 0,1 kN/m² (= 10 kg/m² Dämmplatte inkl. Beschichtung) obliegt den Herstellern der Nachweis, daß die Haftfestigkeit des Systems am Mauerwerk – auch wenn dieses durchfeuchtet ist – mind. 0,1 N/mm² beträgt. Für WDVS mit Mineralwolleplatten ist im Regelfall eine zusätzliche Verdübelung erforderlich.

Verdübelung

Außer bei den WDVS mit Eigenlasten über 0,1 kN/m² und WDVS mit Mineralwolleplatten sind Verdübelungen notwendig, wenn die erforderliche Haftfestigkeit nicht sichergestellt ist, zum Beispiel bei der Instandsetzung verputzter Gebäude.

Für die Verdübelung gilt in der Regel, daß sie vor dem Aufbringen der Armierungsschicht erfolgt. Damit ist gewährleistet, daß die Haftung der Spachtelmasse und die Armierung nicht beschädigt wird.

Bei welchem Gebäudetyp eine Verankerung des WDVS mit Dübeln zum Erreichen der Standsicherheit nachzuweisen ist, kann der Tafel 4/1 entnommen werden. Weitere Einzelheiten gehen aus Tafel 4/2 hervor.

Schienen-Systeme

Bei mechanisch befestigten WDVS („Schienen-Systeme") werden speziell genutete Hartschaumplatten im Format 50 x 50 cm verwendet, die in horizontal angeordnete Profilschienen eingesetzt und durch vertikale Halteleisten stabilisiert werden. Vornehmlich kommt diese Variante bei Altbausanierungen zum Tragen.

Sofern Baustoffklasse B 1 (schwerentflammbar) gefordert ist, müssen die Platten zusätzlich punktweise verklebt werden.

Dämmplatten

□ *Polystyrol-Hartschaum* des Typs PS 15 SE nach DIN 18164 Teil 1 wird für den überwiegenden Anteil der schwerentflammbaren Systeme (Baustoffklasse B 1) benutzt. Die Platten haben ein Vorzugsmaß von 50 x 100 cm und werden üblicherweise in Standarddicken von 4 bis 12 cm eingesetzt. Zur Dämmung von Laibungen sind auch geringere Dicken (etwa 2 bis 3 cm) gebräuchlich.

Mehrheitlich sind die Platten unprofiliert; es sind jedoch auch Platten mit Stufenfalz- oder mit Nut- und Federrändern sowie solche mit genuteten Oberflächen im Handel. Gängige Systeme verwenden im allgemeinen Platten der Wärmeleitfähigkeitsgruppe 040.

Wegen der erforderlichen Maßhaltigkeit sind nur systemeigene Dämmplatten zu verwenden; nur sie bieten die Gewähr, daß sie zur Vermeidung des Nachschwindens entsprechend abgelagert sind.

Für besondere Ansprüche – etwa in erdnahen oder bei ins Erdreich einbindenden Sockelbereichen (Perimeterdämmung) – können EPS-Platten höherer Rohdichte (z.B. PS 30) oder PS-Extruderschaum mit aufgerauhter Oberfläche eingesetzt werden.

□ *Mineralwolle-Platten* nach DIN 18165 Teil 1 werden – zusammen mit mineralischer Putzbeschichtung – für nichtbrennbare Systeme der Baustoffklasse A verwendet. Wegen der Not-

Bild 4/6: Anschluß des WDVS an die Perimeterdämmung. Eine Trennung (Fuge) ist nicht notwendig.

Bild 4/7: Vollflächiger Kleberauftrag bei ebener Wandoberfläche

---

Schlanke KS-Außenwände mit WDVS bieten:
- ■ kostengünstige KS-Außenwandkonstruktionen
- ■ größtmöglichen Wohn-/Nutzflächengewinn
- ■ optimierten Wärmeschutz
- ■ hohen Schallschutz
- ■ ausgeglichenes Raumklima durch wärmespeichernde Kalksandsteine
- ■ sicheren Befestigungsuntergrund

wendigkeit des Standsicherheits-Nachweises in besonders windsogbelasteten Bereichen sind Mineralwolle-Platten mit erhöhter Abreißfestigkeit (> 15 kN/m²) im Handel.

Die Vorzugsmaße betragen 62,5 x 80 cm bei Standarddicken zwischen 40 und 120 mm.

Gebräuchlich sind auch hier vor allem Dämmplatten der Wärmeleitfähigkeitsgruppe 040.

Angeboten werden auch Mineralwolle-Platten in der Form von Lamellenstreifen, bei denen die Faserrichtung – entgegen den herkömmlichen Platten – senkrecht zur (Wand-)Oberfläche orientiert ist. Sie zeichnen sich durch eine hohe Abreißfestigkeit aus. Voraussetzung zur Anwendung dieser relativ preisgünstigen Variante ist eine vollflächige Verklebung, die nur auf ebenem, für die Kleberhaftung als sicher zu beurteilendem Verlegeuntergrund (KS-Mauerwerk) zu realisieren ist. Solche Systeme sind auf Bauhöhen < 20 m beschränkt.

☐ *Zubehör* wie z.B. Sockelschienen für den unteren Systemabschluß sowie Rand- und Anschlußprofile zum Übergang auf andere Bauteile sind ebenso wichtige Systembestandteile wie elasti-

Bild 4/8: Sockeldetail ohne Sockelschiene

Bild 4/9: Sockeldetail mit Sockelschiene

sche, selbstexpandierende Fugendichtbänder, welche die Dichtigkeit gegen Niederschlag an allen Rändern, Anschlüssen und Durchdringungen der Dämmsysteme zu erfüllen haben. Gerade auch im Anschluß an Fensterbänke und in Laibungen kommt ihnen eine hohe funktionsbestimmende Bedeutung zu.

Armierungsschicht

Sie besteht aus der Spachtelmasse und dem darin eingebetteten Armierungsgewebe und wird verlegetechnisch wie funktionell als Einheit gesehen. Die Spachtelmasse kann je nach System zwischen dispersionsgebunden und rein mineralisch/hydraulisch-gebunden graduell variieren. Sie wird dementsprechend entweder verarbeitungsfertig oder als Werktrockenmörtel geliefert.

Die Herstellung der Armierungsschicht umfaßt drei Phasen: Grundspachtelung, Einbettung des alkalibeständigen Armierungsgewebes, schließlich Überspachtelung. Nur so kann das Gewebe seine spannungsverteilende Wirkung in einer gleichmäßig dicken Armierungsschicht erzielen.

Die Dicke der Armierungsschicht kann je nach System und Werkstoffart zwischen 3 und 12 mm liegen; auch bei größeren Dicken soll das Armierungsgewebe möglichst mittig angeordnet sein, wobei benachbarte Gewebebahnen 10 cm überlappen sollen. Bei besonders stoßgefährdeten Bereichen (Sockelbereich) soll zusätzlich ein verstärktes Panzergewebe eingebettet werden.

Wird ein farbig getönter Dispersionsputz als Schlußbeschichtung aufgetragen, dann soll auch die Armierungsschicht entsprechend eingefärbt sein. Dispersionsgebundene Spachtelmassen werden hierzu durch Farbzugabe vor Ort oder bereits werksseitig eingefärbt; bei zementhaltigen Spachtelmassen kommt ein – ggf. pigmentierter – Zwischenanstrich zur Anwendung.

Schlußbeschichtung

Sie verleiht dem Dämmsystem Farbgebung und Strukturbild. Zusammen mit der Armierungsschicht ist sie vor allem verantwortlich für den Feuchtehaushalt des Systems; von ihr wird daher zugleich geringe Wasseraufnahme und hohes Diffusionsvermögen verlangt.

Im Regelfall besteht die Schlußbeschichtung aus einem Strukturputz. Entsprechend dem wirksamen Binde-

mittel ist zu unterscheiden zwischen Dispersionsputz, Silikonharzputz, Mineralputz und Silikatputz. Mehr oder minder feine Zuschlagstoffe bestimmen die Dicke sowie die spätere Putzstruktur. Es sind – entsprechend der Dicke des Strukturkorns – Auftragsdicken von 2 bis 5 mm üblich, es werden aber auch Edelkratzputze mit Dicken bis zu 12 mm angewandt. Mehr und mehr etablieren sich neben den angestammten Dispersionsputzen die pflegeleichten Mineral-Leichtputze und Silikatputze.

Zur farblichen Gestaltung der Fassade kann die Schlußbeschichtung mit abgestimmten Fassadenfarben komplett eingefärbt oder auch nachträglich überstrichen werden. Sehr dunkle, farbgesättigte Töne sind jedoch wegen der hohen thermischen Beanspruchung zu vermeiden. Einer Regel des Malerhandwerks zufolge ist ein „Hellbezugswert" von 20 nicht zu unterschreiten.

Die Möglichkeiten zur Strukturgebung sind durch Auswahl, Auftragsart und ggf. Nachbehandlung der Schlußbeschichtung vielfältig; weitere Maßnahmen zur architektonischen Gestaltung, Gliederung oder Fassadenauflockerung sind z.B. Glattstrichbänder, Faschen oder Fassaden-Profile zur Auflockerung des optischen Erscheinungsbildes.

Flachverblender als Schlußbeschichtung anstelle eines Oberputzes erfreuen sich zunehmender Beliebtheit. Entsprechend der landschaftsüblichen Bautradition im norddeutschen Tiefland werden so auch WDVS der typischen Klinkerbauweise angeglichen. Mehr und mehr werden aber Flachverblender als Gestaltungselemente, z.B. für Sockelflächen, Türeinfassungen oder Fensterstürze, verwendet.

Wie alle Fassaden unterliegen auch Putzoberflächen eines WDVS allmählichen Ablagerungen von Staub- und Schmutzpartikeln sowie Mikroorganismen. Sollten einmal Teilbereiche eines WDVS beschädigt sein, so sind zur Reparatur möglichst ganze Dämmplatten freizulegen und auszutauschen. Die Ränder der armierten Putzbeschichtung sind an der noch intakten Fläche von Putz- und Spachtelmasse zu befreien; die verbliebene Gewebearmierung wird dann zusammen mit einem neuen Reparaturstück überlappend, naß-in-naß, wieder eingespachtelt. Sodann kann die Schlußbeschichtung in möglichst der gleichen Strukturierung wie zuvor ergänzt werden.

4.2 Zweischalige KS-Außenwände

Zweischalige Außenwände mit Luftschicht und Wärmedämmung bzw. Kerndämmung

Zweischaliges KS-Mauerwerk hat sich in der Fassade seit vielen Jahrzehnten in Gegenden mit besonders extremen Witterungsbedingungen hervorragend bewährt.

Die Außenwand besteht aus zwei massiven Mauerschalen mit eingebautem Wärmeschutz. Während der Innenschale hauptsächlich statische, schalltechnische und wärmespeichernde Bedeutung zukommt, bestimmt die Wärmedämmung den günstigen k-Wert der Wand. Die DIN 1053 Teil 1 läßt als maximalen Schalenabstand 15 cm zu. Dieser kann vollständig für die Kerndämmung genutzt werden. Das Verblendmauerwerk aus glatten KS-Verblendern oder aus KS-Struktur ist Wetterschutz und reizvolles Gestaltungselement (Bilder 4/10 bis 4/12).

Tragende KS-Innenschale

Zweischalige Kalksandstein-Außenwände sind Konstruktionen, bei denen durch klare Funktionstrennung der einzelnen Schichten eine gut durchdachte, konstruktive und bauphysikalische Abstimmung der geforderten Eigenschaften erfolgt. Die mindestens 11,5 cm dikke tragende Innenschale übernimmt die tragende statische Funktion. Sie wird nach DIN 1053 bemessen.

Die Vermauerung mit und ohne Stoßfugenvermörtelung ist möglich.

Dämmstoffe

Bei zweischaligem Mauerwerk mit Wärmedämmung muß die Luftschicht mindestens 4 cm betragen. Bei einem zulässigen Schalenabstand von 15 cm wird als Dämmstoffdicke üblicherweise 10 cm gewählt.

Daneben sind Kerndämmungen in DIN 1053 Teil 1 geregelt. Die Wärmedämm-

> **Verblendschalen sind grundsätzlich aus Vollstein-Verblendern, KS Vb, herzustellen, vorzugsweise im Läuferverband mit halbsteiniger Überdeckung.**
>
> **Außen-Sichtmauerwerk ist nicht ins Erdreich zu führen.**

Bild 4/10: Zweischalige KS-Außenwand mit Wärmedämmung und Luftschicht

Bild 4/11: Zweischalige KS-Außenwand mit Kerndämmung

Bild 4/12: Zweischalige KS-Außenwand mit Kerndämmung aus Hyperlite

stoffe müssen dabei entweder für diesen Anwendungsfall genormt oder bauaufsichtlich zugelassen sein. Es sind die Verarbeitungsempfehlungen des Herstellers zu beachten. Die Kerndämmung mit Hyperlite-Schüttung hat sich seit über 30 Jahren in der Praxis bewährt.

Wärmestau

Gelegentlich wird die Vermutung geäußert, daß bei Anordnung von Kerndämmung ein Wärmestau entstehen würde, der sich nachteilig auf die Konstruktion auswirkt. Das trifft jedoch nicht zu, wie wissenschaftliche Untersuchungen gezeigt haben. Der Temperaturunterschied zwischen hinterlüfteter und nicht hinterlüfteter Außenschale ist sowohl im Sommer als auch im Winter bei sonst gleichen Randbedingungen gering. Wesentlicher für ein günstiges Aufheiz-/Abkühlverhalten ist die Farbe der Verblendfassaden; helle Fassaden wirken sich vorteilhaft aus.

Dampfdiffusion

Nach der Wärmeschutznorm DIN 4108 Teil 3 (Wärmeschutz im Hochbau, klimabedingter Feuchteschutz) ist kein rechnerischer Nachweis des Tauwasserausfalls für zweischaliges Mauerwerk mit Wärmedämmung und be- und entlüfteter Luftschicht erforderlich. Tauwasser fällt bei dieser Konstruktion nicht aus. Dies gilt für alle üblichen KS-Rohdichten. Für Außenwände wurden von der KS-Industrie für die von ihr empfohlenen Kerndämmsysteme rechnerische Nachweise geführt, die zum Ergebnis haben, daß alle vorgeschlagenen KS-Konstruktionen grundsätzlich unbedenklich sind.

Nach DIN 1053 Teil 1 sind für Kerndämmungen grundsätzlich in der Verblendschale KS-Verblender nach DIN 106 Teil 2 zu verwenden. Es sind keine glasierten Steine bzw. Steine mit Beschichtungen mit vergleichbar hoher Wasserdampf-Diffusionswiderstandszahl zulässig.

Luftschicht, Belüftung und Entwässerung

Feuchtigkeit, die z. B. durch Schlagregen in die äußere Zone der Wandkonstruktion eindringt, wird dort durch die Kapillarität der Baustoffe verteilt und bei trockenem Wetter durch Diffusionsvorgänge wieder an die Außenluft abgegeben.

Durch die Luftschicht (d ≥ 4 cm) wird eventuell durchgedrungene geringe

Tafel 4/3: Argumente für zweischalige Außenwände

Gestaltung:	KS-Sichtmauerwerk innen und außen alternativ mit Putz
Statik:	hohe Belastbarkeit der KS-Steine hohe Druckfestigkeit (tragende Innenschale mindestens 11,5 cm dick)
Winterlicher Wärmeschutz:	geringer Wärmeverlust durch hochwertige Wärmedämmstoffe zwischen KS-Mauerschalen (k_w-Werte 0,2 bis 0,4 W/(m² · K))
Raumklima:	günstiger Temperaturverlauf in der Wand, daher Wohnbehaglichkeit sowohl bei tiefen aber auch hohen Außentemperaturen
Sommerlicher Wärmeschutz:	wirkungsvoller Hitzestop durch hohen Dämpfungseffekt wärmespeichender KS-Mauerschalen (TAV = 0,02)
Schallschutz:	günstige Luftschallschutzwerte durch zwei massive KS-Schalen ≥ 64 dB
Brandschutz:	durch nichtbrennbare Wandbauteile sicher und dauerhaft
Wetterschutz:	dauerhafter Witterungsschutz durch die zweischalige Außenwand mit frostbeständigen KS-Verblendern
Wirtschaftlichkeit:	günstige Rohbaukosten durch geringe Wanddicke, geringe Heizkosten (kleine Heizungsanlage)
Zukunftssichere Konzeption:	einfach auszuführende Konstruktion − geringe Wartungsanfälligkeit − rasche Amortisation der Baukosten

Restfeuchte nach unten abgeleitet. Die eingedrungene Feuchtigkeit wird von der Wärmedämmschicht und der inneren Wandschale ferngehalten. Ein Feuchtetransport über die Drahtanker wird durch Kunststoffscheiben, die auf die Drahtanker aufgeschoben werden, verhindert.

Die Verblendschalen sind jeweils unten und oben mit Lüftungs- oder Entwässerungsöffnungen zu versehen. Die Lüftungsöffnungen sollen auf 20 m² Wandfläche eine Fläche von 7500 mm² haben, jeweils oben und unten. Das gilt auch für die Brüstungsbereiche der Außenschalen sowie für die Bereiche über Öffnungen der Türen und Fenster.

Um eingedrungene Feuchtigkeit in jedem Fall sicher abzuleiten, sind Lüftungsöffnungen bzw. offene Stoßfugen oder Lüftungssteine unmittelbar über der Feuchtigkeitssperre, dem Sockel oder den Fenstern anzuordnen[1].

Öffnungen sind auch bei Wänden mit Kerndämmung anzuordnen. Sie wirken als Entwässerungsöffnungen am Fußpunkt der Dämmung und können oben entfallen. Die Größe dieser Entwässerungsöffnungen kann auf

5000 mm² / 20 m² Wandfläche begrenzt werden. An den Fußpunkten der Verblendschalen sowie über Fenstern sind jeweils Feuchtesperren und Entwässerungsöffnungen anzuordnen.

Nach DIN 4108 Teil 4 sind Luftschichten von zweischaligen Außenwänden nach DIN 1053 Teil 1 als ausreichend ruhend anzusehen und mit 1/Λ = 0,17 [(m²·K)/W] bei wärmetechnischen Berechnungen anzusetzen. Bei offenen Stoßfugen kann ein Fliegengittergewebe eingesetzt werden, Lüftungssteine sind werkseitig mit einem Gittergewebe versehen. In DIN 1053 Teil 1 wird auf ein nichtrostendes Lochgitter hingewiesen. In jedem Fall ist zu verhindern, daß lose eingebrachte Dämmstoffe ausrieseln.

Bei sachgerecht verputzten Vormauerschalen kann auf Lüftungs- und Entwässerungsöffnungen verzichtet werden, da der Außenputz ausreichend sicher gegen Schlagregen schützt[2].

---

[1] Hersteller für Celton-Lüftungssteine aus Weißzement: Knüppel, 45136 Essen, Tel.: 02 01/2 57 64-66 / Fax: 02 01/26 37 59

[2] Gutachten Prof. Kirtschig, TU Hannover 7/92

Tafel 4/4: Mindestanzahl und Durchmesser von Drahtankern je m² Wandfläche

		Drahtanker Mindestanzahl	Drahtanker Durchmesser
1	mindestens, sofern nicht Zeilen 2 und 3 maßgebend	5	3
2	Wandbereich höher als 12 m über Gelände oder Abstand der Mauerwerksschalen über 70 bis 120 mm	5	4
3	Abstand der Mauerwerksschalen über 120 bis 150 mm	7 oder 5	4 5

Anker

Verblendschale und tragende Innenschale müssen über nichtrostende Drahtanker nach DIN 17 440 „Nichtrostende Stähle" (Werkstoffnummern 1.4401 bzw. 1.4571) verbunden werden. Die Anzahl der einzubauenden Anker richtet sich nach dem Abstand der beiden Schalen sowie der Lage des Bauteils.

Bei zweischaligem Außenmauerwerk sind z. B. für einen Wandbereich, der sich mehr als 12 m über dem Gelände befindet, oder bei dem der Schalenabstand innerhalb einer Bandbreite von 70–120 mm liegt, mindestens fünf Anker mit einem Durchmesser von 4 mm anzuordnen (Bilder 4/13 und 4/15).

Zusätzlich müssen an freien Rändern drei Drahtanker je m Randlänge angeordnet werden (Bild 4/14). Hier handelt es sich um Öffnungen, Dehnungsfugen, Wandecken und obere Wandenden. Im allgemeinen genügt es, wenn für die Kalkulation sechs Anker pro m² Wandfläche der Berechnung zugrunde gelegt sind.

Nach Möglichkeit werden die Anker beim Aufmauern der tragenden Innenschale eingelegt. Bei nachträglich einzubauenden Ankern ist nachzuweisen, daß diese eine Auszugskraft von 100 kg/Anker bei einem Schlupf von maximal 1,0 mm aufnehmen können. Ist das nicht der Fall, so ist die Zahl der Anker entsprechend zu erhöhen.

Um die Montage von Dämmplatten größerer Dicke zu erleichtern, kann der nachträgliche Einbau von bauaufsichtlich zugelassenen Schlagdübelankern vorgesehen werden. Nach den Zulassungen sind KS-Vollsteine der Festigkeitsklasse ≥ 12 zu verwenden. Bei Verankerung der Dübel in Mauerwerk

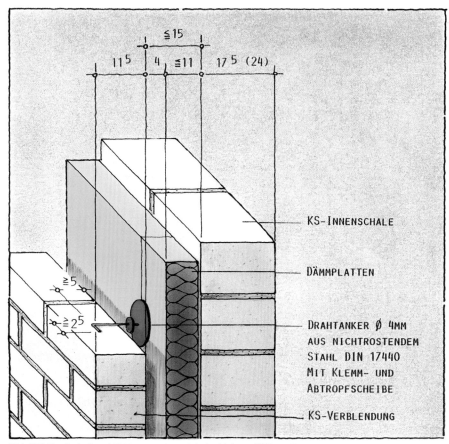

Bild 4/13: Zweischaliges KS-Mauerwerk – mit Luftschicht und Wärmedämmung

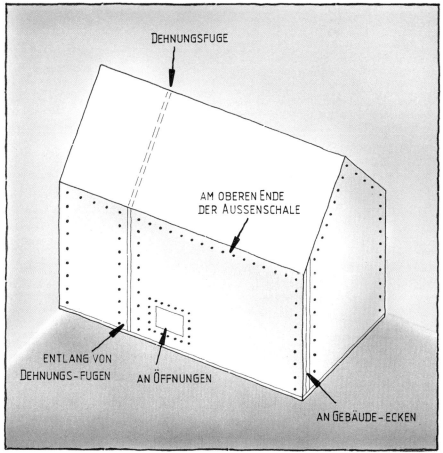

Bild 4/14: Anordnung zusätzlicher Drahtanker nach DIN 1053 Teil 1

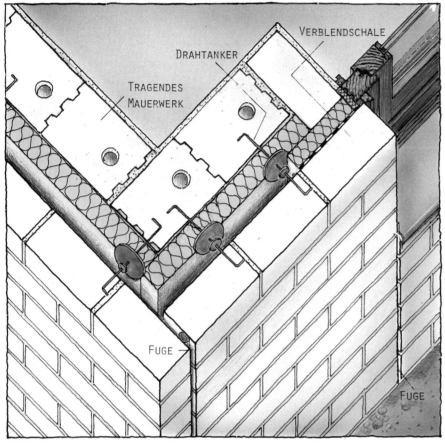

Bild 4/15: Dehnungsfuge im Bereich der Gebäudeecke und der Fensterbrüstung. Alternativ: Folie direkt auf dem Mauerwerk befestigen

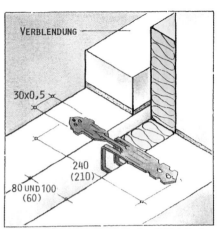

Bild 4/16: Edelstahl-Luftschichtanker (ISO-Anker):

Bild 4/17: Dünnbettmörtel auf der vollen Wandlänge aufziehen. ISO-Spouw-Anker einlegen.

dürfen die Dübel nicht in die Lager- oder Stoßfugen gesetzt werden. Der Abstand der Dübel zu den Steinrändern muß mindestens 3,0 cm betragen und der Mauermörtel muß mindestens der Mörtelgruppe II nach DIN 1053 Teil 1 entsprechen.

Für Mauerwerk mit Dünnbettmörtel gibt es bauaufsichtlich zugelassene Luftschichtanker aus Edelstahl[3] (Bilder 4/16 bis 4/19).

KS-Verblendschale

Die Außenschale wird aus frostbeständigen KS-Verblendern (KS Vb) der Stein-Druckfestigkeitsklasse 20 in den Formaten DF, NF und 2 DF sowie regio-

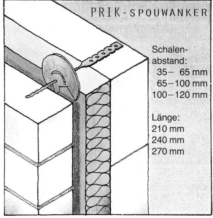

Bild 4/18: Edelstahl-Luftschichtanker (Prik-Spouw-Anker):

Bild 4/19: Schlagdübelanker für zweischaliges Mauerwerk mit Wärmedämmung und Luftschicht

---

[3] Anker-Lieferfirmen sind:
– Hardo, 59823 Arnsberg,
  Tel.: 0 29 31/8 90 60 / Fax: 0 29 31/7 71 66 – Dübelanker zum Einschlagen mit Kunststoffdübeln – Zulassung Z 21.2.–142
– Bodegraven, NL 2420 Nieuwkoop,
  Tel.: 00 31 17 25/7 92 03 / Fax: 00 31 17 25/7 17 53 – Iso-Spouw-Anker
– Bever, 57399 Kirchhundem,
  Tel.: 0 27 23/76 01 / Fax: 0 27 23/7 34 04 – Einteiliger Dübelanker zum Einschlagen – Zulassung Z-21.2-1009

In Verblendschalen sind auf 20 m² Wandfläche Be- und Entlüftungs- bzw. Entwässerungsöffnungen wie folgt vorzusehen:

■ **Wärmedämmung mit Luftschicht: ≥ 7500 mm² unten und oben,**

■ **Kerndämmung: ≥ 5000 mm² unten,**

■ **Bei verputzten Vormauerschalen kann darauf verzichtet werden.**

Bild 4/20: KS-Sichtmauerwerk aus KS Vb im Format 2 DF im Kontrast zu farbigen Fensterelementen, Studentenwohnheim München-Großhadern; Architekt: W. Wirsing, München

Bild 4/21: Zweischaliges KS-Mauerwerk mit Wärmedämmung und Luftschicht

nal in Großformaten hergestellt. Als Mauerwerksverband ist ein Läuferverband mit halbsteiniger Überdeckung vorzuziehen. Auf diese Weise wird die Zugfestigkeit der Verblendschale erhöht.

Als Alternative zum Verblendmauerwerk bietet sich eine verputzte Außenschale an. Hierbei können großformatige KS-Blocksteine zur Anwendung kommen. Die Anordnung von Lüftungs- und Entwässerungsöffnungen ist in diesem Fall nicht erforderlich. Der außenliegende Putz schützt die Wandkonstruktion vor Schlagregen. Somit können bei dieser Ausführung KS-Hintermauersteine in der Außenschale verwendet werden.

Die Ausführungshinweise für Außenputze sind zu beachten.

Da die Innenschale statisch tragend ist, hat die Verblendschale nur ihre Eigenlast aufzunehmen. Für die Überbrückung von Fenstern oder Türen können Stürze verschiedener Ausführungen passend zum Sichtmauerwerk in die Verblendfassade eingegliedert werden (Bild 4/22). Sind größere Tür- und Fensteröffnungen zu überbrücken oder befinden sich mehrere Öffnungen mit schmalen, verbleibenden Pfeilern in der Außenwand, muß die Auflagerpressung in der Verblendschale nachgewiesen werden. Wegen der Verankerung sind jedoch hierfür keine Schlankheitsabminderungen zu berücksichtigen. Nur bei schmalen Pfeilern zwischen zwei Öffnungen ist der Nachweis unter Berücksichtigung der Schlankheit h/s (Öffnungshöhe zu Verblendschalendicke) notwendig.

Die Dicke der Außenschale bei zweischaligem Mauerwerk mit Kerndämmung muß wie bei Wärmedämmung mit

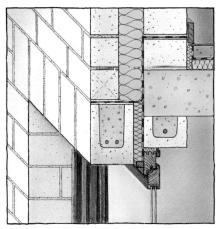

Bild 4/22: KS-Sturz als Fenstersturz für Innen- und Außensichtmauerwerk

Luftschicht mindestens 9 cm betragen[4]).

Ergänzend zu den Bestimmungen der DIN 1053 Teil 1 dürfen die Fugen der Sichtflächen der Verblendschalen im Fugenglattstrich oder durch nachträgliche Verfugung ausgeführt werden[5]).

Abfangkonstruktionen

Die Abfangung nimmt die Last der Verblendschale auf und leitet sie in die dahinterliegende tragende Hintermauerschale. Die Art der Abfangung ist abhängig von der Auflast, dem Wandabstand und der Beschaffenheit des tragenden Verankerungsgrundes.

Nach DIN 1053 muß die Verblendschale oder die geputzte Vormauerschale abgefangen werden:

☐ bei 11,5 cm dicker, vollflächig aufgelagerter Außenschale in 12-m-Abständen,

☐ bei 11,5 cm dicker Außenschale mit einem Überstand von 4 cm nach 2 Geschoßhöhen,

☐ bei Außenschalen von 9 cm bis 11,5 cm Dicke darf diese bis zu 1,5 cm über ihr Auflager vorstehen.

Die Außenschale darf nur bis zu einer Höhe von 20 m über Gelände ausgeführt werden und ist alle zwei Geschosse abzufangen.

Die Befestigung der Abfangkonstruktion an der Innenschale erfolgt vorzugsweise an Betonstürzen, Decken, Wänden mit zugelassenen Schwerlastdübeln oder Ankerschienen. Dabei wird die Ausführung so gestaltet, daß die Hinterlüftung der Verblendung nicht oder nur unwesentlich behindert wird.

---

[4]) Zulassung Z.23.2.4−13
[5]) Gutachten Prof. Kirtschig, TU Hannover 5/91

Tafel 4/5: Bedingungen für die Ausführung von zweischaligen Außenwänden

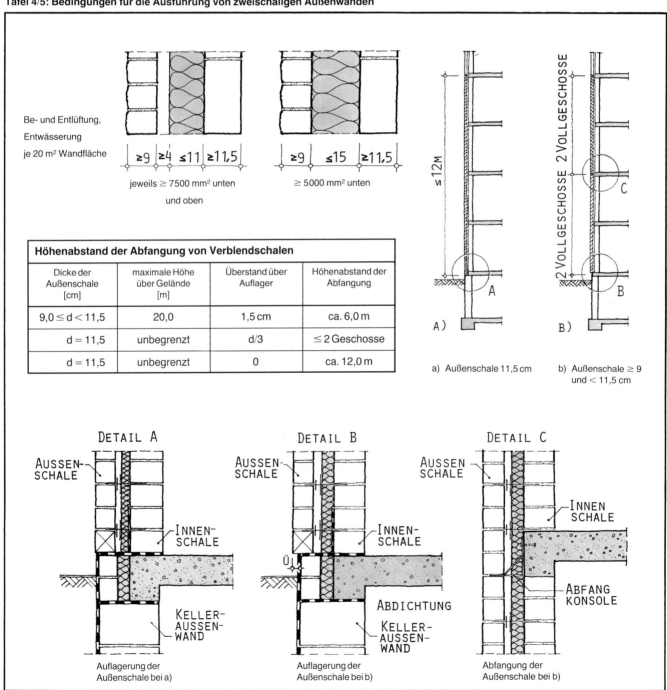

Be- und Entlüftung, Entwässerung je 20 m² Wandfläche

jeweils ≥ 7500 mm² unten und oben

≥ 5000 mm² unten

Höhenabstand der Abfangung von Verblendschalen

Dicke der Außenschale [cm]	maximale Höhe über Gelände [m]	Überstand über Auflager	Höhenabstand der Abfangung
9,0 ≤ d < 11,5	20,0	1,5 cm	ca. 6,0 m
d = 11,5	unbegrenzt	d/3	≤ 2 Geschosse
d = 11,5	unbegrenzt	0	ca. 12,0 m

A)

B)

a) Außenschale 11,5 cm

b) Außenschale ≥ 9 und < 11,5 cm

DETAIL A

AUSSENSCHALE

INNENSCHALE

KELLERAUSSENWAND

Auflagerung der Außenschale bei a)

DETAIL B

AUSSENSCHALE

INNENSCHALE

Ü

ABDICHTUNG

KELLERAUSSENWAND

Auflagerung der Außenschale bei b)

DETAIL C

AUSSENSCHALE

INNENSCHALE

ABFANGKONSOLE

Abfangung der Außenschale bei b)

Tafel 4/6:. Übersicht verschiedener Abfangkonstruktionen für verschiedene Ausführungsformen

Verankerungen für Verblendmauerwerk		Einsatzbereich
Einzelkonsole		Abfangung von geschlossenen Wandflächen
Einzelkonsole		Abfangung von Fertigteilstürzen
Einzelkonsole		Abfangung an Dehnfugen und Innenecken
Eckkonsole		Abfangung von Außenecken und Pfeilern
Konsolwinkel		Abfangung über Öffnungen, Anschluß an Dehnfugen
Konsolwinkel mit Versatz		Ahfangung übcr Öffnungen, untere Abfangung vor Gebäudeabdichtungen

Q: Last auf der Konsole

Hersteller: Halfen, 40591 Düsseldorf, Tel.: 02 11/77 75-0 / Fax: 02 11/77 75-1 79

Außerdem ist darauf zu achten, daß die Verblendschale unterhalb von Zwischenabfangungen genügend Ausdehnungsspielraum nach oben hat, damit die Abfangkonsolen die Temperaturausdehnung nicht behindern.

Abfangungen sollen im allgemeinen von außen nicht sichtbar sein. Das ist auch über Öffnungen möglich. So können, z. B. für verdeckte Sturzabfangungen mit Roll- oder Grenadierschicht, vertikal stehende Stürze eingesetzt werden, die durch nach oben überstehende Schraubgewinde mit den Abfangkonsolen verschraubt werden (Bild 4/24).

Abfangkonstruktionen zum Andübeln an Beton oder zum Einmörteln in Mauerwerk eignen sich auch zum nachträglichen Einbau, z. B. dort, wo die Verblendschale später vorgesehen wird.

Standardkonstruktionen, teilweise mit typengeprüfter statischer Berechnung, werden von verschiedenen Firmen angeboten, siehe Tafel 4/6. Wegen der Vielfalt möglicher Varianten werden die Abfangungen in zunehmendem Maße durch spezialisierte Ingenieurabteilungen bei den Herstellerfirmen objektbezogen bemessen und komplett mit dem erforderlichen Montagezubehör angeboten.

4.3 Dehnungsfugen in KS-Verblendschalen

In DIN 1053 wird darauf hingewiesen, daß senkrechte Dehnungsfugen in der Verblendschale angeordnet werden sollen.

Senkrechte Dehnungsfugen in KS-Verblendschalen und verputzten Vormauerschalen sind anzuordnen:

☐ bei langen Mauerwerksscheiben im Abstand von 8 m,

☐ im Bereich von Gebäudeecken,

☐ bei großen Fenster- und Türöffnungen empfiehlt es sich, die Dehnungsfugen in Verlängerung der Laibungen vorzusehen (Bilder 4/25 bis 4/28),

☐ in langen unbelasteten Wandstükken geringer Höhe.

Durch den Einbau von konstruktiver Bewehrung in die Lagerfuge[6] läßt sich die Rißsicherheit, z. B. beim Fenster, erhöhen.

Bei Gebäuden mit Verblendschalen, die über mehrere Geschosse hindurchgehen, sollte eine ungehinderte Bewe-

[6] Lieferfirma:
Halfen, 40591 Düsseldorf,
Tel.: 02 11 / 7 77 50 / Fax: 02 11/7 77 51-79

gung der Verblendschale in ihrer ganzen Höhe konstruktiv gewährleistet sein. Bei auskragenden Balkonen sind daher z. B. unterhalb der Balkonplatten horizontale Fugen anzuordnen. Das gilt auch für Abfangkonstruktionen sowie für Anschlüsse von Verblendschalen an andere Bauteile (Bilder 4/29 und 4/30).

Als Fugenverschluß haben sich bewährt:

☐ Fugendichtungsmassen,
☐ Dichtungsbänder,
☐ Abdeckprofile.

Für vertikale Dehnungsfugen wurde in einer Informationsschrift der Deutschen Gesellschaft für Mauerwerksbau (DGfM) die Anforderung von DIN 1053 genauer definiert [4/1]. Danach können vertikale Dehnungsfugen ohne Fugenverschluß ausgeführt werden, wenn die Hintermauerung und eventuelle Dämmschichten gegen Feuchteübertritte dauerhaft geschützt sind. Dies kann z. B. durch eine Luftschicht, Abdeckfolien hinter der Vormauerschale im Fugenbereich o. ä. geschehen. Voraussetzungen sind eine ausreichende Dicke der Vormauerschale von $\geq$ 9 cm und eine geringe Fugenbreite von $\leq$ 1,5 cm.

Fugendichtungsmassen

Zur Abdichtung von Fugen gegen Witterungseinflüsse sind dauerelastische und dauerelastoplastische Ein- und Zweikomponentenmassen geeignet, wie z. B. Polysulfide, Siliconkautschuk, Polyurethane oder Acryldispersionen.

Diese Materialien[7] sind einerseits rückstellfähig (dauerelastisch), verformen sich jedoch andererseits unter langzeitiger Belastung plastisch und bauen damit Spannungen innerhalb der Fugen ab (elastoplastisch). Sie sind in verschiedenen Farbtönen von weiß bis dunkel erhältlich.

Um den Dichtstoff mit einem ausreichenden Anpreßdruck in die Fuge einbringen zu können und dem Dichtstoff eine geeignete Form zu geben, wird eine Hinterfüllung eingebracht. Als Hinterfüllungen sind runde, weichelastische Schaumstoffe geeignet ($\varnothing$ = 1,5 × Fugenbreite), die mit der Fugendichtungsmasse verträglich und nicht wassersaugend sein dürfen. Es wird empfohlen, geschlossenzelliges Material zu verwenden.

Die Art der vorgesehenen Dichtungsmasse sollte in der Ausschreibung festgelegt werden.

Die Verarbeitung der Dichtungsmasse erfolgt mit Hand- oder Druckluftpistole. Die Masse ist unter Druck mit vollem gleichmäßigen Strang ohne Luftblasen einzupressen. Auf guten Kontakt zu den seitlichen Haftflächen sollte besonders geachtet werden.

Die Fugen werden im allgemeinen nachträglich leicht konkav ausgebildet, z. B. mit einem in Seifenwasser angefeuchteten Fugholz, Fugeisen oder mit dem Finger; Acrylmassen lassen sich mit einem feuchten Haarpinsel bearbeiten.

Dichtungsmassen sollten grundsätzlich nicht überstrichen werden. Gegebenenfalls sind eingefärbte Fugenmassen zu verwenden. Die Anweisungen und Verarbeitungsrichtlinien der Hersteller sind genau einzuhalten und nur „geschlossene" Systeme eines Herstellers zu verarbeiten.

Alle Dichtungsmassen müssen bei Temperaturen über + 5 °C und bei trokkener Witterung verarbeitet werden. Die

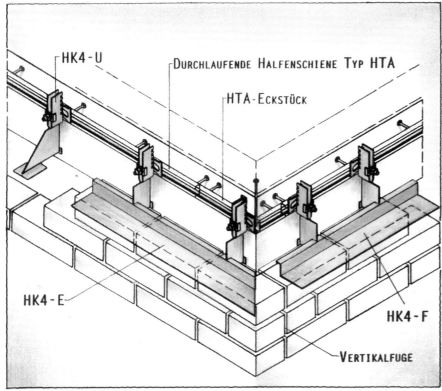
Bild 4/23: Abfangungen im Eckbereich mit höhenverstellbaren Konsolankern (System Halfen)

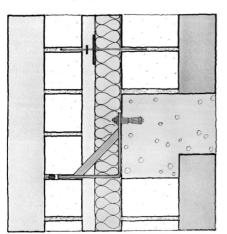
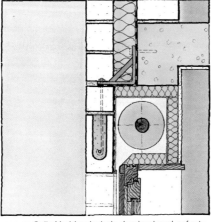
Bild 4/24: Abfangkonstruktionen – Bei Abfangkonstruktionen muß die Verblendschale durchgehend aufgelagert sein. Bei Abfangungen mit Einzelkonsolen wird dies erreicht, wenn jeder Stein der untersten Schicht beidseitig unterstützt ist.

7) Fugendichtungsmassen-Lieferanten:
– Albon PUR, Albadin Silicon: Remmers, 49624 Löningen, Tel.: 0 54 32/20 51 / Fax: 0 54 32/8 31 09
– PCI-Eltritan, PCI-Elribon: PCI-Polychemie, 86159 Augsburg, Tel.: 08 21/5 90 10 / Fax: 08 21/5 90 13 72
– Plastikol 15, Plastikol-Silicon, Plastikol/TK: Deitermann, 45711 Datteln, Tel.: 0 23 63/3 99-0 / Fax: 0 23 63/3 99-3 54
– Sika-Flex Pro 1, Sika-Flex 15 LM: Sika-Flex, 70439 Stuttgart, Tel.: 07 11/8 00 90 / Fax: 07 11/8 00 93 21

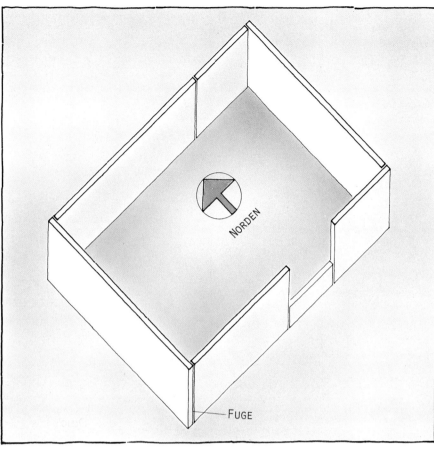

Bild 4/25: Dehnungsfugen in KS-Verblendschalen

Senkrechte Dehnungsfugen in KS-Verblendschalen und verputzten Vormauerschalen sind anzuordnen:

■ im Bereich der Gebäudeecken,

■ bei langen Mauerscheiben im Abstand von etwa 8 m,

■ bei großen Fenster- und Türöffnungen in Verlängerung der Laibungen,

■ in langen unbelasteten Wandstücken geringer Höhe.

Fugenflanken sind von Staub und Mörtelresten zu reinigen und müssen frei von Ölen und Fetten sein. Damit eine optimale Haftung zwischen Dichtungsmassen und Mauerwerk erreicht wird, sind bei einigen Systemen die Fugenflächen mit Primer vorzubehandeln.

Dichtungsbänder

Eine weitere Möglichkeit, Dehnungsfugen zu schließen, sind elastische Schaumstoff-Dichtungsbänder. Diese Bänder bleiben dauerelastisch, ermüden nicht, werden nicht rissig und spröde; sie sind beständig gegen UV-Strahlen und Laugen, weitgehend auch gegen Säuren.

Die Profile werden zusammengedrückt (es gibt sie auch werkseitig vorkomprimiert) und in die Fugen eingebracht.

Auf ein Drittel komprimiert ist das Band und somit die Fuge staub- und luftdicht; auf ein Fünftel komprimiert: wasserdicht (nach Werksangaben).

Das komprimierte Band[8]) wird in die Fuge eingelegt und gleich ausgerichtet. Da es bestrebt ist, seine ursprüngliche Dimension wiederzuerlangen, ist sofort eine ausreichende Haftung an den Fugenflanken vorhanden. Mit großer Rückstellkraft preßt es sich dann langsam an die Fugenwände, wobei es sich jeder Unebenheit der Fugenflanken anpaßt.

Bild 4/26: Ausführung einer Dehnungsfuge

[8]) Fugendichtungsbänderhersteller:
– Beiersdorf, 20245 Hamburg, Tel.: 0 40/56 90 / Fax: 0 40/5 69 34 34
– Remmers, 49624 Löningen, Tel.: 0 54 32/20 51 / Fax: 0 54 32/8 31 09
– Leschuplast, 42477 Radevormwald, Tel.: 0 21 91/5 62 80 / Fax: 0 21 95/91 10 40
– Illbruck-Industrieprodukte, 51381 Leverkusen, Tel.: 0 21 71/39 10 / Fax: 0 21 71/39 15 80
– PCI-Polychemie, 86159 Augsburg, Tel.: 08 21/5 90 10 / Fax: 08 21/5 90 13 72

Bild 4/27: Ausführung einer Dehnungsfuge

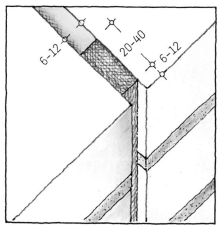

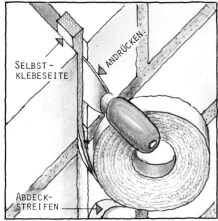

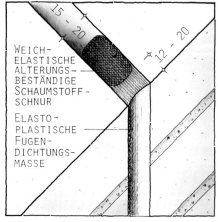

Bild 4/28: Dehnungsfugen — Varianten der Ausführung

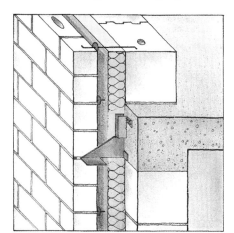

Bild 4/29: Waagerechte Dehnungsfuge in Höhe der Verblendschalen-Abfangung

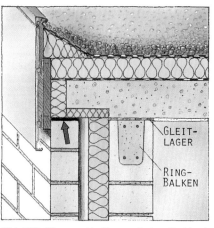

Bild 4/30: Waagerechte Fuge zwischen Verblendschale und Attika

Dehnungsfugen können wie folgt behandelt werden:

- **durch Schließen mit Fugendichtungsmassen**

- **durch Schließen mit Dichtungsbändern oder Abdeckprofilen**

- **Vertikale Dehnungsfugen können offen bleiben**

  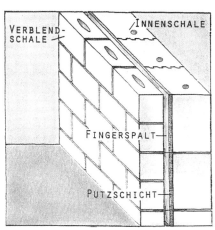

Bild 4/31: Anordnung einer Dehnungsfuge im Verlauf der Fensterlaibung

Bild 4/32: Ausführung einer zweischaligen Außenwand mit Putzschicht nach DIN 1053 Teil 1

Abdeckprofile

Zum Verschluß von Fugen sind auch Abdeckprofile geeignet, die in die Fuge eingeklemmt oder eingeklebt werden.

Bei eingeklemmten Profilen muß die vorgegebene Pressung ausreichen, um ein Herausfallen des Profils bei Vergrößerung der Fuge und gleichzeitiger Kontraktion des Profils infolge niedriger Temperaturen zu vermeiden.

4.4 Zweischalige Außenwand mit Putzschicht

Außer der Möglichkeit einer gedämmten zweischaligen Außenwand regelt die DIN 1053 die Ausführung von zweischaligem Mauerwerk mit Putzschicht. Dabei liegt die Putzschicht auf der Außenseite der Innenschale. Die KS-Außenschale aus KS Vb muß anschließend vollfugig vermauert und so dicht wie möglich (Fingerspalt) vor die Innenschale gesetzt werden, wie Bild 4/32 zeigt. Durch die komplizierte Ausführung der Putzschicht als Sperrschicht kann es in der Praxis zu Feuchtedurchtritten kommen. Außerdem eignet sich die Außenwand durch die fehlende Wärmedämmung nicht für beheizte Gebäude.

Die Konstruktion wird von der KS-Industrie aus wirtschaftlichen Gründen nicht empfohlen.

4.5 KS-Außenwand mit Vorhangfassade

Fassadenbekleidungen bieten sowohl in bezug auf Ästhetik als auch in bauphysikalischer Hinsicht viele Möglichkeiten moderner Fassadengestaltung (Bild 4/33).

Die wärmegedämmte KS-Außenwand übernimmt dabei die raumabschließen-

de und tragende Funktion, die Bekleidung – außer gestalterischen – vorwiegend Schutzfunktionen gegen Witterungseinflüsse.

Die Ausführung der hinterlüfteten Außenwandbekleidung mit und ohne Unterkonstruktion, einschließlich der Befestigungen und Verankerungen, ist für verschiedene Bekleidungsarten in der DIN 18 516 „Außenwandbekleidungen, hinterlüftet" geregelt. Für die unterschiedlichen Konstruktionen gelten:

☐ DIN 18516 Teil 1 (1/90) „Anforderungen Prüfgrundsätze"

☐ DIN 18516 Teil 3 (1/90) „Naturwerkstein"

☐ DIN 18516 Teil 4 (2/90) „Einscheiben-Sicherheitsglas"

Für die konstruktive und statische Bemessung von Holzverkleidungen ist DIN 18 516 Teil 1 heranzuziehen; eine

Norm für Fassadenbekleidungen aus Holz liegt nicht vor.

Darüber hinaus sind weitere Fassadenplatten aus Keramik nach der DIN EN 121 mit abweichenden Abmessungen, z. B. mit einer Dicke von d = 8 mm, und von der DIN 18 516 abweichenden Befestigungen bauaufsichtlich zugelassen.

Die Ausführung von Fassadenbekleidungen setzt eine fachgerechte Planung bezüglich der Wahl der Mauersteine und der Verankerung voraus. Die Durchführung solcher Arbeiten soll nur Fachfirmen übertragen werden, die über Kenntnisse und Erfahrung auf diesem Gebiet verfügen.

Bemessung und Konstruktion

Alle Einwirkungen auf die Außenwandbekleidung werden an den Veranke-

Bild 4/33: KS-Außendämmung mit hinterlüfteter Vorhangfassade im Obergeschoß kombiniert mit WDVS

rungsgrund weitergeleitet. An Lasten müssen senkrecht wirkende Eigenlasten und Windlasten nach DIN 1055 berücksichtigt werden. In vielen Fällen treten außerdem noch Sonderlasten, z. B. aus Markisen, Schrifttafeln, auf. Zwängungen bzw. Verformungen aus Temperaturänderungen oder Feuchtigkeit sind insbesondere bei den konstruktiven Maßnahmen zu beachten. Einzelheiten zur Bemessung und Konstruktion der Außenwandbekleidungen sowie deren Verankerungen sind in der DIN 18 516 Teil 1 enthalten.

Zur Ableitung von eventuell eindringendem Niederschlag und zur kapillaren Trennung der Bekleidung von der Wärmedämmung ist in der Regel eine Hinterlüftung erforderlich. Diese Anforderung wird erfüllt, wenn die Außenwandbekleidung mit einem Abstand von mindestens 20 mm vor der Wärmedämmung angeordnet wird. Nach DIN 4108 Teil 3 sind Außenwände mit hinterlüfteter Bekleidung, deren Ausführung durch die DIN 18 516 Teil 1 und 2 geregelt ist,

der höchsten Regenwiderstandsklasse zuzuordnen.
Die Wärmedämmung muß bei vorgehängten Fassaden so ausgeführt werden, daß sie nicht von Kaltluft hinterströmt werden kann. Dies kann erreicht werden durch sorgfältige Ausführung der Plattenstöße und Anschlüsse an die Unterkonstruktion, durch zweilagige Ausführung der Dämmschicht und durch die Auswahl geeigneter Dämmstoffe, die kleinere Unebenheiten des tragenden Mauerwerks ausgleichen können. Rohre o. ä., die die Dämmschicht und das Hintermauerwerk durchdringen, sind besonders sorgfältig auf der Innenseite der Außenwände abzudichten. Die Winddichtigkeit der Außenwand wird am sichersten durch einen Innenputz erreicht. Innensichtmauerwerk bedarf einer besonders sorgfältigen Ausführung mit Vermörtelung der Stoß- und Lagerfugen. Folien oder wasserabweisende Bahnen, die die Wärmedämmstoffe vor Durchfeuchtung von außen schützen, dürfen keinesfalls dampfsperrend sein.

Dübel und Anker
Die Lasten aus der Fassadenbekleidung werden über Punktbefestigungen an den Untergrund übertragen. Massives KS-Mauerwerk ist für diese Verankerung im besonderen Maße geeignet. Die heute gebräuchlichen und wegen ihrer Wirtschaftlichkeit üblichen Dübelverankerungen stellen hohe Ansprüche an den Untergrund. Es ist darauf hinzuweisen, daß Dübel, Ankerschienen usw. nur angewendet werden dürfen, wenn die Brauchbarkeit besonders nachgewiesen ist. Dies geschieht i. a. durch eine allgemeine bauaufsichtliche Zulassung. Schieß- und Schlagdübel dürfen für die Verankerung nicht verwendet werden. Die zulässige Tragkraft der Dübel ist den Zulassungsbescheiden bzw. den Herstellerangaben zu entnehmen.

Zulassungsbescheide liegen u. a. für folgende Polyamiddübel vor:

☐ Fischer-Rahmen- und Abstandsdübel S-R, S-H, S-G, S-H-G

☐ Hilti-Langschaftdübel HRD-V und HRD-H

Tafel 4/7: Kennwerte für die zulässigen Lasten und Biegezugmomente Fischer-Dübelsystem im KS-Mauerwerk

	Mauerwerk aus KS						Mauerwerk aus KS L						
Dübelkurzzeichen: Fischer	S8 R S8 R-F	S10 R	S12 R	S14 R	S10 H-R	S14 H-R		FM			FIM-N		
								8	10	12	8	10	12
Bohrernenndurchmesser (mm)	8	10	12	14	10	14		22			22		
Bohrlochtiefe $t \geq$ (mm)	60	60	70	80	80	100		70	80	90	70	80	90
								max. Einschraubtiefe			max. Einschraubtiefe		
Verankerungstiefe $h_v \geq$ (mm)	50	50	60	70	70	90		15	20	25	15	20	25
Mindestbauteildicke $d \geq$ (cm)	11,5	11,5	11,5	11,5	11,5	17,5		8	9	10	8	9	10
Dübelabstände bei KS-Mauerwerk — Achsabstand $a \geq$ (cm)	10	10	20	20	10	20		10	15	20	10	10	10
Randabstand mit Auflast sowie Randabstand zu $a_r \geq$ (cm) nichtvermörtelten Fugen	10	10	10	10	10	10		*) 5	*) 7,5	*) 10	*) 5	*) 5	*) 5
Randabstand ohne Auflast sofern kein $a_r \geq$ (cm) Kippnachweis geführt wird	25	25	40	40	25	40		20	20	30	20	20	20
Zulässige Lasten in kN für Zug. Abscheren und Schrägzug unter jedem Winkel	0,4	0,6	0,6	0,6	0,4	0,6	KS L 4	1,0	1,2	1,4	0,6	0,6	0,6
							KS L 6	1,4	1,8	2,2	0,8	0,8	0,8
							KS L 12	1,8	2,2	2,6	1,4	1,4	1,4
Zulässiges Biegemoment in (Nm) galv. verz.	2,3	4,8	14,5	16	4,8	16		6,2	12,5	21,8	6,2	12,5	21,9
A4	2,6	4,5	13,8	15,2	4,5	15,2		9,4	16,0	24,9	9,4	16,0	24,9

*) Mauerwerk mit Auflast oder Kippnachweis und nicht zum freien Rand gerichteten Abscherlasten (z. B. auch bei Zwängung aus Temperatur)

☐ Upat-Fassadendübel UR-Z und UL-R sowie für die

☐ Fischer-Injektions-Anker FIM + FIM-L

☐ Fischer-Injektions-Netzanker FIM-N + FIM-NL

☐ Hilti-Injektions-Technik HIT C20

Die Zulassungsbescheide beziehen sich bei den Polyamiddübeln auf die Dübelhülse einschließlich der dazugehörigen Spezialschraube und bei den Injektions-Ankern auf die Ankerhülse mit metrischem Innengewinde. Eine Verankerung mit Metall-Spreizdübeln in KS-Mauerwerk ist nicht zulässig.

Die zulässigen Lasten (siehe Tafel 4/7 bis 4/9) bestimmen auch die Anwendungsbereiche der Dübel für Voll- und Lochsteine. Bei den Polyamiddübeln ist eine ständig wirkende Zugbelastung (z. B. infolge Eigenlasten) nur als Schrägzuglast zulässig. Diese Schrägzuglast muß mit der Dübelachse mindestens einen Winkel von 10° bilden. Die Polyamiddübel dürfen nicht in Stoßfugen gesetzt werden. Der Abstand zu

den Stoßfugen muß mindestens 3 cm betragen. Kann die Lage der Polyamiddübel zur Stoßfuge nicht angegeben werden (z. B. wegen eines vorhandenen Wandputzes oder einer Wärmedämmung), so sind die zulässigen Lasten zu halbieren, sofern Lastumlagerung auf mindestens zwei benachbarte Befestigungspunkte möglich ist.

Anker- und Dübelverbindungen sind ingenieurmäßig zu planen und zu bemessen. Dazu sind prüfbare Berechnungsunterlagen und Konstruktionszeichnungen anzufertigen.

Bei Lochsteinen ist die Verankerungstiefe der Polyamiddübel so zu wählen, daß das Spreizteil mindestens den zweiten Steg des Steines erreicht.

Die Polyamiddübel dürfen nur als serienmäßig gelieferte Befestigungseinheiten, bestehend aus Dübelhülse und Spezialschraube, verwendet werden.

Bei Fehlbohrungen ist bei den Polyamiddübeln ein neues Bohrloch im Abstand von mindestens einmal der Bohrlochtiefe anzuordnen, wobei als Größt-

abstand fünfmal Dübelaußendurchmesser genügt. Im Fall von Injektions-Ankern ist die Fehlbohrung zu vermörteln.

Die Temperatur des KS-Mauerwerkes darf bei der Montage der Polyamiddübel nicht unter 0 °C, bei der Montage der Injektions-Anker nicht unter +5 °C liegen.

Eine richtige Verankerung der Dübel hat stattgefunden, wenn nach vollem Eindrehen der Schraube weder ein Drehen der Dübelhülse auftritt noch ein leichtes Weiterdrehen der Schraube möglich ist.

Die Tragfähigkeit der Injektions-Anker ist an jeweils 3% der gesetzten Anker durch eine Probebelastung zu kontrollieren. Dabei darf unter der Probebelastung bis zum 1,3fachen der zulässigen Last keine sichtbare Verschiebung auftreten.

Mörtelankersysteme

Nach DIN 18 516 Teil 3 dürfen bei Fassaden aus Naturwerkstein auch eingemörtelte Verankerungen angewendet werden. Die erforderliche Dicke der tragenden KS-Außenwand beträgt mindestens 24 cm oder mindestens die 1,5fache Einbindetiefe der Anker. Das KS-Hintermauerwerk (Vollsteine oder Lochsteine) mindestens der Festigkeitsklasse 12 ist nach DIN 1053 mindestens mit MG II und vermörtelten Stoßfugen auszuführen. Nach einem Gutachten von Prof. Kirtschig (7/93) kann von dem in der DIN 18 516 Teil 3 angegebenen Format (max. 2 DF) abgewichen werden, wenn folgende Bedingungen eingehalten sind:

☐ Mauerwerk mit Stoßfugenvermörtelung,

☐ nur ein Mörtelanker je Stein.

Dies gilt sowohl für KS R-Blocksteine wie auch für KS-R-Hohlblocksteine.

Die Ausführungen von Fassadenbekleidungen aus Natursteinplatten setzen eine fachgerechte Planung voraus. Jede Platte wird im Regelfall an 4 Punkten befestigt. Vor dem Bohren der Ankerlöcher ist die Wärmedämmung auszuschneiden, und nach dem Einmörteln der Anker ist das ausgeschnittene Stück wieder einzukleben. Die Vermörtelung der Anker ist mit MG III vorzunehmen.

Holzunterkonstruktionen

Für Unterkonstruktionen aus Holz muß das Holz der Güteklasse II nach DIN 4074 – Bauholz für Holzbauteile – entsprechen. Das Holz ist nach DIN 68 800-Holzschutz im Hochbau – zu

Tafel 4/8: Kennwerte für die zulässigen Lasten und Biegezugmomente Hilti-Dübelsystem im KS-Mauerwerk

		Mauerwerk aus KS		Mauerwerk aus KS L				
Dübelkurzzeichen: Hilti		HRD-V10	HRD-V14	HRD-H10	HRD-H14	HIT C20		
						8	10	12
Bohrernenndurchmesser (mm)		10	14	10	14	16		
Bohrlochtiefe t ≥ (mm)		60	85	80	85	90		
Verankerungstiefe h_v ≥ (mm)		50	70	70	70	80		
Mindestbauteildicke d ≥ (cm)		11,5	17,5	17,5	17,5	11		
Dübelabstände bei KS-Mauerwerk	Achsabstand a ≥ (cm)	10	20	10	20	10		
	Randabstand mit Auflast a_r ≥ (cm)	10	10	10	10	5		
	Randabstand ohne Auflast sofern kein a_r ≥ (cm) Kippnachweis geführt wird	25	40	25	40	20		
Zulässige Lasten in kN für Zug. Abscheren und Schrägzug unter jedem Winkel		0,6	0,6	0,4	0,6	1,4[1]		
Steinfestigkeitsklasse		ungelochte Vollsteine						
		KS 12	KS 12	KS L 6	KS L 6	KS L 12		
Zulässiges Biegemoment in (Nm)	galv. verz.	4,8	16,1	4,8	14,5	6,3[2]	12,5[2]	21,8[2]
	A4	4,5	15,1	4,5	13,5	9,4[2]	18,7[2]	32,8[2]

[1] Geringere Werte für KS L 4 und KS L 6   [2] Schraubenfestigkeitsklasse 5,6

schützen. Bei Verwendung von Wärmedämmstoffen und Bekleidungen aus Kunststoff ist die Verträglichkeit eines eventuell verwendeten Holzschutzmittels mit dem Kunststoff zu überprüfen, um mögliche Anlösungen oder Verfärbungen zu vermeiden.

Für die Holzbauteile muß der Einzelquerschnitt mindestens folgende Abmessungen haben: Dicke $\geq$ 24 mm, Querschnittsfläche $\geq$ 1400 mm².

Die Unterkonstruktion sollte nicht zwischen der Wärmedämmschicht angeordnet werden, um den mittleren Wärmedämmwert der Gesamtkonstruktion nicht zu vermindern.

Es sollen daher Unterkonstruktionen bevorzugt werden, bei denen die Konstruktion über der Wärmedämmschicht liegt, um die Wärmedämmung voll anrechnen zu können (Bild 4/34).

Bei der Wärmedämmschichtanordnung in zwei Lagen mit kreuzweise angeordneter Lattung kann der Einfluß der Holzteile vernachlässigt werden.

Tafel 4/9: Kennwerte für die zulässigen Lasten und Biegezugmomente Upat-Dübelsystem im KS-Mauerwerk

			Mauerwerk aus KS		Mauerwerk aus KS L	
Dübelkurzzeichen: Upat			UR 10 Z	UR 12 Z	ULR 10	ULR 12
Bohrernenndurchmesser		(mm)	10	12	10	12
Bohrlochtiefe	$t \geq$	(mm)	60	70	100	100
Verankerungstiefe	$h_v \geq$	(mm)	50	60	90	90
Mindestbauteildicke	$d \geq$	(cm)	11,5	11,5	11,5	17,5
Dübelabstände bei KS-Mauerwerk	Achsabstand $a \geq$ (cm)		10	20	10	20
	Randabstand mit Auflast $a_r \geq$ (cm)		10	10	10	10
	Randabstand ohne Auflast sofern kein $a_r \geq$ (cm) Kippnachweis geführt wird		25	40	25	40
Zulässige Lasten je Dübel in kN für Zug, Druck- (KS) Quer- und Schrägzug unter jedem Winkel			0,8	0,8	¹)	¹)
	Steinfestigkeitsklasse		KS 12	KS 12	KS L 6	KS L 6
Zulässiges Biegemoment in (Nm)	galv. verz.		4,8	14,5	4,8	–
	A4		4,5	13,8	4,5	–

¹) Zulässige Lasten sind lt. Zulassung durch Versuche am Bauwerk zu ermitteln.

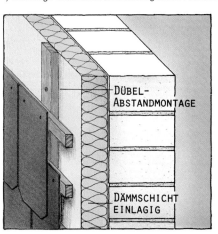
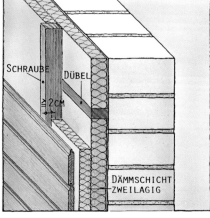

Bild 4/34: KS-Außenwand mit Vorhangfassade – Varianten

4.6 KS-Außenwand mit Innendämmung

Einschaliges KS-Mauerwerk mit raumseitiger Wärmedämmschicht ist eine Alternative zu hochgedämmten Außenwänden, die sich aus wirtschaftlichen Überlegungen und bestimmten Nutzungen ergibt – z. B. wenn es sich um Gebäude handelt, die kurzzeitig aufgeheizt und genutzt werden, wie Kirchen, Klubhäuser und sonstige Gemeinschaftsbauten. Die Außenflächen können in Sichtmauerwerk oder mit Außenputz gestaltet werden.

Im Kellerbereich hat sich die Innendämmung einzelner Räume mit wohnähnlicher Nutzung – z. B. Hobby-, Spiel- und Bastelräume – als besonders wirtschaftliche Lösung erwiesen. Zwar ist die bauphysikalisch ideale Schichtenfolge bei der innengedämmten Außenwand nicht gegeben, doch lassen sich durch besondere Sorgfalt in Planung und Ausführung technische und bauphysikalisch einwandfreie Konstruktionen erstellen.

Wärmeschutz

Für die Transmissionswärmeverluste spielt die Lage der Wärmedämmung innerhalb der Schichtenfolge keine Rolle, so daß bei Beachtung der folgenden Ausführungen auch für die Außenwand mit Innendämmung günstige (niedrige) k-Werte je nach Wärmeleitfähigkeit und Dicke des Dämmstoffes erreicht werden können.

Es ist jedoch zu bedenken, daß der „schwere" speicherfähige Teil der Außenwand thermisch vom Innenraumklima abgekoppelt ist und daher die prinzipiell vorhandene, günstige Speicherfähigkeit des KS-Außenmauerwerks nicht zur Wirkung kommt.

Die Innendämmung bewirkt in dem Bereich der in die Außenwände einbindenden Innenbauteile (Trennwände, Decken) Zonen mit erhöhter Wärmestromdichte – sogenannte Wärmebrücken.

Zur Vermeidung von zusätzlichen Transmissionswärmeverlusten und von Tauwasserbildung sind geeignete konstruktive Maßnahmen notwendig. Dies gilt sinngemäß auch für die Leitungsführung in Außenwänden mit Innendämmung (Bilder 4/35 und 4/36).

Formänderungen

Die Lage der Wärmedämmung in den Außenbauteilen bestimmt u. a. die Höhe der Mitteltemperatur in den massi-

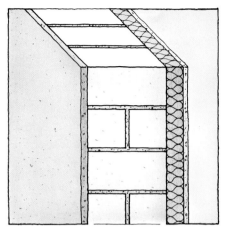

Bild 4/35: Wasserabweisend verputzte KS-Außenwand mit Innendämmung

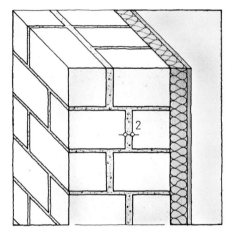

Bild 4/36: KS-Sichtmauerwerk mit Innendämmung
− 31 cm dick der Beanspruchungsgruppe II
− 37,5 cm dick der Beanspruchungsgruppe III

ven Wandschichten. Konstruktionen mit außenliegenden Dämmschichten stellen hier den Idealfall dar. Der größte Teil der Temperaturschwankungen wird bereits in der äußeren Bauteilschicht abgebaut, während alle übrigen Bauteilschichten nahezu gleichmäßig temperiert sind. Nennenswerte thermische Längenänderungen in den tragenden Teilen treten nicht auf. Gebäude mit Innendämmung weisen demgegenüber größere Längendifferenzen zwischen Außenwänden und Innenbauteilen auf. Hieraus ergeben sich zusätzliche Beanspruchungen. Es sollten daher entsprechend den deutlich größeren Temperaturdifferenzen Gebäudefugenabstände bis ca. 2 m nicht überschritten werden.

Hierbei ist zu berücksichtigen, daß diese Abmessung in der Höhe deutlich unterschritten werden muß. Diese Verringerung ist bedingt durch das Einbinden der Innenwände und Decken (+ 20 °C) in die Außenwände (−15/+ 45 °C). Die auftretenden, rechnerisch nicht ohne weiteres erfaßbaren Verformungen

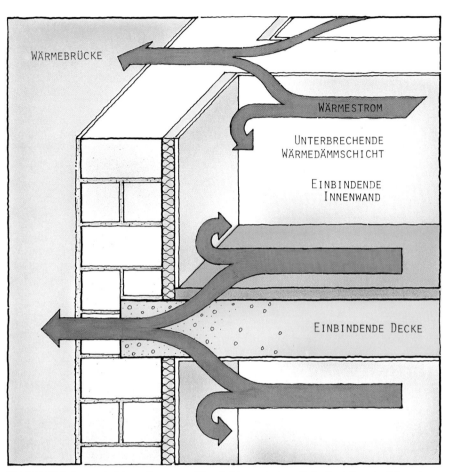

Bild 4/37: KS-Außenwand mit Innendämmung − Wärmebrücken und schematische Darstellung des Wärmestroms

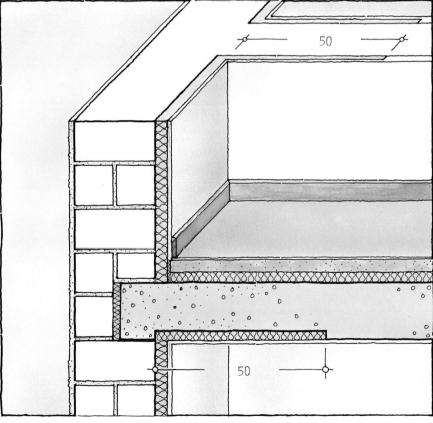

Bild 4/38: KS-Außenwand mit Innendämmung − Ausführungsvorschlag

können sich geschoßweise summieren und evtl. zu Rißbildungen führen.

Gebäude bis zu drei Geschossen sind in der Regel problemlos. Bei höheren Gebäuden ist eine genauere Untersuchung durchzuführen.

Feuchteschutz

Der Regenschutz von KS-Mauerwerk mit Innendämmung ist abhängig von der Ausführung der massiven Wandschale. Diese Konstruktionen sind nach DIN 4108 Teil 3, Tabelle 1, einzustufen.

Grundsätzlich ist bei innenseitiger Wärmedämmschicht mit Tauwasserbildung im Bauteilquerschnitt zu rechnen.

Bei Anordnung einer Dampfsperre fällt kein Tauwasser aus.

Ein rechnerischer Nachweis des Tauwasserausfalls ist nach DIN 4108 Teil 3, Abschnitt 3.2.3.1.3, bei einer dampfdiffusionsäquivalenten Luftschichtdichte $s_d \geq 0,5$ m der Dämmschicht und einem Außenputz oder einer hinterlüfteten Bekleidung nicht notwendig. Dieser Nachweis entfällt auch bei raumseitiger Anordnung von Holzwolle-Leichtbauplatten nach DIN 1101 mit außenseitigem KS-Sichtmauerwerk oder verputzt oder mit hinterlüfteter Bekleidung.

Schallschutz

Die Außenwand mit Innendämmung ist in akustischer Hinsicht ein doppelschaliges System aus Putzschicht und tragender Wand, die über eine federnde Schicht (Wärmedämmschicht) mit-einander verbunden sind. Die schalltechnische Qualität dieser Konstruktion wird wesentlich von der dynamischen Steifigkeit der Dämmschicht bestimmt. Dies gilt besonders dann, wenn Wand-Dämmschicht und Putzschale vollflächig miteinander verklebt werden.

Bei Verwendung von Dämmschichten hoher dynamischer Steifigkeiten kann eine Verschlechterung des Luftschallschutzmaßes auftreten (Resonanzeffekt). Bei einer Außenwand mit Innendämmung aus steifer Dämmschicht kann es überdies zu erhöhter Schall-Längsleitung kommen (Übertragung von Geschoß zu Geschoß, von Raum zu Raum usw.).

5. KS-Innenwände

5.1 Tragende KS-Innenwände

Nach der Mauerwerksnorm DIN 1053 Teil 1 ist die Mindestdicke tragender Wände d = 11,5 cm. Diese Regelung bedeutet, daß schlanke Innenwände, die früher als nichttragende Wände ausgeführt werden mußten, heute tragende Funktion haben können. Dadurch wird das Gebäude besser ausgesteift und die Deckenspannweiten können verringert werden.

Die Bemessung tragender Innenwände erfolgt jedoch nicht allein nach statischen Gesichtspunkten. Bei der Bemessung sind vielmehr auch bauphysikalische Anforderungen zu berücksichtigen. So müssen zum Beispiel einschalige Treppenraum- und Wohnungstrennwände aus schalltechnischen Gründen d = 24 cm dick sein, obwohl aus statischer Sicht oft d = 11,5 cm ausreicht.

Für tragende Innenwände sind Kalksandsteine besonders gut geeignet, weil sie bevorzugt in den Rohdichteklassen 1,2 bis 2,0 lieferbar sind. Die hohen Steinrohdichten $\varrho \geq 1,8$ sind günstig für Wände mit Schallschutzanforderungen. KS-Wände mit hohen Wandrohdichten wirken sich auch günstig auf den sommerlichen Wärmeschutz durch ihr hohes Wärmespeichervermögen aus.

Die schweren KS-Innenwände sind natürliche Regulatoren. Sie haben stabilisierenden Einfluß auf das Raumklima und dämpfen Wärme- und Feuchtigkeitsschwankungen. Das ist besonders bei hohen Temperaturen im Sommer von Bedeutung. Eine hohe Wärmespeicherfähigkeit der Wände ist wie eine „natürliche Klimaanlage", bei der jedoch keine Betriebskosten anfallen.

> **Schwere KS-Innenwände haben stabilisierenden Einfluß auf das Raumklima. Sie dämpfen Wärme- und Feuchtigkeitsschwankungen und speichern die Wärme. Sie wirken als natürliche Klimaanlage, bei der keine Betriebskosten anfallen. Das Steinformat ist für die statischen und bauphysikalischen Eigenschaften der Wand nicht entscheidend, wohl aber für die Lohn- und Materialkosten; daher bietet es sich an, KS-R-Blocksteine einzusetzen.**

Bild 5/1: Tragendes KS-Mauerwerk aus KS-R-Blocksteinen ohne Stoßfugenvermörtelung

Bild 5/2: KS-Sichtmauerwerk – Format 2 DF

Das Steinformat ist für die statischen und bauphysikalischen Eigenschaften der Wand ohne Bedeutung. Hier kann für den jeweiligen Anwendungsfall das richtige Format ausgewählt werden. Für großflächiges, wenig gegliedertes Mauerwerk bieten sich die großformatigen KS-Steine und KS-Elemente an, weil die Arbeitszeitwerte für Mauerwerk aus großformatigen Steinen deutlich günstiger sind als die für klein- und mittelformatige Steine. Der Vorteil ist die hohe Wirtschaftlichkeit des Mauerwerks bei raschem Baufortschritt und bester Qualität.

5.2 Nichttragende KS-Innenwände

5.2.1 Anwendungsbereich

Grundlage für die Planung und Ausführung nichttragender KS-Innenwände ist die Norm DIN 4103 Teil 1 – Nichttragende innere Trennwände, Anforderungen, Nachweise (7/1984) – sowie gutachterlich abgesicherte Verarbeitungsrichtlinien und technisch-wissenschaftlich abgesicherte Fachveröffentlichungen und Gutachten [5/1].

Nichttragende Innenwände sind Raumtrennwände, die keine statischen Aufgaben für die Gesamtkonstruktion, insbesondere der Gebäudeaussteifung, zu erfüllen haben. Sie könnten entfernt werden, ohne daß die Standsicherheit des Gebäudes beeinträchtigt wird. Die Standsicherheit der nichttragenden Innenwände selbst ist durch die Verbindung mit den an sie angrenzenden Bauteilen gegeben, sofern die zulässigen Abmessungen der Wandscheiben eingehalten werden.

Nichttragende KS-Innenwände werden in Wohngebäuden sowie in Stahl- und Stahlbetonskelettbauten als Zwischen-

oder Ausfachungswände ausgeführt. Zum Beispiel auch bei Gebäuden mit großen Deckenspannweiten, wie Schulen, Verwaltungsgebäuden, Krankenhäuser, Hallen- und Wirtschaftsbauten.

Sie werden aus KS-Vollsteinen oder KS-Lochsteinen oder besonders rationell aus großformatigen KS-Steinen oder KS-Bauplatten (KS-P) – ein- oder zweischalig – erstellt. Bei entsprechender Ausbildung erfüllen sie hohe Anforderungen an den Brand- und Schallschutz oder auch an den Wärme- und Feuchtigkeitsschutz. Ihr hohes Wärmespeichervermögen – besonders bei Steinen hoher Rohdichte – gewährleistet ein ausgeglichenes Raumklima und guten sommerlichen Wärmeschutz. Nichttragende KS-Innenwände können mit Putz oder Spachtelputz versehen oder aber als Sichtmauerwerk erstellt werden. In Kombination mit Holz, Sichtbeton oder anderen Baustoffen werden so gestalterische Akzente gesetzt.

5.2.2 Anforderungen

Nichttragende KS-Innenwände und ihre Anschlüsse müssen so ausgebildet sein, daß sie folgende Anforderungen der DIN 4103 Teil 1 erfüllen:

☐ Sie müssen statischen – vorwiegend ruhenden – sowie stoßartigen Belastungen, wie sie im Gebrauchsfall entstehen können, widerstehen.

☐ Sie müssen, neben ihrer Eigenlast einschließlich Putz oder Bekleidung, die auf ihre Fläche wirkenden Lasten aufnehmen und auf andere Bauteile, wie Wände, Decken, Stützen, abtragen.

☐ Sie übernehmen Funktionen zur Sicherung gegen Absturz.

☐ Sie müssen leichte Konsollasten aufnehmen, deren Wert ≤ 0,4 kN/m Wandlänge beträgt bei einer vertikalen Wirkungslinie von ≤ 0,3 m von der Wandoberfläche.

Bilder, Buchregale, kleine Wandschränke u. ä. lassen sich so an jeder Stelle der Wand unmittelbar in geeigneter Befestigungsart anbringen.

☐ Sie dürfen sowohl bei weichen als auch bei harten Stößen nicht zerstört oder örtlich durchstoßen werden.

☐ Sie müssen zum Nachweis ausreichender Biegegrenztragfähigkeit eine horizontale Streifenlast aufnehmen, die 0,9 m über dem Fußpunkt der Wand eingreift:

Einbaubereich 1: p = 0,5 kN/m
Einbaubereich 2: p = 1,0 kN/m.

Bild 5/3: Nichttragende KS-Innenwände – kombiniert mit Holz – im Flur eines Wohnhauses in Lehre

Belastungen nach DIN 4103 Teil 1

Konsollast 0,4 kN/m

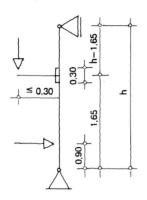

Horizontallast
Einbaubereich 1: p = 0,5 kN/m
Einbaubereich 2: p = 1,0 kN/m

5.2.3 Einbaubereiche

Für die genannten Anforderungen werden zwei Einbaubereiche unterschieden:

Einbaubereich 1:

Bereiche mit geringer Menschenansammlung, zum Beispiel Wohnungen, Hotel-, Büro-, Krankenräume und ähnlich genutzte Räume einschließlich der Flure.

Einbaubereich 2:

Bereiche mit großer Menschenansammlung, zum Beispiel größere Versammlungsräume, Schulräume, Hörsäle, Ausstellungs- und Verkaufsräume und ähnlich genutzte Räume. Hierzu zählen auch stets Trennwände zwischen Räumen mit einem Höhenunterschied der Fußböden ≥ 1,00 m.

5.2.4 Baustoffe

Zur Herstellung der nichttragenden KS-Innenwände sind ausschließlich genormte Kalksandsteine nach DIN 106 oder KS-Steine, für die die Brauchbarkeit auf andere Art und Weise nachgewiesen werden kann, zu verwenden und Mauermörtel nach DIN 1053 Teil 1 (mit Ausnahme von Mörtel der Mörtelgruppe MG I).

5.2.5 Grenzabmessungen

Der Nachweis der Erfüllung der Anforderungen wurde entsprechend der DIN 4103 Teil 1 durch Versuche erbracht, da rechnerische Nachweise dem wirklichen Tragverhalten gemauerter nichttragender Innenwände nur unzureichend gerecht werden.

Die Grenzabmessungen nichttragender Innenwände wurden durch umfangreiche Versuchsreihen ermittelt.

Je nach Ausbildung des Wand-/Deckenanschlusses kann eine gewisse Lastabtragung der Decke auf die nichttragende Wand erfolgen, zum Beispiel bei vermörtelter Anschlußfuge zwischen oberem Wandende und Betondecke.

Bei nichttragenden Innenwänden wird daher unterschieden in:

- vierseitig gehaltene Wände mit Auflast,
- vierseitig gehaltene Wände ohne Auflast,
- dreiseitig gehaltene Wände ohne Auflast, oberer Rand frei.

Bei dreiseitig gehaltenen Wänden mit und ohne Auflast und einem freien vertikalen Rand sind reduzierte Wandlängen anzunehmen.

In Abhängigkeit von Einbaubereich, Wanddicke, Wandhöhe und Wandgeometrie (Seitenverhältnis) sowie von den Wandanschlüssen sind in der Tafel 5/1 Grenzabmessungen für nichttragende KS-Innenwände angegeben. Aus bauphysikalischen Gründen und aus Grün-

den der Rißsicherheit empfiehlt es sich, die Wandlängen auf max. 12 m zu begrenzen.

Vermeintliche Unstimmigkeiten der Grenzabmessungen zwischen vierseitig und dreiseitig gehaltenen Wänden sind vor allem auf die Art der Belastung (Linienlast generell in 90 cm Höhe über Wandfuß) und unterschiedlich große Biegefestigkeiten des Mauerwerks senkrecht und parallel zur Lagerfuge zurückzuführen (unterschiedliche Auswirkungen).

Bei Wandhöhen > 6 m sind statische Nachweise erforderlich. So können zum Beispiel solche Wände durch horizontale Tragelemente unterteilt werden.

Sollten bei Ausfachungen die zulässigen Wandlängen nach Tafel 5/1 überschritten werden, können die Wandflächen durch Aussteifungsstützen zum Beispiel aus Stahl oder Stahlbeton unterteilt werden.

Dreiseitig und vierseitig gehaltene KS-Innenwände ohne und mit Auflast können aus Mauerwerk ohne Stoßfugenvermörtelung erstellt werden, wenn die zulässigen Wandlängen ≥ 12 m betragen.

Bild 5/4: KS-Innensichtmauerwerk mit unbeschnittener Verzahnung der Ecke mit KS-Plansteinen

Tafel 5/1: Zulässige Wandlängen nichttragender KS-Innenwände[1]

Halterung	Einbau-bereich	Wandhöhe [m]	Wanddicke [cm]				
			5	7	11,5	17,5	24
vierseitig/dreiseitig ohne Auflast[3]	1	2,5	3 /1,5	5 /2,5	10/5	12/8	12/12
		3	3,5/1,75	5,5/2,75	10/5	12/8	12/12
		3,5	4 /2	6 /3	10/5	12/8	12/12
		4		6,5/3,25	10/5	12/8	12/12
		4,5		7 /3,5	10/5	12/8	12/12
		> 4,5−6				12/8	12/12
	2	2,5	1,5/0,75	3 /1,5	6 /3	12/6	12/12
		3	2 /1,5	3,5/1,75	6,5/3,25	12/6	12/12
		3,5	2,5/1,25	4 /2	7 /3,5	12/6	12/12
		4		4,5/2,25	7,5/3,25	12/6	12/12
		4,5		5 /2,5	8 /4	12/6	12/12
		> 4,5−6				12/6	12/12
vierseitig/dreiseitig mit Auflast[2][3]	1	2,5	5,5/2,75	8 /4	12/8	12/10	12/12
		3	6 /3	8,5/4,25	12/8	12/10	12/12
		3,5	6,5/3,25	9 /4,5	12/8	12/10	12/12
		4		9,5/4,75	12/8	12/10	12/12
		4,5			12/8	12/10	12/12
		> 4,5−6				12/10	12/12
	2	2,5	2,5/1,25	5,5/2,75	12/6	12/8	12/12
		3	3 /1,5	6 /3	12/6	12/8	12/12
		3,5	3,5/1,75	6,5/3,25	12/6	12/8	12/12
		4		7 /3,5	12/6	12/8	12/12
		4,5		7,5/3,75	12/6	12/8	12/12
		> 4,5−6				12/8	12/12
dreiseitig, ohne Auflast (oberer Rand frei, Stoß- und Lagerfugen sind zu vermörteln)	1	2	3	7	8	12	12
		2,25	3,5	7,5	9	12	12
		2,5	4	8	10	12	12
		3	5	9	10	12	12
		3,5	6	10	12	12	12
		4		10	12	12	12
		4,5		10	12	12	12
		> 4,5−6				12	12
	2	2	1,5	3,5	6	8	8
		2,25	2	3,5	6	9	9
		2,5	2,5	4	7	10	10
		3		4,5	8	12	12
		3,5		5	9	12	12
		4		6	10	12	12
		4,5		7	10	12	12
		> 4,5−6				12	12

[1] Grundlage: Mauerwerk-Kalender 1986, S. 697 bis 734 sowie Gutachten von Prof. Kirtschig aus 5/1988, 1/1992 und 1/1993.
Bei 5 und 7 cm dicken Wänden gilt: Nur zulässig mit Normalmörtel mindestens MG III (trockene Kalksandsteine sind vorzunässen) oder mit Dünnbettmörtel.
Bei Wanddicken ab 11,5 cm gilt: Nur zulässig mit Normalmörtel mindestens MG IIa (trockene Kalksandsteine sind vorzunässen) oder mit Dünnbettmörtel.

[2] Unter Auflast wird hierbei verstanden, daß die Wände an der Deckenunterkante voll vermörtelt sind und die darüberliegenden Decken infolge Kriechens und Schwindens sich auf die nichttragenden Wände zum Teil absetzen können. Ganz allgemein gilt, daß das Verfugen zwischen dem oberen Wandende und der Decke im allgemeinen eher zu empfehlen ist als das Dazwischenlegen von stark nachgiebigem Material. Dies gilt insbesondere dann, wenn davon ausgegangen werden kann, daß nach dem Verfugen in die Trennwände keine Lasten mehr aus Verformung infolge Eigengewichts der darüberliegenden Bauteile eingetragen werden. Das Vermörteln der Anschlußfuge zwischen nichttragender Wand und Stahlbetondecken soll daher möglichst spät erfolgen.

[3] Wände mit ≥ 12 m Länge sind zulässig für Bauweise ohne Stoßfugenvermörtelung.

Das trifft zu bei vierseitig gehaltenen Wänden:

☐ ohne Auflast bei Wanddicke
d ≥ 17,5 cm,

☐ mit Auflast bei Wanddicke
d ≥ 11,5 cm sowie

☐ bei drei- und vierseitig gehaltenen Wänden generell bei einer Wanddicke von d ≥ 24 cm.

In den anderen Fällen sind die Stoß- und Lagerfugen zu vermörteln. Das gilt insbesondere auch für dreiseitig gehaltene Wände mit oberem freien Rand.

Die Grenzabmessungen nichttragender KS-Innenwände nach Tafel 5/1 gelten für KS-Mauerwerk mit Normalmörtel und Dünnbettmörtel. KS-Wände mit d ≥ 11,5 cm können mit Normalmörtel mindestens der MG IIa oder mit Dünnbettmörtel, KS-Wände mit d < 11,5 cm müssen mit Normalmauermörtel der MG III oder mit Dünnbettmörtel erstellt werden.

5.2.6 Befestigung an angrenzende Bauteile

Die nichttragenden Innenwände erhalten ihre Standsicherheit durch geeignete Anschlüsse an die angrenzenden Bauteile. Die Anschlüsse müssen so ausgebildet sein, daß die Formänderungen der angrenzenden Bauteile sich nicht negativ auf die nichttragenden Innenwände auswirken können.

Werden die nichttragenden Innenwände nicht bis unter die Decke gemauert, zum Beispiel bei durchlaufenden Fensterbändern, so können sie oben als ausreichend gehalten angesehen werden, wenn die Wandkronen mit durchlaufenden Aussteifungsriegeln z. B. aus Stahlbeton aus betonierten KS-U-Schalen oder aus Stahlprofilen gehalten werden. Raumhohe Zargen und Stahlprofile in U- oder I-Form oder auch ausbetonierte U-Schalen gelten bei entsprechender Ausbildung als seitliche Halterung.

Während die Wandscheiben selbst als nachgewiesen gelten, wenn die Grenzabmessungen nach Tafel 5/1 eingehalten sind, ist die Aufnahme der Belastungen durch die Anschlüsse nachzuweisen. Sofern es sich um bewährte Anschlüsse handelt, ist ein Nachweis in der Regel jedoch nicht erforderlich (Bild 5/5 bis 5/7).

Starre Anschlüsse

Starre Anschlüsse werden durch Verzahnung, durch Ausfüllen mit Mörtel oder durch gleichwertige Maßnahmen wie Anker, Dübel oder einbindende

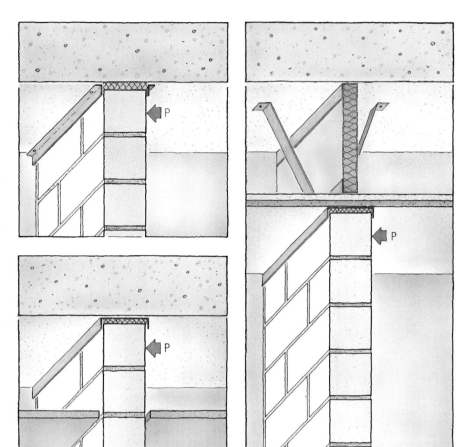

Bild 5/5: Anschlüsse von nichttragenden KS-Innenwänden an Decken
a) Anschluß mit Metallwinkel (oben links)
b) Anschluß mit Metall-U-Profil (unten links)
c) Anschluß an abgehängte schalldämmende Decke (rechts)

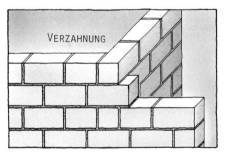
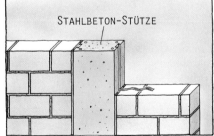
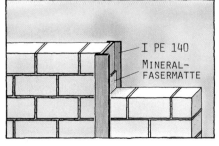
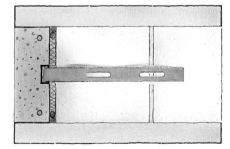

Bild 5/6: Lotrecht-Aussteifung nichttragender KS-Wände
a) durch Verzahnung (oben links)
b) durch I-Profil (oben)
c) und d) durch Betonstützen (rechts)

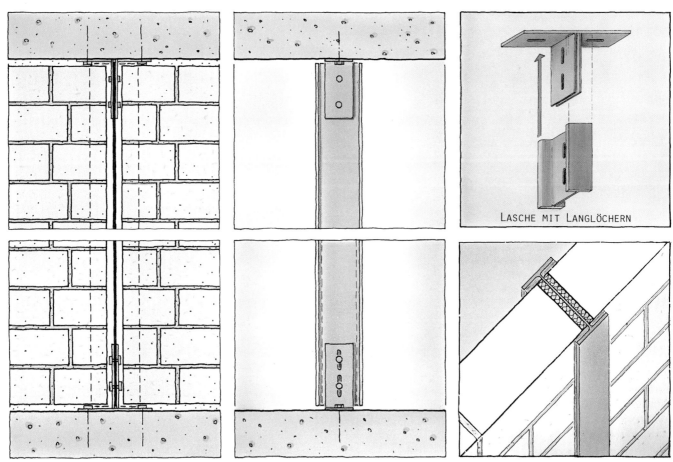

Bild 5/7: Lotrecht-Aussteifung durch I-Profil
a) Schnitt durch die Wandachse (links)
b) Ansicht Aussteifungsprofil (Mitte)
c) Deckenanschluß durch Lasche mit Langlöchern (oben rechts)
d) Isometrische Darstellung (unten rechts)

Bild 5/8: Aussteifung durch Spezialtürzarge

Bild 5/9: Wandaussteifung durch I-Profil

Bild 5/10: Nichttragende KS-Innenwände – Flur

Stahleinlagen hergestellt. Sie können ausgeführt werden, wenn keine oder nur geringe Zwängungskräfte aus den angrenzenden Bauteilen auf die Wand zu erwarten sind. Starre seitliche Anschlüsse bleiben im Regelfall auf den Wohnungsbau mit Wandlängen ≤ 5,0 m und geringen Deckenspannweiten beschränkt. Bei vermörtelter Anschlußfuge zwischen dem oberen Wandende und der Betondecke soll das Vermörteln der Anschlußfuge möglichst spät erfolgen.

Gleitende Anschlüsse

Gleitende Anschlüsse sind insbesondere dann anzuwenden, wenn mit unplanmäßigen Krafteinleitungen in die nichttragenden Innenwände durch Verformung der angrenzenden Bauteile zu rechnen ist und diese zu erhöhten Spannungen führen können. Gleitende Anschlüsse werden durch Anordnung von Profilen oder Nuten, eventuell in Verbindung mit einer Gleitfolie, hergestellt. Die Anschlußfugen sollten zur Verbesserung des Schall- und Brandschutzes mit Mineralwolle ausgefüllt werden.

Die Profiltiefe ist so zu wählen, daß auch bei einer Verformung der angrenzenden Bauteile die seitliche Halterung sichergestellt bleibt (Bild 5/7).

5.2.7 Beschränkung der Deckendurchbiegung

Wenn durch zu große Durchbiegungen der Betondecke Schäden an nichttragenden Innenwänden entstehen können, so ist die Größe dieser Durchbiegungen durch gezielte Maßnahmen zu beschränken, oder es sind andere bauliche Vorkehrungen zur Vermeidung derartiger Schäden zu treffen. Der Nachweis der Beschränkung der Durchbiegung kann durch die Begrenzung der Biegeschlankheit geführt werden.

Die *Schlankheit* von biegebeanspruchten Bauteilen, die mit ausreichender Überhöhung der Schalung hergestellt sind, darf nicht größer sein als $li/h \leq 35$.

Bei Bauteilen, die nichttragende Innenwände zu tragen haben, muß die Schlankheit deutlich niedriger sein:

$$li/h \leq 150/li \text{ bzw. } h \geq \frac{li^2}{150}$$

li = Ersatzstützweite $l \cdot \alpha$ in m

h = Statische Höhe des biegebeanspruchten Bauteils in m

α = Beiwert, abhängig vom statischen System

Vergleiche hierzu auch DIN 1045, Abschnitt 17.7.2.

5.2.8 Lastannahmen für Decken

Für den statischen Nachweis der Decken darf der Einfluß der Last der nichttragenden Innenwände nach DIN 1055 durch einen Zuschlag zur Verkehrslast berücksichtigt werden, wenn das Wandflächengewicht nicht mehr als 1,5 kN/m² beträgt. Wandflächengewichte von nichttragenden KS-Innenwänden enthält Tafel 5/2. Werte für den Zuschlag zur Verkehrslast Tafel 5/3.

Werden für Decken Verkehrslasten ≥ 5,0 kN/m² angenommen, ist ein Zuschlag für nichttragende Innenwände nicht erforderlich, wenn das Wandflächengewicht ≤ 1,5 kN/m² beträgt.

Lasten aus nichttragenden Innenwänden mit Wandflächengewichten > 1,5 kN/m² sind als Linienlasten oder aber als statisch gleichwertige Ersatzlasten zu berücksichtigen. Ein genauer statischer Nachweis der Decke ist auch erforderlich bei Decken ohne ausreichende Querverteilung der Lasten, wenn die Wandflächengewichte > 1,0 kN/m² sind.

5.2.9 Schadensfreie Ausführung

Zur schadensfreien Ausführung der nichttragenden Innenwände sind folgende Konstruktions- und Ausführungshinweise zu beachten:

☐ Begrenzung der Deckendurchbiegung durch Einhalten einer Grenzschlankheit von $li/h \leq 150/li$.

☐ Verringerung der Deckendurchbiegung aus Kriechen und Schwinden durch Beachtung der Ausschalfristen und sorgfältiger Nachbehandlung des Betons nach DIN 1045. Bei kurzen Ausschalfristen sind wirksame Notstützen zu setzen.

☐ Nichttragende Innenwände möglichst spät, d. h. nach Fertigstellung des Rohbaus aufmauern und verput-

zen. Um feuchtebedingte Verformungen gering zu halten, sollten auf der Baustelle die Materialien − Steine, Bauplatten − trocken gelagert bzw. vor starker Durchfeuchtung geschützt werden.

☐ Durchbiegungen der unteren Decke können bei nichttragenden Innenwänden zu einer Lastabtragung als Gewölbe oder Biegeträger führen. Die Aufnahme des Horizontalschubs an den seitlichen Wandanschlüssen muß gewährleistet sein.

☐ Bei großen Deckenstützweiten li >7 m können weitere Maßnahmen, zum Beispiel eine Bewehrung der Wand zur erhöhten Rißsicherheit, erforderlich werden.

☐ Schlitze für Elektroinstallationen sind mit dafür geeigneten Geräten zu sägen oder zu fräsen, damit das Gefüge des Mauerwerks nicht zerstört wird. Nach Verlegen der Elektroinstallation lassen sich diese Schlitze problemlos mit Putz oder Spachtelputz schließen. Beim Anlegen der Schlitze ist DIN 1053 Teil 1 zu beachten.

Tafel 5/2: Wandgewichte von KS-Innenwänden nach DIN 1055

Kalksandstein		Wandflächengewicht (ohne Putz) in kN/m² für Wanddicke d in cm				
	ϱ kg/dm³	5,2	7,1	11,5	17,5	24
KS L	1,0	−	−	−	2,10	2,88
KS L	1,2	−	−	1,61	2,45	3,36
KS L	1,4	−	−	1,73	2,63	3,60
KS L KS	1,6	−	−	1,96	2,98	4,08
KS	1,8	0,90	1,28	2,07	3,15	4,32
KS	2,0	1,04	1,42	2,30	3,50	4,80

Tafel 5/3: Ersatzlasten für leichte Trennwände als Zuschlag zur Verkehrslast nach DIN 1055 Teil 3

Wandlast einschließlich Putz [kN/m² Wandfläche]	Wandersatzlast gε als Zuschlag zur Verkehrslast [kN/m² Deckenfläche]	Bemerkung
≤ 1,00	≥ 0,75	allgemein zulässig
≤ 1,50	≥ 1,25	nur zulässig bei Decken mit ausreichender Querverteilung

5.3 Nichttragende Innenwände aus KS-Bauplatten

Schlanke nichttragende Innenwände aus KS-Bauplatten mit 5 cm und 7 cm Dicke haben sich seit vielen Jahren im Wohnungsbau, aber auch in Büro- und Wirtschaftsbauten, im Schul- und Krankenhausbau bewährt. Durch ihr günstiges Format – 25 x 50 cm – und durch das Nut-Feder-System lassen sie sich äußerst rationell versetzen. Durch die Verarbeitung mit hochwertigem Dünnbettmörtel gelangt wenig Baufeuchte in den Rohbau. KS-Bauplatten sind daher auch für den nachträglichen Einbau, für Ausbauten und Sanierungen sehr gut geeignet.

Weitere Vorteile sind:

☐ Hohe Beständigkeit, unempfindlich gegen Feuchtigkeit.

☐ Flächengewinn durch geringe Wanddicken von 5 cm bzw. 7 cm.

☐ Glatte ebene Wandflächen durch hohe Maßgenauigkeit und durch das umlaufende Nut-Feder-System. Fliesen können direkt auf die Wandflächen im Dünnbettverfahren aufgeklebt werden, als Putz kann Spachtelputz verwendet werden.

☐ Hohe Eigenstabilität der Wände bereits bei der Erstellung.

☐ Gute Tragfähigkeit für Konsollasten und für Dübel.

☐ Freie Grundrißgestaltung, da Wandflächengewicht < 1,5 kN/m².

☐ Günstige Schalldämmung durch die hohe Steinrohdichte – Steinrohdichteklasse 1,8 – 2,0 mit R'$_w$ bis 41 dB bei 7 cm Dicke für guten Schallschutz auch innerhalb von Wohnungen.

☐ Sicherer Brandschutz, nicht brennbar; F 30 ab 5 cm Dicke, F 60 ab 7 cm Dicke.

Türüberdeckungen: Bei Türüberdeckungen bis etwa 1 m Breite werden die Platten ohne Sturz fortlaufend in eine Richtung verlegt und verklebt. Zur Unterstützung während der Bauphase kann ein Kantholz über die Öffnung gelegt werden.

Günstiger ist es jedoch, die Öffnungen raumhoch vorzusehen.

Zum Höhenausgleich unter der Decke sollen abgelängte Platten hochkant stehend versetzt werden.

Ausführungsdetails zu nichttragenden Innenwänden aus KS-Bauplatten sind in den Bildern 5/13 bis 5/15 zu sehen.

Bild 5/11: Das Nut-Feder-System ermöglicht einfaches und schnelles Vermauern

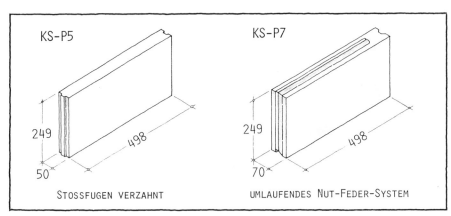

Bild 5/12: KS-P5 und KS-P7 für nichttragende, leichte Trennwände

Tafel 5/4: Technische Daten von KS-Bauplatten

		KS-P7	KS-P5
Steinrohdichteklasse		2,0	2,0
Wandgewicht mit beidseitigem Spachtelputz	kg/m²	≤ 150	≤ 100
Leichtwand-Zuschlag zur Nutzlast der Decke	kN/m²	1,25	0,75
bewertetes Schalldämmaß mit Spachtelputz mit Dünnputz (2 × 10 mm)	dB dB	40 41	37 38
Feuerwiderstandsklasse (beidseitig 10 mm geputzt)		F 60 A	F 30 A

Ansetzen der ersten Schicht in Normalmörtel auf Papplage.

Das Versetzen der Platten beginnt mit dem Anlegen der Wand (ggf. Richtlatte verwenden).

Der Dünnbettmörtel der Stoß- und Lagerfugen wird mit der Kelle aufgetragen.

Die KS-Bauplatten werden fest ineinandergeschoben. Herausquellender Mörtel ist abzustreifen.

Die Paßstücke werden mit einem speziellen Steinspalter hergestellt. Ablängen ist problemlos.

Zur Verbesserung des Schall- und Brandschutzes kann die Anschlußfuge mit Mineralwolle ausgeführt werden.

Der Wandanschluß erfolgt im allgemeinen durch Stumpfstoß. Die Anschlußfuge ist zu vermörteln; die Wände sind durch Anker für den starren oder weichen Anschluß miteinander zu verbinden.

Verbindungsanker für starre Anschlüsse.

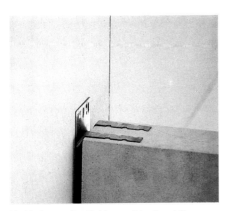

Verbindungsanker für biegeweiche Anschlüsse.

Bild 5/13: Verarbeitung von KS-Bauplatten

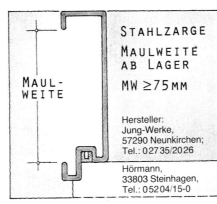

MAUL-
WEITE

STAHLZARGE
MAULWEITE
AB LAGER

MW ≥ 75 MM

Hersteller:
Jung-Werke,
57290 Neunkirchen;
Tel.: 02735/2026

Hörmann,
33803 Steinhagen,
Tel.: 05204/15-0

Metallumfassungszargen mit Maulweiten für dünne Trennwände

Die KS-Bauplatten KS P5 und KS-P7 haben viele Vorteile:

■ einfache, weitgehend trockene Verarbeitung

■ hohe Schalldämmung und Stabilität

■ Feuchtebeständigkeit

■ bewährt in Neu- und Umbau

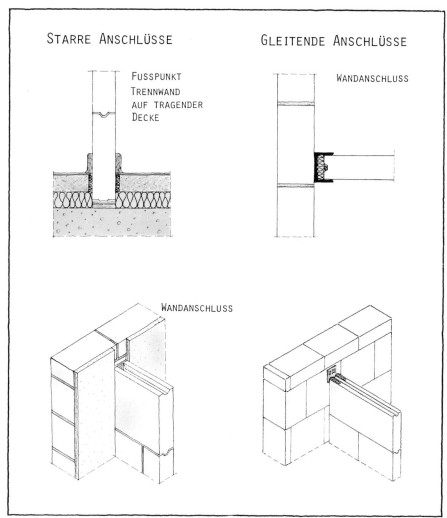

STARRE ANSCHLÜSSE — GLEITENDE ANSCHLÜSSE

FUSSPUNKT TRENNWAND AUF TRAGENDER DECKE

WANDANSCHLUSS

WANDANSCHLUSS

Bild 5/14: Starre und gleitende Anschlüsse von KS-Bauplatten

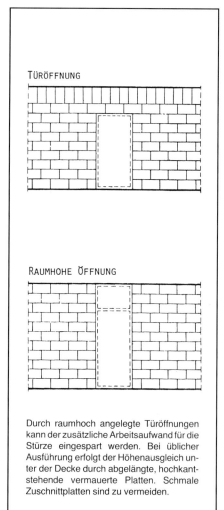

TÜRÖFFNUNG

RAUMHOHE ÖFFNUNG

Durch raumhoch angelegte Türöffnungen kann der zusätzliche Arbeitsaufwand für die Stürze eingespart werden. Bei üblicher Ausführung erfolgt der Höhenausgleich unter der Decke durch abgelängte, hochkantstehende vermauerte Platten. Schmale Zuschnittplatten sind zu vermeiden.

Bild 5/15: Türöffnungen

6. Nichttragende KS-Außenwände

Nichttragende Außenwände sind scheibenartige Bauteile, die überwiegend nur durch ihr Eigengewicht beansprucht werden. Sie müssen die auf ihre Fläche wirkenden Windlasten sicher auf die angrenzenden, tragenden Bauteile, z. B. Wand- und Deckenscheiben, Stahl- oder Stahlbetonstützen und Unterzüge, abtragen.

Nichttragende KS-Außenwände können entsprechend den an sie gestellten Anforderungen einschalig oder mehrschalig, verputzt oder unverputzt, mit zusätzlicher Wärmedämmung, mit vorgehängter Fassade u. a. ausgeführt werden.

6.1 Statik

Größtwerte der Ausfachungsflächen gemäß DIN 1053 Teil 1

Bei Ausfachungswänden von Fachwerk-, Skelett- und Schottensystemen darf nach DIN 1053 Teil 1, Abschnitt 8.1.3.2, auf einen statischen Nachweis verzichtet werden, wenn

☐ die Wände vierseitig gehalten sind, z. B. durch Verzahnung, Versatz oder Anker;

☐ die Bedingungen nach DIN 1053 Teil 1, Tabelle 9 (Tafel 6/1) erfüllt sind;

☐ mind. Mörtel der Mörtelgruppe II a verwendet wird.

Zulässige Wandabmessungen und -flächen für KS-Mauerwerk nach DIN 1053 Teil 1 sind für verschiedene Wanddicken in Tafel 6.1 bzw. 6.3 und 6.4 angegeben.

[1]) Gutachten: Zur Größe der Ausfachungsflächen von nichttragenden Außenwänden unter Verwendung von großformatigen Kalksandsteinen; Prof. Kirtschig, Universität Hannover 7/1993.

Erhöhte Größtwerte von Ausfachungsflächen[1])

Die Größtwerte von Ausfachungsflächen nichttragender KS-Außenwände dürfen unter folgenden Voraussetzungen erhöht werden:

☐ Verwendung von KS-Steinen der Höhe h = 23,8 oder 24,9 cm (Blocksteine, Hohlblocksteine, großformatige Plansteine);

☐ Verwendung der Mörtelgruppe III oder Dünnbettmörtel.

Bei Verwendung der Mörtelgruppe III sind die KS-Steine vorzunässen. Unter diesen Voraussetzungen sind in einigen Fällen — siehe Tafel 6/2 und 6/5 — auch dreiseitig gehaltene — oberer Rand frei — Wände möglich.

Wandabmessungen

Die Abmessungen nichttragender KS-Außenwände sind abhängig von

☐ der Dicke der Wand,

☐ dem Verhältnis der größeren zur kleineren Seite der Ausfachungsfläche,

☐ der Höhe der Wand über Gelände,

☐ bei einem Seitenverhältnis $\varepsilon = h/l \geq 2$ und bei Verwendung von Steinen der Festigkeitsklasse ≥ 20 dürfen die Werte der Tafel 6/1 Spalten 3, 5 und 7 verdoppelt werden: Wandhöhe $h \geq 2\,l$ (h = Wandhöhe; l = Wandlänge).

Sind in nichttragenden Außenwänden Fenster- oder Türöffnungen vorgese-

Tafel 6/2: Zulässige Größtwerte der Ausfachungsfläche von nichttragenden Außenwänden für Steinhöhen 23,8 oder 24,9 cm (KS-Blocksteine, KS-Hohlblocksteine, großformatige Plansteine) mit Mörtelgruppe III oder Dünnbettmörtel nach[1])

Wand-dicke d (mm)	Größte zulässige Ausfachungsflächen [m²] bei einer Höhe über Gelände von								
	0 bis 8 m²)			8 bis 20 m²)			20 bis 100 m²)		
	$\varepsilon = 0{,}5$	$\varepsilon\ 1{,}0$	$\varepsilon = 2{,}0$	$\varepsilon = 0{,}5$	$\varepsilon = 1{,}0$	$\varepsilon = 2{,}0$	$\varepsilon = 0{,}5$	$\varepsilon = 1{,}0$	$\varepsilon = 2{,}0$
a) Vierseitig gehalten[3])									
175	22	20	22	13	13	13	9	9	9
240	38	36	38	25	23	25	18	16	18
≥ 300	60	54	60	38	35	38	28	25	28
b) Dreiseitig gehalten, oberer Rand frei									
175	8	10	16	—	—	—	—	—	—
240	16	20	30	10	12	18	—	—	—
≥ 300	25	30	45	16	20	28	12	15	20

[1]) Gutachten: Zur Größe der Ausfachungsflächen von nichttragenden Außenwänden unter Verwendung von großformatigen Kalksandsteinen; Prof. Kirtschig, Universität Hannover 7/1993.
[2]) ε ist das Verhältnis Wandhöhe zu Wandlänge.
[3]) Werte gelten auch bei $\varepsilon < 0{,}5$ und $\varepsilon > 2{,}0$.

Tafel 6/1: Zulässige Größtwerte der Ausfachungsfläche von nichttragenden Außenwänden ohne rechnerischen Nachweis (nach DIN 1053 Teil 1, Tabelle 9)

	1	2	3	4	5	6	7
	Wanddicke[1])	Zulässiger Größtwert der Ausfachungsfläche bei einer Höhe über Gelände von					
		0 bis 8 m		8 bis 20 m		20 bis 100 m	
	cm	$\varepsilon = 1{,}0$ m²	$\varepsilon \geq 2{,}0$[3]) m²	$\varepsilon = 1{,}0$ m²	$\varepsilon \geq 2{,}0$[3]) m²	$\varepsilon = 1{,}0$ m²	$\varepsilon \geq 2{,}0$[3]) m²
1	11,5[1])	12	8	8	5	6	4
1a	11,5[2])	16	10,6	10,6	6,7	8	5,3
2	17,5	20	14	13	9	9	6
3	≥ 24	36	25	23	16	16	12
4	≥ 30	50	33	35	23	25	17

Hierbei ist ε das Verhältnis der größeren zur kleineren Seite der Ausfachungsfläche. Bei Seitenverhältnissen $1{,}0 < \varepsilon < 2{,}0$ dürfen die zulässigen Größtwerte der Ausfachungsflächen geradlinig interpoliert werden.

[1]) zulässig bei Stein-Druckfestigkeitsklasse 6
[2]) zulässig bei Stein-Druckfestigkeitsklasse ≥ 12 (Werte der Zeile 1a sind gegenüber den Werten der Zeile 1 und 1/3 erhöht)
[3]) Bei Verwendung von Steinen der Festigkeitsklasse ≥ 20 und einem Seitenverhältnis $h/l \geq 2{,}0$ dürfen die Werte der Spalten 3, 5 und 7 verdoppelt werden.

Tafel 6/3: Zulässige Wandabmessungen und Wandflächen nichttragender KS-Außenwände

d = 11,5 cm; 4-seitig gehalten

Höhe über Gelände (m)	$\varepsilon = \dfrac{\text{größere Seite}}{\text{kleinere Seite}}$										
	1,0	1,1	1,2	1,3	1,4	1,5	1,6	1,7	1,8	1,9	≥ 2,0
0 bis 8	16,0	15,5	15,0	14,4	13,9	13,4	12,8	12,3	11,8	11,2	10,6
8 bis 20	10,7	10,3	9,9	9,5	9,1	8,7	8,3	7,9	7,5	7,1	6,7
20 bis 100	8,0	7,7	7,5	7,2	6,9	6,7	6,4	6,1	5,8	5,6	5,3

Zulässige Wandflächen (m²) in Abhängigkeit von Seitenverhältnis und Höhe über Gelände

0 bis 8 m Höhe über Gelände

Höhe (m)	Länge (m)						
	2,00	2,50	3,00	3,50	4,00	4,50	5,00
2,00	4,00	5,00	6,00	7,00	8,00	9,00	10,00
2,50	5,00	6,25	7,50	8,75	10,00	11,25	–
3,00	6,00	7,50	9,00	10,50	12,00	13,50	–
3,50	7,00	8,75	10,50	12,25	14,00	–	–
4,00	8,00	10,00	12,00	14,00	16,00	–	–
4,50	9,00	11,25	13,50	–	–	–	–
5,00	10,00	–	–	–	–	–	–

0 bis 8 m Höhe über Gelände (ε ≥ 2,0; Steinfestigkeitsklasse ≥ 20, zul. A ≤ 2 · 10,7 ≤ 21,4 m²)

Höhe (m)	Länge (m)			
	2,00	2,50	3,00	3,50
4,00	8,00	–	–	–
5,00	10,00	12,50	–	–
6,00	12,00	15,00	18,00	–
7,00	14,00	17,50	21,00	–
8,00	16,00	20,00	–	–
9,00	18,00	–	–	–
10,00	20,00	–	–	–
11,00	–	–	–	–

8 bis 20 m Höhe über Gelände

Höhe (m)	Länge (m)			
	2,00	2,50	3,00	3,50
2,00	4,00	5,00	6,00	7,00
2,50	5,00	6,25	7,50	8,75
3,00	6,00	7,50	9,00	10,50
3,50	7,00	8,75	10,50	–

8 bis 20 m Höhe über Gelände (ε ≥ 2,0; Steinfestigkeitsklasse ≥ 20, zul. A ≤ 2 · 6,7 ≤ 13,40 m²)

Höhe (m)	Länge (m)		
	2,00	2,50	3,00
4,00	8,00	–	–
5,00	10,00	12,50	–
6,00	12,00	–	–
7,00	–	–	–

d = 17,5 cm; 4-seitig gehalten

Höhe über Gelände (m)		$\varepsilon = \dfrac{\text{größere Seite}}{\text{kleinere Seite}}$										
		1,0	1,1	1,2	1,3	1,4	1,5	1,6	1,7	1,8	1,9	≥ 2,0
0 bis 8	DIN 1053	20,0	19,4	18,8	18,2	17,6	17,0	16,4	15,8	15,2	14,6	14,0
	Gutachten[1]	20,0	20,2	20,4	20,6	20,8	21,0	21,2	21,4	21,6	21,8	22,0
8 bis 20	DIN 1053	13,0	12,6	12,2	11,8	11,4	11,0	10,6	10,2	9,8	9,4	9,0
	Gutachten[1]	13,0	13,0	13,0	13,0	13,0	13,0	13,0	13,0	13,0	13,0	13,0
20 bis 100	DIN 1053	9,0	8,7	8,4	8,1	7,8	7,5	7,2	6,9	6,6	6,3	6,0
	Gutachten[1]	9,0	9,0	9,0	9,0	9,0	9,0	9,0	9,0	9,0	9,0	9,0

0 bis 8 m Höhe über Gelände

Höhe (m)	Länge (m)										
	2,00	2,50	3,00	3,50	4,00	4,50	5,00	5,50	6,00	6,50	7,00
2,00	4,00	5,00	6,00	7,00	8,00	9,00	10,00	11,00	12,00	13,00	14,00
2,50	5,00	6,25	7,50	8,75	10,00	11,25	12,50	13,75	15,00	16,25	17,50
3,00	6,00	7,50	9,00	10,50	12,00	13,50	15,00	16,50	18,00	19,50	21,00
3,50	7,00	8,75	10,50	12,25	14,00	15,75	17,50	19,25	21,00	–	–
4,00	8,00	10,00	12,00	14,00	16,00	18,00	20,00	–	–	–	–
4,50	9,00	11,25	13,50	15,75	18,00	20,25	–	–	–	–	–
5,00	10,00	12,50	15,00	17,50	20,00	–	–	–	–	–	–
5,50	11,00	13,75	16,50	19,25	–	–	–	–	–	–	–
6,00	12,00	15,00	18,00	21,00	–	–	–	–	–	–	–
6,50	13,00	16,25	19,50	–	–	–	–	–	–	–	–
7,00	14,00	17,50	21,00	–	–	–	–	–	–	–	–

0 bis 8 m Höhe über Gelände (ε ≥ 2,0, Steinfestigkeitsklasse ≥ 20, zul. A ≤ 2 · 14,0 ≤ 28,0 m²)

Höhe (m)	Länge (m)				
	2,00	2,50	3,00	3,50	4,00
4,00	8,00	–	–	–	–
5,00	10,00	12,50	–	–	–
6,00	12,00	15,00	18,00	–	–
7,00	14,00	17,50	21,00	24,50	–
8,00	16,00	20,00	24,00	28,00	–
9,00	18,00	22,50	27,00	–	–
10,00	20,00	25,00	–	–	–
11,00	22,00	27,50	–	–	–
12,00	24,00	–	–	–	–

8 bis 20 m Höhe über Gelände

Höhe (m)	Länge (m)						
	2,00	2,50	3,00	3,50	4,00	4,50	5,00
2,00	4,00	5,00	6,00	7,00	8,00	9,00	10,00
2,50	5,00	6,25	7,50	8,75	10,00	11,25	12,50
3,00	6,00	7,50	9,00	10,50	12,00	–	–
3,50	7,00	8,75	10,50	12,25	–	–	–
4,00	8,00	10,00	12,00	–	–	–	–
4,50	9,00	11,25	–	–	–	–	–
5,00	10,00	12,50	–	–	–	–	–

8 bis 20 m Höhe über Gelände (ε ≥ 2,0, Steinfestigkeitsklasse ≥ 20, zul. A ≤ 2 · 9,0 ≤ 18,0 m²)

Höhe (m)	Länge (m)			
	2,00	2,50	3,00	3,50
4,00	8,00	–	–	–
5,00	10,00	12,50	–	–
6,00	12,00	15,00	18,00	–
7,00	14,00	17,50	–	–
8,00	16,00	–	–	–
9,00	18,00	–	–	–
10,00	–	–	–	–

Die farbig hinterlegten Werte unterhalb der Treppenlinie gelten nur unter den Voraussetzungen des Gutachtens[1].

[1] Gutachten: Zur Größe der Ausfachungsflächen von nichttragenden Außenwänden unter Verwendung von großformatigen Kalksandsteinen; Prof. Kirtschig, Universität Hannover 7/1993.

Tafel 6/4: Zulässige Wandabmessungen und Wandflächen nichttragender KS-Außenwände

d = 24,0 cm; 4-seitig gehalten

Höhe über Gelände (m)		$\varepsilon = \dfrac{\text{größere Seite}}{\text{kleinere Seite}}$										
		1,0	1,1	1,2	1,3	1,4	1,5	1,6	1,7	1,8	1,9	≥2,0
0 bis 8	DIN 1053	36,0	34,9	33,7	32,7	31,6	30,5	29,4	28,3	27,2	26,1	25,0
	Gutachten¹)	36,0	36,2	36,4	36,6	36,8	37,0	37,2	37,4	37,6	37,8	38,0
8 bis 20	DIN 1053	23,0	22,3	21,6	20,9	20,2	19,5	18,8	18,1	17,4	16,7	16,0
	Gutachten¹)	23,0	23,2	23,4	23,6	23,8	24,0	24,2	24,4	24,6	24,8	25,0
20 bis 100	DIN 1053	16,0	15,6	15,2	14,8	14,4	14,0	13,6	13,2	12,8	12,4	12,0
	Gutachten¹)	16,0	16,2	16,4	16,6	16,8	17,0	17,2	17,4	17,6	17,8	18,0

0 bis 8 m Höhe über Gelände

Höhe (m)	Länge (m)										
	2,00	3,00	4,00	5,00	6,00	7,00	8,00	9,00	10,00	11,00	12,00
2,00	4,00	6,00	8,00	10,00	12,00	14,00	16,00	18,00	20,00	22,00	24,00
3,00	6,00	9,00	12,00	15,00	18,00	21,00	24,00	27,00	30,00	33,00	36,00
4,00	8,00	12,00	16,00	20,00	24,00	28,00	32,00	–	–	–	
5,00	10,00	15,00	20,00	25,00	30,00	35,00	–	–	–	–	–
6,00	12,00	18,00	24,00	30,00	36,00	–	–	–	–	–	–
7,00	14,00	21,00	28,00	35,00	–	–	–	–	–	–	–
8,00	16,00	24,00	32,00	–	–	–	–	–	–	–	–
9,00	18,00	27,00	36,00	–	–	–	–	–	–	–	–
10,00	20,00	30,00	–	–	–	–	–	–	–	–	–
11,00	22,00	33,00	–	–	–	–	–	–	–	–	–
12,00	24,00	36,00	–	–	–	–	–	–	–	–	–

0 bis 8 m Höhe über Gelände (ε ≥ 2,0, Steinfestigkeitsklasse ≥ 20, zul. A ≤ 2 · 25,0 ≤ 50,0 m²)

Höhe (m)	Länge (m)						
	2,00	2,50	3,00	3,50	4,00	4,50	5,00
4,00	8,00	–	–	–	–	–	–
5,00	10,00	12,50	–	–	–	–	–
6,00	12,00	15,00	18,00	–	–	–	–
7,00	14,00	17,50	21,00	24,50	–	–	–
8,00	16,00	20,00	24,00	29,00	32,00	–	–
9,00	18,00	22,50	27,00	31,50	36,00	40,50	–
10,00	20,00	25,00	30,00	35,00	40,00	45,00	50,00
11,00	22,00	27,50	33,00	38,50	44,00	49,50	–
12,00	24,00	30,00	36,00	42,00	48,00	–	–

8 bis 20 m Höhe über Gelände

Höhe (m)	Länge (m)							
	2,00	3,00	4,00	4,80	5,00	6,00	7,00	8,00
2,00	4,00	6,00	8,00	9,60	10,00	12,00	14,00	16,00
3,00	6,00	9,00	12,00	14,40	15,00	18,00	21,00	24,00
4,00	8,00	12,00	16,00	19,20	20,00	24,00*)	–	–
4,80	9,60	14,40	19,20	23,00	–	–	–	–
5,00	10,00	15,00	20,00	–	–	–	–	–
6,00	12,00	18,00	24,00	–	–	–	–	–
7,00	14,00	21,00	–	–	–	–	–	–
8,00	16,00	24,00	–	–	–	–	–	–

*) geringfügige Überschreitung

8 bis 20 m Höhe über Gelände
(ε ≥ 2,0; Steinfestigkeitsklasse ≥ 20, zul. A ≤ 2 · 16,0 ≤ 32,0 m²)

Höhe (m)	Länge (m)				
	2,00	2,50	3,00	3,50	4,00
4,00	8,00	–	–	–	–
5,00	10,00	12,50	–	–	–
6,00	12,00	15,00	18,00	–	–
7,00	14,00	17,50	21,00	24,50	–
8,00	16,00	20,00	24,00	28,00	32,00
9,00	18,00	22,50	27,00	31,50	–
10,00	20,00	25,00	30,00	–	–
11,00	22,00	27,50	–	–	–
12,00	24,00	30,00	–	–	–

d ≥ 30 cm; 4-seitig gehalten

Höhe über Gelände (m)		$\varepsilon = \dfrac{\text{größere Seite}}{\text{kleinere Seite}}$										
		1,0	1,1	1,2	1,3	1,4	1,5	1,6	1,7	1,8	1,9	≥2,0
0 bis 8	DIN 1053	50,0	48,3	46,6	44,9	43,2	41,5	39,8	38,1	36,4	34,7	33,0
	Gutachten¹)	54,0	54,6	55,2	55,8	56,4	57,0	57,6	58,2	58,8	59,4	60,0
8 bis 20	DIN 1053	35,0	33,8	32,6	31,4	30,2	29,0	27,8	26,6	25,4	24,2	23,0
	Gutachten¹)	35,0	35,3	35,6	35,9	36,2	36,5	36,8	37,1	37,4	37,7	38,0
20 bis 100	DIN 1053	25,0	24,2	23,4	22,6	21,8	21,0	20,2	19,4	18,6	17,8	17,0
	Gutachten¹)	25,0	25,3	25,5	25,9	26,2	26,5	26,8	27,1	27,4	27,7	28,0

0 bis 8 m Höhe über Gelände

Höhe (m)	Länge (m)										
	2,00	3,00	4,00	5,00	6,00	7,00	8,00	9,00	10,00	11,00	12,00
2,00	4,00	6,00	8,00	10,00	12,00	14,00	16,00	18,00	20,00	22,00	24,00
3,00	6,00	9,00	12,00	15,00	18,00	21,00	24,00	27,00	30,00	33,00	36,00
4,00	8,00	12,00	16,00	20,00	24,00	28,00	32,00	36,00	40,00	44,00	48,00
5,00	10,00	15,00	20,00	25,00	30,00	35,00	40,00	45,00	50,00	55,00	60,00
6,00	12,00	18,00	24,00	30,00	36,00	42,00	48,00	54,00	–	–	–
7,00	14,00	21,00	28,00	35,00	42,00	49,00	–	–	–	–	–
8,00	16,00	24,00	32,00	40,00	48,00	–	–	–	–	–	–
9,00	18,00	27,00	36,00	45,00	54,00	–	–	–	–	–	–
10,00	20,00	30,00	40,00	50,00	–	–	–	–	–	–	–
11,00	22,00	33,00	44,00	55,00	–	–	–	–	–	–	–
12,00	24,00	36,00	48,00	60,00	–	–	–	–	–	–	–

0 bis 8 m Höhe über Gelände (ε ≥ 2,0, Steinfestigkeitsklasse ≥ 20, zul. A ≤ 2 · 33,0 ≤ 66,0 m²)

Höhe (m)	Länge (m)						
	2,00	3,00	3,50	4,00	4,50	5,00	5,50
4,00	8,00	–	–	–	–	–	–
5,00	10,00	–	–	–	–	–	–
6,00	12,00	18,00	–	–	–	–	–
7,00	14,00	21,00	24,50	–	–	–	–
8,00	16,00	24,00	28,00	32,00	–	–	–
9,00	18,00	27,00	31,50	36,00	40,50	–	–
10,00	20,00	30,00	35,00	40,00	45,00	50,00	–
11,00	22,00	33,00	38,50	44,00	49,50	55,00	60,50
12,00	24,00	36,00	42,00	48,00	54,00	60,00	66,00

8 bis 20 m Höhe über Gelände

Höhe (m)	Länge (m)										
	2,00	3,00	4,00	5,00	6,00	7,00	8,00	9,00	10,00	11,00	12,00
2,00	4,00	6,00	8,00	10,00	12,00	14,00	16,00	18,00	20,00	22,00	24,00
3,00	6,00	9,00	12,00	15,00	18,00	21,00	24,00	27,00	30,00	33,00	36,00
4,00	8,00	12,00	16,00	20,00	24,00	28,00	32,00	36,00	–	–	–
5,00	10,00	15,00	20,00	25,00	30,00	35,00	–	–	–	–	–
6,00	12,00	18,00	24,00	30,00	–	–	–	–	–	–	–
7,00	14,00	21,00	28,00	35,00	–	–	–	–	–	–	–
8,00	16,00	24,00	32,00	–	–	–	–	–	–	–	–
9,00	18,00	27,00	36,00	–	–	–	–	–	–	–	–
10,00	20,00	30,00	–	–	–	–	–	–	–	–	–
11,00	22,00	33,00	–	–	–	–	–	–	–	–	–
12,00	24,00	36,00	–	–	–	–	–	–	–	–	–

8 bis 20 m Höhe über Gelände
(ε ≥ 2,0, Steinfestigkeitsklasse ≥ 20, zul. A ≤ 2 · 23,0 ≤ 46,0 m²)

Höhe (m)	Länge (m)					
	2,00	2,50	3,00	3,50	4,00	4,50
4,00	8,00	–	–	–	–	–
5,00	10,00	12,50	–	–	–	–
6,00	12,00	15,00	18,00	–	–	–
7,00	14,00	17,50	21,00	24,50	–	–
8,00	16,00	20,00	24,00	28,00	32,00	–
9,00	18,00	22,50	27,00	31,50	36,00	40,50
10,00	20,00	25,00	30,00	35,00	40,00	45,00
11,00	22,00	27,50	33,00	38,50	44,00	–
12,00	24,00	30,00	36,00	48,00	–	–

Die farbig hinterlegten Werte unterhalb der Treppenlinie gelten nur
unter den Voraussetzungen des Gutachtens¹).

¹) Gutachten: Zur Größe der Ausfachungsflächen von nichttragenden Außenwänden unter Verwendung von großformatigen Kalksandsteinen; Prof. Kirtschig, Universität Hannover 7/1993.

Tafel 6/5: Zulässige Wandabmessungen und Wandflächen nichttragender KS-Außenwände[1]

d = 24,0 cm; 3-seitig gehalten
(oberer Rand frei)

Höhe über Gelände (m)	$\varepsilon = \dfrac{\text{Wandhöhe}}{\text{Wandlänge}}$							
	0,5	0,75	1,0	1,2	1,4	1,6	1,8	≥2,0
0 bis 8	16,0	18,0	20,0	22,0	24,0	26,0	28,0	30,0
8 bis 20	10,0	11,0	12,0	13,2	14,4	15,6	16,8	18,0

Höhe 0 bis 8 m; 3-seitig gehalten

Wandhöhe (m)	Wandlänge (m)							
	2,00	2,50	3,00	3,50	4,00	4,50	5,00	5,50
2,00	4,00	5,00	6,00	7,00	8,00	–	–	–
2,50	5,00	6,25	7,50	8,75	10,00	11,25	12,50	–
3,00	6,00	7,50	9,00	10,50	12,00	13,50	15,00	16,50
3,50	7,00	8,75	10,50	12,25	14,00	15,75	17,50	–
4,00	8,00	10,00	12,00	14,00	16,00	18,00	–	–
4,50	9,00	11,25	13,50	15,75	18,00	20,25	–	–
5,00	10,00	12,50	15,00	17,50	20,00	–	–	–
5,50	11,00	13,75	16,50	19,25	22,00	–	–	–
6,00	12,00	15,00	18,00	21,00	24,00	–	–	–
6,50	13,00	16,25	19,50	22,75	26,00	–	–	–
7,00	14,00	17,50	21,00	24,50	–	–	–	–
7,50	15,00	18,75	22,50	26,25	–	–	–	–
8,00	16,00	20,00	24,00	28,00	–	–	–	–

Höhe 8 bis 20 m; 3-seitig gehalten

Wandhöhe (m)	Wandlänge (m)				
	2,00	2,50	3,00	3,50	4,00
2,00	4,00	5,00	6,00	7,00	8,00
2,50	5,00	6,25	7,50	8,75	10,00
3,00	6,00	7,50	9,00	10,50	–
3,50	7,00	8,75	10,50	12,25	–
4,00	8,00	10,00	12,00	–	–
4,50	9,00	11,25	13,50	–	–
5,00	10,00	12,50	15,00	–	–
5,50	11,00	13,75	16,50	–	–
6,00	12,00	15,00	18,00	–	–
6,50	13,00	16,25	–	–	–
7,00	14,00	17,50	–	–	–
7,50	15,00	–	–	–	–
8,00	16,00	–	–	–	–

d ≥ 30 cm; 3-seitig gehalten
(oberer Rand frei)

Höhe über Gelände (m)	$\varepsilon = \dfrac{\text{Wandhöhe}}{\text{Wandlänge}}$							
	0,5	0,75	1,0	1,2	1,4	1,6	1,8	≥2,0
0 bis 8	25,0	27,5	30,0	33,0	36,0	39,0	42,0	45,0
8 bis 20	16,0	18,0	20,0	21,6	23,2	24,8	26,4	28,0
20 bis 100	12,0	13,5	15,0	16,0	17,0	18,0	19,0	20,0

Höhe 0 bis 8 m; 3-seitig gehalten

Wandhöhe (m)	Wandlänge (m)				
	2,00	3,00	4,00	5,00	6,00
2,00	4,00	6,00	8,00	–	–
3,00	6,00	9,00	12,00	15,00	18,00
4,00	8,00	12,00	16,00	20,00	24,00
5,00	10,00	15,00	20,00	25,00	–
6,00	12,00	18,00	24,00	30,00	–
7,00	14,00	21,00	28,00	35,00	–
8,00	16,00	24,00	32,00	40,00*)	–
9,00	18,00	27,00	36,00	45,00	–
10,00	20,00	30,00	40,00	–	–
11,00	22,00	33,00	43,00	–	–
12,00	24,00	36,00	–	–	–

*) geringfügige Überschreitung

Höhe 8 bis 20 m; 3-seitig gehalten

Wandhöhe (m)	Wandlänge (m)			
	2,00	3,00	4,00	5,00
2,00	4,00	6,00	8,00	–
3,00	6,00	9,00	12,00	15,00
4,00	8,00	12,00	16,00	–
5,00	10,00	15,00	20,00	–
6,00	12,00	18,00	24,00	–
7,00	14,00	21,00	–	–
8,00	16,00	24,00	–	–

d = 17,5 cm; 3-seitig gehalten
(oberer Rand frei)

Höhe über Gelände (m)	$\varepsilon = \dfrac{\text{Wandhöhe}}{\text{Wandlänge}}$							
	0,5	0,75	1,0	1,2	1,4	1,6	1,8	≥2,0
0 bis 8	8,0	9,0	10,0	11,2	12,4	13,6	14,8	16,0

Höhe 0 bis 8 m; 3-seitig gehalten

Wandhöhe (m)	Wandlänge (m)					
	2,00	2,50	3,00	3,50	4,00	4,50
2,00	4,00	5,00	6,00	7,00	8,00	–
2,50	5,00	6,25	7,50	8,75	–	–
3,00	6,00	7,50	9,00	–	–	–
3,50	7,00	8,75	10,50	–	–	–
4,00	8,00	10,00	12,00	–	–	–
4,50	9,00	11,25	–	–	–	–
5,00	10,00	12,50	–	–	–	–
5,50	11,00	13,75	–	–	–	–
6,00	12,00	15,00	–	–	–	–
6,50	13,00	–	–	–	–	–
7,00	14,00	–	–	–	–	–

[1] Gutachten: Zur Größe der Ausfachungsflächen von nichttragenden Außenwänden unter Verwendung von großformatigen Kalksandsteinen; Prof. Kirtschig, Universität Hannover 7/1993.

Beispiel 1 zur Ermittlung der Wanddicke

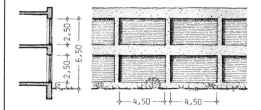

a) gegeben:
Stahlbetonskelett

Größe der Ausfachungsflächen 4,50 x 2,50 = 11,25 m²
Höhe der Ausfachungsfläche über Gelände < 8,00 m

b) gesucht:
geringste, konstruktiv notwendige Wanddicke

c) Lösung:
1. Seitenverhältnis

$$\varepsilon = \frac{\text{größere Seite}}{\text{kleinere Seite}} = \frac{4,50}{2,50} = 1,8$$

2. Bei einer Wanddicke d = 11,5 cm, einem Seitenverhältnis ε = 1,8 und einer Höhe über Gelände von H < 8,00 m ist eine Ausfachungsfläche bis 11,8 m² zulässig (nach Tafel 6/3, Tabelle für 0 bis 8 m Höhe über Gelände).

Beispiel 2 zur Ermittlung der zulässigen Wandfläche

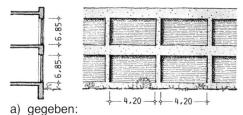

a) gegeben:
Stahlbetonskelett
Ausfachungsfläche l = 4,20 m
                   h = 6,85 m

b) gesucht:
zulässige Wandfläche

c) Lösung:
vorhandene Wandfläche
A = 4,20 x 6,85 = 28,77 m²
ε_{vorh} = 6,85:4,20 = 1,63
gew. Wanddicke d = 24 cm
bei Höhe der Wand über Gelände H = 0–8 m

zul. A = $A_{\varepsilon;2,0}$ + [($A_{\varepsilon;1,0} - A_{\varepsilon;2,0}$) · (2,0 $-\varepsilon_{vorh}$)]
= 25,0 + [(36,0 $-$ 25,0) · (2,0 $-$ 1,63)]
= 29,07 m² > 28,77 m²

A = Fläche; ε = Seitenverhältnis; l = Wandlänge;
h = Wandhöhe

---

hen, die die Stabilität und Lastabtragung der Wand beeinträchtigen, wird ein statischer Nachweis erforderlich.

Die Abmessungen des Ausfachungsmauerwerks sind die lichten Maße zwischen den Auflagerkonstruktionen. Die angegebenen Höhen über Gelände beziehen sich auf die Oberkante der jeweiligen Ausfachungsfläche.

6.2 Anschlüsse an angrenzende, tragende Bauteile

Die nichttragenden Außenwände müssen in den in Tafeln 6/1 und 6/2 angegebenen Abständen horizontal unverschieblich gehalten werden. Überschreiten die angrenzenden tragenden Bauteile die zur Aussteifung der Außenwände erforderlichen Abstände, kann die Aussteifung durch andere Maßnahmen erreicht werden, z.B. mit Hilfe von Stahlprofilen in [- oder I-Form. Werden die Wände nicht bis unter die Decke oder den Unterzug gemauert, so sind die Wandkronen durch Aussteifungsriegel, z.B. aus Stahl oder Stahlbeton, zu halten.

Für den Anschluß der Wand kann auf einen statischen Nachweis verzichtet werden, wenn diese Verbindungen offensichtlich unter Einhaltung der übli-

chen Sicherheiten ausreichen. Bei den Wandanschlüssen ist zu beachten, daß infolge der Verformungen keine Zwängungsspannungen auftreten.

Die nichttragenden Außenwände und ihre Anschlüsse müssen so ausgebildet sein, daß sie die auf sie wirkenden Windlasten auf die angrenzenden, tragenden Bauteile sicher abtragen; diese Forderung wird bei den Konstruktionsbeispielen (Bilder 6/4 bis 6/6) erfüllt.

Die Standsicherheit der Wände muß durch geeignete Maßnahmen und Anschlüsse gewährleistet sein. Einflüsse, die die Formänderungen angrenzender

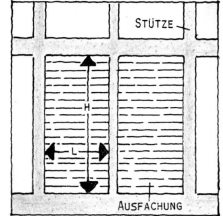

Bild 6/2: Ausfachungsflächen bei ε = h/l $\geq$ 2

Bild 6/1: Abmessungen des Ausfachungsmauerwerks

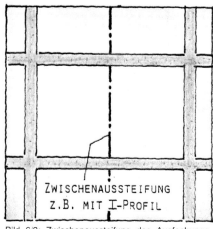

Bild 6/3: Zwischenaussteifung des Ausfachungsmauerwerks

Bauteile haben, z. B. durch Längenänderungen oder nachträgliches Durchbiegen weitgespannter Tragkonstruktionen sowie Formänderungen der Wände selbst infolge von Witterungs- und Temperatureinflüssen, sind bei der Wahl der Anschlüsse zu berücksichtigen.

Seitliche Anschlüsse

Der seitliche Anschluß an angrenzende Bauteile erfolgt in der Regel gleitend und elastisch

☐ durch Einführen der Wand in eine Nut,

☐ durch übergreifende Profile,

☐ durch zweiteilige Ankersysteme, z. B. aus nichtrostendem Stahl.

Zwischen Wandbauteil und angrenzenden Bauteilen werden Streifen aus weichfederndem, elastischem, unverrottbarem Material, z. B. Mineralwolle, Bitumenfilz o. ä. eingelegt, äußere und innere Fugen sind elastoplastisch oder mit Fugenbändern abzudichten.

Bei zweischaligen Wänden wird jeweils

die Wandschale verankert, die für die Bestimmung der Größe der Ausfachungsfläche herangezogen wird, im Normalfall die Innenschale. Die Außenschale wird mit der Innenschale entsprechend DIN 1053 mit nichtrostenden Drahtankern verbunden und erhält in den erforderlichen Abständen Dehnungsfugen.

Oberer Anschluß

Der obere Anschluß der nichttragenden Außenwand an die tragenden Bauteile ist sinngemäß wie der seitliche An-

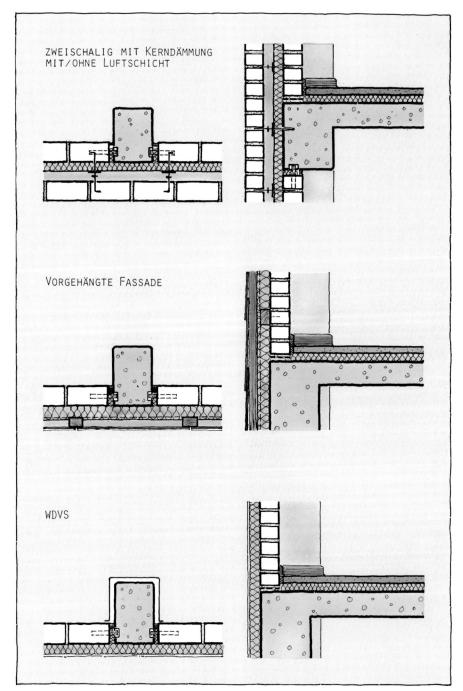

Bild 6/4: Verschiedene Außenwandkonstruktionen nichttragender Wände

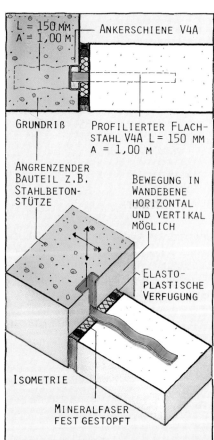

Bild 6/5: Beispiel für einen Wandanschluß mit Ankerschienen

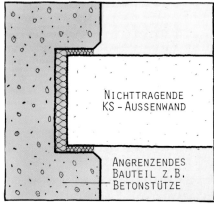

Bild 6/6: Beispiel für den Anschluß einer Wand an eine Betonstütze

schluß gleitend und elastisch auszuführen.

Entsprechend Art und Spannweite der tragenden Konstruktion erfolgt im Bereich des oberen Wandanschlusses ein Toleranzausgleich, im allgemeinen von ca. 2 cm. Der Hohlraum wird mit weichfederndem, unverrottbarem Material ausgefüllt. Dadurch wird vermieden, daß die tragenden angrenzenden Bauteile durch Formänderungen und nachträgliches Durchbiegen unbeabsichtigte Lasten und Spannungen auf die nichttragenden Außenwände übertragen.

Fußpunkt

Am unteren Anschluß werden die Horizontalkräfte aus Windlasten zwischen der nichttragenden Außenwand und dem tragenden Bauteil durch Reibung auf die tragende Konstruktion abgeleitet. Zwischen Wand und tragendem Bauteil ist eine Lage Dachpappe – unbesandet – anzuordnen (Bild 6/4).

6.3 Fachwerk

Bei der Neubauplanung bietet sich die zweischalige Außenwand mit Luftschicht und Wärmedämmschicht bzw. mit Kerndämmung an. Bei Häusern mit nichttragendem, vorgesetztem Fachwerk ist das Fachwerk Bestandteil der 9 cm bzw. 11,5 cm dicken Verblendschale und wird nach Fertigstellung des Rohbaues montiert.

Holzbauteile sollten möglichst mit einem Feuchtegehalt eingebaut werden, der für Außenfachwerk etwa 18% ($\pm$ 6%) beträgt. Holzfachwerkteile müssen vor dauernder Feuchtigkeit geschützt werden. Eingedrungene Feuchte soll kurzfristig wieder austrocknen können. Daher sollen die Anschlüsse zwischen Holz und Mauerwerk mit Kalkmörtel ausgebildet werden.

Das Verblendmauerwerk der Ausfachung wird mit dem Mauerwerk der Innenschale durch nichtrostende Drahtanker nach DIN 1053 Teil 1 verankert. Für den seitlichen Anschluß der Verblendschale können jedoch auch spezielle Anker aus rostfreiem Stahl verwendet werden (Bild 6/7).

Bei vorgesetztem Fachwerk hat die Innenschale statisch tragende Funktion. Im Wohnungsbau mit lichten Geschoßhöhen von $h_s \leq 2{,}75$ m kann die Innenschale im allgemeinen 17,5 cm dick ausgeführt werden.

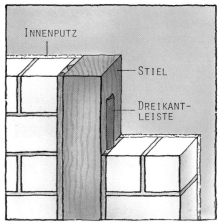
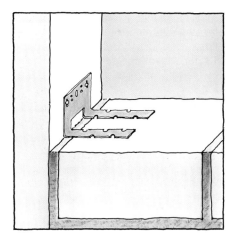
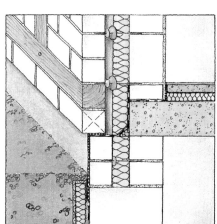
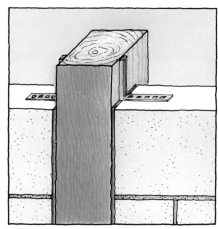

Bild 6/7: Ausfachungen mit KS-Sichtmauerwerk – Anschlußdetails

Bild 6/8: Fachwerk mit Ausfachung aus KS-Sichtmauerwerk

7. KS-Außenwände für Industrie- und Wirtschaftsbauten

Für Wirtschaftsbauten wie Industriehallen, Werkstattgebäude usw. eignen sich neben den klein- und mittelformatigen Steinen besonders gut großformatige Kalksandsteine aus folgenden Gründen:

☐ Sie sind sehr robust, dauerbeständig und widerstandsfähig gegen mechanische Beanspruchungen.

☐ Sie sind wegen ihrer hohen Steindruckfestigkeiten von üblicherweise 12 bis 28 N/mm² für hoch belastbares Mauerwerk geeignet.

☐ Sie haben eine harte und widerstandsfähige Oberfläche und sind wegen ihrer hohen Maßgenauigkeit und planebenen Oberflächen für sichtbar bleibendes Mauerwerk außen und innen anwendbar.

☐ Sie sind nicht brennbar — Baustoffklasse A nach DIN 4102 — und erfüllen damit auch hohe Brandschutzanforderungen in wirtschaftlichen Wanddicken.

☐ Sie sind vorzüglich schalldämmend bei hohen Rohdichteklassen 1,8 – 2,0 (kg/dm³).

☐ Für Außensichtmauerwerk sind frostbeständige KS-Vormauersteine sowie KS-Verblender zu verwenden. Diese gibt es als Klein- und Mittelformate mit Schichthöhen bis 12,5 cm und auch als Großformate mit Schichthöhen von 25 cm.

7.1 Gestaltungsideen, engagiert umgesetzt

Die folgenden Skizzen zeigen ansprechende Gestaltungsideen für viele Problemstellungen sowie ausgeführte Beispiele für engagierte Gestaltung auch bei Industrie- und Wirtschaftsbauten.

GEWERBEBAU BENÖTIGT GROSSE BAUMASSEN
GUTE LÖSUNGEN WERBEN FÜR DAS UNTERNEHMEN

GLIEDERUNG UND FARBGEBUNG

FERTIGTEILE BETONEN DIE FENSTERBÄNDER

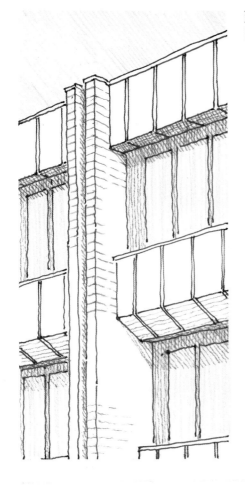

EIN GEBÄUDE MUSS KEINE
LANGWEILIGE KISTE SEIN

STARKE WAAGERECHTE UND
SENKRECHTE GLIEDERUNG

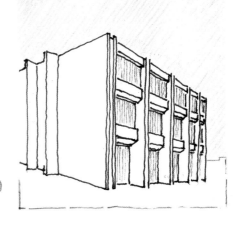

DAS UNVERWECHSELBARE
MERKMAL

EIN HAUS ZUM DURCHGEHEN
KUBISCH MIT ZWEI MATERIALIEN

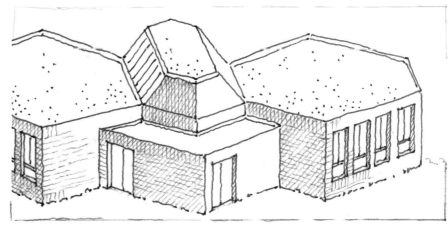

SECHSECKIGE BAUFORM

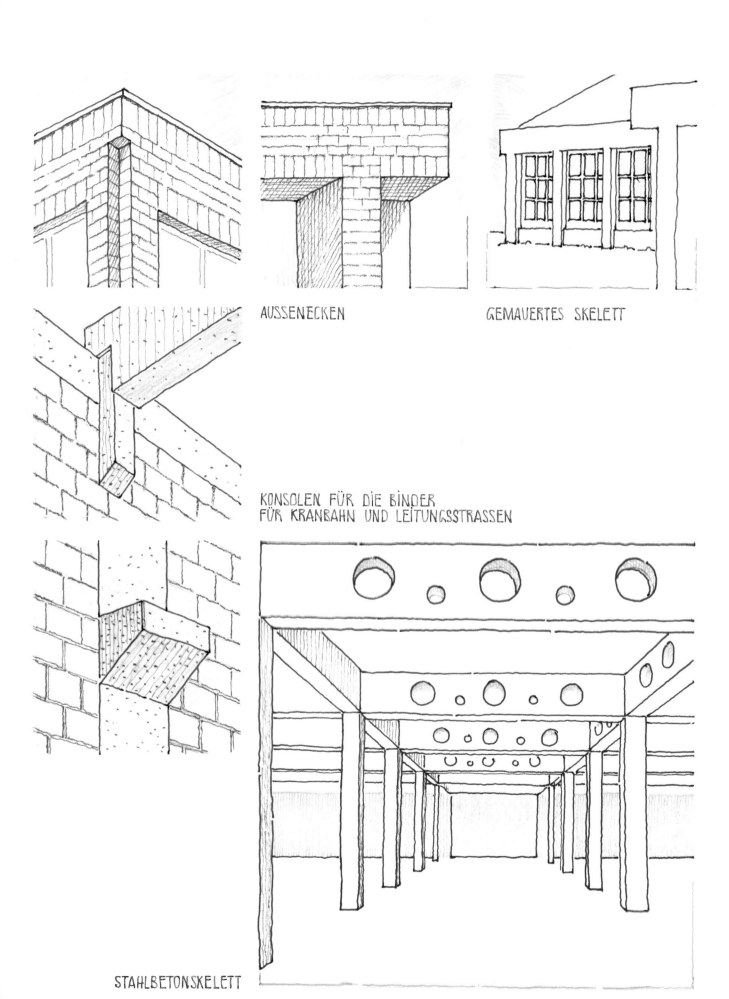

AUSSENECKEN

GEMAUERTES SKELETT

KONSOLEN FÜR DIE BINDER
FÜR KRANBAHN UND LEITUNGSSTRASSEN

STAHLBETONSKELETT

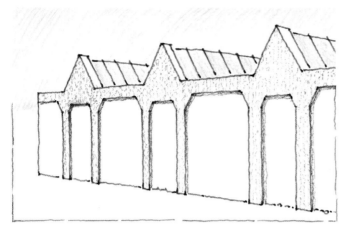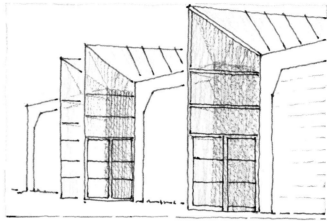

SPIEL MIT SHEDS UND ERKERN

STÜTZEN ALS MAUERVORLAGEN
FARBGLIEDERUNG

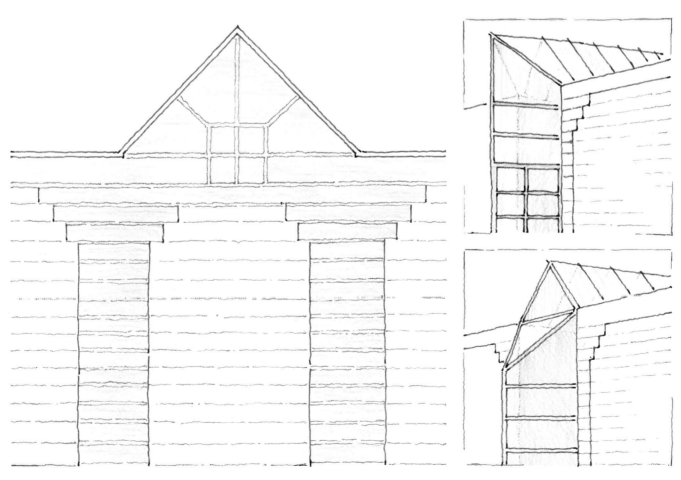

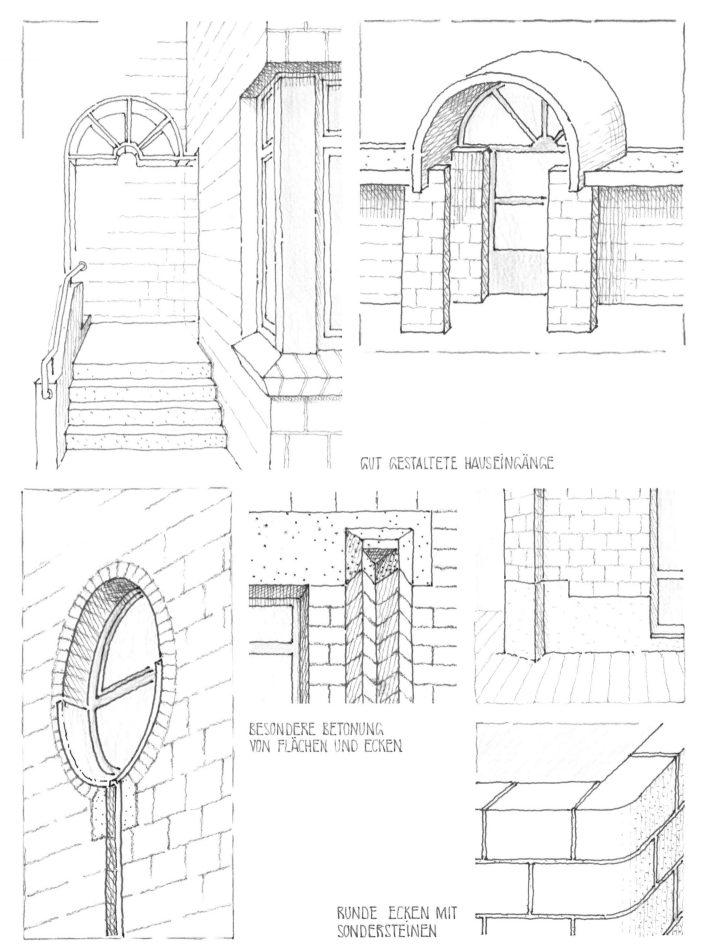

GUT GESTALTETE HAUSEINGÄNGE

BESONDERE BETONUNG
VON FLÄCHEN UND ECKEN

RUNDE ECKEN MIT
SONDERSTEINEN

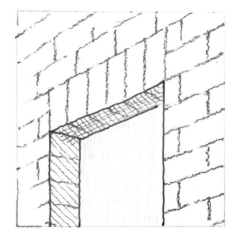

ROLLSCHICHT UND GRENADIERSCHICHT

BETONTEILE FÜR STURZ
UND SOHLBANK

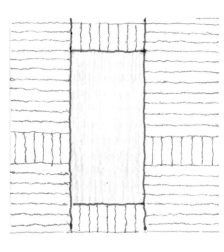

TRAPEZSTURZ

HORIZONTALE BETONUNG

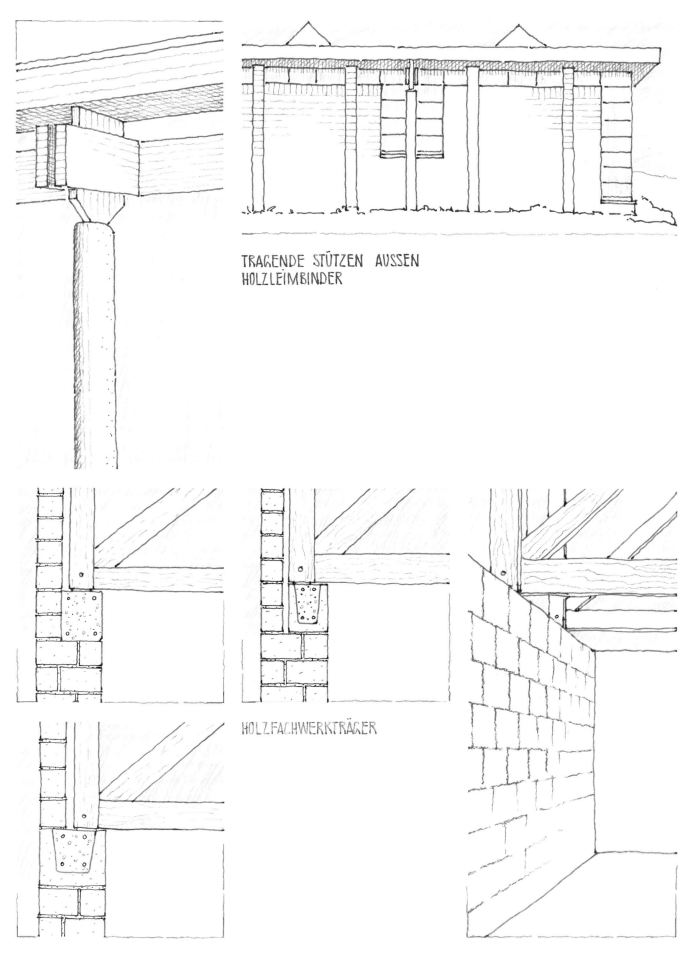

TRAGENDE STÜTZEN AUSSEN
HOLZLEIMBINDER

HOLZFACHWERKTRÄGER

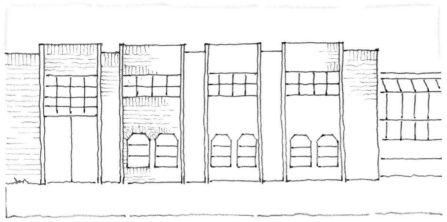

LEBENDIG DURCH RHYTHMUS

BETONELEMENTE

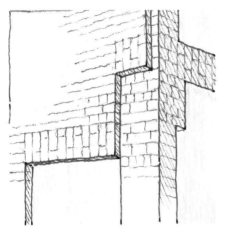

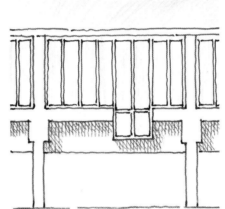

GEMAUERTE STÜTZEN
MIT KAPITELL

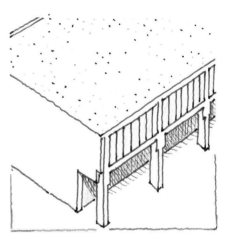

EINSCHNÜRUNG ERDGESCHOSS
ARKADEN FUR GEHBEREICH

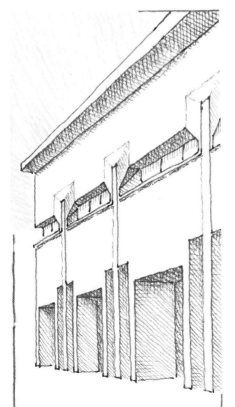

GROSSE GEBÄUDE MÜSSEN
NICHT GROSS WIRKEN

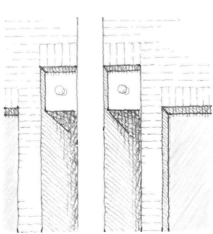

BETONSCHMUCKELEMENTE

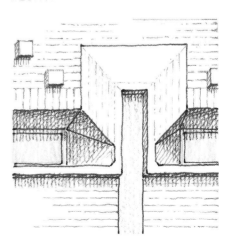

Idylle im Industriegebiet

Neubau für Schlegel-Elektronik, Braunschweig

Bild 7/1: Gesamtansicht

Im Braunschweiger Gewerbegebiet gibt es etwas, das sonst rar ist in Industrie-Einöden – eine Oase. Sie liegt zwischen zwei Gebäudeflügeln der Firma Schlegel-Elektronik und ist ein erholsamer Anblick sowohl für die Angestellten als auch die Besucher. Der Bauherr brachte die Erfahrung, daß sich ein angenehmes Arbeitsumfeld wesentlich auf Kreativität und Motivation der Mitarbeiter auswirkt, von einer Japanreise mit; und da er großen Wert auf gute Teamarbeit legt, wünschte er sich einen Neubau, der dies fördert.

Die Architekten entwarfen daraufhin eine zweiteilige Anlage: Entwicklung, Verwaltung und Verkauf sind im östlichen Gebäudeflügel untergebracht, Produktion, Lager und Haustechnik im westlichen. Dazwischen liegen zwei schmale Verbindungsbauten mit der Kantine im Norden und der Eingangshalle im Süden. Den Mittelpunkt in jeder Hinsicht bildet das Atrium, ein „Japangarten" mit einem sanftgeschwungenen Wasserlauf.

Es wurde eine Stahlbetonskelettkonstruktion gewählt, die Wände sind aus Stahlbetonfertigteilen bzw. aus Kalksandstein. Das Dach besteht aus verzinkten Trapezblechen auf Stahlbetonbindern ohne Pfettenlage und ist als Warmdach mit Kiesschüttung ausgebildet.

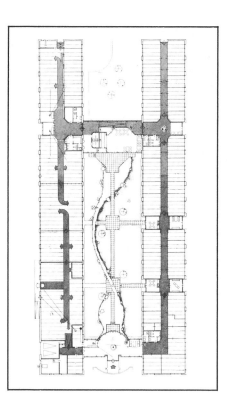

▷

Bild 7/3. Schnitt Erdgeschoß

Bild 7/2: Den Mittelpunkt dieser Industrie-Anlage mit Entwicklung, Verwaltung und Verkauf bildet ein japanischer Garten mit sanft geschwungenem Wasserlauf. Architekten: D. Galda, J. Kaiser und R. Böttcher, Braunschweig.

Sportanlage in Hilden; Architekten: Salz + Partner, Haan

Großformatiges KS-Sichtmauerwerk in Kombination mit Glasbausteinen. Kindergarten in Berg (Südpfalz); Architekten: R. Franke, Karlsruhe, und R. Gebhard, Berg

7.2 Das KS-Fassadenkonzept

Das KS-Fassadenkonzept ermöglicht es dem Planer, die für den jeweiligen Einzelfall optimale Lösung für den Wirtschaftsbau vorzuschlagen, wie z.B.:

☐ bauphysikalisch einwandfreie Wandkonstruktionen, die exakt auf die Anforderungen des jeweiligen Einzelfalls abgestimmt sind,

☐ Einsatz des wirtschaftlichen KS-Bausystems und

☐ die Möglichkeit, engagierte Gestaltungsideen rationell und kostengünstig umzusetzen.

Außenwandsysteme

Die KS-Außenwandsysteme können tragende Funktion oder ausfachende, nichttragende Funktion haben. Eine Übersicht über die verschiedenen Wandaufbauten zeigt die Tafel 7/1.

Sichtmauerwerk für Industrie- und Wirtschaftsbauten

Eine besondere Variante für den Bereich der Industrie- und Wirtschaftsgebäude sind einschalige Außenwände aus frostbeständigen KS-R-Blocksteinen.

Für diese Außenwand sind Blocksteine mit durchgehenden Mörteltaschen zu verwenden. Die dicht an dicht gesetzten Blocksteine sind anschließend vollfugig mit Mörtel auszugießen. Die Wände sind anschließend farblos zu imprägnieren oder, je nach Belieben, mit einem deckenden Anstrich zu versehen. Diese Mauerwerksfassade ist besonders zu empfehlen bei Gebäuden mit niedrigen Innentemperaturen, die in wettergeschützter Lage mit geringer Schlagregenbeanspruchung errichtet werden und konstruktiv im Sinne des Regenschutzes ausgebildet sind, z.B. mit auskragendem Gesims, Vordach usw.

Sichtmauerwerk und sichtbar bleibendes Mauerwerk ist kein Industrieprodukt. Sein Reiz liegt in der handwerksgerechten Verarbeitung. Nicht die Beschaffenheit der einzelnen Steine entscheidet, sondern die ästhetische Gesamtwirkung der Fläche. Die Anforderungen an das Erscheinungsbild sind vom Planer eindeutig zu definieren.

Tafel 7/1: KS-Außenwände für Industrie- und Wirtschaftsbauten

Konstruktion und Beschreibung		Anwendungsbereich
①	Einschalige KS-Außenwand innen: Sichtmauerwerk gestrichen außen: Oberfläche imprägniert Stoßfugen knirsch, Grifftaschen mit Mörtel dicht vergossen (Regenbremse) $R'_w = 50 - 55$ dB $k = 1,0 - 1,35$ W/m² K $k = 0,5 - 0,8$ W/m² K	Gebäude mit niedrigen Innentemperaturen, in geschützten Lagen, mit geringer Schlagregenbeanspruchung ● hoher Schallschutz
②	Einschalige KS-Außenwand mit Vorhangfassade innen: Sichtmauerwerk gestrichen, Fugen raumseitig winddicht verspachteln außen: Vorhangfassade, z. B. aus großformatigen, profilierten LM-Tafeln, hinterlüftet $R'_w = 50 - 55$ dB $k = 1,0 - 1,35$ W/m² K $k = 0,5 - 0,8$ W/m² K	Gebäude mit niedrigen Temperaturen ● hoher Schallschutz ● hoher Regenschutz
③	Einschalige KS-Außenwand mit Vorhangfassade und Wärmedämmung innen: Sichtmauerwerk gestrichen, Fugen raumseitig winddicht verspachteln außen: Vorhangfassade z. B. aus LM-Tafeln, hinterlüftet Dämmschicht: Hartschaum- oder Mineralwolle-Platten $R'_w = 51 - 57$ dB $k = 0,3 - 0,45$ W/m² K	Beheizte Gebäude, konstante Temperatur- und Feuchtebedingungen ● hoher Wärmeschutz ● hoher Regenschutz ● hoher Schallschutz
④	Einschalige KS-Außenwand mit Kerndämmung innen: Dämmschicht sowie nichttragende KS-P7- Platten als pflegeleichte, unempfindliche, stoßfeste Innenbekleidung außen: Sichtmauerwerk imprägniert Steine knirsch versetzt, Grifftaschen mit Mörtel dicht vergossen $R'_w = 51 - 57$ dB $k = 0,3 - 0,45$ W/m² K	Beheizte Gebäude, schnell aufzuheizen (Luftheizungen) ● hoher Wärmeschutz ● hoher Schallschutz für geringe bis mittlere Schlagregenbeanspruchung
⑤	Zweischalige KS-Außenwand mit Kerndämmung innen: Sichtmauerwerk aus großformatigen KS, gestrichen außen: Sichtmauerwerk aus KS-Verblendern, imprägniert; Dämmschicht $R'_w \geqq 60 - 68$ dB $k = 0,3 - 0,45$ W/m² K	Beheizte Gebäude, konstante Temperatur- und Feuchtebedingungen ● hoher Wärmeschutz ● hoher Regenschutz ● hoher Schallschutz
⑥	Einschalige KS-Außenwand mit WDVS (Thermohaut) innen: Sichtmauerwerk gestrichen außen: WDVS (Thermohaut) mit Kratzputzbeschichtung $R'_w = 47 - 52$ dB $k = 0,3 - 0,45$ W/m² K	Beheizte Gebäude, konstante Temperatur- und Feuchtebedingungen ● hoher Wärmeschutz ● hoher Regenschutz

8. Freistehende KS-Wände

Unter freistehenden Wänden versteht man solche Wände, die weder seitlich durch Querwände oder Stützen noch oben durch anschließende Decken oder Randbalken gehalten sind. Dies trifft z. B. für Stützmauern, Einfriedungen und Brüstungen zu.

Zur Ermittlung der erforderlichen Horizontallasten und der Eigengewichtslasten ist DIN 1055 maßgebend. Bei der Windlastannahme ist die Höhenlage der Bauteile über Gelände zu beachten. Zulässige Höhen freistehender Wände enthält Tafel 8/1. Die Einzelwandlängen sollten 6 bis 8 m nicht überschreiten. Möglichkeiten der architektonischen Gestaltung zeigt Bild 8/1. Bei Ausnutzung der max. zulässigen Wandhöhe muß die Aufstandsfläche der Wand gleich der Wanddicke sein.

Sollen freistehende Mauerwerkswände höher gemauert werden als nach Tafel 8/1, dann sind diese Wände durch Pfeiler und biegesteife Querriegel auszusteifen. Ohne Riegel gilt die Wand als dreiseitig gehalten, mit einem biegesteifen Querriegel als Wandkrone aber kann eine vierseitige Lagerung angenommen werden. Zur Aussteifung eig-

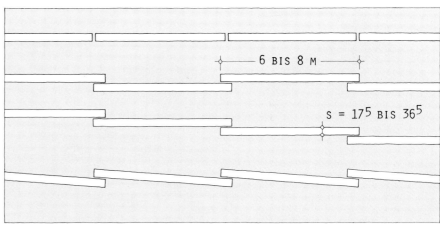

Bild 8/1: Freistehende Wände – Gliederung

nen sich Stahlprofile oder Stahlbetonpfeiler (Tafel 8/2, 8/3).

Der Abstand der Aussteifungspfeiler hängt von der Wanddicke, der Wandhöhe, der Belastung und von der Ausbildung der Wandkrone ab.

Freistehende Wände müssen an der Mauerkrone gegen Regenwasser abgedeckt werden. Hierfür eignen sich Natursteinplatten, Mauerabdeckungen aus vorgefertigten Aluprofilen, Beton-

fertigteile, Dachziegel usw., jeweils mit ausreichendem Überstand und mit Wassernase (Bilder 8/3 bis 8/5).

Tafel 8/1: Zulässige Höhen freistehender Wände ohne Auflast aus KS[1]) der Stein-Rohdichteklasse 2,0[2])

Wand-dicke d	Rechenwert für Eigenlast nach DIN 1055	zulässige Wandhöhen
		Wandfuß über Gelände (Wandkrone bis 8 m über Gelände)
cm	kN/m³	m
17,5	20	0,63
24	20	1,18
30	20	1,85
36,5	20	2,73

[1]) KS-Verblender für unverputzte freistehende Wände
[2]) Bei KS der Rohdichteklasse 1,8 sind die in der Tafel angegebenen zulässigen Wandhöhen um max. 10% geringer.

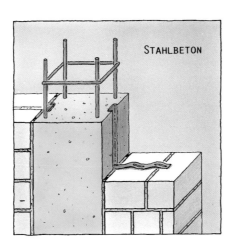

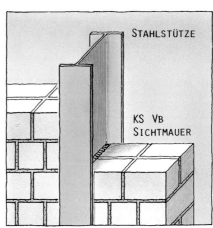

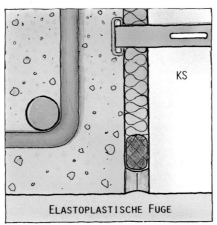

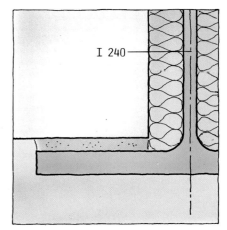

Bild 8/2: Aussteifungen für freistehende KS-Wände

Bild 8/3: Freistehende Wand aus KS-Sichtmauerwerk

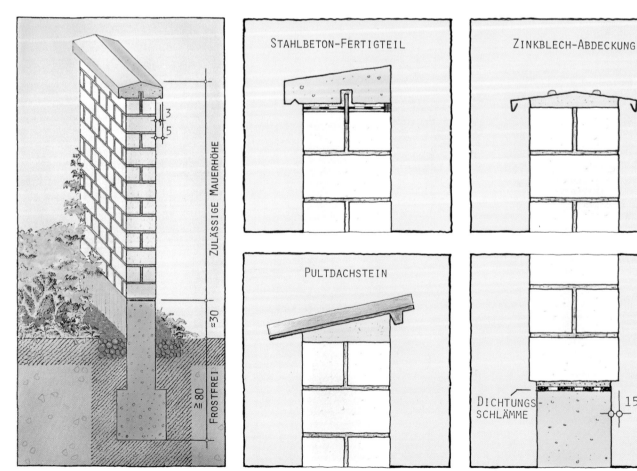

Bild 8/4: Freistehende KS-Wand   Bild 8/5: Freistehende KS-Wand − Abdeckungen und Sockeldetail

Tafel 8/2: Aussteifung freistehender Wände aus KS *mit* oberem Querriegel bei einer Höhe über Gelände von 0 bis 8 m

Wand-dicke d cm	Wand-höhe h m	emp-fohlener Abstand a m	Aussteifungspfeiler Stahl-profil	Stahl-beton-quer-schnitt b/d[2] cm/cm
11,5[1]	1,50	5,50	I 120	35/12
	2,00	4,00	I 120	40/12
	2,50	3,50	I 120	45/12
	3,00	3,00	I 120	50/12
17,5	2,00	5,50	I 180	30/18
	2,50	4,50	I 180	35/18
	3,00	3,50	I 180	40/18
	3,50	3,00	I 180	45/18
24	2,50	8,00	I 240	30/24
	3,00	6,50	I 240	35/24
	3,50	5,50	I 240	40/24
	4,00	5,00	I 240	45/24

[1] mindestens Stein-Festigkeitsklasse 12, KS-Verblender für unverputzte Einfriedungsmauern
[2] Bewehrung gemäß statischem Nachweis

Tafel 8/3: Aussteifung freistehender Wände aus KS *ohne* oberen Querriegel bei einer Höhe über Gelände von 0 bis 8 m

Wand-dicke d cm	Wand-höhe h m	emp-fohlener Abstand a m	Aussteifungspfeiler Stahl-profil	Stahl-beton-quer-schnitt b/d[2] cm/cm
11,5[1]	1,00	4,00	I 120	20/12
	1,50	3,00	I 120	30/12
	2,00	2,00	I 120	40/12
17,5	1,50	3,50	I 180	20/18
	2,00	2,50	I 180	30/18
	2,50	2,00	I 180	40/18
24	2,00	5,00	I 240	20/24
	2,50	4,00	I 240	25/24
	3,00	3,00	I 240	30/24

[1] mindestens Stein-Festigkeitsklasse 12, KS-Verblender für unverputzte Einfriedungsmauern
[2] Bewehrung gemäß statischem Nachweis

Bild 8/6: Gartenmauer in KS-Sichtmauerwerk

9. KS-Schornsteine

9.1 Allgemeines

Hausschornsteine, kurz Schornsteine, sind im Sinne der DIN 18 160 Schächte in oder an Gebäuden, die ausschließlich dazu bestimmt sind, Abgase von Feuerstätten über das Dach ins Freie zu fördern. Es wird dabei zwischen zwei Ausführungen unterschieden:

Einschalige Schornsteine

Einschalige Schornsteine sind Schornsteine aus Mauersteinen oder Formsteinen, deren Wände einschalig im mauerwerksgerechten Verband gemauert sind, sowie Schornsteine aus Formstücken mit Formstückwanddicken entsprechend den Schornsteinwanddicken.

Mehrschalige Schornsteine

Mehrschalige Schornsteine sind Schornsteine mit mehrschaligen Wänden. Die Schalen können aus unterschiedlichen Baustoffen bestehen.

Einige Anforderungen der Norm werden im folgenden aufgeführt.

9.2 Grundsätzliche Anforderungen

Die Schornsteine müssen aus nichtbrennbaren Baustoffen der Baustoffklasse A 1 nach DIN 4102 Teil 1 bestehen. Ferner müssen die Schornsteinwangen so wärmedämmend oder die Schornsteine so angeordnet sein, daß durchströmendes Abgas und Rußbrände im Innern des Schornsteines keinen Brand im Gebäude verursachen können.

Bei einer Brandbeanspruchung von außen müssen einschalige Schornsteine und die Außenschalen mehrschaliger Schornsteine mindestens 90 Minuten standsicher bleiben.

Der Dampfdiffusionswiderstand der einzelnen Schalen mehrschaliger Schornsteine − hinterlüftete Schalen ausgenommen − darf nicht größer sein als der Dampfdiffusionswiderstand der Innenschale.

9.3 Feuerungstechnische Anforderungen

Außer einer Reihe von technischen Bedingungen, z. B. der Querschnittsbemessung, Berechnung von Schornsteinabmessungen nach DIN 4705 und der Schornsteinhöhe − auch über

Bild 9/1: Außenkamin aus KS-Sichtmauerwerk, Wohnhaus in München-Bogenhausen; Architekt: Dipl.-Ing. H. H. Rost; München

Dach − wird bezüglich der Wärmedämmung gefordert:

Der Wärmedurchlaßwiderstand der Schornsteine muß sicherstellen, daß die Temperatur an ihrer inneren Oberfläche unmittelbar unter der Schornsteinmündung mindestens der Wasserdampftaupunkttemperatur des Abgases entspricht.

Für Schornsteinabschnitte, die über Dach oder in kalten Räumen liegen, muß außerdem der Wärmedurchlaßwiderstand der Wangen mindestens der Wärmedurchlaßwiderstandsgruppe II, für angebaute Schornsteine der Wärmedurchlaßwiderstandsgruppe I entsprechen; dies gilt nicht für den Fall, daß beim Nachweis der ausreichenden Temperatur an der inneren Oberfläche des Schornsteins unmittelbar unter der Schornsteinmündung die erhöhte Temperaturdifferenz zwischen dem Schornsteininnern und dem Freien bzw. dem kalten Raum berücksichtigt wurde. Stellen die Feuerstätten und die Verbindungsstücke eine Abgastemperatur am Eintritt in den Schornstein von mindestens 200 °C, bei Gasfeuerstätten mit Brennern ohne Gebläse von mindestens 160 °C sicher, gilt Satz 1 als erfüllt

□ für Schornsteine der Wärmedurchlaßwiderstandsgruppe I,

□ für Schornsteine der Wärmedurchlaßwiderstandsgruppe II mit einer hydraulischen Schlankheit von nicht mehr als 100 und

□ für Schornsteine der Wärmedurchlaßwiderstandsgruppe III mit einer hydraulischen Schlankheit von nicht mehr als 50; entspricht der Wärmedurchlaßwiderstand des oberen Schornsteinabschnittes über mindestens 1/4 der wirksamen Höhe der Wärmedurchlaßwiderstandsgruppe II, tritt an die Stelle des Wertes 50 der Wert 75.

Die hydraulische Schlankheit des Schornsteins ist das Verhältnis der wirksamen Schornsteinhöhe zum hydraulischen Durchmesser des lichten Schornsteinquerschnitts.

Wärmedurchlaßwiderstand

Die Wärmeverluste der Abgase im Schornstein hängen im wesentlichen von folgenden Kriterien ab:

□ Wärmedämmung des Schornsteins,

□ Schornsteinhöhe,

□ innere Schornsteinoberfläche,

Tafel 9/1: Wärmedurchlaßwiderstand, Wärmedurchlaßwiderstandsgruppe und Ausführungsart von Schornsteinen

Wärmedurchlaßwiderstand [(m² · K)/W]	Wärmedurchlaßwiderstandsgruppe	Ausführungsart nach DIN 4705 Teil 2
mindestens 0,65	I	I
von 0,22 bis 0,64	II	II
von 0,12 bis 0,21	III[1])	III[1])

[1]) Ausführungsbeispiele für Gruppe III;
einschalige Schornsteine:
KS (Vollsteine) der Rohdichteklasse $\leq$ 1,6
→ Wangendicke d $\geq$ 11,5 cm
KS der Rohdichteklasse $\leq$ 2,0
→ Wangendicke d $\geq$ 24 cm

☐ Strömungsgeschwindigkeit des Abgases.

Der Wärmedurchlaßwiderstand des Schornsteins gleicht begrifflich grundsätzlich dem Wärmedurchlaßwiderstand ebener Wände entsprechend DIN 4108 Teil 2. Form und Aufgabe der Schornsteine bedingen folgende begriffliche Ergänzungen.

Der Wärmedurchlaßwiderstand des Schornsteins ist der Mittelwert der Wärmedurchlaßwiderstände der Teilflächen der Schornsteinwände. Er wird auf die innere Oberfläche des Schornsteins und auf eine mittlere Temperatur dieser Fläche von 200 °C bezogen.

Wärmedurchlaßwiderstandsgruppen

Die Wärmedurchlaßwiderstandsgruppen I, II und III sind durch die Werte des Wärmedurchlaßwiderstandes von Schornsteinen entsprechend Tafel 9/1 bestimmt. Schornsteine, deren Wärmedurchlaßwiderstand geringer ist als 0,12 m²K/W, gehören der Wärmedurchlaßwiderstandsgruppe IV an.

9.4 Zusätzliche Anforderungen

Die zusätzlichen Anforderungen betreffen Forderungen für Reinigungsöffnungen, für Sohle und Schornsteinaufsätze. Außerdem werden zusätzliche Anforderungen an den Betrieb genannt sowie Maßnahmen zum Schutz des Gebäudes und seiner Benutzer. Zwei weitere Abschnitte gehen auf den Schutz der Umwelt und den Schutz der Schornsteine selbst ein. Hier können aus Platzgründen nur einige der Ausführungen wiedergegeben werden.

Schornsteine in Aufenthaltsräumen

Wangen von Schornsteinen für Feuerstätten, die regelmäßig ganzjährig betrieben werden, müssen gegenüber Aufenthaltsräumen einen Wärmedurchlaßwiderstand haben, der mindestens der Wärmedurchlaßwiderstandsgruppe II entspricht. Dies gilt nicht, wenn die angeschlossenen Feuerstätten ganzjährig allein zur Warmwasserbereitung für nicht mehr als eine Wohnung betrieben werden.

Schornsteine für Sonderfeuerstätten

Schornsteine für Sonderfeuerstätten müssen laut Anforderung der Wärmedurchlaßwiderstandsgruppe I oder II angehören. Schornsteine, in die beim regelmäßigen Betrieb Abgase mit einer höheren Temperatur als 400 °C eingeleitet werden, müssen nachweisbar widerstandsfähig gegen die höhere Abgastemperatur sein.

Schutz der Schornsteine

Die Oberflächen der Schornsteine müssen, soweit sie ans Freie grenzen, aus frostbeständigen Baustoffen mit einer Wasseraufnahmefähigkeit von nicht mehr als 20 Massenprozent hergestellt sein oder gegen das Eindringen von Niederschlagwasser geschützt werden, z. B. durch Putz nach DIN 18 550, Ummantelung oder Bekleidung. An der Schornsteinmündung sind Wangen und Zungen von Schornsteinen aus mineralischen Baustoffen gegen Eindringen von Niederschlagwasser zu schützen.

Stemmen an Schornsteinen und Schornsteinbauteilen und sonstige den ordnungsgemäßen Zustand von Schornsteinen gefährdende Arbeiten sind unzulässig, und zwar sowohl bei der Herstellung der Schornsteine als auch nachträglich. Bohren, Sägen, Fräsen und Schneiden, z. B. mit der Trennscheibe, zur Herstellung von Anschlüssen in der Außenschale von dreischaligen Schornsteinen mit Dämmstoffschicht sowie zur nachträglichen Herstellung von Anschlüssen sind zulässig; Bohren ist auch zulässig zur Befestigung der Ummantelung.

Bild 9/2: Der offene Kamin im Wohnraum aus gestrichenem KS-Sichtmauerwerk. Wohnhaus in Lehre; Architekten: H. Schulitz, S. Worbes, M. Sprysch; Braunschweig

9.5 Baustoffe und Bauteile

Grundsätzlich sind u. a. aufgenommen:

☐ für einschalige Schornsteine: KS (Vollsteine) nach DIN 106,

☐ für die Außenschale dreischaliger Schornsteine (Bild 9/3): KS (Vollsteine) und KS L (Lochsteine) nach DIN 106 (über Dach KS-Verblender – KS Vb).

Für die Schalen dreischaliger Schornsteine mit Dämmstoffschicht und beweglicher Innenschale sind Innenrohrformstücke nach DIN 18 147 Teil 3 und 4 aus Leichtbeton bzw. Schamotte mit allgemeiner bauaufsichtlicher Zulassung zu verwenden. Für die Dämmstoffschicht dürfen Dämmstoffe für dreischalige Schornsteine nach DIN 18 147 Teil 5 verwendet werden, deren Brauchbarkeit durch besonderen Nachweis, z. B. durch allgemeine bauaufsichtliche Zulassung, bestätigt wird.

Für Schornsteine aus Formstücken oder Mauersteinen darf Mörtel der Gruppe II oder II a nach DIN 1053 Teil 1 verwendet werden. Der Zuschlag des Mörtels für Innenschalen dreischaliger Schornsteine muß quarzarm sein, diese Schalen können auch mit Säurekitt versetzt werden.

Schornsteinköpfe

Für Ummantelungen und Bekleidungen von Schornsteinoberflächen, die ans Freie grenzen, dürfen bis zu einem Abstand von 1 m von der Schornsteinmündung nur Baustoffe der Baustoffklasse A 1 nach DIN 4102 Teil 1 verwendet werden. Für Ummantelungen und Bekleidungen kommen zum Beispiel in Betracht

☐ Schieferplatten, Schieferschindeln,

☐ Faserzementplatten oder -zementschindeln,

☐ Zinkblech und Kupferblech,

☐ Kalksandsteine (KS-Verblender).

Für Unterkonstruktionen von Bekleidungen der Köpfe von Schornsteinen und Schornsteingruppen für Regelfeuerstätten dürfen Holzlatten verwendet werden, wenn die Unterkonstruktion zum Schutz gegen Entflammen durch Flugfeuer oder strahlende Wärme dicht mit mineralischen Baustoffen abgedeckt ist. Andernfalls muß die Unterkonstruktion aus nichtbrennbaren Baustoffen bestehen.

Für den Schutz der Schornsteinwangen gegen Eindringen von Niederschlagwasser an der Schornsteinmündung kommen Abdeckplatten aus Leichtbe-

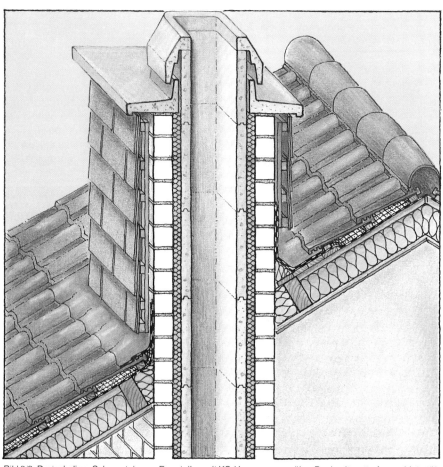

Bild 9/3: Dreischaliger Schornstein aus Formteilen mit KS-Ummauerung, über Dach mit wetterfester, hinterlüfteter Bekleidung

ton oder Normalbeton in Betracht; Bauteile aus anderen nichtbrennbaren, witterungsbeständigen und abgasbeständigen Baustoffen sind zulässig. Für Dehnfugenbleche an der Mündung dreischaliger Schornsteine mit Dämmstoffschicht und beweglicher Innenschale werden nichtrostende Stähle empfohlen.

9.6 Bauartbedingte Anforderungen

Einschalige Schornsteine

Einschalige Schornsteine aus Mauersteinen sind in fachgerechtem Verband zu mauern; Zungen müssen eingebunden sein. Die Fugendicke muß DIN 1053 Teil 1 entsprechen. Die Wangendicke muß mindestens 11,5 cm, bei lichten Querschnitten von mehr als 400 cm² mindestens 24 cm betragen; Zungen müssen mindestens 11,5 cm dick sein.

Dreischalige Schornsteine

Die Schalen dreischaliger Schornsteine sind gleichzeitig hochzuführen. Der Aufbau der Innenschale und Außenschale

darf jeweils nur so weit vorangehen, daß die Dämmstoffschicht ordnungsgemäß eingebracht werden kann und die ordnungsgemäße Beschaffenheit vorgezogener Schalen nicht gefährdet ist. Die Fugen der Innenschale und der Außenschale sollen in der Regel, um Mörtelbrücken zu vermeiden, gegeneinander versetzt sein.

KS-Außenschalen sind im fachgerechten Verband zu mauern. Zwischen den Schornsteinen einer Schornsteingruppe sowie zwischen Schornsteinen und zur Schornsteingruppe gehörenden Lüftungsschächten sind Zungen herzustellen. Die Wangen und Zungen müssen mindestens 11,5 cm dick sein (Bilder 9/4 bis 9/6).

Außenschalen von Schornsteinen für Regelfeuerstätten sowie für Sonderfeuerstätten dürfen mit Wänden aus Mauersteinen im Verband gemauert sein, wenn Wand und Schornstein auf einem gemeinsamen Fundament oder gemeinsam auf demselben Bauteil gegründet sind, die Mauersteine mindestens der Festigkeitsklasse 6 angehören und der Schornstein der Wärmedurchlaßwiderstandsgruppe I angehört.

Unter vorgenannten Umständen dürfen an die Außenschalen (Ummantelungen) auch Stahlbetondecken anbetoniert werden. Soweit in vorliegender Norm nichts anderes bestimmt ist, gilt im übrigen DIN 1053.

Bei dreischaligen Hausschornsteinen mit Dämmschicht und beweglicher Innenschale kann die Ummantelung aus KS-Mauerwerk, nach DIN 1053 Teil 1, ohne Stoßfugenvermörtelung hergestellt werden. Hierzu liegt eine Bestätigung des Deutschen Instituts für Bautechnik, Berlin, vor (s. Bild 9/5). Ummantelungen aus Mauerwerk für die Köpfe von Schornsteinen und Schornsteingruppen können auf Betondachdecken oder auf dem Schornstein – auf Auskragungen – aufgesetzt sein.

Ummantelungen der Köpfe von Schornsteinen und Schornsteingruppen aus Schieferplatten, Schieferschindeln, Asbestzementplatten, Asbestzementschindeln, Zinkblech oder Kupferblech (Bekleidungen) können auf Unterkonstruktionen genagelt oder geschraubt sein. Die Unterkonstruktion kann mittels Dübel, jedoch nicht mittels Holzdübel, am Schornstein befestigt sein. Vorgefertigte rahmenartige Ummantelungen werden empfohlen.

9.7 Feuchtigkeitsunempfindliche Schornsteine

Infolge hoher Energieausnutzung moderner Heizanlagen mit niedrigen Abgastemperaturen ergeben sich oft Taupunktunterschreitungen. Für diesen Anwendungsfall eignen sich feuchtigkeitsunempfindliche Schornsteine, deren Brauchbarkeit nachgewiesen werden muß.

Der Nachweis erfolgt in der Regel durch eine allgemeine bauaufsichtliche/baurechtliche Zulassung, die auf die Eigenart der Feuchtigkeitsunempfindlichkeit des Schornsteinsystems besonders hinweist. Als Grundlage für die Zulassungserteilung derartiger Systeme gelten die „Richtlinien für die Prüfung und Beurteilung von feuchtigkeitsunempfindlichen Hausschornsteinen".

Bei diesen dreischaligen Konstruktionen darf die Innentemperatur des Schornsteins unterhalb der Taupunkttemperatur des Abgases liegen. Die kondensierende Feuchtigkeit muß hierbei so aus dem Schornstein abgeführt werden, daß an ihm selbst und außerhalb keine Schäden auftreten. Die Innenschale muß für diesen Fall mit einer Sperrschicht bzw. Glasur versehen werden, die erheblichen Belastungen

Bild 9/4: Schornsteinblock mit Lüftungsschächten

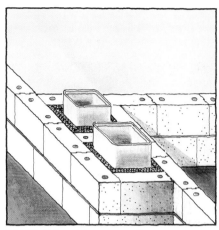

Bild 9/5: Schornsteingruppe – Ummauerung ohne Stoßfugenvermörtelung

Bild 9/6: Kamin im Wohnraum aus KS-Sichtmauerwerk

95

wie z. B. Temperaturwechsel, Säureangriff und mechanischer Beanspruchung standzuhalten hat. An der Innenglasur läuft das Kondensat zur Schornsteinsohle ab. Es ist zu empfehlen, dieses durch ein Katalysator-Filter-System zu leiten, wodurch es neutralisiert wird und mit Genehmigung in die Kanalisation eingeleitet werden darf. Der Schornstein kann als hinterlüftete und nicht hinterlüftete Ausführung konstruiert sein. Wenn eine zusammenhängende Sperrschicht auf der Innenschale nicht mit Gewißheit aufgebracht werden kann, empfiehlt sich eine hinterlüftete Konstruktion. Durch die Hinterlüftung kann durch Fugen kapillar transportiertes Kondensat mit dem Luftstrom abgeleitet werden.

Der Luft-/Abgasschornstein (LAS)

Auf energiesparende Heizungsanlagen, die mit Gas betrieben werden, ist eine spezielle Schornsteinvariante eingerichtet. Das konzentrische Doppel-Schachtsystem ist ein Schornstein für verminderte Anforderungen nach DIN 18 160, das den Betrieb von Gasfeuerstätten raumluftunabhängig ermöglicht. Nach DIN 18 160 und DIN 4705 ist das System so bemessen, daß im Abgasschacht niedrigerer Druck als im Zuluftschacht und in den angrenzenden Räumen herrscht. Das Gegenstromprinzip ermöglicht dabei auch eine Abkühlung des Abgases bei gleichzeitiger Vorwärmung der Zuluft.

Bei Inbetriebnahme einer Heizeinheit nach dem Stand der Technik bietet die Ausführung von dreischaligen Hausschornsteinen unter Dach mit KS-Außenschale, Dämmstoffschicht und beweglicher Innenschale nach DIN 18160 optimale Funktionsfähigkeit. Über Dach sollten Schornsteinköpfe grundsätzlich mit wetterfester, hinterlüfteter Bekleidung versehen werden.

Bild 9/7: Wohnraum mit offenem Kamin

10. Putz auf KS-Mauerwerk

In DIN 18 550 Teil 1 und Teil 2 (Januar 1985) und VOB Teil C DIN 18 350 sind die allgemeinen Anforderungen an Innen- und Außenputz sowie Putzsysteme und die Ausführung geregelt.

Danach ist Putzmörtel ein Gemisch von einem oder mehreren Bindemitteln, Zuschlag mit einem Kornanteil zwischen 0,25 und 4 mm und Wasser sowie ggf. Zusätzen. Bei Mörteln aus Baugipsen und Anhydritbindern kann der Zuschlag entfallen.

Putzmörtel werden den Putzmörtelgruppen P I bis P V zugeordnet (Tafel 10/1).

Die Beschaffenheit des Untergrundes hat wesentlichen Einfluß auf die gute Haftung des Putzes. Der Putzgrund soll so maßgerecht sein, daß der Putz in gleichmäßiger Dicke aufgetragen werden kann.

KS-Mauerwerk ist ein bewährter Putzgrund sowohl innen als auch außen. Die planebenen KS-Flächen erfordern nur geringe Putzdicken, erhöhte Toleranzausgleiche sind nicht notwendig.

Unterschieden wird zwischen Baustellenmörtel und Werkmörtel (DIN 18 557).

Kunstharzputze mit organischen Bindemitteln und Zuschlägen mit überwiegendem Kornanteil > 0,25 mm werden als Werkmörtel gefertigt. Sie sind in der DIN 18 558 (1/85) genormt.

Putzarten

Nach den zu erfüllenden Anforderungen wird unterschieden in Putze, die allgemeinen Anforderungen genügen sowie Putze, die zusätzliche Anforderungen erfüllen, z.B.

☐ wasserhemmender Putz,
☐ wasserabweisender Putz,
☐ Außenputz mit erhöhter Festigkeit,
☐ Innenwandputz mit erhöhter Abriebfestigkeit,
☐ Innenwand- mit Innendeckenputz für Feuchträume; weiterhin Putze für Sonderzwecke,
☐ Wärmedämmputz,
☐ Putz als Brandschutzbekleidung,
☐ Putz mit erhöhter Strahlungsabsorption.

10.1 Außenwandputz

Nach der Norm wird unterschieden:

☐ Außenwandputz,
☐ Kellerwand-Außenputz im Bereich der Erdanschüttung,
☐ Außensockelputz im Bereich oberhalb der Erdanschüttung.

Tafel 10/1: Putzmörtel als Baustellenmörtel

Mörtelgruppe		Bindemittel oder Mörtelbezeichnung	Mischungsverhältnis mit Sand in RT
P I	a	Luftkalkteig Luftkalkhydrat	1:3,5 bis 1:4,5 1:3 bis 1:4
	b	Wasserkalkteig Wasserkalkhydrat	1:3,5 bis 1:4,5 1:3 bis 1:4
	c	Hydraulischer Kalk	1:3 bis 1:4
P II	a	Hochhydraul. Kalk oder P+M-Binder	1:3 bis 1:4
	b	Luftkalkhydrat und Zement mit Kalkteig + Zement	2:1:9 bis 2:1:11 1,5:1:9 bis 11
P III	a	Zement mit Kalkhydr.	1:1/4:3 bis 4
	b	Zement allein	1:3 bis 1:4
P IV	a	Stuck- oder Putzgips	ohne Sand
	b	Gipssandmörtel	1:1 bis 1:3
	c	Gipskalkmörtel Stuckgips: Kalk:Sand	0,5 bis 1:1:3 bis 4
		Putzgips: Kalk:Sand	1 bis 2:1:3 bis 4
	d	Kalkgipsmörtel Stuckgips: Kalk:Sand	0,1 bis 0,2:1:3 bis 4
		Putzgips: Kalk:Sand	0,2 bis 0,5:1:3 bis 4
P V	a	Anhydritmörtel	1 : höchstens 2,5
	b	Anhydritkalkmörtel Anhydrit: Kalkteig:Sa. Anhydrit: Kalkhydr.:S.	3:1:12 3:1,5:12

Tafel 10/2: Empfohlene Korngruppen

Putzanwendung	Mörtel für	Korngruppe/ Lieferkörnung nach DIN 4226 Teil 1 mm
Außenputz	Spritzbewurf	0/4[1], (0/8)[1]
	Unterputz	0/2, 0/4
	Oberputz	je nach Putzweise
Innenputz	Spritzbewurf	0/4[1]
	Unterputz	0/2, 0/4
	Oberputz	0/1, 0/2[2]

[1] Der Anteil an Grobkorn soll möglichst groß sein.
[2] Bei oberflächengestalteten Putzen ist das Grobkorn nach der Putzweise zu wählen.

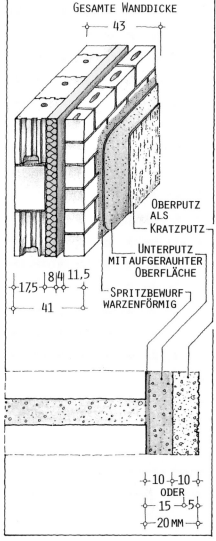

GESAMTE WANDDICKE
43
OBERPUTZ ALS KRATZPUTZ
UNTERPUTZ MIT AUFGERAUHTER OBERFLÄCHE
SPRITZBEWURF WARZENFÖRMIG
17,5 · 8|4· 11,5
41
10 · 10
ODER
15 · 5
20 MM

Bild 10/1: Herkömmlicher Außenwandputz

Das Außenputzsystem muß witterungsbeständig sein und der Einwirkung von Feuchtigkeit und wechselnden Temperaturen widerstehen.

Der traditionelle Putzaufbau ist mehrlagig und besteht aus dem Spritzbewurf als Haftgrund, dem Unterputz als Hauptschicht und dem Oberputz als Dekorschicht, vorzugsweise als Kratzputz.

Die mittlere Dicke des Außenputzes muß nach der Norm 20 mm (erforderliche Mindestdicke 15 mm) betragen.

Einlagige wasserabweisende Putze aus Werkmörteln sollen eine mittlere Dicke von 15 mm (erforderliche Mindestdicke 10 mm) haben.

Eine sichere Grundlage für den Außenputz auf KS-Mauerwerk ist ein Spritzbewurf nach DIN 18 550. Der Unterputz sollte in einer Dicke zwischen 10 und 15 mm aufgetragen und nach dem Abreiben mit einem Nagelbrett aufgerauht

Bild 10/2: Innenputz auf KS-Mauerwerk

werden, damit sich der Oberputz besser verankern kann.

Um einen zu schnellen Wasserentzug aus dem frischen Putz durch starken Sonnenschein, Wind oder dauernde Zugluft zu verhindern, sind besondere Schutzmaßnahmen erforderlich. Außenwände sollten bei trockener Witterung gut genäßt und tagsüber feucht gehalten werden. Die Eigenschaften der verschiedenen Putzlagen eines Systems sollen so aufeinander abgestimmt sein, daß die in den Berührungsflächen der einzelnen Putzlagen und des Putzgrundes auftretenden

Tafel 10/3: Werkmörtel (meist mit Zusätzen)

Maschinenputzgips[1]

Haftputzgips[1]

Fertigputzgips[1]

Dämmputze
(mit Hartschaumzuschlag)

Edelputze
(Kalk + spezielle Zuschläge)

Kunstharzgebundene Putze P Org 1 oder P Org 2
(mit mineralischen Zuschlägen)

[1] Diese Werkmörtel nach DIN 1168 sind nicht in DIN 18557 genormt, sie entsprechen den Mörtelgruppen P IVa bzw. P IVb.

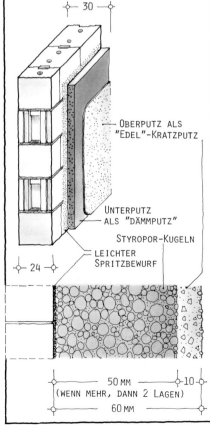

30

OBERPUTZ ALS "EDEL"-KRATZPUTZ

UNTERPUTZ ALS "DÄMMPUTZ"

STYROPOR-KUGELN

LEICHTER SPRITZBEWURF

24

50 MM
(WENN MEHR, DANN 2 LAGEN)

60 MM

10

Bild 10/3: Wärmedämmputz

Tafel 10/4: Außenwandputze nach DIN 18 550

Anforderungen bzw. Anwendung	Mörtelgruppe bzw. Beschichtungsstoff-Typ für		Zusatzmittel erforderlich
	Unterputz	Oberputz oder Einlagenputz[1], [2]	
ohne besondere Anforderung	–	P I	
	P I	P I	
	–	P II	
	P II	P I	
	P II	P II	
	P II	P Org 1	
	–	P Org 1[3]	
	–	P III	
wasserhemmend	P I	P I	ja
	–	P I c	ja
	–	P II	
	P II	P I	
	P II	P II	
	P II	P Org 1	
	–	P Org 1[3]	
	–	P III[3]	
wasserabweisend[5]	P I c	P I	ja
	P II	P I	ja[2]
	–	P I c[4]	
	–	P II[4]	
	P II	P II	ja
	P II	P Org 1	
	–	P Org 1[3]	
	–	P III[3]	
erhöhte Festigkeit	–	P II	
	P II	P II	
	P II	P Org 1	
	–	P Org 1[3]	
	–	P III	
Kellerwand-Außenputz	–	P III	
Außensockelputz	–	P III	
	P III	P III	
	P III	P Org 1	
	–	P Org 1[3]	

[1] Oberputze können mit abschließender Oberflächengestaltung oder ohne diese ausgeführt werden (z. B. bei zu beschichtenden Flächen).

[2] Eignungsnachweis erforderlich (siehe DIN 18 550 Teil 2, Ausgabe Januar 1985, Abschnitt 3.4).

[3] Nur bei Beton mit geschlossenem Gefüge als Putzgrund.

[4] Nur mit Eignungsnachweis am Putzsystem zulässig.

[5] Oberputze mit geriebener Struktur können besondere Maßnahmen erforderlich machen.

Beschichtungsstoffe für die Herstellung von Kunstharzputzen nach DIN 55945 bestehen aus organischen Bindemitteln in Form von Dispersionen oder Lösungen und Füllstoffen/Zuschlägen mit überwiegendem Kornanteil 0,25 mm.

P Org 1 = Kunstharzputz außen/innen

P Org 2 = Kunstharzputz innen

Spannungen aufgenommen werden können. Diese Forderung kann bei Putzen mit mineralischen Bindemitteln i. a. dann als erfüllt angesehen werden, wenn die Festigkeit des Oberputzes geringer als die Festigkeit des Unterputzes ist (Ausnahme: Dämmputze).

Mit Problemen ist zu rechnen, falls auf einem Putzgrund aus Steinen *niedriger Rohdichte* mit entsprechend geringer Steinfestigkeit ein sehr fester Putz aufgebracht wird. Bei einem solchen Putzgrund darf der Zementgehalt eines Kalkzementmörtels nicht höher gewählt werden, als dies für die Mörtelgruppe P II vorgesehen ist, besser Mörtelgruppe P Ic. Als Faustregel gilt, daß die Putzfestigkeit geringer als die Steinfestigkeit sein sollte ($\leq$ 3,5 N/mm²).

Besonders bewährt haben sich spezielle Fertigputze mit genau auf das Mauerwerk abgestimmter Festigkeit.

10.2 Wärmedämmputz

Wärmedämmputzsysteme aus Mörteln mit mineralischen Bindemitteln und expandiertem Polystyrol als Zuschlag sind in DIN 18550 Teil 3 (3/1991) genormt. Wärmedämmputzsysteme, die nicht dieser Norm entsprechen, bedürfen einer bauaufsichtlichen Zulassung.

Ein Wärmedämmputzsystem besteht aus einem wärmedämmenden, wasserhemmenden Unterputz und einem darauf abgestimmten, wasserabweisenden Oberputz, z. B. als Kratzputz. Unter- und Oberputz sind aus Werk-Trockenmörtel herzustellen.

Die Wärmedämmputze sind in die Wärmeleitfähigkeitsgruppen 060 bis 100 eingeteilt. Der Unterputz muß mindestens 20 mm und darf in der Regel höchstens 100 mm dick sein.

Bei den Wärmedämmputzsystemen hat der Oberputz eine höhere Festigkeit als der darunterliegende wärmedämmende Unterputz. Die alte und bewährte Putzregel, die besagt, daß die Festigkeit der einzelnen Putzlagen von innen nach außen abnehmen soll, kann zwangsläufig bei diesen Putzsystemen nicht eingehalten werden. Daher ist eine gute Abstimmung von Unterputz und Oberputz aufeinander erforderlich und bei geschlossenen Putzsystemen seitens des Herstellers gewährleistet.

10.3 Innenwandputz

Die wichtigsten Funktionen des Innenwandputzes sind die Herstellung ebener und fluchtgerechter Flächen sowie die Bildung eines Speichers zur vorübergehenden Aufnahme von überhöhter Raumfeuchte. Darüber hinaus kann der Putz den Schall- und Brandschutz verbessern.

Die Norm unterscheidet zwischen:

☐ Innenputz für Räume üblicher Luftfeuchte einschließlich häuslicher Küchen und Bäder,

☐ Innenputz für Feuchträume.

Im letzteren Bereich müssen die Putze gegen langzeitig einwirkende Feuchtigkeit (besondere Fälle) beständig sein. Für diese spezielle Putzanwendung scheiden Systeme unter Verwendung von Mörteln mit Baugips nach DIN 1168 und Anhydritbinder nach DIN 4208 aus; für häusliche Küchen und Bäder sind solche Putzsysteme jedoch geeignet (vorzugsweise PII).

Innenwand-Putzsysteme für verschiedene Beanspruchungen sind in Tafel 10/5 ersichtlich.

Einlagige Innenputze

In der Praxis haben sich die folgenden einlagigen Putze bewährt:

☐ für Mauerwerk in Normalmörtel 10 mm als einlagiger Innenputz,

☐ für Mauerwerk in Dünnbettmörtel 5 mm als einlagiger Haftputz oder 3 mm als Spachtelputz (vorzugsweise bei Mauerwerk aus KS-PE oder KS-Bauplatten).

Auf eine Grundierung oder einen Spritzbewurf des KS-Mauerwerks kann i. a. verzichtet werden, das Mauerwerk ist je nach Witterung vorzunässen. Die Empfehlungen der Putzhersteller sind zu beachten.

Haft- und Spachtelputze

Die wichtigste Voraussetzung für die Anwendung rationeller Haftputze ist ein völlig ebener Untergrund mit gleichartigem physikalisch-chemischen Verhalten. Kunststoffvergütete Haftputze sind werkgemischte Innenhaftputze der Putzmörtelgruppe P IVc nach DIN 18 550. Bei diesem Putzsystem ist zwar gründliches Vornässen erforderlich, jedoch ist ein Spritzbewurf auf KS-Mauerwerk als Haftgrund nicht notwendig, weil haftverbessernde Zusätze ein besonders hohes Haftvermögen bewirken. Ein weiteres wichtiges Kriterium der Haftputze ist das sehr hohe Wasserrückhaltevermögen, um ein Aufbrennen zu verhindern. Haftputze dieser Qualität wirken feuchtigkeitsregulierend. Sie leisten einen Beitrag zum angenehmen

Bild 10/4: Wohnhaus bei Darmstadt, Architekt: Prof. Dipl.-Ing. H. Waechter, Mühltal

Raumklima. Sie sind überdies leicht zu verarbeiten und erhärten rissefrei. Nach rascher Austrocknung wird ein optisch guter Untergrund für alle Oberflächenbeschichtungen wie Anstriche, Tapeten etc. erreicht. Der Putzauftrag erfolgt manuell mit dem Aufziehbrett oder Stahltraufel oder maschinell mit Putzmaschine. Auf dem planebenen KS-Untergrund betragen die Auftragsdicken manuell oder maschinell etwa 2 bis 3 mm.

Vorteile der Haft- und Spachtelputze sind:

☐ erhebliche Reduzierung der Baufeuchte,

☐ kurze Standzeit bis zur weiteren Oberflächenbehandlung,

☐ Zeitersparnis,

☐ einfache Materialdisposition – kein Spritzbewurf – kein Unterputz – nur Vornässen + Haftputz/Spachtelputz,

☐ deutliche Preisvorteile,

☐ Flexibilität im Einsatz, insbesondere auch bei Arbeitsunterbrechung,

☐ Gewinn an Nutzfläche.

10.4 Fliesenbekleidung

Die Verlegung von Wandfliesen im Innenbereich auf Kalksandsteinmauer-

Bild 10/5: Verarbeiten von Spachtelputz

Tafel 10/5: Innenwandputze nach DIN 18550

Anforderungen, bzw. Anwendung	Mörtelgruppe bzw. Beschichtungsstoff-Typ für	
	Unterputz	Oberputz oder Einlagenputz[1], [2]
nur geringe Beanspruchung	–	P I a, b
	P I a, b	P I a, b
	P II	P I a, b, P IV d
	P IV	P I a, b, P IV d
übliche Beanspruchung[3]	–	P I c
	P I c	P I c
	–	P II
	P II	P I c, P II, P IV a, b, c, P V, P Org 1, P Org 2
	–	P III
	P III	P I c, P II, P III, P Org 1, P Org 2
	–	P IV a, b, c
	P IV a, b, c	P IV a, b, c, P Org 1, P Org 2
	–	P V
	P V	P V, P Org 1, P Org 2
	–	P Org 1, P Org 2[4]
Feuchträume[5]	–	P I
	P I	P I
	–	P II
	P II	P I, P II, P Org 1
	–	P III
	P III	P II, P III, P Org 1
	–	P Org 1[4]

[1] Bei mehreren genannten Mörtelgruppen ist jeweils nur eine als Oberputz zu verwenden.
[2] Oberputze können mit abschließender Oberflächengestaltung oder ohne diese ausgeführt werden (z. B. bei zu beschichtenden Flächen).
[3] Schließt die Anwendung bei geringer Beanspruchung ein, einschließlich häuslicher Küchen und Bäder.
[4] Nur bei Beton mit geschlossenem Gefüge als Putzgrund.
[5] Hierzu zählen nicht häusliche Küchen und Bäder (siehe Abschnitt 4.2.3.3).

P Org 1 = Kunstharzputz außen/innen
P Org 2 = Kunstharzputz innen

werk ist ohne Schwierigkeiten möglich, und zwar im normalen Dickbett-Mörtel-Verfahren (DIN 18352) oder im Dünnbett-Mörtel-Verfahren (DIN 18157).

Dickbettverfahren

Im „Dickbettverfahren" werden die Fliesen bzw. Platten im 10 bis 15 mm dicken Mörtelbett (MG III) nach Vornässen des Untergrundes und Auftragen eines Spritzbewurfes angesetzt.

Dünnbettverfahren

Aufgrund der hohen Haft- und Klebewirkung sowie des Wasserrückhaltevermögens des Dünnbettmörtels entfällt ein Spritzbewurf.

Als Untergrund für Fliesenklebung ist eine Putzdicke von mindestens 8 bis 10 mm einzuhalten. Diese Dicke ist auch erforderlich zur Überdeckung von auf der Rohbauwand verlegten Elektro-Stegleitungen.

Bei KS-Mauerwerk mit Dünnbettmörtel kann gegebenenfalls die Verfliesung auch direkt im Dünnbettverfahren auf das KS-Mauerwerk geklebt werden.

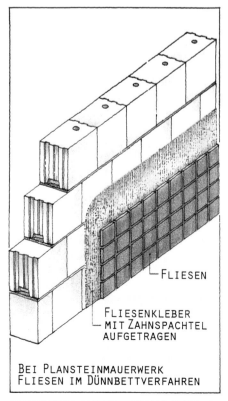

FLIESEN

FLIESENKLEBER MIT ZAHNSPACHTEL AUFGETRAGEN

BEI PLANSTEINMAUERWERK FLIESEN IM DÜNNBETTVERFAHREN

Bild 10/6: Verlegung von Wandfliesen auf KS-Mauerwerk

11. Beschichtungen und Imprägnierungen auf KS-Verblendmauerwerk[*]

11.1 Allgemeines

Deckende Anstriche und farblose Imprägnierungen vermindern die Feuchtigkeitsaufnahme des KS-Sichtmauerwerks bei Regen und Schlagregen. Sie wirken dadurch einer Verschmutzung entgegen.

KS-Verblendmauerwerk für witterungsbeanspruchte Bauteile wird aus frostbeständigen Verblendern erstellt. Unter der Voraussetzung, daß das Mauerwerk entsprechend den Allgemein anerkannten Regeln der Technik erstellt wird, ist das Mauerwerk ohne weitere Maßnahmen frostwiderstandsfähig. Es bedarf aus Gründen der Frostbeständigkeit keiner Beschichtung oder Imprägnierung. Es ist jedoch unbedingt darauf zu achten, daß die Bauteilanschlüsse im Dach-, Fenster- und Sockelbereich so ausgeführt werden, daß Regenwasser ordnungsgemäß abgeleitet wird und z.B. nicht im Bereich dieser Anschlüsse in größeren Mengen in die Wandkonstruktion eindringen kann.

Kalksandsteine haben die Eigenschaft, Feuchtigkeit kapillar zu leiten. Horizontale und gering geneigte Mauerwerksflächen sollten daher mit wasserundurchlässigen Materialien abgedeckt werden, z.B. bei Wandkronen freistehender Wände, Attiken sowie bei außenliegenden Fensterbänken.

KS-Verblendmauerwerke können wahlweise unbehandelt bleiben oder mit einer deckenden Beschichtung bzw. einer farblosen Imprägnierung versehen werden. Durch die Behandlung von KS-Sichtmauerwerk kann

□ das optische Erscheinungsbild individuell gestaltet werden und gleichzeitig,

□ ein Schutz vor Verschmutzungen und aggressiven Niederschlägen geschaffen werden.

Optisches Erscheinungsbild

Deckende Beschichtungen werden auf KS überwiegend weiß oder in hellen Farbtönen ausgeführt. Sie lassen das Mauerwerk insgesamt heller und flächiger erscheinen, ohne die Mauerwerksstruktur zu überdecken.

Die Mörtelfugen treten optisch in der Fläche zurück. Farbige Beschichtungen sind im Prinzip auch möglich, jedoch ist bei dunklen Beschichtungen zu beachten, daß besonnte Flächen sich stärker aufheizen.

Farblose Imprägnierungen sind nicht

Bild 11/1 : Imprägniertes KS-Sichtmauerwerk mit KS-Verblendern 2 DF; Bannhalde in Frauenfeld; Architekten: D. Schnebli, F. Amman, F. Ruchat-Roncati; Zürich

Bild 11/2: Deckend gestrichenes KS-Sichtmauerwerk mit KS-Verblendern 2 DF; Wohnhaus in Oldenburg; Architekt: S. Blaue

[*] Prof. Dr.-Ing. M. Prepens, FH Lübeck

101

filmbildend und belassen dem Mauerwerk das natürliche Aussehen der Steine und der Mörtelfugen. Nach Beregnung trocknet imprägniertes Verblendmauerwerk schnell und gleichmäßig an der Oberfläche ab und bleibt hell (Bilder 11/1 bis 11/4).

Schutz des Verblendmauerwerks

Durch eine deckende Beschichtung oder eine farblose Imprägnierung kann, z.B. in ungünstiger Lage eines Gebäudes, einer frühzeitigen Alterung und Verschmutzung des Verblendmauerwerks entgegengewirkt werden. Beschichtungen und Imprägnierungen vermindern die Feuchtigkeitsaufnahme des Verblendmauerwerks bei Regen und Schlagregen erheblich. Staubpartikel werden in deutlich geringerem Umfang in die Poren der Steine eingespült, vielmehr werden sie vom Regenwasser fortgeschwemmt. Damit verbunden ist ein gewisser Selbstreinigungseffekt der Fassaden.

Eine Oberflächenbehandlung des Verblendmauerwerks darf jedoch keinesfalls dazu führen, daß die Alterung beschleunigt wird oder daß sogar Schäden an der Beschichtung oder am Mauerwerk auftreten. Es sind daher Beschichtungen und Imprägnierungen zu verwenden, die das Mauerwerk wirksam und dauerhaft schützen, dabei eine möglichst lange Lebensdauer haben und danach ohne großen Aufwand erneuert werden können.

Eine Verbesserung der Frostbeständigkeit des Mauerwerks – wie zum Beispiel durch Putze – ist durch Beschichtungen und Imprägnierungen i. a. nicht zu erreichen. Beide sind auch nicht in der Lage und haben auch nicht die Aufgabe, Konstruktions- oder Ausführungsmängel nachträglich zu überdekken. Es ist vielmehr deutlich darauf hinzuweisen, daß gerade bei deckenden Beschichtungen der Untergrund einwandfrei sein muß.

Die außen auf das Verblendwerk aufgebrachten Imprägnierungen und Beschichtungen unterliegen hohen Witterungsbelastungen und müssen starkem Schlagregen, Frost und intensiver Sonneneinstrahlung widerstehen. Die gesamte Wandkonstruktion einschließlich Imprägnierung oder Beschichtung muß einwandfrei funktionieren. Eine langjährige Funktionsfähigkeit und optische Wirkung der Beschichtungen und Imprägnierungen setzt geeignete Baustoffe (Steine, Mörtel), technisch und bauphysikalisch einwandfreie Konstruktionen, ausreichende Dachüberstände,

Bild 11/3: Deckend gestrichenes KS-Sichtmauerwerk mit KS-Verblendern 4 DF; Betriebs- und Verwaltungsgebäude; Greven; Architekt: J. Horemann; Greven

Bild 11/4: Imprägniertes KS-Sichtmauerwerk mit KS-Verblendern 4 DF; Gemeindezentrum Remscheid-Lennep; Architekt: Prof. Dipl.-Ing. W. Baltzer; Wuppertal

handwerksgerechte Anschlüsse sowie für KS-Verblendmauerwerk geeignete Beschichtungssysteme und Imprägnierungen voraus.

Durch eine Beschichtung oder Imprägnierung läßt sich die Wasseraufnahme des Mauerwerks bei Regen oder Schlagregen verringern. Damit ist nicht in jedem Fall auch langfristig eine Verringerung der Feuchtigkeit im Untergrund verbunden, wenn einerseits Feuchtigkeit durch Undichtigkeit in die Wandkonstruktion eindringt, andererseits aber die Austrocknung durch eine ungünstige Beschichtung oder Imprägnierung behindert wird.

Weiterhin ist bei KS-Außenwänden nicht davon auszugehen, daß die Wärmedämmung des Mauerwerks durch eine Beschichtung oder Imprägnierung so weit verbessert werden kann, daß dadurch eine meßbare Energieeinsparung möglich ist. Bei zweischaligen KS-Außenwänden mit Wärmedämmung und k-Werten von 0,2 bis 0,4 W/(m²K) − wie von KS empfohlen − ist ein höherer Feuchtegehalt in der Verblendschale für die Wärmedämmung der Konstruktion nicht von Bedeutung.

11.2 Beschichtungen und Imprägnierungen

11.2.1 Geeignete Beschichtungen und Imprägnierungen

Folgende Beschichtungssysteme und Imprägnierungen sind für KS-Verblendmauerwerk geeignet, sofern die nachfolgend aufgeführten Anforderungen erfüllt werden und die Hersteller die Eignung ausdrücklich bestätigen.

☐ Farblose Imprägnierungen, außen
Kieselsäure-Imprägniermittel
Silikon-, Silan- und Siloxan-Imprägniermittel (keine Siloxan-Kunstharz-Gemische),

☐ Deckende Beschichtungen, außen
Dispersions-Silikatfarben
Silikonharz-Emulsionsfarben
Kunststoff-Dispersionsfarben
Siloxanfarben.

Andere Beschichtungssysteme z. B. für Sanierungen nur, sofern der Hersteller die Eignung auf das Objekt bezogen bestätigt und das Austrocknungsverhalten nicht entscheidend reduziert wird. Alle als außen anwendbar genannten Systeme sind auch innen anwendbar. Bei Innenbeschichtungen können auch Dispersionsfarben nach DIN 53 778 − Kunststoff-Dispersionsfarben für innen − verwendet werden.

11.2.2 Anforderungen

Beschichtungen und Imprägnierungen für KS-Verblendmauerwerk müssen folgende Anforderungen erfüllen

☐ Haftfestigkeit und Kälteelastizität:

Wichtig ist eine hohe Haftfestigkeit der deckenden Beschichtung auf dem Untergrund. Sie dürfen bei niedrigen Temperaturen sowie bei feuchter Witterung nicht abblättern oder reißen und auch nicht zu Spannungen auf dem Untergrund führen.

☐ Alkalibeständigkeit:

Insbesondere frisches KS-Mauerwerk ist alkalisch (pH-Wert ~13). Beschichtungsstoffe und Imprägniermittel müssen daher in hohem Maße alkalibeständig sein.

☐ Wasserdampfdurchlässigkeit und Austrocknungsverhalten:

Durch Schlagregenbeanspruchung sowie Undichtigkeiten im Bereich der Bauteilanschlüsse dringt Feuchtigkeit in die Wandkonstruktion ein und wird durch die Kapillarität der Baustoffe verteilt und gespeichert. Ausschlaggebend dafür, daß Schäden an Beschichtungen und am Mauerwerk − auch bei hoher Frostbeanspruchung − nicht auftreten, ist ein möglichst geringer Feuchtegehalt im Mauerwerk zum Zeitpunkt der Frostbeanspruchung. Umfangreiche Untersuchungen zur Frage der Frostwiderstandsfähigkeit von Beschichtungen und Mauerwerk haben gezeigt, daß es für KS-Verblendmauerwerk einen „kritischen Feuchtegehalt" gibt. Der kritische Feuchtegehalt liegt bei etwa 80% der maximalen Wasseraufnahme. Wird er überschritten, ist bei gleichzeitig hoher Frostbeanspruchung mit Schäden zu rechnen, wird er unterschritten, kommt es nicht zu Frostschäden.

Beschichtungen und Imprägnierungen können die Austrocknung des einmal feucht gewordenen Mauerwerks mehr oder weniger stark behindern. Bei dichten Beschichtungen und Imprägnierungen kann sich das Verblendmauerwerk in den oft feuchten Herbstwochen nach und nach mit Feuchtigkeit anreichern, gibt diese nicht schnell genug wieder ab, so daß zu Beginn der Frostperiode das Mauerwerk einen maximalen Feuchtigkeitsgehalt hat und damit erhöhter Frostbeanspruchung ausgesetzt ist.

Bei Mauerwerk ohne Beschichtung oder mit günstiger Beschichtung oder Imprägnierung dagegen trocknet das Mauerwerk zwischenzeitlich immer wieder aus, so daß der kritische Feuchtegehalt nicht erreicht wird. Es ist dann nicht mit Frostschäden zu rechnen, auch nicht bei sehr niedrigen Temperaturen.

Kennwerte für die Austrocknungsbehinderung des Mauerwerks durch Beschichtungen oder Imprägnierungen sind

☐ Wasserdampfdurchlässigkeit,

☐ Austrocknungsbehinderung,

☐ Vielfach Abplatzungen des Anstrichs unter Mitnahme einzelner Sandkörner.

Wasserdampfdurchlässigkeit

Ein Teil der Austrocknung des Mauerwerks erfolgt durch Wasserdampfdiffusion. Die Bestimmung der Wasserdampfdurchlässigkeit von Baustoffen erfolgt nach DIN 52615. Zur Beurteilung von Beschichtungen auf KS-Verblendmauerwerk wird zweckmäßigerweise der s_d-Wert herangezogen.

Nach dem Merkblatt vom Bundesausschuß für Farbe und Sachwertschutz, Frankfurt, sind Beschichtungen für KS-Verblendmauerwerk nur geeignet, wenn sie die Wasserdampfdurchlässigkeit gegenüber dem unbehandelten Stein nur geringfügig einschränken. Als Richtwert wird $s_d < 0,4$ m empfohlen.

Beim Meßverfahren können deutliche Unterschiede zwischen den im Trockenbereichs- und den im Feuchtbereichsverfahren ermittelten Werten bestehen. Wenn der s_d-Wert nicht nach beiden Verfahren ermittelt wird, ist das Trockenbereichsverfahren für eine Beurteilung heranzuziehen.

Beschichtungen können wie folgt bewertet werden:

s_d-Wert ≤ 0,10 m: sehr gut
bis 0,20 m: gut
bis 0,30 m: befriedigend
bis 0,40 m: ausreichend
> 0,40 m: unbefriedigend

Bei dieser Bewertung ist berücksichtigt, daß Beschichtungen eine Lebensdauer von etwa zehn Jahren haben und dann erneuert oder aufgefrischt werden müssen. Der Wert s_d ≤ 0,40 m sollte jedoch auch bei einer Wiederholungsbeschichtung nicht überschritten werden. Nach einer weiteren Wiederholungsbeschichtung ist dann ein Entfernen der Altbeschichtung notwendig.

Für die Beurteilung von Imprägnierungen ist der s_d-Wert weniger gut geeignet.

Austrocknungsbehinderung

Für die Beurteilung der Eignung von Imprägnierungen und Beschichtungen ist die Prüfung auf Austrocknungsbehinderung sehr aussagefähig. Die Prüfung erfolgt üblicherweise an Steinproben im Format NF, die auf einer Läuferseite beschichtet oder imprägniert und nach Wasserlagerung fünfseitig mit wasserdampfundurchlässiger Folie abgedichtet sind. Die Austrocknung der Steinproben kann nur über die „Außenläuferseite" erfolgen.

Der Verlauf der Austrocknung wird als Kurve aufgetragen. Verglichen werden beschichtete bzw. imprägnierte Steinproben mit Vergleichsproben ohne Beschichtung oder Imprägnierung.

Als gut geeignet ist eine Beschichtung oder Imprägnierung dann einzustufen, wenn sie die Austrocknung kaum oder nicht behindert oder sie sogar beschleunigt.

Beispiel (siehe auch Bild 11/5)

Die Austrocknungskurve der Steinprobe mit der Beschichtung A4 ist nahezu deckungsgleich mit der Kurve der Steinprobe ohne Beschichtung. Diese Beschichtung behindert die Austrocknung nicht. Bei der Beschichtung A5 dagegen verläuft die Austrocknungskurve sehr flach und die Austrocknungsbehinderung ist so stark, daß der eingangs beschriebene „kritische Feuchtegehalt"

nicht einmal bei Beendigung der Messungen nach 160 Tagen unterschritten wurde.

Übertragen auf die Praxis bedeutet das, daß Sichtmauerwerk, das zum Beispiel im Herbst nach einer längeren Regenperiode durchfeuchtet wird und mit dieser Beschichtung versehen ist, in den regenfreien Zeiten nicht austrocknet. Die Beschichtung schließt die Feuchtigkeit ein. Bei wiederholter Beregnung kann sich der Feuchtegehalt „aufschaukeln", in Extremfällen bis zur vollständigen Sättigung des Verblendmauerwerks. Zu Beginn der Frostperiode ist dadurch das Mauerwerk erhöhter Frostbeanspruchung ausgesetzt.

Bei günstigen Beschichtungen dagegen trocknet das Mauerwerk in den regenfreien Zeiten rasch wieder so weit aus, daß der kritische Feuchtegehalt unterschritten wird und damit die Frostbeanspruchung in der Frostperiode deutlich geringer ist.

11.2.3 Vorbereitung des Untergrundes

Verblendmauerwerk ist grundsätzlich während der Bauphase vor Verunreinigung zu schützen, z. B. durch Abdecken mit Folie, wenn mit Holzschutzmitteln oder Bitumenemulsionen gearbeitet wird. Das Mauerwerk ist so zu erstellen, daß es nicht gereinigt zu werden braucht. Da Säuren und andere starke chemische Reinigungsmittel die Stein-

oberflächen angreifen können, sollte auf diese Mittel bei neu erstelltem KS-Verblendmauerwerk verzichtet werden. Ein „Absäuern" mit Salzsäure führt bei KS-Verblendmauerwerk zu Schäden.

Eventuell vorhandene Verunreinigungen, wie Mörtelspritzer und Staub sind vor Beginn der Malerarbeiten zu entfernen, Fehlstellen im Mauerwerk, wie Hohlstellen, Fugenabrisse über 0,2 mm Breite und vertikal oder horizontal verlaufende Risse, sind auszubessern. Zu berücksichtigen ist, daß farblose Imprägnierungen optische Mängel nicht überdecken.

Bei deckenden Beschichtungen können Beschädigungen am Mauerwerk durch Verspachteln mit einem speziell dafür geeigneten Reparaturmörtel saniert werden.

11.2.4 Verarbeitung

Farblose Imprägnierungen

Farblose Imprägnierungen können bereits kurz nach Fertigstellung des Gebäudes aufgebracht werden, bei trockener, niederschlagsfreier Witterung und Temperaturen über +5°C. Der Untergrund muß „handtrocken" (Augenschein) und genügend saugfähig sein, um die genügende Menge Wirkstoff aufzunehmen (ca. 500 bis 800 cm³/m² Wandfläche, wobei der untere Wert für glatte Steine, der obere Wert für KS-Struktur gilt). Als besonders wirksam hat sich das Aufbringen durch Fluten mit entsprechenden Geräten erwiesen. Das Verblendmauerwerk sollte von unten nach oben imprägniert werden. Das ist insbesondere bei wäßrigen Imprägnierungen notwendig, um Laufspuren zu vermeiden. Auf Imprägnierungen können zu einem späteren Zeitpunkt auch Beschichtungen aufgebracht werden. Hierbei ist jedoch auf Systemverträglichkeit zu achten.

Deckende Beschichtungen

Deckende Beschichtungen bestehen im allgemeinen aus einem Grundanstrich und zwei Deckanstrichen. Grundsätzlich sollen nur geschlossene Beschichtungssysteme verwendet werden, bei denen die einzelnen Schichten stofflich aufeinander abgestimmt sind. Beschichtungen mit hydrophoben Grundierungen (Imprägnierungen) haben sich in der Praxis gut bewährt.

Der Grundanstrich als vollwertige Imprägnierung kann unmittelbar nach Fertigstellung des Gebäudes aufgebracht werden. Das Gebäude ist dadurch sofort gegen Verschmutzung geschützt.

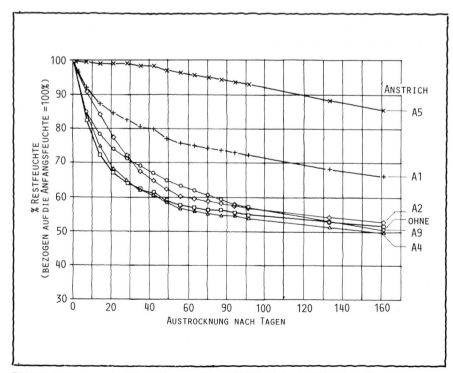

Bild 11/5: Austrocknung durch Beschichtungen, Klima: 4°C/70% rel. Feuchte (A1 = Acryl-Siloxanfarbe, A2 und A4 = Dispersions-Silikatfarbe, A5 = Polymerisatharzfarbe, A9 = Acrylat)

Der deckende Anstrich kann dann zu einem späteren Zeitpunkt aufgebracht werden.

Beschichtungen sollten bei trockenem, niederschlagsfreiem Wetter und bei Temperaturen über 5 °C verarbeitet werden, da sie in den ersten drei Wochen nach Aufbringen empfindlich gegen erhöhte Feuchtigkeit im Untergrund und gegen Frosteinwirkung sind.

Beschichtungen sollten frühestens drei Monate nach Fertigstellung des Verblendmauerwerks aufgebracht werden, wenn das Mauerwerk genügend ausgetrocknet ist, sofern die Hersteller nicht andere Angaben machen.

11.3 Reinigung von KS-Verblendmauerwerk

Leichte Verschmutzungen

Leichte Verschmutzungen lassen sich bei frisch erstelltem Verblendmauerwerk einfach und wirksam mechanisch entfernen. Gehärtete Mörtelspritzer lassen sich z. B. mit einem Spachtel leicht abstoßen. Eine schonende Reinigung wird auch durch Abschleifen mit Glas- oder Sandpapier (mittlere Körnung), oder mit einem halbierten oder geviertelten KS-Verblender erreicht, ohne die Oberflächenstruktur des Verblendmauerwerks zu beschädigen (Bild 11/6).

Stärkere Verschmutzungen

Bei stärkeren Verschmutzungen z. B. auf älterem Verblendmauerwerk ist eine Naßreinigung zu empfehlen, wobei geschlossene Flächen, d. h. keine eng begrenzten Bereiche, gereinigt werden sollten. Mit folgenden Reinigungsmethoden wurden gute Ergebnisse erzielt:

☐ Naßreinigung mit klarem Wasser – zweckmäßigerweise unter Zusatz eines Netzmittels, das die Oberflächenspannung des Wassers herabsetzt – und einer Wurzelbürste.

☐ Dampfstrahlreinigung, wobei ebenfalls dem Wasser ein technisches Netzmittel zugegeben werden kann (Bild 11/6).

Die Dampfstrahlreinigung hat sich bei größeren Flächen sowie bei Verblendmauerwerk aus bruchrauhen oder bossierten Steinen gut bewährt. Bei Verblendmauerwerk aus glatten Steinen ist darauf zu achten, daß durch entsprechende Düseneinstellung und genügend große Entfernung die Düse vom Mauerwerk der Heißwasserstrahl nicht so stark ist,

daß die Steinoberflächen angegriffen werden. Zweckmäßigerweise ist die Reinigungsintensität an einer Probefläche zu testen.

☐ Nur bei hartnäckigen Verschmutzungen sollten chemische Reinigungsmittel – wie 6%-ige Essigsäure oder spezielle, für KS-Verblendmauerwerke geeignete, Steinreiniger – verwendet werden. Da chemische Reinigungsmittel die Oberfläche der Steine aufrauhen und dadurch den Farbeindruck verändern können, sollte grundsätzlich die Reinigung an einer Probefläche ausprobiert werden, insbesondere, wenn das Mauerwerk nach der Reinigung nicht deckend gestrichen wird. Nach einer Reinigung mit chemischen Reinigungsmitteln empfiehlt sich, das Verblendmauerwerk zu imprägnieren.

Algen- oder Moosbelag

Tritt z. B. nach langen Schlechtwetterperioden auf KS-Verblendmauerwerk ein störender grünlicher Belag aus Algen oder Moosen auf, kann dieser mit einem algentötenden Mittel behandelt und nach Abtrocknen abgebürstet werden. Die gereinigten Flächen sollten anschließend mit einer farblosen Imprägnierung nachbehandelt werden, um einer neuen Moosbildung vorzubeugen.

11.4 Erneuerung von Anstrichen und Imprägnierungen

Hochwertige Beschichtungen und Imprägnierungen behalten ihre Funktion und optische Wirkung über einen langen Zeitraum. Die Lebenserwartung von Beschichtungen beträgt etwa zehn Jahre. Danach ist im allgemeinen ein Auffrischungsanstrich erforderlich. Die Lebenserwartung von Imprägnierungen liegt bei etwa zehn bis fünfzehn Jahren. Bei einer Erneuerung sollte das gleiche Beschichtungssystem wie für die Erstbeschichtung verwendet werden, da auf diese Weise Systemverträglichkeit gewährleistet ist.

Soll bei einer Erneuerung ein anderes Beschichtungssystem verwendet werden, ist die Systemverträglichkeit zu prüfen. Stark verwitterte oder abblätternde Beschichtungen müssen vor Erneuerung mechanisch oder mit Hilfe geeigneter Abbeizpasten und anschließender Dampfstrahlung entfernt werden.

Die Verarbeitung erfolgt nach den Herstellerrichtlinien.

Dampfstrahlgerät

Reinigungsstein[1]

Schleifpapier

Bild 11/6: Reinigung von KS-Sichtmauerwerk

[1] Hersteller:
Elastofix-PCI-Polychemie, 86159 Augsburg,
Tel.: 08 21/5 90 10, Fax: 08 21/5 90 13 72

- ■ KS-Verblendmauerwerk ist grundsätzlich vor Verunreinigungen zu schützen und so zu erstellen, daß es nicht gereinigt zu werden braucht.

- ■ Imprägnierungen können kurz nach Fertigstellung, Beschichtungen sollen frühestens 3 Monate nach Fertigstellung des Verblendmauerwerks aufgebracht werden.

- ■ Imprägnierungen und Beschichtungen sind nur geeignet, wenn sie die Wasserdampfdurchlässigkeit und die Austrocknung des Verblendmauerwerks nicht oder nur geringfügig behindern.

Bei der Prüfung der Wasserdampfdurchlässigkeit von Beschichtungen, — Trockenbereichsverfahren — ist ein s_d-Wert von 0,4 m einzuhalten. Dieser Wert soll auch bei einem Wiederholungsanstrich nicht überschritten werden.

Hohen Aussagewert für die Eignung von Beschichtungen und Imprägnierungen hat die Prüfung auf Austrocknungsbehinderung.

- ■ Wasserableitende Abdeckungen von Mauerkronen, ausreichende Dachüberstände usw. verhindern stärkere Verschmutzungen sowie Algen- und Moosbefall.

- ■ Werden chemische Reinigungsmittel eingesetzt, sollten grundsätzlich Probeflächen angelegt werden.

Bild 11/7: Arbeitsamt in Regensburg; Architekten: K. H. Grün und V. Cokbudak; Nürnberg

12. Rationalisierung mit dem KS-Bausystem

Knappes Bauland und hohe Grundstückspreise verteuern das Bauen zunehmend. Deshalb wird eine rationelle Nutzung der Grundflächen immer wichtiger. Schlanke Wände vergrößern bei gleichen Gebäudeaußenmaßen die Nutzfläche gegenüber Gebäuden mit dickeren Wandkonstruktionen.

Mit dem KS-Bausystem lassen sich hochbelastbare, schlanke Wände rationell und kostengünstig verwirklichen. Die Möglichkeit, lastabtragende Wände statt 24 cm nur 17,5 oder 11,5 cm dick auszuführen, löst bei den Kosten eine Kettenreaktion von Vorteilen aus, da nicht nur die Wände, sondern auch die Decken dünner dimensioniert werden können.

Die Möglichkeiten dazu sind in DIN 1053 Teil 1 enthalten. In Kombination mit dem KS-Bausystem lassen sich so kostengünstige Gebäude hoher architektonischer Qualität verwirklichen.

In Abhängigkeit von Gebäudeart und -größe bietet das KS-Bausystem optimale Steinformate und Arbeitsweisen an.

12.1 Großformatige KS-R-Steine

Wesentliche Kennzeichen der großformatigen KS-R-Steine sind Stirnflächenausbildungen mit Nut-Feder-System für das Mauern ohne Stoßfugenvermörtelung und ergonomisch gestaltete Griffhilfen für das Versetzen der Steine von Hand. Unter Großformaten werden Steine mit h ≥ 25 cm Schichthöhe verstanden.

Das KS-Bausystem

- **Nutzflächengewinn durch schlanke Wände**
- **optimierter Baustellenablauf — kurze Bauzeiten durch:**
- **großformatige Steine mit Nut-Feder-System**
- **großformatige Plansteine und Planelemente**
- **Reihenverlegung ohne Stoßfugenvermörtelung**
- **Stumpfstoßtechnik**
- **ergonomische Griffhilfen für das Mauern von Hand**
- **Verwendung von Stein-Versetzgeräten (Minikräne, mobile Arbeitsbühnen)**

Formatwahl für das Mauern von Hand

In einem Merkblatt der Bauberufsgenossenschaften über das Handhaben von Mauersteinen werden Gewichtsobergrenzen für Einhandsteine und Zweihandsteine festgelegt.

Die Verarbeitungsgewichte von Einhandsteinen — einschließlich der baupraktischen Feuchte — dürfen in Abhängigkeit von der Greifspanne

□ bei einer Greifspanne ≥ 115 mm: 6 kg und

□ bei einer Greifspanne 40 bis 70 mm: 7,5 kg

betragen.

Das Verarbeitungsgewicht von Zweihandsteinen ist auf max. 25 kg festgelegt. Diese Gewichtsobergrenze von 25 kg hat deutliche Konsequenzen bezüglich der Auswahl von Steinformaten.

In der Kalksandsteinindustrie bedeutet das, daß

□ die Länge der Blocksteine vorzugsweise 25 cm beträgt und

□ bei hohen Rohdichteklassen (Rohdichteklassen = 2,0 kg/dm³, z.B. für Wände mit hohen Anforderungen an den Schallschutz) zum Bausystem passende KS-R-Steine mit Schichthöhe h = 12,5 cm angeboten werden.

Steine, die über 25 kg Verarbeitungsgewicht haben, sind mit Versetzgerät zu verarbeiten.

KS-R-Plansteine

Regional sind die kurzen KS-R-Blocksteine auch als Plansteine KS-R (P) lieferbar. Die hohe Maßgenauigkeit (Höhentoleranz ± 1 mm) ermöglicht besonders ebenflächiges und sauberes Mauerwerk. Ein weiterer Vorteil der Plansteine liegt in der einfachen Verarbeitbarkeit. Geringer, gut dosierbarer Mör-

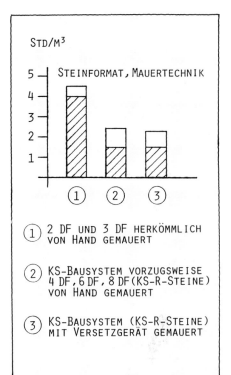

Bild 12/1: Arbeitszeitwerte für das Mauern von Hand und mit Versetzgerät

STD/M³

STEINFORMAT, MAUERTECHNIK

① 2 DF UND 3 DF HERKÖMMLICH VON HAND GEMAUERT

② KS-BAUSYSTEM VORZUGSWEISE 4 DF, 6 DF, 8 DF (KS-R-STEINE) VON HAND GEMAUERT

③ KS-BAUSYSTEM (KS-R-STEINE) MIT VERSETZGERÄT GEMAUERT

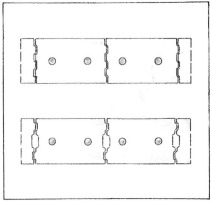

Bild 12/2: KS-Mauerwerk nach DIN 1053 Teil 1 in verschiedenen Ausführungsvarianten ohne Stoßfugenvermörtelung

Bild 12/3: Optimierte Griffhilfen erleichtern das Handling der KS-R-Steine beim Handversetzen in Dünnbett- und in Normalmauermörtel

telverbrauch ist ein wesentliches Merkmal für das Versetzen in Dünnbettmörtel.

Gegenüber Mauerwerk in Normalmörtel ist die zulässige Mauerwerksspannung für Vollsteine erhöht. Nach DIN 1053 Teil 1, Tabelle 3 bzw. 4, beträgt sie z. B. für die Steinfestigkeitsklasse 12 und Mauerwerk in

☐ Normalmörtel MG IIa $\sigma_0 = 1{,}6$ MN/m^2,

☐ Dünnbettmörtel $\sigma_0 = 2{,}0$ MN/m^2.

Das Mauern beginnt grundsätzlich mit der Ausgleichsschicht aus Normalmauermörtel MG III. Sie dient gleichzeitig zur Herstellung eines planebenen Niveaus in Längs- und Querrichtung. Größere Unebenheiten können in den folgenden Schichten nicht mehr ausgeglichen werden. Das nachfolgende Aufziehen des Dünnbettmörtels mit dem Mörtelschlitten gewährleistet eine gleichmäßige Fugendicke und günstigen Mörtelverbrauch. Die benötigten Paßsteine sollten vorab für die gesamte Wand gesägt werden.

Regional werden auch werkseitig vorgefertigte Ergänzungsformate angeboten.

Bild 12/4: Anlegen einer Ausgleichschicht in Normalmörtel

Bild 12/5: Mörtelauftrag mit Dünnbettmörtelschlitten

Tafel 12/1: Geräte – Zubehör – Hilfsmittel für die Rationalisierung auf der Baustelle

Versetzhilfen / Versetzzangen	**Minikran**
Nemaasko Hazenspoor 18 Postbus 7167 6050 AD Maasbracht – NL Tel. (00 31) 47 46/21 38, Fax (00 31) 47 46/55 73 Steinweg Baumaschinen Baaken 22 59368 Werne Tel. 0 23 89/7 98 30, Fax 0 23 89/20 35 Weberbau – TEC Hafenstraße 16 79206 Breisach am Rhein Tel. 0 76 67/3 47, Fax 0 76 67/87 10	
Mobile Arbeitsbühnen	**Versetzgerät**
Modern Technik Wilfried Bäder GmbH + Co.KG Staffelstraße 21 73776 Altbach Tel. 0 71 53/2 12 06/7 22 82 Fax 0 71 53/2 86 92 Schoch Hebezeuge Daimlerstraße 5 72282 Pfalzgrafenweiler Tel. 0 74 45/20 66-67 Fax 0 74 45/15 27 Steinweg Baumaschinen Baaken 22 59368 Werne Tel. 0 23 89/7 98 30, Fax 0 23 89/20 35 Weberbau – TEC Hafenstraße 16 79206 Breisach am Rhein Tel. 0 76 67/3 47, Fax 0 76 67/87 10	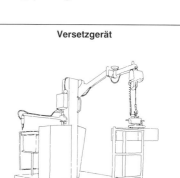
Steintrennsägen	**Steintrennsägen**
Lissmac Maschinenbau GmbH Lanzstraße 4 88410 Bad Wurzach Tel. 0 75 64/3 07-0, Fax 0 75 64/3 07 50 Steinadler Andreas Ritzl GmbH Bahnhofstraße 16 89278 Nersingen/Unterfahlheim Tel. 0 73 08/20 51, Fax 0 73 08/4 18 25	
Wandschlitzfräsen, -sägen/Dosensenker	**Wandschlitzsäge**
Ackermann und Schmitt GmbH + Co. KG Flex Elektrowerkzeuge Bahnhofstraße 15 71711 Steinheim/Murr Tel. 0 71 44/82 80, Fax 0 71 44/2 58 99 O. Baier GmbH Heckenwiesen 26 71679 Asperg Tel. 0 71 41/3 03 20, Fax 0 71 41/30 32 43 ITW Spit-Impex Dürrnerstraße 1 91522 Ansbach Tel. 09 81/95 09-0, Fax 09 81/95 09 45	
Steinknacker	**Steinknacker**
Fink Höltenweiss 48155 Münster Tel. 02 51/61 70 21, Fax 02 51/62 47 19 Nelles Maschinenbau Industriestraße 5–7 51515 Kürten Tel. 0 22 68/63 53, Fax 0 22 68/65 53 Probst Greif- und Fördertechnik GmbH Gottlieb-Daimler-Straße 6 71729 Erdmannshausen Tel. 0 71 44/3 30 90, Fax 0 71 44/33 09 50	

Tafel 12/1: Fortsetzung

Mörtelschlitten	Mörtelschlitten
Bei den KS-Werken zu erhalten oder zu vermitteln	

Mauerlehren	Mauerlehren
Mafisco Bautechnik GmbH Industriegebiet Engelbach 88480 Achstetten-Oberholzheim Tel. 0 73 92/60 88-89, Fax 0 73 92/1 08 88	

Edelstahl-Flachanker	Edelstahl-Flachanker
Bei den KS-Werken zu erhalten oder zu vermitteln	300 mm

KS-Bauplatten-Anker	KS-P7 KS-P5
Bei den KS-Werken zu erhalten oder zu vermitteln	

Dünnbettmörtel	Dünnbettmörtel/ weißer Dünnbettmörtel
Bei den KS-Werken zu erhalten oder zu vermitteln	

Steingreifer	Steingreifer
Steinweg Baumaschinen Baaken 22 59368 Werne Tel. 0 23 89/7 98 30, Fax 0 23 89/20 35	

Kellerabdichtungen	Dickbeschichtung
Deitermann Lohstraße 61 45711 Datteln Tel. 0 23 63/39 90, Fax 0 23 63/39 93 63 Remmers-Chemie Am Priggenbusch 49624 Löningen Tel. 0 54 32/8 30, Fax 0 54 32/39 85 Schomburg GmbH Wiebuschstraße 2–6 32760 Detmold Tel. 0 52 31/9 53 00, Fax 0 52 31/9 53 19	

Mauerwerksbewehrung	Mauerwerksbewehrung
Halfen Harffstraße 47–51 40591 Düsseldorf Tel. 02 11/77 75-0, Fax 02 11/77 75-179	

Kein Anspruch auf Vollständigkeit. Weitere Firmen und Produktangaben – zu Dämmplatten, Dehnfugenmaterial etc. – auf Anfrage bei den KS-Vertriebs- und Beratungsgesellschaften.

12.2 Voraussetzungen für rationellen Bauablauf

Die DIN 1053 Teil 1 – Rezeptmauerwerk – regelt neben den traditionellen Mauerwerksarten auch Mauerwerk

☐ ohne Stoßfugenvermörtelung,

☐ mit Dünnbettmörtel,

☐ mit Stumpfstoßtechnik.

Tragende Wände, die nicht durch Querwände ausgesteift sind, können mit Dikken d ≥ 11,5 cm als zweiseitig gehaltene Wände bemessen werden. Zusammen mit Geräten, Zubehör und Hilfsmitteln (Tafel 12/1), die den Baustellenablauf vereinfachen, ergeben sich so weitere Möglichkeiten der Rationalisierung.

Stumpfstoßtechnik

Die liegende Verzahnung bedeutet in vielen Fällen eine Behinderung beim Aufmauern der Wände, bei der Bereitstellung der Materialien und beim Aufstellen der Gerüste. Stumpf gestoßene Wände vermeiden diese Nachteile. Bei der Bauausführung ist zu beachten, daß die Stoßfuge zwischen Längswand und stumpfgestoßener Querwand voll ver-

Bild 12/6: Verbindung von Wänden durch Stumpfstoß mit eingelegten Edelstahl-Flachankern

mörtelt wird. Die Vermörtelung ist aus statischen und schalltechnischen Gründen wichtig. Aus baupraktischen Gründen wird empfohlen, den stumpfen Wandanschluß durch Einlegen von Edelstahl-Flachankern in die Mörtelfuge zu sichern. Bei einer ausreichenden Anzahl von Edelstahl-Flachankern können die Wände auch als drei- oder vierseitig gehaltene Wände bemessen werden.

KS-Mauerwerk ohne Stoßfugenvermörtelung

Beim Mauerwerk ohne Stoßfugenvermörtelung werden großformatige KS-R-Steine knirsch auf der mit Mörtel vorher aufgezogenen Lagerfuge aneinandergereiht. Die an den Stirnflächen der Steine vorhandenen Nut-Feder-Systeme erleichtern es dem Maurer, ebene Wandflächen zu erstellen. Ein Verkanten der Steine wird dabei verhindert, und das Mauerwerk ist bereits in der Rohbauphase optisch dicht. Die von

DIN 1053 geforderten max. Stoßfugendicken von ≤ 5 mm sind mit den planebenen KS-Steinen problemlos einzuhalten.

In Ausnahmefällen kann es erforderlich sein, die Stoßfugen zu vermörteln. Unter anderem bei:

☐ bewehrtem Mauerwerk nach DIN 1053 Teil 3 (gilt nicht für konstruktiv bewehrtes Mauerwerk),

☐ bei einschaligem Mauerwerk ohne Putz, bei dem Winddichtigkeit gefordert ist,

☐ der Druckzone von Flachstürzen sowie

☐ bei Kelleraußenwänden, in Abhängigkeit von der Lastabtragung und dem gewählten Abdichtungssystem.

Mörtelauftrag

Der Mörtel wird zweckmäßigerweise mit dem Mörtelschlitten aufgetragen. Die jeweiligen Mörtelschlitten lassen sich für Normal- und Dünnbettmörtel in der

gewünschten Fugendicke genau einstellen. Die Mörtelschlitten gewährleisten einen gleichmäßig dicken Mörtelauftrag und vermeiden weitgehend Mörtelverluste.

Die Lagerfuge wird in Abhängigkeit von der Witterung etwa 2 m vorgezogen, und die Steine werden in Reihenverlegetechnik knirsch aneinandergereiht. Bei Normalmörtel werden die Steine anschließend mit einem Gummihammer ausgerichtet; bei Verwendung von Dünnbettmörtel ist ein Ausrichten im allgemeinen nicht mehr erforderlich.

Der gleichmäßige Mörtelauftrag bei Einsatz von Mörtelschlitten ermöglicht ein lückenloses Versetzen der Steine.

Auf diese Weise lassen sich, besonders bei Steinen mit Nut-Feder-System, so ebene Wandflächen erzielen, daß kostengünstiger Dünnputz oder Spachtelputz ausreicht.

Bei zweischaligen Haustrennwänden hat dies den Vorteil, daß bei fachgerechtem Aufziehen kein Mörtel in die Luftschicht fällt, und die Schalldämmung somit nicht beeinträchtigt wird.

Bild 12/7: Aufziehen von Normalmörtel mit dem Mörtelschlitten

Bild 12/9: Paßsteinherstellung mit dem Steinspaltgerät

Ausgleichsschicht

Beim Mauern in Normalmörtel kann – falls erforderlich – eine Ausgleichsschicht als Höhenausgleich entweder unten oder oben angelegt werden. Verwendet werden im allgemeinen KS-Steine mit Schichthöhen h ≤ 12,5 cm.

Das Mauern in Dünnbettmörtel beginnt grundsätzlich mit der Ausgleichsschicht. Sie dient gleichzeitig zur Herstellung eines planebenen Niveaus in Längs- und Querrichtung.

Die erste Schicht wird in Normalmörtel der Mörtelgruppe III gemauert. Verwendet werden entweder

☐ klein- und mittelformatige Kalksandsteine

oder

☐ „Kimmsteine" in Höhen von 5 – 7,5 – 10 – 12,5 – 15 cm.

Aufgrund des raschen Baufortschrittes beim Vermauern von KS-Plansteinen (Dünnbettmörtel) sollte die Ausgleichsschicht einen Tag vorher angelegt werden.

Paß- und Ergänzungssteine

Ergänzungssteine für das Mauerwerk aus großformatigen Steinen werden auf der Baustelle zu Beginn der Mauerarbeiten jeweils für eine ganze Wand aus den Standardsteinen hergestellt, und zwar:

Bild 12/8: Verbandsmauerwerk aus KS-Blocksteinen [12/1]

Bild 12/10: Paßsteinherstellung mit der Steinsäge

□ mit einem Steinspaltgerät, vorzugsweise bei Normalmörtel oder

□ mit einer Steinsäge, vorzugsweise bei Dünnbettmörtel.

Mauerlehren

Bei Verwendung von Eck- und Öffnungslehren kann auf das Vorziehen der Ecken und auf Abtreppungen verzichtet werden, und die Schnur läßt sich jederzeit einfach und exakt verstellen. Besonders rationell sind Lehren beim Mauern mit großformatigen Steinen. So kann der Einsatz von Mauerlehren Zeitverluste beim Anlegen der 1. Schicht ausgleichen. Bei dieser Schicht kann durch Einmessen und durch Ausgleichen von Toleranzen der bis zu 7fache Zeitbedarf gegenüber einer normalen Mauerschicht entstehen.

Arbeitsgerüste

Eine günstige Arbeitshöhe ist von entscheidender Bedeutung für die Arbeitsleistung und das Maß der körperlichen Belastung.

Kurbelböcke ermöglichen das Arbeiten in der je nach Körpergröße der Maurer günstigen Arbeitshöhe. Sie ermöglichen dadurch hohe Leistungen bei geringer Ermüdung. Moderne Stahlgerüste gestatten das Einhängen der Gerüstböden in 50 cm Höhenabstand, wobei außerdem auf der Wandseite Verbreiterungskonsolen jeweils 50 cm tiefer eingehängt werden können, um überflüssiges Bücken zu vermeiden.

Arbeitsvorbereitung

Arbeitszeitmessungen haben deutlich gemacht, daß der Baustellenorganisation und hierbei insbesondere der Einrichtung direkt am Arbeitsplatz eine wesentlich höhere Bedeutung als in der Vergangenheit bei Klein- und Mittelformaten zukommt. Der Grund ist darin zu sehen, daß Störungen im Arbeitsablauf sich bei niedrigen Arbeitszeiten deutlicher auswirken als bei hohen.

Störungen im Arbeitsablauf können zum Beispiel auftreten, wenn die Transportwege an der Verarbeitungsstelle durch ungünstige Baustelleneinrichtung zu lang werden. Beim Auftragen des Mörtels mit Mörtelschlitten können die Mörtelkübel in größeren Abständen aufgestellt werden, so daß für die Steinstapel mehr Lagerplatz zwischen den Kübeln verbleibt und kurze Arbeitswege entstehen. Ein Hochstellen der Mörtelkübel auf Kübelböcke verhindert dazu ein ständiges, unnötiges Bücken der Maurer.

12.3 Mauern mit Versetzgerät

Das Mauern mit Versetzgerät humanisiert und rationalisiert die Baustelle. Als Versetzgerät dient ein auf der jeweiligen Geschoßdecke verfahrbares Gerät mit etwa 300 kg Tragfähigkeit. Mit dem Versetzgerät werden großformatige Steine – Voll- und Lochsteine – verarbeitet. Bei jedem Hub können bis zu 2 m lange Steinstangen mit der Zange gegriffen und vermauert werden, d. h. 1 m² Wandfläche mit 2 Hüben. Trotz hoher Mauerleistung wird die körperliche Belastung der Maurer entscheidend verringert. Durch das Nut-Feder-System der Stoßfugen wird eine planebene Wandoberfläche erreicht.

Üblicherweise besteht ein Arbeitsteam aus zwei Mann, das jeweils mit einem Versetzgerät arbeitet:

Ein Maurer zieht den Mörtel mit dem Mörtelschlitten auf, versetzt die Steine und richtet aus; der zweite Mann bedient das Versetzgerät und sorgt für den Materialnachschub wie Steine, Ergänzungssteine, Mörtel und Anker.

Wichtig ist jedoch eine gut geplante Arbeitsvorbereitung, da mit diesem System nur optimale Ergebnisse erreicht werden, wenn einige Grundvoraussetzungen erfüllt sind. Dazu gehört die lückenlose Transportkette von der Produktion bis zur Verwendungsstelle und ggf. eine Ersteinweisung der Maurer.

Die Steinpakete sind in genau ausgerichteten Reihen mit den verzahnten Stirnseiten dicht aneinander zu setzen, um die Übernahme durch die Greifzangen zu ermöglichen. Die kürzesten Taktzeiten werden erzielt, wenn die Steinpakete zwischen Versetzgerät und Mauer abgestellt werden. In der Skizze (Bild 12/12) sind die Greiftakte der Versetzzangen eingetragen. Die Versetzzangen sind ebenfalls über den Baumaschinenhandel oder die KS-Werke zu beziehen. Die KS-R-Steine werden systemgerecht angeliefert, in der Regel paketiert, auf Wunsch mit speziellen LKWs. Das Absetzen erfolgt auf vorbereitetem, ebenem Untergrund; das Umsetzen auf der Baustelle mit Krangreifern. Gegebenenfalls ist eine zusätzliche Abstützung der Rohbaudecke zur Aufnahme der Lasten aus Versetzgerät und Steinstapel erforderlich.

Die Versetzgeräte können gekauft oder zu günstigen Bedingungen über die KS-Werke bzw. über den Baumaschinenhandel angemietet werden – auch Mietkauf ist möglich.

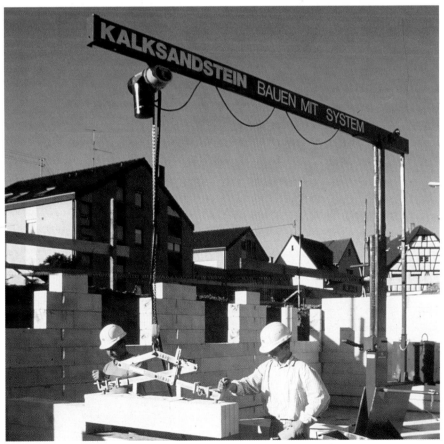

Bild 12/11: Mauern mit Versetzgerät

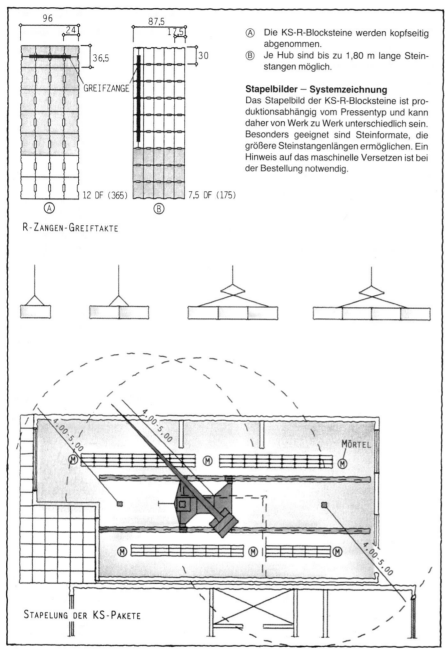

Ⓐ Die KS-R-Blocksteine werden kopfseitig abgenommen.

Ⓑ Je Hub sind bis zu 1,80 m lange Steinstangen möglich.

Stapelbilder – Systemzeichnung

Das Stapelbild der KS-R-Blocksteine ist produktionsabhängig vom Pressentyp und kann daher von Werk zu Werk unterschiedlich sein. Besonders geeignet sind Steinformate, die größere Steinstangenlängen ermöglichen. Ein Hinweis auf das maschinelle Versetzen ist bei der Bestellung notwendig.

Bild 12/12: Arbeitsvorbereitung für das Mauern mit Versetzgerät. Die Gewichte der Steinpakete sind zu berücksichtigen. Das Stapelbild der Werkspakete ist mit der Disposition abzuklären.

12.4 Mauern mit mobiler Arbeitsbühne

Neben den Steinversetzgeräten werden mobile und höhenverstellbare Arbeitsplattformen angeboten, die mit einer Steinversetzeinheit ausgestattet sind. Der Hubzug ist bis ca. 250 kg belastbar und kann eine ca. 1 m lange Steinstange in einem Hub versetzen. Die Arbeitsbühnen sind bis zu 3000 kg belastbar. Es wird eine Arbeitshöhe von 3,25 bis 5,25 m erreicht.

Durch die stufenlose Höhenverstellung der Arbeitsbühnen sind die ergonomischen Verhältnisse für den Maurer optimal. Durch den Einsatz dieser mobilen Einsatzbühnen als Kombination aus fahrbarem Hubgerüst und Steinversetzeinheit kann das sonst aufwendige Ein- und Umrüsten entfallen.

12.5 Hinweise zur rationellen Ausführung von KS-Mauerwerk aus großformatigen Steinen

Die Abmessungen der Kalksandsteine nach DIN 106 entsprechen der oktametrischen Maßordnung DIN 4172. Bei der Planung und Ausführung von Mauerwerksbauten hat sich diese Norm seit Jahrzehnten gut bewährt. Sie ermöglicht und erleichtert die Koordination zwischen handwerklich erstelltem Mauerwerk und vorgefertigten Bauteilen. Beim Mauerwerk können die für den Mauerverband und für die Wandanschlüsse erforderlichen Ergänzungsformate auf ein Minimum beschränkt bleiben.

Mit der verstärkten Einführung großer Steinformate in Verbindung mit Mauerwerk ohne Stoßfugenvermörtelung sowie von Mauerwerk alternativ mit Nor-

Bild 12/13: a) Mobile Arbeitsbühne („Steinweg-Mauermax")

b) Mobile selbstbeladende Arbeitsbühne („Schoch-Steinherr")

c) Steuerung in Greifzange integriert (System „Weber")

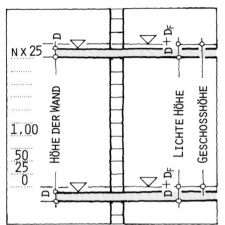
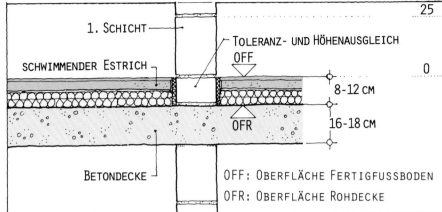

Bild 12/14: Wandhöhe − Toleranz- und Höhenausgleich am Fußpunkt der Wand

mal- und Dünnbettmörtel sind jedoch bei der Planung und bei der Ausführung einige Punkte zu beachten, um unnötige Zeitverluste bei der Ausführung zu vermeiden und das Mauerwerk rationell erstellen zu können.

Durch höhere Anforderungen an den Wärmeschutz ist die Höhe des Fußbodenaufbaus zum Beispiel im Erdgeschoß größer als bisher. Es kann dadurch zu unterschiedlichen lichten Rohbauhöhen zwischen Erdgeschoß und Obergeschossen kommen. Diese Unterschiede können am Wandkopf oder am Wandfuß ausgeglichen werden.

12.5.1 Vertikaler Wandaufbau

Im Wohnungsbau beträgt die lichte Geschoßhöhe üblicherweise 2,50 m. Die Bezugsebene für die Planung von Höhenabmessungen ist im allgemeinen OFF. Der Fußbodenaufbau beträgt je nach Dämmschichtdicke bei schwimmendem Estrich etwa 8 cm bis 12 cm; die Dicke der Betondecke üblicherweise 16 bis 18 cm.

Es ergeben sich Konstruktionshöhen der Decken von 24 cm bis etwa 30 cm und daraus Geschoßhöhen von 2,75 m bis 2,80 m.

Die lichte Rohbauhöhe beträgt damit 2,58 m bis 2,62 m. Bei Mauerwerk mit 25 cm Schichthöhe ist ein Ausgleich von 8 cm bis 12 cm erforderlich − je nach Höhe des Fußbodenaufbaus − um vom Schichtmaß auf die erforderliche lichte Rohbauhöhe zu kommen.

Mauerwerk aus KS-R-Plansteinen

Fußpunkt

Bei Plansteinmauerwerk sollte grundsätzlich dieser Höhenausgleich am Fußpunkt der Wände erfolgen, gleichzeitig werden Deckenunebenheiten ausgeglichen. Die Ausgleichsschicht

wird in Längs- und Querrichtung exakt ausgerichtet. Wegen des erforderlichen Toleranzausgleiches wird Normalmörtel der Mörtelgruppe III verwendet.

Fenstersturz, Fensterbrüstung

Der Fenstersturz kann zum Beispiel als Flachsturz mit 12,5 cm Höhe auf die Schicht + 2,25 m aufgelegt und mit einer 12,5 cm hohen Schicht ausgeglichen werden. Es sind jedoch auch andere Fenstersturzhöhen problemlos möglich. Der Ausgleich zur Mauerschicht erfolgt dann mit flacheren Ergänzungsformaten oder aus Beton.

Weiterhin kann die Fenstersturzüberdeckung durch 24 cm hohe U-Schalen erfolgen, die bereits die richtige Schichthöhe haben.

Die Fensterbrüstung kann ebenfalls z. B. n x 25 cm hoch sein und beliebig weiter mit kleineren Steinformaten ausgeglichen werden.

Türstürze

Üblicherweise ist für Türen eine lichte Öffnungshöhe von h = 2,01 m ab OFF erforderlich. Der Höhenausgleich erfolgt mit einer 12,5 cm hohen Steinschicht.

Alternativ kann auch ein Türsturz aus U-Schalen, die bereits die richtige Schichthöhe haben, erstellt werden.

Noch rationeller kann jedoch i. a. eine geschoßhohe Türöffnung erstellt werden.

Mauerwerk aus KS-R-Block- und -Hohlblocksteinen

Der notwendige Höhenausgleich für die Wand kann bei Mauerwerk aus KS-R-Block- und -Hohlblocksteinen mit Normalmörtel sowohl am Wandfuß als auch am Wandkopf erfolgen, da ein spezieller Toleranzausgleich am Wandfuß −

wie bei Plansteinen erforderlich − nicht notwendig ist.

Zu empfehlen ist der Höhenausgleich jedoch auch bei KS-R-Block- und Hohlblocksteinen am Wandfuß. Das Anlegen der Fenster- und Türstürze erfolgt dann wie bei Plansteinmauerwerk.

Beim Höhenausgleich der Wand am Wandkopf ist − in Abhängigkeit von der Höhe des Fußbodenaufbaus − jeweils ein besonderer Höhenausgleich an Fenster- und Türsturz erforderlich.

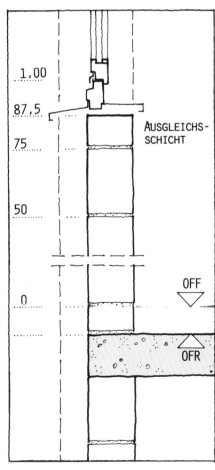

Bild 12/15: Fensterbrüstung

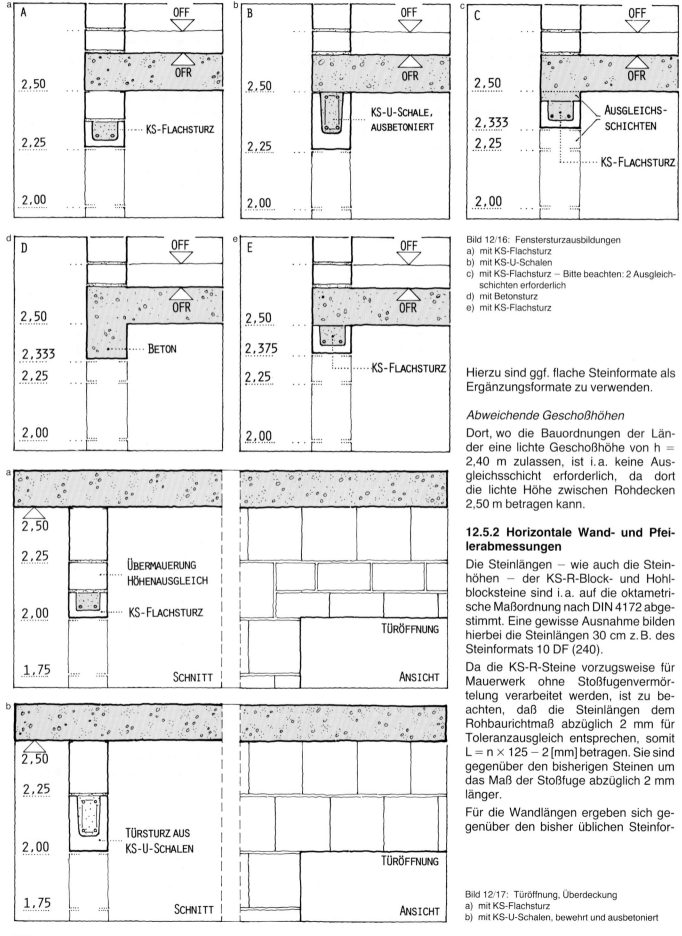

Bild 12/16: Fenstersturzausbildungen
a) mit KS-Flachsturz
b) mit KS-U-Schalen
c) mit KS-Flachsturz – Bitte beachten: 2 Ausgleichschichten erforderlich
d) mit Betonsturz
e) mit KS-Flachsturz

Hierzu sind ggf. flache Steinformate als Ergänzungsformate zu verwenden.

Abweichende Geschoßhöhen

Dort, wo die Bauordnungen der Länder eine lichte Geschoßhöhe von h = 2,40 m zulassen, ist i.a. keine Ausgleichsschicht erforderlich, da dort die lichte Höhe zwischen Rohdecken 2,50 m betragen kann.

12.5.2 Horizontale Wand- und Pfeilerabmessungen

Die Steinlängen – wie auch die Steinhöhen – der KS-R-Block- und Hohlblocksteine sind i.a. auf die oktametrische Maßordnung nach DIN 4172 abgestimmt. Eine gewisse Ausnahme bilden hierbei die Steinlängen 30 cm z.B. des Steinformats 10 DF (240).

Da die KS-R-Steine vorzugsweise für Mauerwerk ohne Stoßfugenvermörtelung verarbeitet werden, ist zu beachten, daß die Steinlängen dem Rohbaurichtmaß abzüglich 2 mm für Toleranzausgleich entsprechen, somit L = n × 125 − 2 [mm] betragen. Sie sind gegenüber den bisherigen Steinen um das Maß der Stoßfuge abzüglich 2 mm länger.

Für die Wandlängen ergeben sich gegenüber den bisher üblichen Steinfor-

Bild 12/17: Türöffnung, Überdeckung
a) mit KS-Flachsturz
b) mit KS-U-Schalen, bewehrt und ausbetoniert

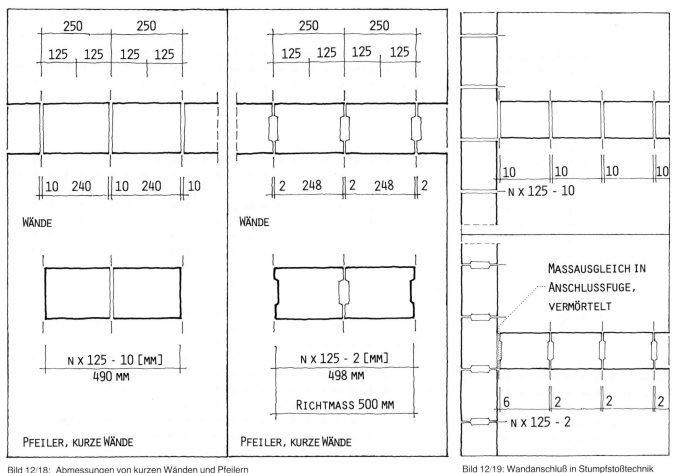

Bild 12/18: Abmessungen von kurzen Wänden und Pfeilern
a) aus herkömmlichen Steinen
b) aus KS-R-Steinen

Bild 12/19: Wandanschluß in Stumpfstoßtechnik
a) Mauerwerk aus herkömmlichen Steinen
b) Mauerwerk aus KS-R-Steinen

maten keine Änderungen bei der Planung und Ausführung.

Bei kurzen Wänden und insbesondere bei Pfeilern ist das jedoch zu beachten. So ist bei der Planung bereits zu berücksichtigen, daß kurze Wände und Pfeiler 25 − 37,5 − 50 − 62,5 − 75 − 87,5 − 100 cm breit sind (nicht 24 − 36,5 − 49 − 61,5 − 74 − 86,5 − 99 cm).

Die um 8 mm größeren Maße für Pfeiler und kurze Wände müssen insbesondere beachtet werden, wenn dies Teile von Öffnungen sind, in die vorgefertigte Bauelemente eingepaßt − z.B. Tür- und Fensterelemente − werden.

Wandanschlüsse

Theoretisch müßten bei Mauerwerk ohne Stoßfugenvermörtelung auch die Wanddicken geändert werden, damit das Planungsraster der Maßordnung stimmt. In der Praxis ist das jedoch nicht erforderlich, weil Längs- und Querwände bei dem Stumpfstoß durch eine Mörtelfuge angeschlossen werden und bei größeren Wandlängen kleine Toleranzen jeweils in den Fugen ausgeglichen werden können.

■ Bei Wänden aus KS-R-Block- und -Hohlblocksteinen beträgt die Schichthöhe h = 25 cm. Im allgemeinen ist durch unterschiedliche Höhen des Fußbodenaufbaus und durch Deckenunebenheiten ein Toleranz- und Höhenausgleich erforderlich. Hierzu werden klein- und mittelformatige Kalksandsteine oder spezielle Kimmsteine mit der erforderlichen Höhe verwendet.

■ Bei Plansteinmauerwerk erfolgt der Toleranz- und Höhenausgleich grundsätzlich am Wandfuß. Die Ausgleichsschicht wird mit Normalmörtel der MG III versetzt und in Längs- und Querrichtung genau ausgerichtet.

■ Bei Mauerwerk mit Normalmörtel erfolgt der Höhenausgleich entweder am Wandfuß oder am Wandkopf. Vorteilhaft für einen rationellen Bauablauf und für das Überdecken von Fenster- und Türöffnungen ist der Höhenausgleich am Wandfuß.

■ Fensteröffnungen werden rationell durch Flachstürze oder durch Stürze aus ausbetonierten U-Schalen überdeckt. Flachstürze können bis zur normalen Schichthöhe mit klein- und mittelformatigen Steinen übermauert werden, U-Schalen haben bereits die „richtige" Schichthöhe.

■ Überdeckungen von Türöffnungen erfolgen ebenfalls durch Flachstürze oder durch Stürze aus ausbetonierten U-Schalen. Rationeller lassen sich geschoßhohe Türöffnungen erstellen.

■ Bei Pfeilern und kurzen Wänden ist zu beachten, daß KS-R-Block- und -Hohlblocksteine 8 mm länger sind als herkömmliche Steine. Pfeiler und kurze Wände werden daher um 8 mm breiter (l = n × 125 − 2 [mm]). Gegebenenfalls ist das Nut-Feder-System zu berücksichtigen (4 mm).

115

Bild 12/20: Versetzen von KS-Planelementen

Bild 12/21: KS-PE im Wohnungsbau

Bild 12/22: KS-PE im mehrgeschossigen Wohnungs- und Verwaltungsbau

Bild 12/23: KS-PE im Industriebau

12.6 Das KS-PE-Bausystem

Das KS-PE-Bausystem bietet eine solide, umfassende Problemlösung, um besser, schneller und auch kostengünstiger bauen zu können. Es kennt keine Bindung an bestimmte Rastermaße. Besonders kostengünstig ist es, wenn wenig gegliedertes Mauerwerk geplant wird. Zur weiteren Optimierung gehört die geschickte Wahl der Geschoßhöhe sowie die Planung raumhoher Türen und Öffnungen, die dazu beiträgt, die Zahl der notwendigen Paßelemente zu reduzieren (Bilder 12/20 bis 12/23).

Kennzeichnend für KS-PE ist die Anlieferung kompletter Bausätze. KS-Planelemente werden in den Standardabmessungen Länge × Höhe von 998 mm × 498 mm hergestellt. Es sind Wanddicken d = 11,5 cm bis d = 30 cm erhältlich. Paßstücke und Dachschrägen werden schon im Werk zugeschnitten.

Der rationelle Bauablauf ist wesentlich für den technischen und wirtschaftlichen Erfolg. Er setzt eine entsprechende Vorplanung voraus. Diese wird von den Herstellerwerken in enger Kooperation mit den Bauunternehmern geleistet. Zu den Verlegeplänen gehört ein Übersichtsplan sowie die zeichnerische Darstellung der Wandansichten, aus der der Maurer die exakte Position der einzelnen Paßelemente und Dachschrägen auf der Baustelle schnell und einfach entnehmen kann. Zur Problemlösung gehört auch das Bereitstellen der notwendigen Versetzgeräte, z. B. eines Versetzgerätes auf Mietbasis, die Zulieferung des Zubehörs, u. a. weißer Dünnbettmörtel, Anker etc. Damit entfällt für den Bauunternehmer und seinen Baustoffhändler die Notwendigkeit, spezielles Zubehör bei einzelnen Herstellern zu beschaffen und deren spezielle Eignung für das KS-PE-Bausystem zu prüfen.

KS-Planelemente werden in Dünnbettmörtel versetzt. Die Verarbeitungstechnik entspricht im wesentlichen der der KS-Plansteine.

Das KS-PE-Bausystem nutzt die KS-spezifischen Vorteile:

☐ Hohe Maßgenauigkeit, geringer Fugenanteil und flächenebenes Mauerwerk.

☐ Es ist nur ein Spachtelputz erforderlich, der bei der Wohnflächenberechnung nicht berücksichtigt werden muß.

☐ Hohe Wanddruckfestigkeit.

☐ Exzellente Schalldämmung der KS-PE-Vollsteinwände.

KS-PE werden in den Rohdichteklassen 1,8 und 2,0 mit den Steinfestigkeitsklassen 12 und 20 hergestellt. Die regionalen Lieferprogramme sind zu beachten. Die Grundwerte σ_0 der zulässigen Druckspannung sind gegenüber DIN 1053 Teil 1 erhöht. Sie betragen:

☐ für die Steinfestigkeitsklasse 12
$\sigma_0 = 2,2$ N/mm²

☐ für die Steinfestigkeitsklasse 20
$\sigma_0 = 3,4$ N/mm².

Damit sind schlanke, hochbelastbare Wände mit exzellentem Schallschutz möglich.

Eine 24 cm dicke Wand aus KS-PE der Rohdichteklasse 2,0 mit beidseitig 10 mm Dünnputz erfüllt bereits die Empfehlung des erhöhten Schallschutzes nach DIN 4109 Beiblatt 2 für Wohnungstrennwände (55 dB). Hinzu kommen Lohnkostenersparnis und schneller Baufortschritt, also Terminvorteil und Reduzierung der Gesamtbaukosten.

Besonders wirtschaftlich ist das KS-PE-Bausystem bei wenig gegliedertem Mauerwerk und Anwendung optimaler Wandkonstruktionen, wie sie die DIN 1053 zuläßt.

Der Materialpreis wird von der KS-Industrie objektbezogen für jede einzelne Wanddicke ermittelt. Maßgebend ist auch die Entfernung zwischen Lieferwerk und Baustelle sowie der Anteil der Paßstücke. Grundlage der objektbezogenen Kalkulation sind die Zeichnungen des Architekten.

12.7 Erfahrungen mit dem KS-Bausystem an einem Wohnhochhaus in Hanau

Wichtige Vorstufe für diese Entwicklung war der Bau eines zehngeschossigen Wohnblocks im öffentlich geförderten Wohnungsbau in Hanau (Bild 15/26). Dieses Projekt umfaßte 77 Wohnungen (zwei, drei, fünf Zimmer), die 1973/74 errichtet wurden mit bauaufsichtlicher Zustimmung im Einzelfall. Hier wurde im Mauerwerksbau ein Verfahren angewandt, das vom Bundesverband Kalksandsteinindustrie, Hannover, mit der Ingenieursozietät BGS, Frankfurt, entwickelt worden war. Für die Bauweise mit KS-Planblöcken − so die seinerzeitige Steinbezeichnung − erhielt der Bundesverband noch 1973 den Zulassungsbescheid II/21−1.17.1−2005. Es wurden glattwandige KS-Plansteine (ohne Mörteltaschen) der Rohdichteklasse 2,0 im Format 50 × 20 × 20 cm der Festigkeitsklasse 12 in allen

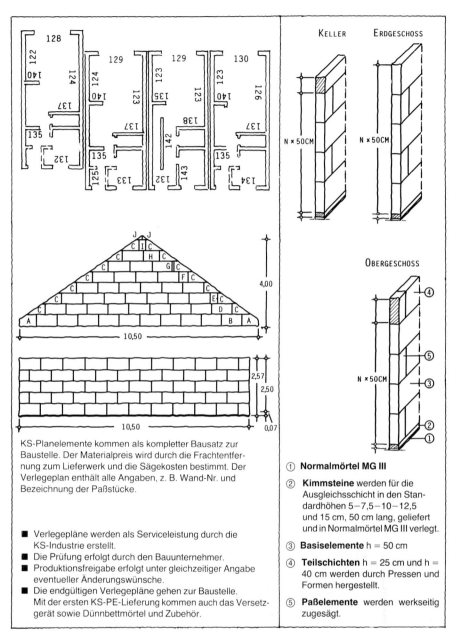

KS-Planelemente kommen als kompletter Bausatz zur Baustelle. Der Materialpreis wird durch die Frachtentfernung zum Lieferwerk und die Sägekosten bestimmt. Der Verlegeplan enthält alle Angaben, z. B. Wand-Nr. und Bezeichnung der Paßstücke.

■ Verlegepläne werden als Serviceleistung durch die KS-Industrie erstellt.
■ Die Prüfung erfolgt durch den Bauunternehmer.
■ Produktionsfreigabe erfolgt unter gleichzeitiger Angabe eventueller Änderungswünsche.
■ Die endgültigen Verlegepläne gehen zur Baustelle. Mit der ersten KS-PE-Lieferung kommen auch das Versetzgerät sowie Dünnbettmörtel und Zubehör.

① **Normalmörtel MG III**

② **Kimmsteine** werden für die Ausgleichsschicht in den Standardhöhen 5−7,5−10−12,5 und 15 cm, 50 cm lang, geliefert und in Normalmörtel MG III verlegt.

③ **Basiselemente** h = 50 cm

④ **Teilschichten** h = 25 cm und h = 40 cm werden durch Pressen und Formen hergestellt.

⑤ **Paßelemente** werden werkseitig zugesägt.

Bild 12/24: Verlegepläne für KS-Planelemente − Übliche Geschoßhöhen

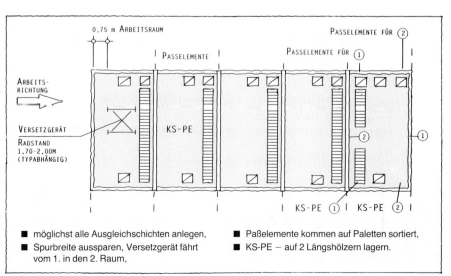

■ möglichst alle Ausgleichschichten anlegen,
■ Spurbreite aussparen, Versetzgerät fährt vom 1. in den 2. Raum,

■ Paßelemente kommen auf Paletten sortiert,
■ KS-PE − auf 2 Längshölzern lagern.

Bild 12/25: Organisationsschema für Reihenhäuser

Bild 12/26: Das zehngeschossige Wohnhaus in Hanau, nach 20 Jahren ohne jeden Bauschaden

darüber aufgehenden Geschossen in 20 cm dicken, tragenden Außen- und Innenwänden mit einem Versetzgerät, in kostensparender Verlegetechnik unter geringster körperlicher Belastung der Maurer dicht an dicht vermauert.

Einige nichttragende Innenwände wurden in einer Dicke von 15 cm hochgezogen.

Die Stoßfugen der KS-Plansteine blieben grundsätzlich unvermörtelt, die Lagerfugen wurden 2 mm dick mit einem plastifizierten Zementmörtel hoher Festigkeit als Dünnbettmörtel hergestellt.

Die aneinanderstoßenden Wandscheiben wurden an den Knotenpunkten und an den Gebäudeecken nicht mit der üblichen Verzahnung aufgemauert, son-

dern „stumpf gestoßen". Aus schalltechnischen Gründen wurde der KS-Stumpfstoß in der Anschlußfuge vermörtelt. Die exakten, flächenebenen KS-Wandoberflächen wurden nach dem Verlegen der Elektroinstallation (Stegleitungen NYIF) mit beidseitigem, einlagigem Dünnputz 8 mm dick auf Gipsbasis versehen. Die Fassade erhielt eine hinterlüftete Vorsatzschale mit 5 cm dicken Wärmedämmplatten, deren Tragkonstruktion problemlos auf dem massiven KS-Untergrund verdübelt wurde.

Ein Sachverständigen-Gremium aus Wissenschaft und Praxis besichtigte Ende 1984 dieses Gebäude eingehend, um die Bewährung hinsichtlich Standsicherheit und Gebrauchsfähigkeit nach zehnjähriger Nutzung zu testen. Von Skeptikern war immer wieder die Möglichkeit von Wandrissen betont worden, die bei der dünnen Putzbeschichtung auftreten könnten. Tatsache ist, daß an keiner Stelle Schäden (Rißbildungen) sichtbar sind, die in Zusammenhang mit der Bauweise gebracht oder auf sie zurückgeführt werden können.

Fragen erhoben sich z. B. auch hinsichtlich des Schallschutzes der Wände in Anbetracht der „schlanken" Tragwände, der unvermörtelten, nicht verzahnten Stoßfugen, der Stumpfstoß-Wandanschlüsse und des dünnen Innenputzes.

Zusätzlich zu einem früheren Schall-

schutzgutachten wurden im Herbst 1984 Messungen in den Wohnungen von der Prüfstelle für bauakustische Güteprüfungen – Prof. Dr.-Ing. Weisse / Ing. Höns, Frankfurt – durchgeführt. Für die 20 cm dicken Wohnungstrennwände wurde $R'_w = 53$ dB gemessen. Wenn man diesen Wert hochrechnet auf die übliche Wanddicke von 24 cm, dann ergibt sich ein Schalldämmwert von 55 dB.

Bei den zweischaligen Haustrennwänden aus 2×20 cm KS + Schalldämmfuge wurden 72 und 74 dB, im Mittel 73 dB festgestellt.

Über den Wärmeenergieverbrauch des Wohnhochhauses liegen der Hausverwaltung sehr günstige (niedrige) Werte vor, die man mit den Verbrauchswerten anderer, vergleichbarer Wohnbauten verglichen hat, für die andere Wandkonstruktionen gewählt worden waren. Die Heizkosten sind in diesem KS-Planstein-Gebäude deutlich niedriger. Die Umwelt wird daher weniger mit Schadstoffen der Ölheizung belastet als bei anderen Bauten des Bauträgers.

Aus der Dimensionierung der Wände und der damals ungewöhnlichen Konstruktion und Bauweise geht hervor, daß es sich bei diesem Pilotprojekt um das Ingenieurmauerwerk handelt, das ein Jahrzehnt später mit Teil 2 der DIN 1053 eine Allgemein anerkannte Regel der Technik werden sollte.

Bild 12/27: Mauerwerk aus großformatigen KS-Blocksteinen

13. KS-Konstruktions-Details

13.1 KS-Kelleraußenwände

Hinweis:

Waagerechte Abdichtungen:

Nach DIN 18 195 Teil 4 sind mindestens zwei waagerechte Abdichtungen vorzusehen. Nach dieser Norm ist

☐ die untere Abdichtung etwa 10 cm über Oberfläche Kellerfußboden,

☐ die obere Abdichtung etwa 30 cm über Gelände, mind. 5 cm unter der Kellerdecke anzuordnen.

Eine dritte Lage ist oberhalb der Kellerdecke erforderlich, wenn die obere Abdichtung weniger als 30 cm über Geländeoberfläche liegt.

Abweichend von der Norm hat sich in der Praxis bewährt, die untere waagerechte Abdichtung unter der ersten Steinschicht anzulegen, weil dadurch auch die untere Steinschicht im trockenen Bereich liegt. Die Lage der Abdichtung unter der ersten Steinschicht empfiehlt sich insbesondere dann, wenn für die Kellerwände Block- und Hohlblocksteine mit 25 cm Schichthöhe verwendet werden (Bild 13/1).

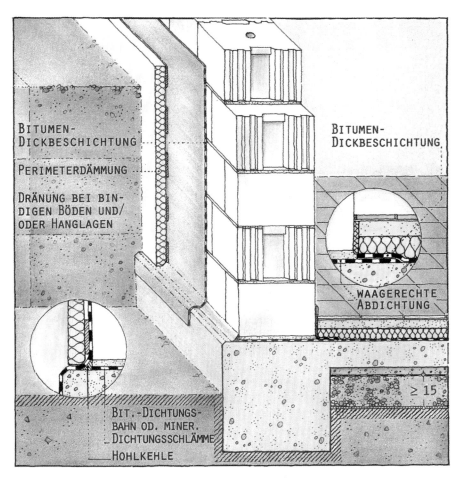

Bild 13/1: Kelleraußenwand mit Perimeterdämmung – DIN 18 195 Teil 4

Bild 13/2: Kelleraußenwand mit Innendämmung – DIN 18 195 Teil 5

Bei der Darstellung der Details wurde eine einheitliche neutrale Farbgebung für die einzelnen Bauteile zum besseren Verständnis der Konstruktion gewählt, zum Beispiel

Kalksandstein	**= hell,**
Dämmung	**= ocker,**
Beton	**= grün,**
Holz	**= braun.**

Als Dämmung können unter Berücksichtigung der stofflichen Eigenschaften und in Abhängigkeit von der Konstruktion alle genormten oder bauaufsichtlich zugelassenen Dämmstoffe verwendet werden, zum Beispiel Hartschaumplatten, Hyperlite-Schüttungen, Mineralwolleplatten.

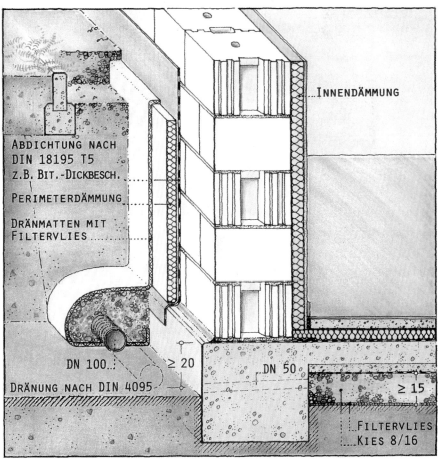

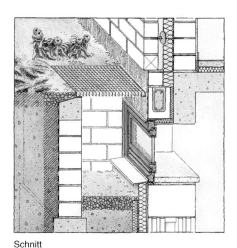

Schnitt

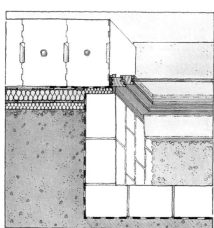

Aufsicht

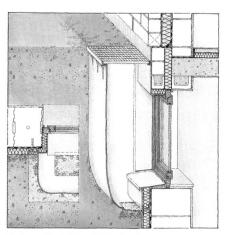

Variante: Fertigteil – Lichtschacht

Bild 13/3: Gemauerter Kellerlichtschacht

Für horizontale Abdichtungen nach DIN 18195 sind bituminöse Dach- und Dichtungsbahnen geeignet.

Mineralische Dichtungsschlämme mit allgemeiner bauaufsichtlicher Zulassung sind möglich.

Vor dem Verlegen der Dichtungsbahnen sind die Auflageflächen, wenn erforderlich, mit Mörtel auszugleichen, damit eine ebene, waagerechte Fläche entsteht und keine Unebenheiten die Bahnen durchstoßen können. Die Stöße der Bahnen müssen sich mindestens 20 cm überdecken, sie können verklebt werden. Die Bahnen selbst werden nicht flächig aufgeklebt.

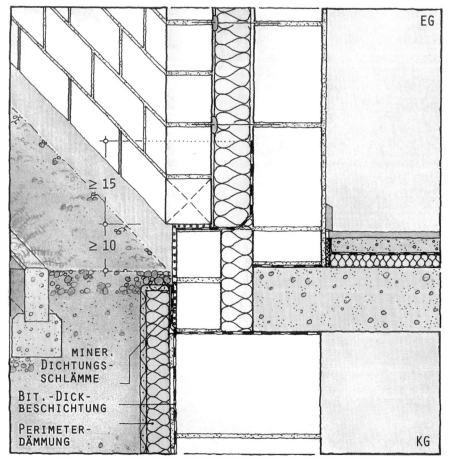

MINER. DICHTUNGS-SCHLÄMME

BIT.-DICK-BESCHICHTUNG

PERIMETER-DÄMMUNG

Bild 13/4: Sockelanschluß mit Perimeterdämmung

Bild 13/5: Sockelanschluß mit Perimeterdämmung – Tragendes Mauerwerk aus KS-PE

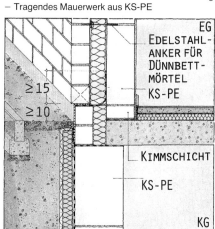

EG
EDELSTAHL-ANKER FÜR DÜNNBETT-MÖRTEL
KS-PE

KIMMSCHICHT

KS-PE

KG

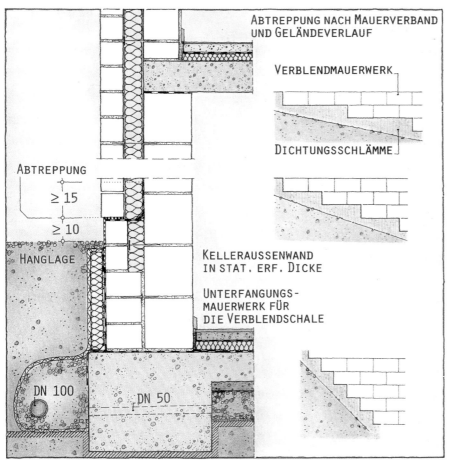

ABTREPPUNG NACH MAUERVERBAND
UND GELÄNDEVERLAUF

VERBLENDMAUERWERK

DICHTUNGSSCHLÄMME

ABTREPPUNG

≥ 15

≥ 10

HANGLAGE

KELLERAUSSENWAND
IN STAT. ERF. DICKE

UNTERFANGUNGS-
MAUERWERK FÜR
DIE VERBLENDSCHALE

DN 100

DN 50

Bild 13/6: Sockelanschluß bei Hanglage

13.2 Zweischalige KS-Außenwände

Bild 13/8: Fensteranschlüsse
oben: Fenster in der Dämmebene durch Eckausbildung in Hintermauerschale
Mitte: Fenster hinter der Dämmebene mit Eckausbildung in der Vormauerschale
unten: Fenster in der Dämmebene durch Zargenholz

Bild 13/7: Terrassenaustritt

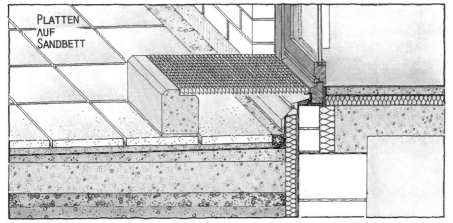

PLATTEN
AUF
SANDBETT

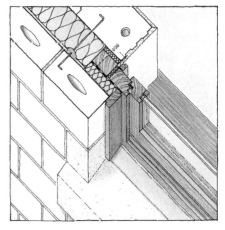

Bild 13/9: Fensterbank

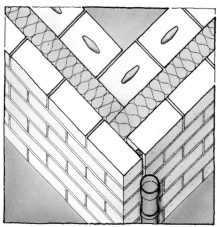

Bild 13/12: Senkrechte Dehnungsfuge in einer Verblendschale

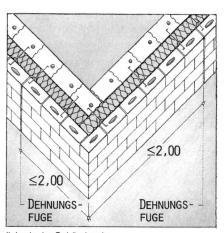

links: in der Gebäudeecke
rechts: bis 2 m von der Gebäudeecke angeordnet

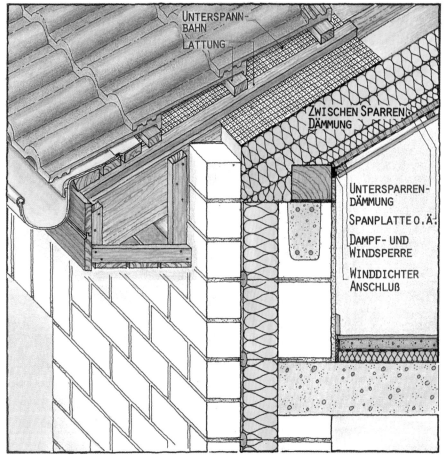

UNTERSPANN-BAHN
LATTUNG
ZWISCHEN SPARREN DÄMMUNG
UNTERSPARREN-DÄMMUNG
SPANPLATTE O.Ä.
DAMPF- UND WINDSPERRE
WINDDICHTER ANSCHLUß

Bild 13/10: Außenwand – Anschluß an ein Satteldach

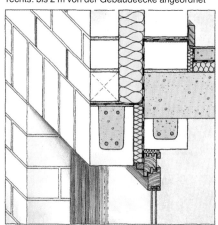

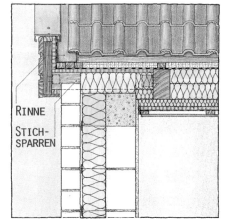

RINNE
STICH-SPARREN

◁ Bild 13/11: Ortgang

Bild 13/13: Fenstersturz-Details ▷
oben: mit U-Schale und Fertigsturz
Mitte: mit Winkelschiene (System Halfen)
unten: mit Rolladen

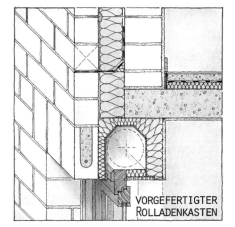

VORGEFERTIGTER ROLLADENKASTEN

13.3 KS + WDVS

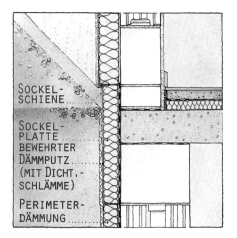

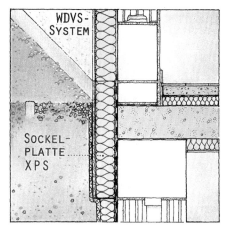

Bild 13/14: Sockelanschluß – Übergang WDVS an
Perimeterdämmung
oben: mit Sockelschiene
unten: ohne Sockelschiene

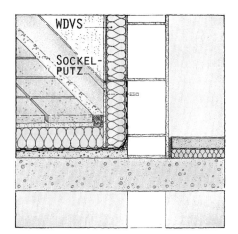

Bild 13/15: Dachterrassenanschluß

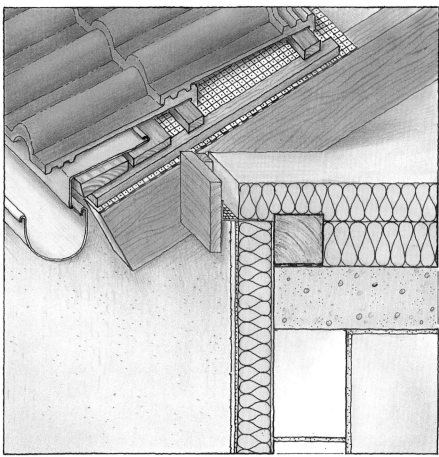

Bild 13/16: Dachanschluß an Außenwand mit WDVS

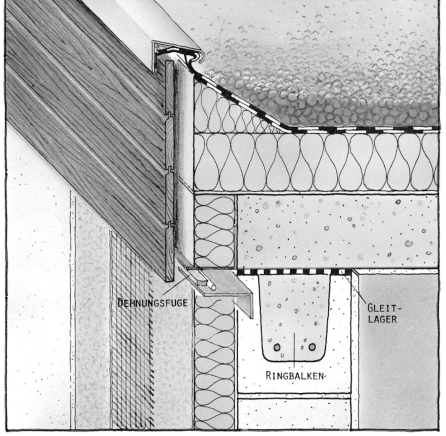

Bild 13/17: Flachdachanschluß

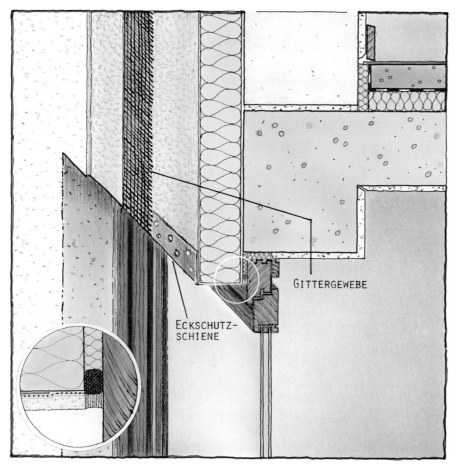

GITTERGEWEBE

ECKSCHUTZ-SCHIENE

Bild 13/18: Fenstersturz

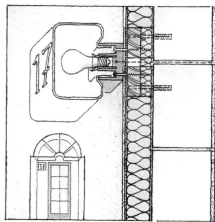

Bild 13/21: Fensteranschluß

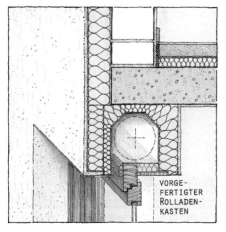

VORGE-FERTIGTER ROLLADEN-KASTEN

Bild 13/19: Fenstersturz-Detail mit Rolladen

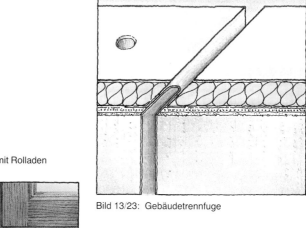

Bild 13/22: Befestigung von Gegenständen

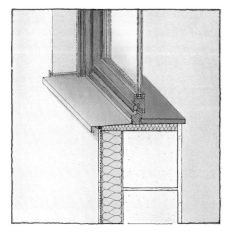

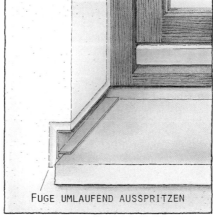

FUGE UMLAUFEND AUSSPRITZEN

Bild 13/23: Gebäudetrennfuge

Bild 13/20: Fensterbankanschluß
links außen: Giebelprofil, Fuge umlaufend ausspritzen
links: seitlicher Anschluß
oben: Schnitt durch die Laibung

13.4 KS-Außenwand mit Vorhangfassade

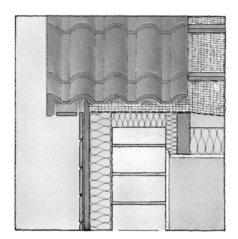
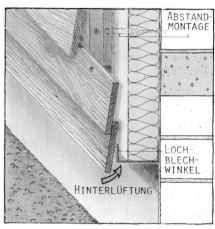

Bild 13/24: Ortgang – Holzbekleidung mit Nut und Feder (ganz rechts)

Bild 13/25: Sockelanschluß mit Stülpschalung (rechts)

Bild 13/26: Eckausbildung
ganz rechts: Holzbekleidung auf Gehrung
rechts: Holzbekleidung mit Eckpfosten

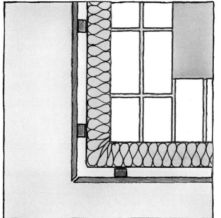
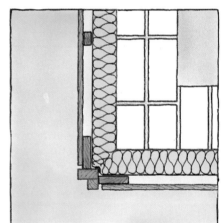

Bild 13/27: Anschluß Fensterbank

Bild 13/28: Seitlicher Fensteranschluß

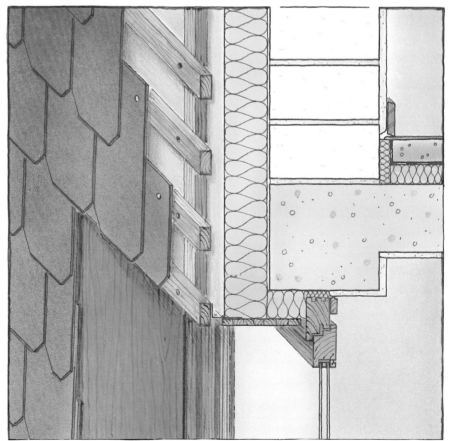

Bild 13/29: Anschluß Fenstersturz

14. Verformung und Rißsicherheit[*)]

Architekt und Tragwerksplaner sind gehalten, auf ausreichende Rißsicherheit von Bauteilen und Bauwerken zu achten. Risse lassen sich in vielen Fällen vermeiden, wenn das unterschiedliche Verformungsverhalten von verschiedenem Mauerwerk und die daraus möglicherweise entstehende Rißgefahr bereits in der Planungsphase beurteilt und berücksichtigt werden. Zur Beurteilung der Rißsicherheit stehen heute geeignete Näherungsverfahren zur Verfügung. Sie lassen sich für bestimmte Fälle ohne besondere Schwierigkeiten anwenden. Gegebenenfalls empfiehlt sich eine spezielle Fachbeurteilung.

14.1 Das Entstehen von Spannungen und Rissen

Formänderungen, die sich ohne Behinderung einstellen können, rufen keine Spannung hervor. Ein homogener, reibungsfrei gelagerter Körper, der einer gleichmäßigen Dehnung unterworfen ist, kann sich völlig spannungsfrei verformen. In der Praxis wird sich ein Bauteil in der Regel nicht behinderungsfrei verformen können, weil es mit Nachbarbauteilen verbunden ist. Verformen sich die beiden miteinander verbundenen Bauteile unterschiedlich, so entstehen Spannungen. Wenn die Verformungen durch äußere Kräfte (Zwang) behindert werden, wird die dadurch verursachte Spannung als äußere bzw. Zwangspannung bezeichnet. Spannungen in einem Bauteil können jedoch auch ohne Einwirkung äußerer Kräfte entstehen, z. B.

*) Dr.-Ing. P. Schubert, Institut für Bauforschung RWTH, Aachen (ibac)

wenn sich das Bauteil unterschiedlich erwärmt oder wenn es ungleichmäßig austrocknet – außen stärker als im Kern. Die dadurch entstehenden Spannungen werden dann als Eigenspannung bezeichnet. Beim Mauerwerk tritt dieser Fall z. B. ein, wenn Steine mit hoher Einbaufeuchte vermauert werden und anschließend austrocknen. Durch die ungleiche Austrocknung über den Querschnitt entstehen Eigenspannungen, und zwar Zugspannungen in den äußeren, stärker austrocknenden Bereichen und Druckspannungen im Kernbereich.

Die Größe der entstehenden Spannung wird im wesentlichen beeinflußt durch die Größe der Formänderungen, den Behinderungs-, Einspannungsgrad bzw. die Steifigkeitsverhältnisse der miteinander verbundenen Bauteile, den Elastizitäts- oder Schubmodul und den Spannungsabbau infolge Relaxation. Relaxation ist der zeitabhängige Spannungsabbau bei konstanter Dehnung. Beispielsweise wird in einem Bauteil eine Ausgangsspannung durch konstante Temperaturdehnung hervorgerufen. Diese Ausgangsspannung verringert sich infolge Relaxation (innerer Spannungsabbau) nach einer gewissen Zeit auf eine wesentlich geringere Endspannung. Kritisch und besonders rißgefährlich sind Zugspannungen oder Scher-, Schubspannungen, weil die Zugfestigkeit und die Schubbeanspruchbarkeit von Mauerwerk vergleichsweise gering sind. Ein wesentlicher Spannungsabbau durch Relaxation ist vor allem bei langsam ablaufenden Formänderungsvorgängen (Schwinden, langzeitige Temperaturänderung, Kriechen) zu erwarten.

Risse entstehen dann, wenn die Spannung die entsprechende Festigkeit überschreitet bzw. die vorhandene Dehnung größer als die Bruchdehnung wird.

14.2 Formänderungen

14.2.1 Allgemeines

Eine Übersicht über die Formänderungen, die bei Mauerwerk auftreten können, gibt Bild 14/1.

Rechenwerte, d. h. im allgemeinen zutreffende Formänderungswerte, sowie Angaben zum Bereich möglicher Kleinst- oder Größtwerte finden sich in einem ständigen Beitrag im Mauerwerk-Kalender [14/1]. Die Formänderungswerte für Schwinden, Quellen und Kriechen sind Endwerte. Auch DIN 1053 Teil 2 enthält Formänderungswerte, allerdings nicht so detailliert und aktualisiert wie der Mauerwerk-Kalender.

14.2.2 Feuchtedehnung

Als Schwinden und Quellen werden Volumen- bzw. Längenänderungen bzw. Dehnungen von Mauerwerk und Mauerwerkbaustoffen infolge Feuchtigkeitsabgabe bzw. -aufnahme bezeichnet. Dabei wird vom erhärteten Zustand (Mauersteine) bzw. einer gewissen Anfangserhärtung (Mauermörtel) ausgegangen. Schwinden und Quellen sind physikalische Vorgänge und teilweise umkehrbar. Das Schwinden von Kalksandstein ist nahezu vollständig reversibel. Das Schwinden ist wesentlich bedeutungsvoller als das Quellen, weil es im allgemeinen mit rißgefährlichen Zugspannungen verbunden ist. Schwinden und Quellen treten bei allen Mauersteinen – bei Mauerziegeln nur im geringen Maße – sowie bei Mauermörteln auf.

Bei Mauerziegeln kann eine Volumenvergrößerung infolge molekularer Wasserverbindung eintreten, die als chemisches Quellen bezeichnet wird. Es hängt vor allem von der Rohstoffzusammensetzung und von den Brennbedingungen ab. Es tritt deshalb nicht bei allen Mauerziegeln auf.

Der zeitliche Verlauf des Schwindens wird beeinflußt durch die Mauerwerkart, den Anfangsfeuchtegehalt der Mauersteine, das Schwindklima (relative Luftfeuchte (RF), Luftbewegung) und die Bauteilgröße. Das Schwinden beschleunigt sich mit abnehmender RF und mit zunehmender Luftbewegung.

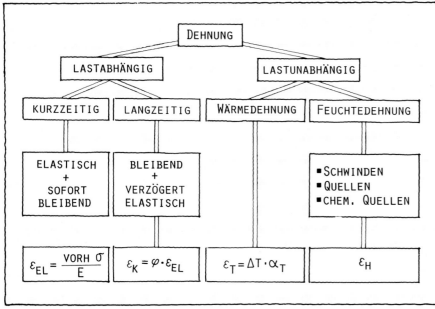

Bild 14/1: Formänderungen von Mauerwerk

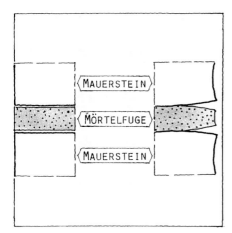

Bild 14/2: Rißbildung durch Randschwinden von Stein und Mörtel

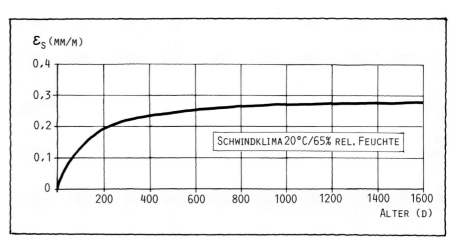

Bild 14/3: Zeitlicher Verlauf von Schwind- und Kriechdehnung bei Mauerwerk, konstantes Lagerungsklima; Beispiel Schwindverlauf

Es verläuft bei Mauerwerk aus Leichtbeton- und Porenbetonsteinen langsamer als bei Kalksandsteinmauerwerk. Durch schnelles oberflächennahes Austrocknen im Stein und im Fugenbereich kann es im Extremfall zu Anrissen zwischen Mauerstein und Fugenmörtel (Aufreißen der Fuge − Bild 14/2) kommen.

Das Schwinden ist bei annähernd konstantem Schwindklima nach etwa 3 Jahren weitgehend beendet (Bild 14/3). Anhaltskurven zum Schwindverlauf sind in [14/2] angegeben.

Die Tafel 14/1 enthält *Endschwindwerte* $\varepsilon_{s\infty}$ für verschiedenes Mauerwerk als Rechenwerte sowie zusätzlich Mittelwerte, Wertebereich und soweit möglich 10- und 90-%-Quantile. Diese bedeuten, daß mit 90%iger Aussagesicherheit nur 10 bzw. 90% aller denkbaren Endschwindwerte unter bzw. über dem Quantil-Wert liegen. Mit den Quantilwerten können somit statistisch abgesicherte Grenzwertbetrachtungen angestellt werden.

Die Endschwindwerte gelten für Mauerwerk mit Normalmörtel, in grober Näherung auch für Mauerwerk mit Leicht- oder Dünnbettmörtel.

Der beim Wertebereich für Mauerziegel angegebene Quelldehnungswert entspricht dem in der Regel möglichen chemischen Quellen.

14.2.3 Wärmedehnung

Maßänderungen durch Wärmeeinwirkung bzw. Temperaturänderung werden als Wärmedehnung bezeichnet. Die Wärmedehnung ε_T ergibt sich aus der jeweiligen Temperaturänderung ΔT in K und dem stoffspezifischen Wärmedehnungskoeffizienten α_T in $10^{-6}/K$:

$$\varepsilon_T = \Delta T \cdot \alpha_T.$$

Tafel 14/1: Feuchtedehnung von Mauerwerk
rechnerische Endwerte in mm/m
Schwinden $\varepsilon_{s\infty}$, Vorzeichen: Minus
chemisches Quellen, Quellen $\varepsilon_{cq\infty}$, $\varepsilon_{q\infty}$, Vorzeichen: Plus

Mauersteine		Rechenwert	Wertebereich	Mittelwert	Quantilen	
Steinsorte	DIN				10%	90%
(Mz), HLz	105	0	−0,2 ...+0,4	−	−	−
KS, KS L	106	−0,2	−0,01...−0,29[1]	−0,16	−	−0,42
			−0,13...−0,42[2]	−0,26	−0,07	−0,46
Hbl V, Vbl	18 151 18 152	−0,4	−0,23...−0,57	−0,41	−0,24	−0,58
(Hbn)	18 153	−0,2	−0,1 ...−0,3	−	−	−
G	4 165	−0,2	+0,2 ...−0,4	−	−	−

[1]) herstellfeuchte Steine
[2]) wasservorgelagerte Steine
( ): wenige Versuchswerte

Der Koeffizient α_T muß versuchsmäßig bestimmt werden und kann näherungsweise im Temperaturbereich von −20°C bis +80°C als konstant angenommen werden.

Rechenwerte und Wertebereiche für den Wärmedehnungskoeffizienten α_T sind in der Tafel 14/2 angegeben. Die zur Berechnung der Wärmedehnung erforderliche Temperaturdifferenz ΔT muß für den jeweiligen Anwendungs- bzw. Betrachtungsfall festgelegt werden. Als Bezugstemperatur wird zumeist die geschätzte Herstelltemperatur des Bauteils bzw. der Bauteile gewählt.

14.2.4 Elastische Dehnung

Die bei kurzzeitiger Lasteinwirkung auftretende Dehnung wird beim Mauerwerk, wie auch bei Beton, mit elastischer Dehnung ε_{el} bezeichnet. Dies trifft bei Mauerwerk nur näherungsweise zu, da die Dehnung bei der ersten Belastung ermittelt wird und somit auch blei-

bende Dehnungsanteile enthält, also etwas größer als die rein elastische Dehnung ist.

14.2.5 Kriechen

Die Formänderung durch langzeitige Lasteinwirkung wird als Kriechen bezeichnet. Im allgemeinen wird unter Kriechen die Formänderung − Verkürzung − in Lastrichtung verstanden. Die

Tafel 14/2: Wärmedehnungskoeffizient α_T

Mauersteine		α_T	
Steinsorte	DIN	Rechenwert	Wertebereich
		$10^{-6}/K$	
Mz, HLz	105	6	5... 7
KS, KS L	106	8	7... 9
Hbl V, Vbl	18 151 18 152	10	8...12
Hbn	18 153	10	8...12
G	4 165	8	7... 9

Kriechzahl φ ist der Verhältniswert von Kriechdehnung $\varepsilon_{k,t}$ zur elastischen Dehnung ε_{el}. Die Kriechzahl ist im Gebrauchsspannungsbereich näherungsweise konstant und damit spannungsunabhängig. Das Kriechen ist überwiegend irreversibel.

Wesentliche Einflüsse auf den *zeitlichen Verlauf* des Kriechens sind die Mauerwerkart, der Anfangsfeuchtegehalt der Mauersteine, der Mörtel- bzw. Steinanteil, das Belastungsalter und ggf. die Höhe der Kriechspannung, wenn diese über der Gebrauchsspannung liegt. Die Einflüsse auf den zeitlichen Verlauf des Kriechens können bislang nicht ausreichend quantifiziert werden. Bei näherungsweise konstanten Klimabedingungen und konstanter Belastung ist das Kriechen nach etwa 3 Jahren weitgehend beendet (Bild 14/3).

Endkriechzahlen φ_∞ von Mauerwerk enthält die Tafel 14/3. In der Tabelle sind analog zur Endschwinddehnung Rechenwerte, Mittelwert, Wertebereich und Quantilwerte angegeben. Die Endkriechzahlen gelten für Mauerwerk mit Normalmörtel. In grober Näherung können sie, vor allem, wenn der Mörtelanteil im Mauerwerk nicht hoch ist, auch für Mauerwerk mit Leicht- und Dünnbettmörtel angenommen werden.

14.3 Verformungsfälle, Rißsicherheit

Aufgrund des derzeitigen Kenntnisstandes über das Verformungsverhalten von Mauerwerk und die aus den behinderten Formänderungen entstehenden Spannungen lassen sich verschiedene Fälle von Bauteilkombinationen hinsichtlich ihrer Rißsicherheit beurteilen. Es muß jedoch besonders darauf hingewiesen werden, daß die verfügbaren und nachfolgend beschriebenen quantitativen Beurteilungsverfahren nur näherungsweise zutreffende Aussagen liefern können. Dies ist schon allein dadurch begründet, daß die bauseitigen Bedingungen nicht bzw. nicht genau bekannt und erfaßbar sind. Das betrifft zum Beispiel die Eigenschaften des Mörtels im Mauerwerk, den Einfluß der Witterungsbedingungen auf Festigkeits- und Formänderungseigenschaften sowie den Einspannungsgrad bzw. die Größe der Formänderungsbehinderung durch die Verbindung mit benachbarten Bauteilen. Die Betrachtung der Rißsicherheit mit den verfügbaren Rechenverfahren führt jedoch zweifelsfrei zu realistischeren und sichereren Er-

Tafel 14/3: Kriechdehnung von Mauerwerk; rechnerische Endwerte der Kriechzahl φ_∞

Mauersteine		Rechenwert	Wertebereich	Mittelwert	Quantilen	
Steinsorte	DIN				10%	90%
(Mz), HLz	105	1,0	0,2...1,6	0,8	0,2	1,3
KS, (KS L)	106	1,5	0,8...2,0	1,2	0,6	1,8
Hbl	18 151	2,0	0,8...2,8	1,9	0,9	2,8
V, Vbl	18 152		1,8...3,2	2,5	–	–
(Hbn)	18 153	1,0	–	–	–	–
G2	4 165	1,5	(2,5...5,5)	(4,0)	–	–
G4, G6			0,3...2,1	1,1	–	–

( ): unsicher, zu wenige Versuchswerte

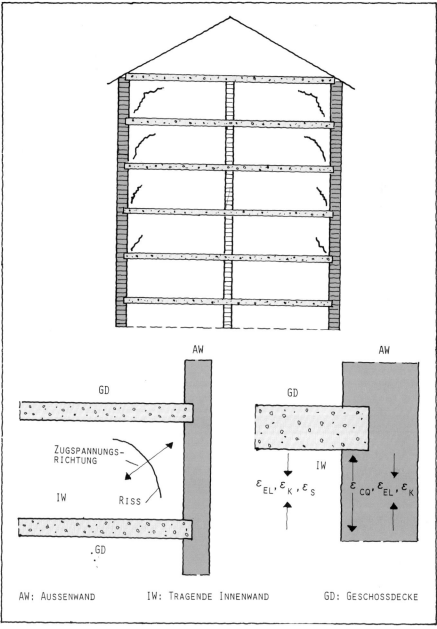

Bild 14/4: Risse durch Formänderungsunterschiede in vertikaler Richtung; Verformungsfall V1: Innenwand verkürzt sich gegenüber Außenwand
Keine Rißgefahr:
a) ohne Berechnung (Anhaltswert): $\Delta\varepsilon_o \le 0,4$ mm/m (aus Schwinden und chemischem Quellen)
b) mit Berechnung: zul. $\Delta\varepsilon \le 0,2$ mm/m

gebnissen als eine rein gefühlsmäßige Betrachtung. Empfehlenswert ist vor Anwendung der Rechenverfahren eine gründliche qualitative Vorabbeurteilung des Gesamtbauwerks hinsichtlich möglicher Problemfälle. Dies bedarf entsprechender Kenntnisse und Erfahrungen. Nach dieser Vorabbeurteilung sollen wahrscheinliche Problemfälle hinsichtlich der Rißsicherheit mit den angegebenen Rechenverfahren beurteilt werden, soweit diese auf den jeweiligen Fall anwendbar sind.

14.3.1 Miteinander verbundene Außen- und Innenwände

Verformungsfall, Rißgefahr

Zwischen miteinander verbundenen Innen- und Außenwänden können Verformungsunterschiede durch unterschiedliche Belastung und/oder unterschiedliche Formänderungseigenschaften des jeweiligen Mauerwerks entstehen. Eine unabhängige und unbehinderte Verformung von Außen- und Innenwand ist im Regelfall, vor allem dann, wenn aussteifende Querwände und die auszusteifende Wand im Verband hergestellt werden, nicht möglich. Die Formänderungsunterschiede zwischen Außen- und Innenwand führen deshalb zu Spannungen, in der Regel zu Zug- bzw. Schubspannungen. Diese entstehen in derjenigen Wand, die sich gegenüber der angebundenen Wand verkürzen will (Bilder 14/4 und 14/5). Die relative Verkürzung kann durch Belastungsunterschiede (Kriechverformungen), vor allem aber durch Schwinden bzw. Quellen/chemisches Quellen verursacht werden. Die Größe der entstehenden Spannungen bzw. die Rißgefahr hängen im wesentlichen ab von der Größe des Verformungsunterschiedes zwischen Innen- und Außenwand und der Art der Verbindung der beiden Wände, d. h. vom Behinderungsgrad sowie den Steifigkeitsverhältnissen.

Grundsätzlich sind zwei verschiedene Verformungsfälle (V) zu unterscheiden:

V1: Die Innenwand verkürzt sich stärker als die Außenwand.

Dies ist der Fall bei stark schwindenden und kriechenden Innenwänden sowie Außenwänden, die wenig schwinden ggf. sogar quellen (Mauerziegel), wenig kriechen und sich infolge Temperaturerhöhung ausdehnen. Wird der Verformungsunterschied zwischen Innen- und Außenwand zu groß, so entstehen Risse in der Innenwand, die von der Außenwand schräg ansteigend nach innen verlaufen (Bild 14/4).

Problematische, rißgefährdete Mauerwerk-Kombinationen *können* sein: Außenwände in Leichtziegelmauerwerk, Innenwände in Kalksandstein- bzw. Leichtbetonsteinmauerwerk (Leichtbetonvollsteine).

V2: Die Außenwand verkürzt sich gegenüber der Innenwand.

Dies ist der Fall, wenn die Innenwand nur wenig schwindet, ggf. sogar quillt (Mauerziegel) und wenig kriecht, die Außenwand dagegen sehr stark schwindet, wenig kriecht (geringe Belastung, kleine Kriechzahl) und sich durch Abkühlung zusätzlich verkürzt (Bild 14/5).

Durch das starke Schwinden bzw. Verkürzen der Außenwand kommt es zu einer Lastumlagerung auf die Innenwand. Die Außenwand „hängt" sich an der Innenwand auf. Wird die Haftzugfestigkeit zwischen Stein und Mörtel in der Lagerfuge bzw. in Einzelfällen auch die Zugfestigkeit der Mauersteine überschritten, so entstehen annähernd horizontal verlaufende Risse. Diese werden im allgemeinen im Anbindungsbereich zur Innenwand relativ fein verteilt, in größerem Abstand davon als wenigere größere Risse auftreten. Die Risse finden sich natürlich vorzugsweise in vorgegebenen Schwachstellen, vor allem im Be-

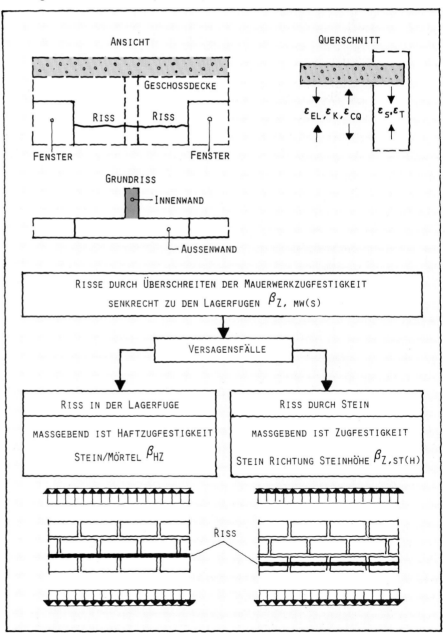

Bild 14/5: Risse durch Formänderungsunterschiede in vertikaler Richtung; Verformungsfall V2: Außenwand verkürzt sich gegenüber Innenwand
Keine Rißgefahr:
a) ohne Berechnung (Anhaltswert): $\Delta\varepsilon_o \leq 0,2$ mm/m (aus Schwinden und chemischem Quellen)
b) mit Berechnung: zul. $\Delta\varepsilon \leq 0,1$ mm/m

reich von Öffnungen. Das Entstehen der Risse kann zusätzlich gefördert werden durch Deckendurchbiegung und andere exzentrische Lasteinwirkungen.

Problematische, rißgefährdete Mauerwerk-Kombinationen *können* sein: Außenwände in Leichtbetonsteinmauerwerk, Innenwände in Ziegelmauerwerk.

Rechnerische Beurteilung

Die rechnerische Beurteilung der Rißsicherheit erfolgte bislang meist nach dem in [14/3] angegebenen Verfahren („$\Delta\varepsilon$-Verfahren"). Das stark vereinfachte Berechnungsverfahren betrachtet die Verformungen der gedanklich voneinander getrennten Innen- und Außenwand.

Der für das oberste, am stärksten rißgefährdete Geschoß ermittelte Verformungsunterschied wird unter Berücksichtigung des Spannungsabbaus durch Relaxation mit einem zulässigen Grenzwert verglichen. Wird dieser eingehalten, so ist mit sehr hoher Wahrscheinlichkeit eine ausreichende Rißsicherheit vorhanden. Wesentlicher Nachteil des Verfahrens ist, daß die Steifigkeitsverhältnisse von Innen- und Außenwand unberücksichtigt bleiben.

In der letzten Zeit wurden unter Anwendung der Finite-Elemente-Methode Rechenverfahren entwickelt, die diesen Nachteil nicht mehr aufweisen [14/4 und 14/5]. In der Handhabung am einfach-

sten und universellsten ist das in [14/4] beschriebene Verfahren. Bei diesem wird die Querwand (Innenwand) über alle Geschosse als isotrope Scheibe betrachtet. Der Einfluß der Stahlbetondecken wird vernachlässigt und es wird lineares elastisches Materialverhalten vorausgesetzt (Zustand I, ungerissenes Mauerwerk).

Erwartungsgemäß ergibt sich auch in [14/4] als für die Rißgefahr wesentliche Formänderung die Feuchtedehnung (Schwinden, chemisches Quellen). Der Einfluß von unterschiedlichen Kriechdehnungen in Innen- und Außenwänden kann nach [14/4] vernachlässigt werden. Temperaturbedingte Verformungen sind vor allem dann zu berücksichtigen, wenn sich die Temperatur in der Außenwand (Innenwand) wesentlich ändern kann (Bezugsort etwa halbe Wanddicke). Dies ist der Fall bei innen gedämmten Außenwänden und monolithischen Außenwänden mit geringer Wärmedämmung. Bedeutungsvoll sind besonders die kurzzeitigen temperaturbedingten Verformungen, weil dann die Relaxation kaum wirksam werden kann.

Es erscheint durchaus akzeptabel, Risse geringer Breite bis zu etwa 0,2 mm zuzulassen. Dann gelten allerdings nicht mehr die Voraussetzungen des Rechenverfahrens: Zustand I und linear elastisches Verhalten. Die sich daraus ergebenden Auswirkungen lassen sich derzeit noch nicht ausreichend genau

quantifizieren. Zu beachten ist auch, daß die Werte für den E-Modul (Tafel 14/4) und φ_∞ sehr stark streuen können (Streubereich etwa ±50%).

Für die *praktische Anwendung* wird folgende Verfahrensweise empfohlen:

■ Verformungsfall V1

Grobe Abschätzung der Rißsicherheit ohne Berechnung

Im allgemeinen ergibt sich keine Rißgefahr, wenn der Unterschied der Verformungen von Innen- und Außenwand $\Delta\varepsilon_0$ aus Schwinden und chemischem Quellen (Werte aus Tafel 14/1) nicht größer als 0,4 mm/m ist und Temperaturunterschiede vernachlässigbar sind.

Rechnerischer Nachweis der Rißsicherheit

Der Nachweis erfolgt durch:

Beurteilung der Rißsicherheit im Stadium Zustand I:

① Ermittlung von $\Delta\varepsilon_0$ für Schwinden und Temperaturdehnung (Tafel 14/1 [14/1])

② Bestimmung des Steifigkeitsverhältniswertes

$k = k_1 \cdot k_2 \cdot k_3$

mit $k_1 = E_I/E_A$ (E-Modul Mauerwerk Innen- und Außenwand),

$k_2 = A_I/A_A = (d_I \cdot l_I)/(d_A \cdot l_A)$, (Wandquerschnittsflächen A_I, A_A bzw. Wanddicken d und Wandlängen l),

$k_3 = (1 + 0,8 \cdot \varphi_{\infty,A})/(1 + 0,8 \cdot \varphi_{\infty,I})$ (Einfluß der Relaxation, Endkriechzahlen $\varphi_{\infty,A}$, $\varphi_{\infty,I}$ von Außen- und Innenwand).

Die k_1- und k_3-Werte wurden für verschiedene Kombinationen von KS-Mauerwerk mit anderem Mauerwerk unter Bezug auf eigene Auswertungen [14/1] ermittelt. Sie sind in den Tafeln 14/4 und 14/5 zusammengestellt.

③ Ermittlung des Abminderungsbeiwertes α (Tafel 14/6)

④ Errechnung des maßgebenden Wertes vorh $\Delta\varepsilon$
(bei der Feuchtedehnung − Schwin-

Tafel 14/4: Verhältniswerte $k_1 = E_I/E_A$

Innenwand		Außenwand									
KS, KS L, KS-PE		HLz − LM 36			GP − DB				LB (Vbl, Hbl) − LM 36			
$\beta_{N,st}$	Mörtel	6	8	12	2	4	6	8	2	4	6	8
12	IIa	1,2	1,1	1,0	2,8	1,8	1,2	1,0	1,7	1,1	1,0	0,9
	III	1,3	1,2	1,1	3,2	2,0	1,4	1,1	1,9	1,2	1,1	1,0
	DB	1,5	1,3	1,2	3,6	2,2	1,6	1,2	2,1	1,4	1,2	1,1
20	IIa	1,5	1,4	1,2	3,7	2,3	1,6	1,3	2,2	1,4	1,3	1,1
	III	1,9	1,7	1,5	4,6	2,9	2,0	1,6	2,7	1,8	1,6	1,4
	IIIa	2,3	2,1	1,9	5,8	3,6	2,5	2,0	3,4	2,2	2,0	1,7
	DB	2,3	2,1	1,9	5,6	3,5	2,4	1,9	3,3	2,2	1,9	1,7
28	IIa	1,8	1,7	1,5	4,5	2,8	1,9	1,5	2,6	1,7	1,5	1,4
	III	2,3	2,1	1,9	5,8	3,6	2,5	2,0	3,4	2,2	2,0	1,7
	IIIa	2,8	2,5	2,3	6,8	4,2	2,9	2,3	4,0	2,6	2,3	2,0
	DB	2,7	2,4	2,2	6,5	4,0	2,8	2,2	3,9	2,5	2,2	2,0

Tafel 14/5: Verhältniswert $k_3 = (1 + 0,8 \cdot \varphi_{\infty,A}) / (1 + 0,8 \cdot \varphi_{\infty,I})$

Kennwerte	Innenwand KS-Mauerwerk	Außenwand		
		HLz − LM 36	GP − DB	LB (Vbl, Hbl) − LM 36
φ_∞ (Rechenwert)	1,5	1,0	1,5	2,0
φ_∞ (Wertebereich)	0,8...2,0	0,2...1,6	0,3...5,5	0,8...3,2
k_3 (Bezug Rechenwerte φ_∞)	−	0,8	1,0	1,2

Tafel 14/6: Abminderungsfaktor α in Abhängigkeit vom Steifigkeitsverhältniswert k

α	k
0,45	4,0
0,50	3,0
0,55	2,0
0,70	1,0
0,80	0,5

Zwischenwerte dürfen geradlinig interpoliert werden.

den, chemisches Quellen – wird Relaxation berücksichtigt:
$1/(1 + 0.8 \cdot \varphi_{\infty,I})$

⑤ Vergleich: vorh $\Delta\varepsilon$ mit
zul $\Delta\varepsilon = 0.2$ mm/m

Rechenbeispiel

– *Innenwand*
KS 12, MG IIa, $l_I = 4.0$ m, $d_I = 0.115$ m

– *Außenwand*
HLz 6, LM 36, $l_A = 1.0$ m (Pfeiler), $d_A = 0.365$ m

① $\Delta\varepsilon_0$
– Feuchtedehnung:
Innenwand $\varepsilon_{s\infty} = -0.2$ mm/m
Außenwand $\varepsilon_{cq} = +0.2$ mm/m
(chemisches Quellen)

$\rightarrow \Delta\varepsilon_{0,f} = 0.4$ mm/m

– Wärmedehnung:
Innenwand $\Delta T = 0$
Außenwand $\Delta T = +10$ K

$\rightarrow \Delta\varepsilon_{0,T} = 10 \cdot 6 \cdot 10^{-3} = 0.06$ mm/m

② Steifigkeitsverhältniswert k

$k_1 = E_I/E_A = 1.2$ (Tafel 14/4)

$k_2 = \dfrac{d_I \cdot l_I}{d_A \cdot l_A} = \dfrac{0.115 \cdot 4.0}{0.365 \cdot 1.0} = 1.26$

$k_3 = \dfrac{1 + 0.8 \cdot \varphi_{\infty,A}}{1 + 0.8 \cdot \varphi_{\infty,I}} = 0.8$ (Tafel 14/5, letzte Zeile)

$k = 1.2 \cdot 1.26 \cdot 0.8 = 1.21$

③ Abminderungsbeiwert
$\alpha = 0.67$ (aus Tafel 14/6, für k = 1.21 interpoliert)

④ Berechnung des vorhandenen maßgebenden Dehnungsunterschiedes vorh $\Delta\varepsilon$

– vorhandener Dehnungsunterschied aus Schwinden und chemischem Quellen vorh $\Delta\varepsilon_s$; wegen der langsam ablaufenden Formänderungen wird Relaxation berücksichtigt

vorh $\Delta\varepsilon_s =$
$(\Delta\varepsilon_{0,f} \cdot \alpha) / (1 + 0.8 \cdot \varphi_{\infty,I}) =$
$(0.4 \cdot 0.67) / (1 + 0.8 \cdot 1.5)$
mit $\varphi_{\infty,I}$ aus Tafel 14/5
vorh $\Delta\varepsilon_s = 0.12$ mm/m

– vorhandener Dehnungsunterschied aus Temperaturänderung vorh $\Delta\varepsilon_T$; da auch schnelle Temperaturänderungen möglich sind, wird keine Relaxation berücksichtigt
vorh $\Delta\varepsilon_T = \Delta\varepsilon_T \cdot \alpha = 0.06 \cdot 0.67 = 0.04$ mm/m

– der gesamte vorhandene Dehnungsunterschied vorh $\Delta\varepsilon_{ges}$ ergibt sich damit zu
$\Delta\varepsilon_{ges} = 0.12 + 0.04 = 0.16$ mm/m

⑤ Vergleich vorhandener Dehnungsunterschied vorh $\Delta\varepsilon_{ges}$ mit zulässigem Dehnungsunterschied zul $\Delta\varepsilon$
vorh $\Delta\varepsilon_{ges} = 0.16$ mm/m $<$ zul $\Delta\varepsilon = 0.2$ mm/m.

Danach ist nicht mit Rissen zu rechnen.

■ Verformungsfall V2

Grobe Abschätzung der Rißsicherheit ohne Berechnung

Im allgemeinen ergibt sich danach keine Rißgefahr, wenn $\Delta\varepsilon_0$ aus Schwinden und chemischem Quellen nicht größer als 0,2 mm/m ist und Temperaturunterschiede vernachlässigbar gering sind.

Rechnerischer Nachweis der Rißsicherheit

Analoges Vorgehen wie im Verformungsfall V1; bei Schritt ④ ist $\varphi_{\infty,A}$ einzusetzen und bei Schritt ⑤ ist zul $\Delta\varepsilon = 0.1$ mm/m zu wählen.

Maßnahmen zur Erhöhung der Rißsicherheit

□ Wahl von Mauerwerk-Kombinationen mit ausreichend geringem Formänderungsunterschied $\Delta\varepsilon_0$.

□ Es sollten gleiche Setzungen des Baugrundes unter dem Baukörper angestrebt werden. Dies kann erreicht werden, indem die Funda-

> **Stumpfstoßtechnik erhöht die Rißsicherheit. Es kann davon ausgegangen werden, daß Verformungsunterschiede $\Delta\varepsilon_0$ zwischen Innen- und Außenwand bis zu 0,4 mm/m ohne schädliche Risse im Mauerwerk aufgenommen werden können.**
>
> **Der Verformungsunterschied aus Schwinden, chemischem Quellen und Temperatur wird aus den Tafelwerten näherungsweise bestimmt.**

mentflächen unter dem Gesichtspunkt des Setzungsverhaltens und nicht für eine konstante Bodenpressung festgelegt werden; ggf. ist ein Baugrundsachverständiger einzuschalten.

□ Um das Kriechen gering zu halten, kann man in besonderen Fällen für das Innenmauerwerk auch Steine mit höheren Festigkeiten verwenden als für die Aufnahme der Druckspannungen erforderlich. Bei Kalksandsteinen der Festigkeitsklasse 20 ist infolge des höheren E-Moduls die Kriechverformung geringer als bei Kalksandsteinen der Festigkeitsklasse 12.

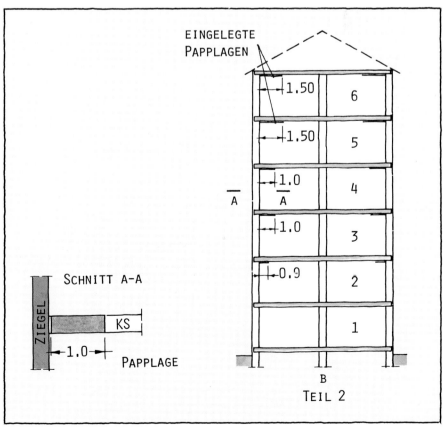

Bild 14/6: Stumpfstoßtechnik; eingelegte Trennschichten in der Innenwand

☐ Rißbreiten beschränkende, rißverteilende Bewehrung im obersten Geschoß im außenwandnahen Bereich der Innenwand [14/6].

☐ Stumpfstoßtechnik; durch die in vertikaler Richtung relativ weiche Verankerung wird eine unbehindertere Verformung von Innen- und Außenwand erreicht. Dies kann durch Papplagen zwischen Unterseite Geschoßdecke und Innenwand noch weiter begünstigt werden (Bild 14/6). Allerdings wird durch solche Maßnahmen auch der Einfluß des Steifigkeitsverhältnisses verringert, das zuvor beschriebene Rechenverfahren läßt sich deshalb nicht ohne weiteres anwenden. Eine quantitativ zutreffende und versuchsmäßig abgesicherte Bewertung dieser unterschiedlichen Einflüsse in ihrer Auswirkung auf die Rißsicherheit ist derzeit noch nicht möglich.

Die Stumpfstoßtechnik ist aber zweifellos empfehlenswert, um die Rißgefahr zu verringern. Näherungsweise kann davon ausgegangen werden, daß Verformungsunterschiede $\Delta\varepsilon_0$ zwischen Innen- und Außenwand (aus Schwinden, chemischem Quellen und Wärmedehnung) bis zu 0,4 mm/m ohne schädliche Risse im Mauerwerk aufgenommen werden können.

14.3.2 Zweischalige Außenwände mit Verblendschale

Verformungsfall, Rißgefahr

Bei zweischaligen Außenwänden mit Luftschicht ohne und mit Wärmedämmung sowie mit Kerndämmung treten in der Regel sehr unterschiedliche Verformungen der beiden Schalen auf.

Die Innenschale verformt sich im wesentlichen durch Kriechen und Schwinden; nennenswerte temperaturbedingte Verformungen sind wegen der weitgehend konstanten Raumtemperatur nicht zu erwarten. Die Außenschale (Verblendschale) ist unmittelbar den klimatischen Einflüssen, das heißt Temperatur- und Feuchteänderungen, ausgesetzt.

Die Verblendschale sollte sich deshalb weitgehend unbehindert von der Innenschale bewegen können. Die aus Standsicherheitsgründen notwendige Verankerung zwischen den beiden Schalen ist in Richtung Wandhöhe und -länge so weich, daß sie nicht zu wesentlichen Verformungsbehinderungen führt.

Die Verformungen der Verblendschale werden jedoch durch die notwendige Auflagerung und ggf. auch durch das seitliche Anbinden an Nachbarbauteile (weiterführende Verblendschalen oder z. B. Stützen) behindert. Durch diese Verformungsbehinderungen entstehen Zugspannungen (Bild 14/7) in der Verblendschale, die ab einer bestimmten Wandlänge bzw. einem gewissen Verhältniswert Wandlänge/Wandhöhe im mittleren Bereich der Wandlänge nahezu horizontal verlaufen. Die Höhe dieser Zugspannungen hängt ab von der Größe der Formänderungen (Schwinden, Wärmedehnung), dem Zug-E-Modul und der Zugfestigkeit des Mauerwerks parallel zu den Lagerfugen, dem Behinderungsgrad (im Auflagerbereich, im Bereich der Wandränder) sowie dem Spannungsabbau durch Relaxation.

Durch ein einfaches Berechnungsverfahren, das theoretisch und versuchsmäßig ausreichend begründet ist, können die rißfreie Wandlänge bzw. der Dehnungsfugenabstand von Verblendschalen mit guter Genauigkeit berechnet werden. Die Rechenergebnisse stimmen mit den Praxiserfahrungen zufriedenstellend überein.

Unabhängig davon ist jedoch unbedingt dafür zu sorgen, daß sich die Verblendschalen auch in vertikaler Richtung zwängungsfrei verformen können. Dazu sind entsprechende horizontale Dehnungsfugen anzuordnen, die bei mehrgeschossigen Bauten unterhalb der notwendigen Abfangkonstruktion für die Verblendschale vorzusehen sind (Bild 14/8).

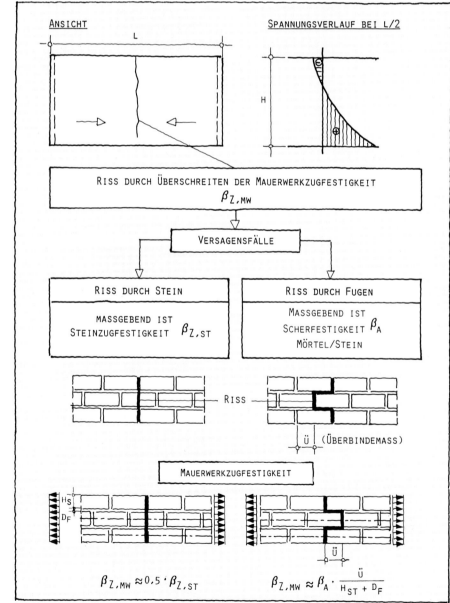

Bild 14/7: Verformungsfall H, Wand unten aufgelagert

Das dargestellte Berechnungsverfahren für die Rißsicherheit bzw. für die rißfreie Wandlänge kann auch für leichte Trennwände und Ausfachungen angewendet werden.

Rechnerische Beurteilung

Die rißfreie Wandlänge l_r bzw. der Dehnungsfugenabstand können wie folgt errechnet werden [14/7]:

$$l_r \leq \ln\left(1 - \frac{\beta_{Z,mw}}{E_{Z,mw} \cdot ges\,\varepsilon \cdot R}\right) \frac{h_{mw}}{0,23}$$

mit $\beta_{Z,mw}$: Mauerwerkzugfestigkeit Richtung Wandlänge,

$E_{Z,mw}$: Zug-Elastizitätsmodul Richtung Wandlänge,

$ges\,\varepsilon$: gesamte Verformungen (Dehnungen) infolge Schwinden ε_s und Temperaturänderung ε_T,

Tafel 14/7: Gerundete Verhältniswerte $\beta_{Z,mw}/E_{Z,mw}$ für Mauerwerk aus Normalmauermörtel nach [14/7]

Mauerstein	$\beta_{Z,mw}/E_{Z,mw}$
Kalksandsteine	1/23000
Mauerziegel	'1/14000
Leichtbetonsteine	1/15000
Porenbetonsteine	1/22000

R: Behinderungsgrad (am Wandfuß; vollständige Behinderung bei $R = 1,0$),

h_{mw}: Wandhöhe.

Die Gleichung gilt bis zu einem Verhältniswert $l_r/h_{mw} \leq 5$. Über diesem Verhältniswert wirkt sich eine zunehmende Wandlänge unter sonst gleichen Bedingungen nicht mehr spannungserhöhend aus.

Geht man, wie in [14/7], von einer Zugspannung max $\sigma_z \approx 0,7 \cdot$ max σ_z (β_Z) aus – was für die Beurteilung der Gebrauchsfähigkeit zulässig erscheint – so ergibt sich der Verhältniswert $\beta_{Z,mw}/E_{Z,mw}$ für Kalksandsteinmauerwerk in sehr grober Näherung zu rd. 1/23000 (Tafel 14/7). Wird dieser in die Gleichung eingesetzt, so erhält man:

$$l_r \leq \ln\left(1 - \frac{1}{23000 \cdot ges\,\varepsilon \cdot R}\right) \frac{h_{mw}}{0,23} \quad \text{bzw.} \quad (1)$$

$$l_r \leq \ln(1 - \alpha) \frac{h_{mw}}{0,23}$$

Ist α in der Gleichung ≥ 1, so ist in der betrachteten Wand nicht mit Rissen zu rechnen. Bei α-Werten < 1 ergibt sich die rißfreie Wandlänge aus der Gleichung. Wie ersichtlich, nimmt die rißfreie Wandlänge zu, wenn die Gesamtdehnung infolge Schwinden und Temperaturabnahme sowie der Behinderungsgrad kleiner werden und sich die Wandhöhe vergrößert.

Bei üblicher Wandlagerung der Verblendschale im Fußpunktbereich auf einer Papplage kann der Behinderungsgrad R in etwa zu 0,6 angenommen werden. Er läßt sich verringern durch Anordnung von Zwischenschichten mit geringer Gleitreibung (z. B. 2 Papplagen mit geringem Reibungsbeiwert auf ebener Auflagerfläche).

Die rißfreie Wandlänge bzw. der Dehnungsfugenabstand können auch unter Bezug auf Gleichung (1) in Form eines Diagrammes dargestellt werden (Bild 14/9). Aus dem Diagramm läßt sich in einfacher Weise mit der vorhandenen Gesamtdehnung und dem angenommenen Behinderungsgrad die rißfreie Wandlänge für eine Standardwand-

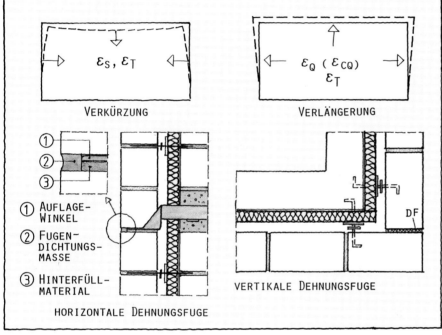

Bild 14/8: Mauerwerk; Formänderungen in horizontaler Richtung

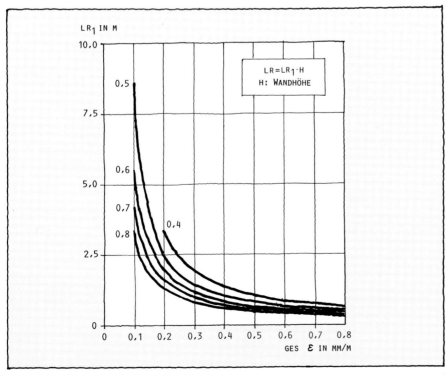

Bild 14/9: Rißfreie Wandlänge für eine 1 m hohe Wand l_{r1} in Abhängigkeit von der Gesamtdehnung $ges\,\varepsilon$ und dem Behinderungsgrad R

133

höhe von 1 m entnehmen. Diese muß dann mit der tatsächlichen Wandhöhe multipliziert werden, um die rißfreie Wandlänge zu erhalten.

Im allgemeinen wird ein Dehnungsfugenabstand bei Verblendschalen aus KS-Mauerwerk von 6 bis 8 m empfohlen [14/8], wobei der untere Wert für Mauerwerk mit größeren Temperaturunterschieden angesetzt werden sollte.

Maßnahmen zur Erhöhung der Rißsicherheit

Möglichkeiten zur Erhöhung der Rißsicherheit bzw. zur Vergrößerung des Dehnungsfugenabstandes sind:

☐ Möglichst geringe Schwinddehnung der Mauersteine nach dem Einbau. Das Schwinden der Steine nach dem Vermauern kann z. B. auch dadurch verringert werden, daß der Feuchtegehalt der Steine beim Herstellen des Mauerwerks möglichst niedrig ist. Die Steine sollen deshalb auch während der Lagerung gegen Feuchteaufnahme (Niederschlag) geschützt werden.

Stark wasseraufsaugende Mauersteine sind ggf. vor dem Vermauern vorzunässen. Das Vornässen soll nur kurzzeitig und oberflächig unmittelbar vor dem Vermörteln erfolgen.

☐ Vollfugiges, hohlraumfreies Vermörteln, dadurch werden der Haftverbund zwischen Stein und Mörtel und die Haftscherfestigkeit verbessert. Um dies zu erreichen, soll der Mörtel gut verarbeitbar sein („sämig", kein zu schnelles Ansteifen) und auch wenig schwinden. Gleichzeitig soll eine möglichst hohe Verformbarkeit im Fugenbereich angestrebt werden. Dies läßt sich am ehesten durch Verwendung von Mörteln der Grup-

pen II und IIa nach DIN 1053 Teil 1 gewährleisten. Mörtel der Gruppen III und IIIa lassen sich in der Regel schlechter verarbeiten und ergeben auf Grund ihrer hohen Festigkeiten einen steifen und spröden Mauermörtel in der Fuge (Fugenmörtel). Sie sind deshalb nach DIN 1053 Teil 1 als Fugenmörtel für Verblendmauerwerk nicht zulässig. Als Verfugmörtel zum nachträglichen Verfugen dürfen sie verwendet werden.

☐ Große Überbindelängen: von Bedeutung für die Zugbeanspruchbarkeit und damit auch für die Rißsicherheit der Verblendschale ist der Mauerwerksverband. Eine halbsteinige Überbindung ist stets zu empfehlen, weil sie die größtmögliche scherkraftübertragende Fläche zwischen Stein und Lagerfugenmörtel ergibt. Kürzere Überbindungslängen sind meist rißempfindlicher.

☐ Geringe Verformungsbehinderung am Wandfuß, ausreichende Verformungsmöglichkeiten am Wandkopf und den seitlichen Bauteilrändern; die Verformungsbehinderung am Wandfuß kann durch Anordnung von Trennschichten mit geringem Reibungsbeiwert verringert werden.

☐ Herstellen der Verblendschalen bei günstiger Außentemperatur: soweit möglich, sollen die Verblendschalen bei niedriger Außentemperatur hergestellt werden. Dadurch werden die jahreszeitlich bedingte Abkühlung unter die Herstelltemperatur und damit die zugspannungserzeugenden Temperaturverformungen klein gehalten. Gleichzeitig verringert sich im allgemeinen auch die Gefahr einer zu schnellen und zu starken Austrocknung. Durch diese kann ein zu hohes Anfangsschwinden im äußeren Mörtel-Stein-Bereich hervorgerufen werden, was den Haftverbund zwischen Mörtel und Stein und damit auch die Zugbeanspruchbarkeit des Mauerwerks beeinträchtigt.

☐ Schutz vor ungünstigen Witterungseinflüssen: nach dem Herstellen sollen die Verblendschalen zumindest bis zum Alter von 1 Woche vor Regen (Schlagregen), zu schnellem und zu starkem Austrocknen ausreichend geschützt werden. Dies kann zum Beispiel durch Abdecken mit Folien erfolgen. Frühzeitiges starkes Durchfeuchten der Mauerwerkswände vergrößert das spätere Schwinden bei Austrocknung.

☐ Bewehrung der Lagerfugen: durch eine in den Lagerfugen angeordnete

konstruktive Bewehrung (zum Beispiel Bewehrungselemente) können schädliche, größere Risse vermieden und dadurch längere Wände ohne Dehnungsfugen ausgeführt werden (Bild 14/10). Die Bewehrung wirkt rißverteilend bzw. rißbreitenbeschränkend.

Die ohne Dehnungsfugen ausführbare Wandlänge hängt im wesentlichen von der Zugfestigkeit und Geometrie der Mauerwerkswand sowie von Anordnung und Gehalt der Bewehrung ab. Untersuchungen dazu laufen zur Zeit.

☐ Anordnung von Bewehrung in den Lagerfugen in besonders rißgefährdeten Bereichen, zum Beispiel Brüstungsbereiche (Bild 14/11).

☐ Großer Verhältniswert Wandhöhe zu Wandlänge: soweit möglich, sollten lange Wände mit geringer Wandhöhe vermieden werden, weil in diesem Falle die größten Zugspannungen auftreten.

☐ Anordnung von Dehnungsfugen: die notwendigen Abstände für Dehnungsfugen ergeben sich aus der Berechnung der rißfreien Wandlänge bzw. den empfohlenen Wandlän-

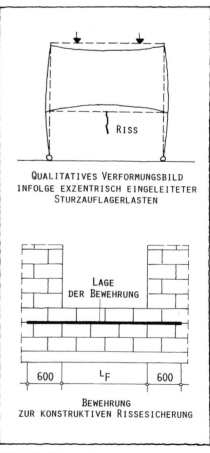

QUALITATIVES VERFORMUNGSBILD INFOLGE EXZENTRISCH EINGELEITETER STURZAUFLAGERLASTEN

BEWEHRUNG ZUR KONSTRUKTIVEN RISSESICHERUNG

Bild 14/11: Brüstungsbereiche; Verformungen, Rißvermeidung (aus [14/10])

Bild 14/10: Lagerfugenbewehrung zur konstruktiven Rissesicherung

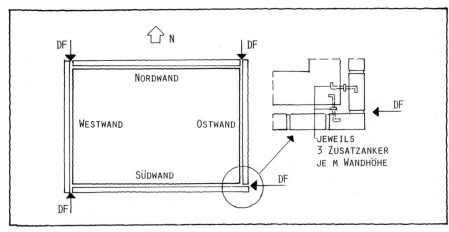

Bild 14/12: Dehnungsfugen (DF) an Gebäudeecken

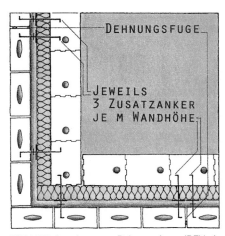

Bild 14/13: Anordnung von Dehnungsfugen (DF) beiderseits der Außenwandecke

gen. Dehnungsfugen sollten gegebenenfalls auch in besonders rißgefährdeten Bereichen, zum Beispiel im Bereich von Öffnungen angeordnet werden.

Durch den Einbau von geschoßhohen Fenster- und Türelementen, die konsequent durch senkrechte Anschlußfugen von der Außenschale getrennt sind, lassen sich konstruktive Mehrarbeiten vermeiden.

Die vertikalen Dehnungsfugen sollten in der Regel an den Gebäudeecken angebracht werden (Bild 14/12). Ist dies aus ästhetischen Gründen unerwünscht (Eckverband als wesentliches Stilelement im Mauerwerksbau), so können auch statt einer Dehnungsfuge in der Außenecke zwei Dehnungsfugen im Abstand von jeweils etwa maximal 2 m von der Ecke angeordnet werden (Bild 14/13). Natürlich sind dann nach DIN 1053 Teil 1, Abschnitt 8.4.3.1 e, zusätzliche Anker an beiden Rändern der Dehnungsfugen anzuordnen. Durch diese Anordnung der Dehnungsfugen entfällt möglicherweise eine sonst erforderliche Dehnungsfuge im dazwischenliegenden Wandbereich.

14.3.3 Leichte Trennwände

Verformungsfall, Rißgefahr

Die Durchbiegung von Geschoßdecken kann in leichten Trennwänden Schub- und Zugspannungen hervorrufen. Dabei kann die Durchbiegung der oberen Decke zu einer zusätzlichen Belastung der Trennwand führen, wenn deren oberer Wandrand nicht ausreichend von der Decke getrennt ist. Bedingt durch die Zugspannungen können horizontale Risse zwischen Wand und Decke im unteren Auflagerbereich (Abrei-

ßen der Wand von der Decke) sowie vertikale und schräg verlaufende Risse in der Mauerwerkswand auftreten (Bild 14/14).

Rechnerische Beurteilung

Die rechnerische Abschätzung der Biegezugbeanspruchung der Mauerwerkswand ohne und mit zusätzlicher Auflast aus der oberen Decke ist möglich [14/6]. Da in der Regel die Beanspruchbarkeit des Mauerwerks für diesen Fall nicht bzw. nicht ausreichend bekannt ist, läßt sich die Rißsicherheit quantitativ meist nicht beurteilen.

Maßnahmen zur Erhöhung der Rißsicherheit

Folgende rißsicherheitserhöhende Maßnahmen werden empfohlen:

☐ Spätes Errichten der leichten Trennwand, damit ein möglichst hoher Anteil der Deckendurchbiegung bereits aufgetreten ist und somit nicht rißerzeugend wirkt.

☐ Trennung der Mauerwerkswand im Auflagerbereich von der unteren Geschoßdecke durch Anordnung von geeigneten Trennschichten, zum Beispiel Folie: dadurch wird erreicht,

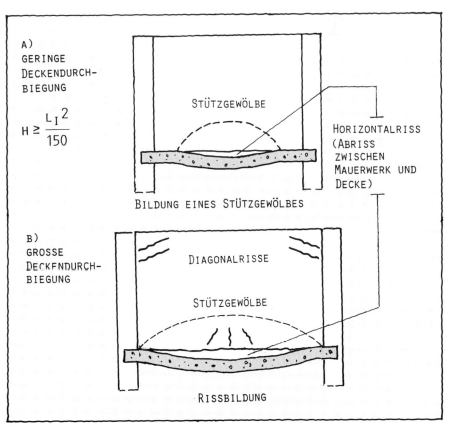

Bild 14/14: Risse in Trennwänden infolge Durchbiegung der Geschoßdecke

daß der horizontale Abriß zwischen Wand und Decke an einer unsichtbaren Stelle fixiert wird.

☐ Ausreichende Verformungsmöglichkeit der Wand im oberen Wandbereich: dazu sind zwischen oberer Geschoßdecke und oberem Wandrand ausreichend verformungsfähige Zwischenschichten in genügender Dicke anzuordnen. Vor allem bei Wandlängen über etwa 5 m.

☐ Bewehrung der Lagerfugen: durch eine sinnvoll über die Wandhöhe gestaffelte Bewehrung – im unteren, zugbeanspruchten Wandbereich geringerer vertikaler Abstand der Bewehrung – läßt sich eine ausreichende Rißverteilung mit genügend kleinen Rißbreiten erreichen [14/6].

14.3.4 Gebäudetrennfugen

Sie sollen eine Bewegungs- (Dehnungs-) Möglichkeit von Bauwerkteilen, die sich durch Schwinden und Tempe-raturänderung verformen, in horizontaler Richtung gewährleisten. Die Fugenabstände sind im Bauwerk so zu wählen, daß in den einzelnen Bauteilen keine Schäden durch Zwängungsspannungen entstehen können.

Die Gebäudetrennfugen sind konsequent durch Baukörper und Wandbekleidungen bis zur Oberkante des Fundamentes zu führen.

Für KS-Bauwerke werden nach Praxiserfahrung der KS-Industrie nachfolgende maximale Fugenabstände empfohlen:

– Außenmauerwerk ohne
  zusätzliche Dämmung   25 bis 30 m

– Außenmauerwerk
  mit $\geq$ 6 cm zusätzlicher
  Außendämmung   50 bis 55 m

– Außenmauerwerk
  mit 6 cm zusätzlicher
  Innendämmung   15 bis 20 m

– Brüstungen, Attikagesimse und umlaufende Balkonplatten aus Stahlbeton   4 bis 6 m

14.3.5 Verformungen der Dachdecke

Unterschiedliche Verformungen zwischen den tragenden Wänden und der Dachdecke rufen Zwängungen hervor, die oft zu Rissen in den Wänden, selten aber zu Schäden in der Decke selbst führen. Diese Verformungsunterschiede entstehen durch unterschiedliche Temperaturen und unterschiedliches Schwinden von Dachdecke und der darunterliegenden Decke sowie zwischen Dachdecke und Mauerwerkswänden. Nach DIN 18 530 (3/87) und [14/9] kann rechnerisch abgeschätzt werden, in welchen Fällen (Dachabmessungen, Baustoffeigenschaften, Formänderun-gen) Rißgefahr besteht. Ist mit Rissen zu rechnen, so sind Dehnungsfugen anzuordnen, oder die Dachdecke ist möglichst reibungsfrei auf den Wänden zu lagern, damit nur geringe Schubkräfte auf diese übertragen werden. Eine solche Funktion kann eine Gleitfuge übernehmen, bei der zwei Bauteile durch eine Gleitschicht voneinander getrennt sind, die gegenseitige Verschiebung ohne große Reibung ermöglicht.

Bei Flachdachkonstruktionen mit Gleitfugen kann die Stahlbetondecke nicht die Funktion der oberen Wandhalterung übernehmen, weil zwischen der Decke und den Wänden durch die Anordnung einer Gleitschicht (Bild 14/15) bewußt auf eine Schubübertragung verzichtet wird. Aus diesem Grunde sind die oberen Wandenden unterhalb der Gleitfuge durch Ringbalken zu halten. Ringbalken können auch als bewehrtes Mauerwerk bemessen werden. Dafür ist DIN 1053 Teil 3 zu beachten.

Diese Wandkopfhalterungen nehmen die noch verbleibenden Reibungskräfte aus der Dachdecke und die Wandlasten, die auf die Außenwände des Gebäudes wirken, auf. Sie sind statisch nachzuweisen.

Im Fall einer starren Verbindung zwischen Wänden und Dachdecke (Kalt- oder Warmdach) können unterschiedliche Temperatur- und Feuchtedehnungen der Baustoffe rißgefährliche Spannungen in der Wand hervorrufen.

Zur Beurteilung, ob Wände Verformungen ohne Schaden aufnehmen können, sind vor allem die Bewegungen der Dachdecke in Richtung der Wandebene von Bedeutung. Bewegungen senkrecht zur Wandebene führen in den Wänden selten zu Schäden, weil Mauerwerkswände in vertikaler Richtung nur eine geringe Biegesteifigkeit besitzen.

Nach DIN 18 530 darf die Dachdecke auf Mauerwerk bei mehrgeschossigen Gebäuden mit einer maßgeblichen Verschiebelänge $l \leq 6$ m ohne Nachweis unverschieblich gelagert werden (Bild 14/16).

Bei mehrgeschossigen Gebäuden mit $l > 6$ m und bei eingeschossigen Gebäuden muß, falls keine verschiebliche Lagerung vorgesehen ist, ein Nachweis der Unschädlichkeit der Verformung geführt werden.

Bei dieser Untersuchung sind die zu erwartenden unbehinderten Verformungen mit den ohne Schaden aufnehmbaren Verformungen zu vergleichen. Maßgebend sind die Dehnungsdifferenz δ_ε

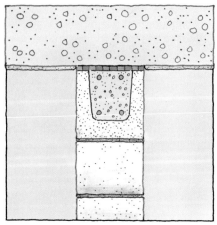
Bild 14/15: Ausbildung einer Gleitschicht

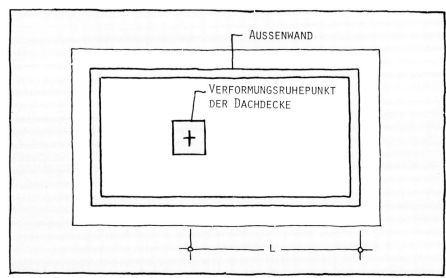
AUSSENWAND

VERFORMUNGSRUHEPUNKT DER DACHDECKE

L

Bild 14/16: Maßgebliche Verschiebelänge

zwischen Wand und Decke in mm/m und der Verschiebewinkel γ der Wand im Bogenmaß, der am Wandende durch unterschiedliche Längenänderung der Dachdecke und der darunterliegenden Geschoßdecke hervorgerufen wird (Bild 14/17). DIN 18 530 begrenzt die zulässigen Werte für δ_ε und γ. Bei fester Auflagerung der Dachdecke dürfen folgende Werte nicht überschritten werden:

Dehnungsdifferenz δ_ε:
$-$ 0,4 mm/m Verkürzung bzw.
$+$ 0,2 mm/m Verlängerung
Verschiebewinkel $\gamma = \Delta l/h$:

$$-\frac{1}{2500} \text{ bis } +\frac{1}{2500}$$

Die Thematik wird ausführlich mit Rechenbeispielen in [14/9] behandelt.

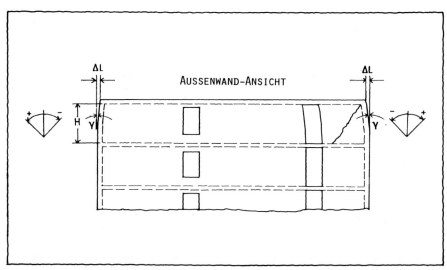

Bild 14/17: Verformung bei unterschiedlicher Temperatur von Dachdecke und Unterkonstruktion (Ansicht Außenwand)

137

15. KS-Sichtmauerwerk

KS-Sichtmauerwerk mit glatter oder strukturierter Oberfläche bietet eine Fülle von gestalterischen Möglichkeiten, speziell auch in Kombination mit anderen Baustoffen, z. B. mit Holz und Beton. Es paßt als farbneutrale Fassade in jede Landschaft und läßt sich harmonisch in vorhandene Straßenfronten einfügen. Zahlreiche Bauten beweisen, daß diese Außenwand in der Architektur ihren Platz gefunden hat.

Wie bei KS-Außenwänden, so ergeben sich auch für Innenwände aus Sichtmauerwerk interessante Effekte, z. B. im Wohnungsbau, im Öffentlichen Bau, im Industriebau usw. Kalksandsteine dienen auch hier als gelungenes Gestaltungsmittel: Das feine Fugennetz des Sichtmauerwerks gliedert die Wandflächen maßstäblich und unaufdringlich. KS-Sichtmauerwerk kann unbehandelt bleiben, farblos imprägniert oder deckend gestrichen werden.

Planung und Ausschreibung

KS-Sicht- und KS-Verblendmauerwerk wird nach DIN 1053 Teil 1 „Rezeptmauerwerk" ausgeführt und nach DIN 18330 (VOB Teil C:) „Maurerarbeiten" ausgeschrieben und abgerechnet. Im Gegensatz zur konstruktiven Ausführung von Mauerwerk, die in Normen und Richtlinien eindeutig beschrieben ist, gibt es für die gestalterische Beurteilung von Mauerwerk-Sichtflächen keine verbindlichen Regeln. Festgelegt sind lediglich die Soll-Fugendicken (Stoßfugen 1 cm, Lagerfugen 1,2 cm) und das Überbindemaß im Mauerwerk (0,4 h $\leq$ ü $\geq$ 4,5 cm) sowie die zulässigen Maßabweichungen der Steine.

Die Anforderungen, die an KS-Sicht- und KS-Verblendmauerwerk gestellt werden sind eindeutig zu definieren, damit die ausgeschriebene Leistung praxisgerecht kalkuliert und nach Fertigstellung objektiv beurteilt werden kann. Der einfache Hinweis im Leistungsverzeichnis auf Sichtmauerwerk oder auf eine nachträgliche Verfugung genügt nicht. Für die Kalkulation und die spätere Bewertung ist entscheidend, ob es sich z. B. um ein einseitiges Verblendmauerwerk der Fassade oder ein doppelseitiges Sichtmauerwerk im Wohnraum oder im Büro handelt, dessen Sichtflächen farblos oder aber deckend gestrichen werden. Beim deckenden Anstrich sind Verschmutzungen der Sichtflächen oder Unregelmäßigkeiten des Fugenglattstriches weniger augenfällig. Steine und Mörtel, die für KS-Sichtmauerwerk verwendet werden, unterliegen durch wechselnde Eigenschaften der natürlichen Rohstoffe (Natursande) geringfügigen Farbton- und Oberflächenstruktur-Schwankungen. Diese Einflüsse und der Einfluß der individuellen handwerklichen Ausführung haben aber keine Auswirkungen auf die Festigkeit und die Beständigkeit des KS-Sichtmauerwerkes. Handwerksgerechtes Mauerwerk kann und soll nicht exakt wie ein Präzisionselement aus der stationären Industrie ausgeführt sein, es ist keinesfalls vergleichbar mit einer Fliesenbekleidung. Das Steinmaterial wird z.T. über weite Strecken zur Baustelle transportiert, dort abgeladen und handwerklich verarbeitet. Minimalschäden an Sichtflächen und Kanten der Steine beeinträchtigen die einwandfreie technische Verwendbarkeit der Steine und die ästhetische Wirkung der Fassade im allgemeinen nicht. Während beim einzelnen Stein eine unsaubere Kante eventuell ins Gewicht fallen kann, ist dies bei einem verfugten Mauerwerk nicht mehr augenfällig, da nicht der einzelne Stein, sondern die Fläche im Ganzen wirkt. Hierbei spielen der Betrachtungsabstand, die Größe der Fläche und die ästhetische Gesamt-

Bild 15/1: Beispiele für KS-Sichtmauerwerk

wirkung eine Rolle. Auch ist zu unterscheiden, ob großflächiges Außenmauerwerk von der Straße betrachtet wird oder ob es sich um kleinere Wandflächen im Raum mit geringem Betrachtungsabstand handelt. Gegebenenfalls ist auf der Baustelle eine Musterwand zur Beurteilung des Steinmaterials, des Verbands, der Fugenausbildung etc. zu vereinbaren.

Kalksandsteine als Hintermauersteine, gleich welcher Festigkeitsklasse, sind nicht geeignet für witterungsbeanspruchtes Sicht- und Verblendmauerwerk, auch nicht mit farbloser Imprägnierung oder mit farbig deckender Beschichtung (Anstrich).

Für witterungsbeanspruchtes unverputztes Mauerwerk sind KS-Verblender zu verwenden. KS-Verblender – KS Vb und KS Vb L – werden aus besonders ausgewählten und aufbereiteten natürlichen Rohstoffen hergestellt, sie entsprechen mindestens der Druckfestigkeitsklasse 20 und müssen bei der Frostprüfung einem 50fachen Frost-Tau-Wechsel widerstehen. Sie sollen *eine* kantensaubere Kopf- und eine kantensaubere Läuferseite haben.

Für die Außenschale von zweischaligem KS-Verblendmauerwerk mit Kerndämmung oder Dämmung mit Luftschicht sind KS-Verblender als Vollsteine (KS Vb) zu vermauern.

Verblender sind für eine Baustelle nur von einem Werk zu beziehen, wobei geringe Farbunterschiede auch bei einem Lieferwerk, bedingt durch die Natursande, nicht auszuschließen sind. Die Lieferungen sollten möglichst so disponiert werden, daß die Mengen für einen Bau- bzw. Wandabschnitt ausreichen. Bei erhöhten Anforderungen – z. B. bei beidseitigem Sichtmauerwerk (Ein-Stein-Mauerwerk) – ist eine größere Anzahl von Verblendern an der Baustelle aus-

Hinweise zu KS-Sicht- und KS-Verblendmauerwerk

Für witterungsbeanspruchtes, unverputztes Mauerwerk sind KS-Verblender KS Vb zu verwenden.

Um rohstoffbedingte Farbunterschiede weitgehend auszuschließen, sind KS Vb für eine Baustelle von jeweils nur einem Werk zu beziehen.

KS-Verblender sollen *eine* kantensaubere Kopf- und *eine* kantensaubere Läuferseite haben. Bei erhöhten Anforderungen, z. B. bei beidseitigem Sichtmauerwerk (Ein-Stein-Sichtmauerwerk) ist, falls erforderlich, eine größere Anzahl von Verblendern an der Baustelle auszusortieren. Allseitig „scharfkantige" Steine sind technisch nicht herstellbar.

Die Verwendung beschädigter KS Vb beeinträchtigt die ästhetische Wirkung des Mauerwerks. Beschädigte KS Vb (z. B. Kanten- oder Eckabplatzungen sowie Risse) sind auszusortieren oder sind so zu verarbeiten, daß die beschädigten Stellen von außen nicht sichtbar sind.

Für Innensichtmauerwerk sind ebenfalls KS-Verblender vorzusehen, wenn erhöhte Anforderungen an das Aussehen gestellt werden.

Sichtflächen sind im wahrsten Sinne des Wortes Ansichtssache. Deshalb sind die Anforderungen an das Erscheinungsbild vom Planer eindeutig zu definieren, damit der Ausführende entsprechend kalkulieren und ausführen kann. Gegebenenfalls sind Musterwände oder -flächen zu vereinbaren.

Sichtmauerwerk ist kein Industrieprodukt. Sein Reiz liegt gerade in der handwerksgerechten Verarbeitung. Nicht die Beschaffenheit der einzelnen Steine entscheidet, sondern die ästhetische Gesamtwirkung der Fläche.

Wird Mauerwerk aus Hintermauersteinen, z. B. aus KS-R-Blocksteinen mit Fugenglattstrich ausgeschrieben, kann im allgemeinen davon ausgegangen werden, daß kein Sichtmauerwerk mit erhöhten Anforderungen im klassischen Sinn, sondern sichtbar belassenes Mauerwerk gemeint ist, das entsprechend preisgünstiger sein kann. Ein typisches Beispiel hierfür ist z. B. Kellermauerwerk mit Fugenglattstrich.

Durch sorgfältige Detailausbildungen lassen sich vermeidbare Fassadenverschmutzungen verhindern. Durch Überstände mit Tropfkanten sollte sichergestellt werden, daß das Regenwasser den abgelagerten Schmutz von horizontalen oder zur Fassade geneigten Flächen, wie z. B. Attiken, Fensterbänke oder Fugen, nicht abspült und damit die Fassade verschmutzt.

Bild 15/2: Beispiele für KS-Sichtmauerwerk

zusortieren, weil allseitig „scharfkantige" Steine technisch nicht herstellbar sind.

Einem neuen Trend in der Architektur der Mauerwerksfassaden entsprechend sind regional großformatige Verblender mit 25 cm Schichthöhe lieferbar, die bereits in Wohn-, Verwaltungs- und Industriebauten z. B. in der Außenschale von zweischaligen KS-Außenwänden verwendet werden. Diese Steine haben die Formate 4 DF bis 6 DF mit 11,5 cm Wanddicke.

Die Verblender unterliegen einer ständigen Überwachung. Sie werden gegebenenfalls folienverpackt auf Paletten oder mit Folienhauben bandagiert angeliefert. Diese Lieferart gewährleistet eine schonende Behandlung beim Be- und Entladen und schützt die Steinpakete vor Verschmutzung.

Der Transport zur Baustelle erfolgt mit Kranfahrzeugen. Entladestellen sind so vorzubereiten, daß die angelieferten Steine auf einem befestigten, flächeneben Untergrund abgesetzt werden können. Für den schonenden Weitertransport auf der Baustelle sind zugelassene Krangreifer zu empfehlen.

Sollten an den Steinen Mängel festgestellt werden, sind diese bei der Anlieferung, spätestens aber vor Verarbeitung des Steinmaterials, dem Lieferanten anzuzeigen. Keinesfalls sollten Steine verarbeitet und dann erst später reklamiert werden.

Innensichtmauerwerk

Für anspruchsvolles KS-Innensichtmauerwerk, wie z. B. in Wohnräumen und Schulen, sollten ebenfalls nur KS-Verblender vermauert werden.

Für sichtbar bleibendes Mauerwerk – auch deckend gestrichen – ohne Frostbeanspruchung in untergeordneten

Räumen, z. B. Lagerhallen, Werkstattgebäuden etc., bietet sich die Verwendung normaler Kalksandsteine (Hintermauersteine) nach DIN 106 Teil 1 an. Evtl. Kantenabplatzungen und Beschädigungen können bei diesem Mauerwerk in Kauf genommen werden, da es preiswerter ist und in den angesprochenen Bereichen toleriert werden kann.

Dies trifft auch für Kellermauerwerk zu, das besonders wirtschaftlich mit kostensparenden KS-Großformaten und Fugenglattstrich ausgeführt wird. Durch die maßgenauen, hellen Steinflächen ist ein Verputzen des Kellermauerwerks nicht notwendig, dieser Aufwand wird eingespart.

15.1 Mörtel und Verfugung

Die Steine entziehen dem frischen Mörtel einen Teil des Anmachwassers. Für KS-Sichtmauerwerk müssen die geeigneten Mörtel frei von Salzen, Lehmanteilen und anderen organischen Verunreinigungen sein, damit ungewollte Verfärbungen und Ausblühungen nicht auftreten.

Bei *nachträglicher Verfugung*[1]) ist die Fuge mindestens 1,5 cm tief flankensauber auszukratzen und der Fugenmörtel anschließend handwerksgerecht einzubringen. Die Fugen sollten mit Vorderkante Mauerwerk bündig abschließen.

Arbeitsgang: Säubern und gründlich vornässen, den erdfeuchten bis plastischen Fugenmörtel kräftig eindrücken,

---

[1]) Nach einem Gutachten von Prof. Kirtschig (Universität Hannover) vom 17.5.1991 ist diese Arbeitsweise auch bei 9 cm dicken Verblendschalen zulässig. Dabei ist eine gute handwerkliche Ausführung beim Erstellen der Verblendschalen Voraussetzung.

Lager- und Stoßfugen gut miteinander verbinden, nachher vor Regen und Hitze schützen.

Der *Fugenglattstrich* bietet die Möglichkeit, mit geringem Arbeitsaufwand hochwertiges Sicht- und Verblendmauerwerk herzustellen. Die Fugen sind in ihrer ganzen Tiefe „aus einem Guß". Voraussetzung dafür ist jedoch, daß der Mauermörtel eine gute Verarbeitbarkeit und ein ausgewogenes Wasserrückhaltevermögen besitzt. Beim unvermeidbaren Hervorquellen aus den Fugen läuft dieser Mörtel nicht an den Steinen herab und verschmutzt sie deshalb nicht. Werksgemischte Vormauermörtel für KS erfüllen bei gleichzeitig guter Kornzusammensetzung des Sandes diese Forderungen.

Arbeitsgang: Zum geeigneten Zeitpunkt werden die angesteiften Fugen mit einem Holzspan oder einem Schlauchstück (evtl. über ein Fugeisen gezogen) bündig glattgestrichen.

15.2 Elektroinstallation bei KS-Sichtmauerwerk

Die Ausführung der Elektroinstallation erfordert bei Innensichtmauerwerk eine gewisse Vorplanung, um möglichst günstige Leitungsführungen zu erreichen. Sie läßt sich dann jedoch ohne Schwierigkeiten durchführen. Bei der Verlegung sind die VDE-Bestimmungen – z. B. VDE 0100 – zu beachten.

Vorzugsweise sollte bei Innensichtmauerwerk die Elektroinstallation mit Kunststoffmantelleitungen NYM erfolgen. Vor dem Verlegen der Leitungen sollten die Rohbauarbeiten abgeschlossen sein, so daß sich die Handwerker – Maurer, Elektriker – nicht gegenseitig behindern.

Bild 15/3: Arbeitsgänge – Fugenglattstrich

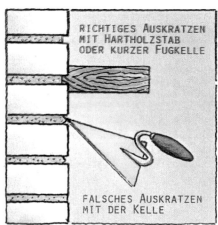

Bild 15/4: Auskratzen der Fuge – (Vorbereitung für die nachträgliche Verfugung)

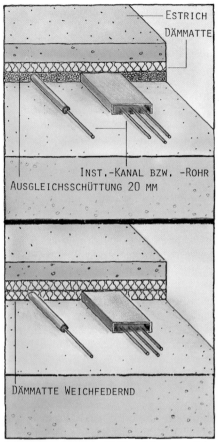

Bild 15/5: Verlegen der Elektrozuleitungen auf der Betondecke

Bild 15/7: KS-Sichtmauerwerk – Lichtschalter und Steckdosen auf Wandbrett, darunter die Elektroinstallation

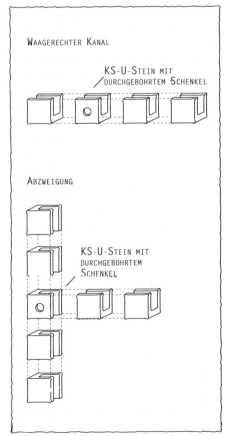

Bild 15/6: Verlegen von Elektroleitungen in KS-Sichtmauerwerk mit vorgesehener Leitungsführung

Bild 15/8: Elektroinstallation in KS-Sichtmauerwerk mit verdeckter Kabelführung

Bild 15/9: Sichtmauerwerk aus großformatigen KS-Blocksteinen ohne Stoßfugenvermörtelung, deckend gestrichen

Bild 15/10: Großformatige KS-Steine für Industrie-Sichtmauerwerk in einer Produktionshalle

Die Zuleitungen vom Zählerkasten bzw. vom Stromkreisverteiler werden auf der Rohbetondecke verlegt. Dabei werden die Leitungen durch Installationsrohre – z. B. Kunststoffpanzerrohr – oder etwa 2 cm hohe Kanäle aus Kunststoffen oder Blech zweckmäßigerweise vor Beschädigungen geschützt. Die Kanäle und Installationsrohre werden durch geschüttete oder weich federnde Dämmungen überdeckt.

Die NYM-Leitungen werden z. B. in Türlaibungen bis auf Höhe der Steckdosen oder Schalter hochgeführt und durch eine Horizontalbohrung zu den Schalterdosen geführt. Die Leitungen sind im Endzustand später durch Türfutter und Bekleidungen abgedeckt.

Zuleitungen zu Schaltern oder Steckdosen, die sich nicht im Bereich einer Türöffnung befinden, erfolgen durch Einlegen der Leitungen in die Mörtelfugen im Verlauf des Mauerverbandes. Die Fugen bleiben hierfür etwa 25 mm tief ausgekratzt und werden nach dem Verlegen der Leitungen mit Fugenmörtel geschlossen.

Bewährt haben sich außerdem bei Büro-, Verwaltungs- und Industriebauten u. a. Stahl-Türzargen mit Kabelkanal und Auslässen für Schalter und Steckdosen sowie auch sichtbare Leitungsführungen mit oder ohne Kunststoffkanäle.

Bild 15/11: Die umlaufend abgefasten Kanten der großformatigen KS-Design sind so gestaltet, daß nach dem Vermauern ein ästhetisches Fugenbild erscheint.

Bild 15/12: Beispielhafter Industriebau

Bild 15/13: Rustikales Innensichtmauerwerk

Bild 15/14: Deckend gestrichenes Innensichtmauerwerk aus kleinformatigen KS-Steinen

Bild 15/15: Optimal ausgeführtes Innensichtmauerwerk aus kleinformatigen KS-Steinen

Bild 15/16: Verwaltungsgebäude der Firma top consult köln GmbH in Köln-Marsdorf; Architekten: V. Sebestyen; W. Kallweit; Köln

Eine weitere Möglichkeit ist das Einmauern von Installationsrohren (leicht oder mittelschwer) in mindestens 24 cm dicke Wände und das anschließende Einziehen der NYM-Leitungen.

Ähnlich wird bei Wänden verfahren, die einseitig verfliest sind. Die Elt-Leitungen werden auf der später verfliesten Seite – bei geklebten Fliesen im Verlauf der Fugen – verlegt und zu Steckdosen, Schaltern u.ä. durch die Wand geführt.

Bei Lampenanschlüssen an Sichtbetondecken werden die Elt-Leitungen auf der Rohdecke verlegt und entweder durch ein einbetoniertes Installationsrohr oder durch ein Bohrloch – von unten gebohrt – durch die Decke zum Lampenanschluß geführt.

Grundsätzlich sind für Elt-Installationen bei Sichtmauerwerk nur Schalter-Klemmdosen zu verwenden. Diese sind tiefer als übliche Klemmdosen und ermöglichen das Verklemmen der Leitungen. Das Ausbohren bzw. Ausfräsen für die Schalter- und Steckdosen erfolgt durch übliche Dosensenker, es können aber auch spezielle KS-Installationssteine verwendet werden.

Bild 15/17: KS-Verblender mit bruchrauher Oberfläche (KS-STRUKTUR)

Bild 15/18: KS-STRUKTUR

Wenn die Anlieferung von KS-Verblendern, KS-Flachstürzen sowie KS-U-Schalen aus verschiedenen Werken erfolgt, sind rohstoffbedingte Farbunterschiede nicht immer zu vermeiden.

Bild 15/19: Überdeckung von Öffnungen mit KS-Flachsturz bzw. Abfangkonstruktion

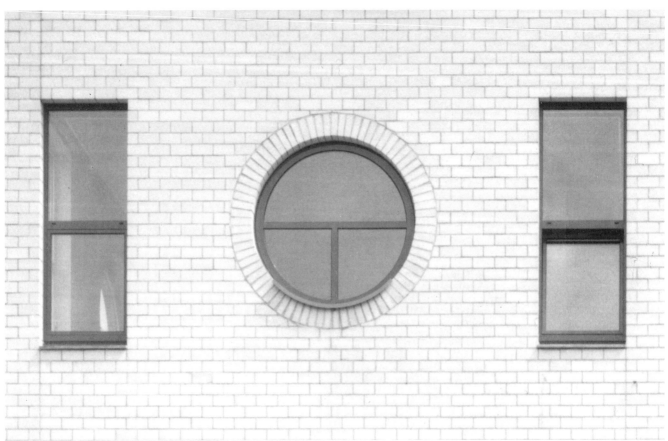

Bild 15/20: Beispiel für die Anordnung einer Dehnungsfuge (Abfangkonstruktion)

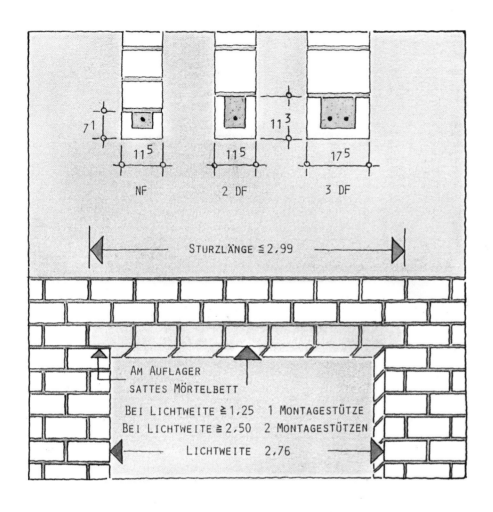

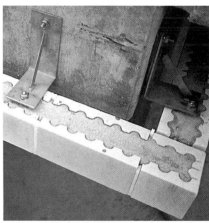

Bild 15/21: Flachsturzeinbauvarianten im KS-Sicht-mauerwerk

147

15.3 KS-Flachstürze

KS-Stürze werden vorzugsweise für Verblendmauerwerk gefertigt. Sie werden für das schnelle und preiswerte Überdecken von Tür- und Fensteröffnungen sowie Heizkörpernischen verwendet.

Bei KS-Flachstürzen sind die Dehnungsfugen in der Verblendschale außerhalb der Laibungskanten anzuordnen.

Der KS-Flachsturz hat drei sichtbare Flächen mit vorgefertigten Fugen (Stoßfugendicke 10 mm nach DIN 1053). Er fügt sich homogen in das Sichtmauerwerk aller Formate ein und ist als Sturz nicht mehr erkennbar. Durch die vorgefertigte offene Fuge wird eine einheitliche Verfugung mit dem Mauerwerk gewährleistet.

KS-Flachstürze sollen am Auflager mindestens 11,5 cm tief in einem Mörtelbett in den Mauerwerksverband einbinden und mit ihrer Schale nach unten liegen. Die KS-Aufmauerung erfolgt in Mörtelgruppe II oder II a.

Beim Einbau ist die Oberseite des Sturzes vor dem Aufmauern der Druckzone zu reinigen und anzunässen. Die Montageunterstützung muß bleiben, bis die übermauerten Schichten eine ausreichende Festigkeit erreicht haben. Allgemein genügen sieben Tage. Alle Lasten aus Fertigteildecken oder Schalungen für Ortbetondecken müssen bis dahin gesondert abgefangen werden. Gelegentlich ist es notwendig, mehr als 2,76 m große Öffnungen zu überdecken. Hierzu sind spezielle Abfangkonstruktionen entwickelt worden.

Der statische Nachweis für die Tragfähigkeit des Sturzes ist in jedem Einzelfall zu erbringen. Der Ausführung liegen die „Richtlinien für die Bemessung und Ausführung von Flachstürzen" (August 1977) zugrunde. Geprüfte Bemessungstafeln stehen in den Tafeln 15/1 bis 15/3 zur Verfügung.

Eine direkte Belastung des KS-Sturzes durch Einzellasten ist unzulässig.

Tafel 15/1: Bemessungstafel für zulässige Streckenlasten (g + p) [kN/m] bezogen auf KS-Flachstürze für das Format NF mit einer Auflagerlänge von 11,5 cm[1][2])

Lichte Weite [m]	D = 19,6 cm g = 0,46 kN/m	D = 32,1 cm g = 0,72 kN/m	D = 44,6 cm g = 0,98 kN/m	D = 57,1 cm g = 1,24 kN/m	D ≥ 69,6 cm g ≥ 1,50 kN/m	Lichte Weite [m]
0,760	8,00	27,28	32,60	32,60	32.60	0,760
0,885	6,27	18,97	27,99	27,99	27,99	0,885
1,010	5,13	14,37	24,53	24,53	24,53	1,010
1,135	4,33	11,48	21,83	21,83	21,83	1,135
1,260	3,75	9,52	19,66	19,66	19,66	1,260
1,385	3,30	8,10	16,23	17,89	17,89	1,385
1,510	2,94	7,03	13,63	16,41	16,41	1,510
1,635	2,66	6,24	11,77	15,20	15,20	1,635
1,760	2,43	5,60	10,34	14,16	14,16	1,760
1,885	2,24	5,08	9,21	13,26	13,26	1,885
2,010	2,08	4,64	8,29	12,47	12,47	2,010
2,135	1,93	4,27	7,53	11,76	11,76	2,135
2,260	1,81	3,95	6,89	10,95	11,13	2,260
2,385	1,70	3,68	6,35	9,97	10,57	2,385
2,510	1,60	3,44	5,88	9,14	10,06	2,510
2,635	1,51	3,23	5,48	8,44	9,59	2,635
2,760	1,43	3,04	5,12	7,83	9,17	2,760
2,885	1,32	2,87	4,81	7,29	8,78	2,885

[1]) Je nach Ausführung der Flachstürze können typenabhängige Abweichungen auftreten.
Es liegen regional weitere Bemessungstafeln für Auflagerlängen von 17,5 und 24,0 cm vor. Auflagerpressungen sind in jedem Einzelfall nachzuweisen.
Es liegen regional weitere Bemessungstafeln für Druckzonen aus Beton oder Mauerwerk und Beton vor.
[2]) g ≙ Rohdichte des Mauerwerks 18 kN/m³; des Betons 25 kN/m³. Putz wurde nicht berücksichtigt.

Tafel 15/2: Bemessungstafel für zulässige Streckenlasten (g + p) [kN/m] bezogen auf KS-Flachstürze für das Format 2 DF mit einer Auflagerlänge von 11,5 cm[1][2])

Lichte Weite [m]	D = 23,8 cm g = 0,58 kN/m	D = 36,3 cm g = 0,84 kN/m	D = 48,8 cm g = 1,10 kN/m	D = 61,3 cm g = 1,36 kN/m	D ≥ 73,8 cm g ≥ 1,62 kN/m	Lichte Weite [m]
0,760	9,97	32,60	32,60	32,60	32.60	0,760
0,885	7,69	22,38	27,99	27,99	27,99	0,885
1,010	6,23	16,66	24,53	24,53	24,53	1,010
1,135	5,22	13,16	21,83	21,83	21,83	1,135
1,260	4,49	10,82	19,66	19,66	19,66	1,260
1,385	3,93	9,15	17,89	17,89	17,89	1,385
1,510	3,49	7,91	15,06	16,41	16,41	1,510
1,635	3,15	6,98	12,94	15,20	15,20	1,635
1,760	2,87	6,25	11,33	14,16	14,16	1,760
1,885	2,64	5,65	10,06	13,26	13,26	1,885
2,010	2,44	5,15	9,03	12,47	12,47	2,010
2,135	2,26	4,73	8,18	11,76	11,76	2,135
2,260	2,11	4,37	7,47	11,13	11,13	2,260
2,385	1,98	4,06	6,87	10,57	10,57	2,385
2,510	1,87	3,79	6,36	9,78	10,06	2,510
2,635	1,76	3,56	5,91	9,01	9,59	2,635
2,760	1,67	3,35	5,52	8,34	9,17	2,760
2,885	1,59	3,16	5,18	7,77	8,78	2,885

[1]) Je nach Ausführung der Flachstürze können typenabhängige Abweichungen auftreten.
Es liegen regional weitere Bemessungstafeln für Auflagerlängen von 17,5 und 24,0 cm vor. Auflagerpressungen sind in jedem Einzelfall nachzuweisen.
Es liegen regional weitere Bemessungstafeln für Druckzonen aus Beton oder Mauerwerk und Beton vor.
[2]) g ≙ Rohdichte des Mauerwerks 18 kN/m³; des Betons 25 kN/m³. Putz wurde nicht berücksichtigt.

Tafel 15/3: Bemessungstafel für zulässige Streckenlasten (g + p) [kN/m] bezogen auf KS-Flachstürze für das Format 3 DF mit einer Auflagerlänge von 11,5 cm[1][2])

Format 3 DF	Druckzone aus Mauerwerk, Auflagerlänge 11,5 cm					
Lichte Weite [m]	D = 23,8 cm g = 0,89 kN/m	D = 36,3 cm g = 1,28 kN/m	D = 48,8 cm g = 1,68 kN/m	D = 61,3 cm g = 2,07 kN/m	D ≥ 73,8 cm g ≥ 2,46 kN/m	Lichte Weite [m]
0,760	15,97	52,88	65,19	65,19	65,19	0,760
0,885	12,28	35,42	55,99	55,99	55,99	0,885
1,010	9,29	26,28	49,06	49,06	49,06	1,010
1,135	8,30	20,69	43,65	43,65	43,65	1,135
1,260	7,12	16,98	35,02	39,32	39,32	1,260
1,385	6,22	14,34	28,20	35,77	35,77	1,385
1,510	5,52	12,37	23,47	32,81	32,81	1,510
1,635	4,98	10,92	20,15	30,39	30,39	1,635
1,760	4,54	9,76	17,62	28,33	28,33	1,760
1,885	4,16	8,82	15,63	26,52	26,52	1,885
2,010	3,85	8,04	14,02	22,68	24,93	2,010
2,135	3,57	7,38	12,70	20,21	23,52	2,135
2,260	3,34	6,82	11,59	18,19	22,27	2,260
2,385	3,13	6,33	10,66	16,52	21,13	2,385
2,510	2,94	5,91	9,85	15,12	20,11	2,510
2,635	2,78	5,54	9,16	13,92	19,19	2,635
2,760	2,63	5,21	8,55	12,89	18,34	2,760
2,885	2,50	4,92	8,02	12,00	17,13	2,885

[1]) Je nach Ausführung der Flachstürze können typenabhängige Abweichungen auftreten.
Es liegen regional weitere Bemessungstafeln für Auflagerlängen von 17,5 und 24,0 cm vor. Auflagerpressungen sind in jedem Einzelfall nachzuweisen.
Es liegen regional weitere Bemessungstafeln für Druckzonen aus Beton oder Mauerwerk und Beton vor.
[2]) g ≙ Rohdichte des Mauerwerks 18 kN/m³; des Betons 25 kN/m³. Putz wurde nicht berücksichtigt.

Als vorhandene Belastung ist nur das Gewicht des durch ein Dreieck mit den Winkeln von 60° umschlossenen Mauerwerks anzusetzen, wenn sich im Mauerwerk Gewölbewirkung einstellen kann.

KS-Flachstürze mit einer Mindestbreite von 11,5 cm und einer Mindesthöhe von 11,3 cm sind auch ohne Putz der Feuerwiderstandsklasse F 90-A zuzuordnen.

Regional werden KS-Flachstürze auch aus KS-Hintermauersteinen nach DIN 106 Teil 1 hergestellt.

15.4 KS-U-Schalen

KS-U-Schalen werden für Ringbalken, Stürze, Stützen und Schlitze im Mauerwerk verwendet. Sie sind maßgenau, flächeneben und weitgehend unempfindlich gegen Bruch wie übliche KS-Steinformate. In der Qualität entsprechen sie im allgemeinen KS-Verblendern nach DIN 106 Teil 2. Sie werden folienverpackt auf Einwegpaletten geliefert.

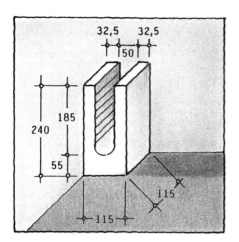
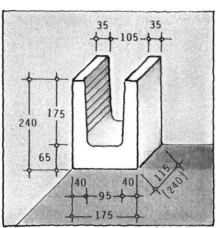
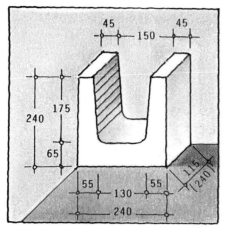
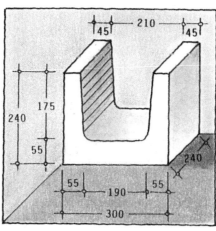

Bild 15/22: KS-U-Schalen
Regional sind auch U-Schalen mit 240 mm Länge lieferbar.

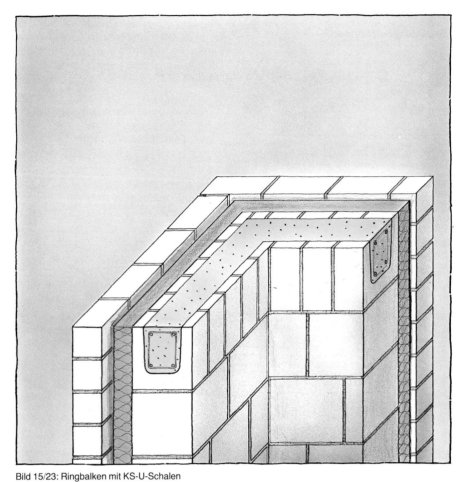

Bild 15/23: Ringbalken mit KS-U-Schalen

Ringbalken

Ringbalken sind vorzusehen, wenn Decken ohne Scheibenwirkung (wie z. B. Holzbalkendecken) verwendet werden oder wenn unter den Deckenauflagern Gleitschichten angeordnet werden. Ringbalken sind nach statischer Berechnung für den Betonkern zu bemessen. Ein aufwendiges Einschalen des Ringbalkens als Stahlbetonbalken (Aufstellen, Verspannen und Ausschalen) entfällt (Bild 15/23).

Stürze, Schlitze, Aussteifungen

Die U-Schalen sind wegen ihres handlichen Formats und ihres günstigen Gewichts leicht zu vermauern. Bei Sichtmauerwerk werden die Stoßfugen der U-Schalen vermörtelt. Durch das stehende Steinformat wird der Sturz optisch betont. Im Putzmauerwerk können U-Schalen auch stumpf gestoßen werden. Sie sind für Aussteifungsstützen sowie bei ausreichender Wandaussteifung für lotrechte Wandschlitze verwendbar (Bilder 15/24 bis 15/26).

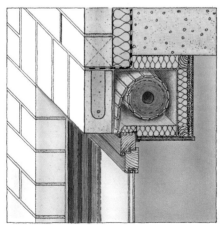

Bild 15/25: Fenstersturz mit KS-U-Schalen

Bild 15/24: Aussteifungsstütze mit KS-U-Schalen

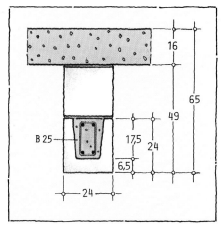

Bild 15/27: Aufbau eines KS-Flachsturzes aus KS-U-Schalen

Bild 15/26: Lotrechter Schlitz mit KS-U-Schalen

Bemessungsbeispiel:
Flachsturz aus KS-U-Schalen [15/1]

Gegeben:

Sturz in einer Innenwand
Baustoffe
Steinfestigkeitsklasse 12, Mörtelgruppe IIa
Beton des Zuggurtes B 25
Abmessungen $\quad$ d = 24,0 cm
Lichte Weite
der Öffnung $\qquad l_W$ = 1,26 m
Höhe des Mauerwerks
unter der Decke $\qquad$ 49,0 cm
Belastung des Sturzes q = 35,30 kN/m

Gesucht:

Standsicherheitsnachweis
a) Biegetragfähigkeit
b) Schubtragfähigkeit
c) Verankerung am Auflager

Berechnungsgang:

a) Biegetragfähigkeit
Auflagertiefe l_A = 11,5 cm
Stützweite
$l = l_w + 2 \cdot 1/3 \cdot l_A$ bzw. $1,05 \cdot l_w$
$l = 1,26 + 2 \cdot 1/3 \cdot 0,115$
$l = 1,34$ m < zul l = 3,00 m

$l = 1,05 \cdot 1,26 = 1,32$ m < zul l = 3,00 m
Der kleinere Wert ist maßgebend.

Querkraft $Q = q \cdot l/2$
$Q = 35,30 \cdot 1,32/2 = 23,30$ kN

Biegemoment $M = q \cdot l^2/8$
$M = 35,30 \cdot 1,32^2 \cdot 1/8 = 7,69$ kNm

Ermittlung der statischen Nutzhöhe h

Dicke der U-Schale $\quad$ 6,5 cm
Betonüberdeckung $\quad$ 2,0 cm

Durchmesser der
Bewehrung $\qquad$ 0,8 cm

Statische Nutzhöhe h
$h = 65 - 6,5 - 2,0 - 0,8/2 = 56$ cm

Begrenzung der Schubschlankheit

$\lambda = \dfrac{l}{4 \cdot h}$

$\lambda = \dfrac{1,32}{4 \cdot 0,56} = 0,59 <$ erf λ = 0,6

Für die weitere Berechnung

$h = \dfrac{l}{4 \cdot \text{erf} \lambda} = \dfrac{1,32}{4 \cdot 0,6} = 0,56$ m

Biegebemessung
$k_h = h/\sqrt{(M/d)}$
$k_h = 56/\sqrt{(7,69/0,24)} = 9,72$
Ablesewerte k_s = 3,6; k_z = 0,97
erf $A_s = k_s \cdot M/h = 3,6 \cdot 7,69/56 = 0,50$ cm²

Gewählte Bewehrung (BSt IV S):
2 ∅ 8 mit A_s = 1,00 cm² > 0,50 cm²
b) Schubtragfähigkeit

zul $Q = \tau$ zul $\cdot$ b $\cdot$ h $\cdot \dfrac{\lambda + 0,4}{\lambda - 0,4}$

zul $Q = 0,1 \cdot 0,24 \cdot 0,55 \cdot \dfrac{0,6 + 0,4}{0,6 \cdot 0,4}$
= 0,066 MN

zul Q = 66,0 kN < vorh Q = 23,30 kN
c) Verankerung am Auflager

$F_{sR} = Q \cdot v/h$ mit v = 0,75 $\cdot$ h
$F_{sR} = 23,30 \cdot 0,75 = 17,48$ kN

$Z_A = \dfrac{\text{max } M}{k_z \cdot h}$

$Z_A = \dfrac{7,69}{0,97 \cdot 0,56} = 14,41$ kN < 17,48 kN

Erforderliche Bewehrung am Auflager
erf $A_s = Z_A/\sigma$ zul
mit σ zul = 50,0/1,75 = 28,57 kN/cm²
erf A_s = 14,41/28,57 = 0,51 cm²

Gewählte Bewehrung (BSt IV S):
2 ∅ 8 mit A_s = 1,00 cm² > 0,51 cm²

Verankerungslänge l_2 hinter der Auflagervorderkante:

Grundmaß der Verankerungslänge l_0
$l_0 = \alpha_0 \cdot d_s$ mit $\alpha_0 = \beta_s/(7 \cdot$ zul $\tau_1)$

$l_0 = \dfrac{50}{7 \cdot 1,8} \cdot 8 = 31,8$ cm

Verankerungslänge l_1
$l_1 = \alpha_1 \cdot \alpha_A \cdot l_0 \geq 10 d_s$ mit $\alpha_A = $ erf$A_s/$vorhA_s

$l_1 = 1,0 \cdot \dfrac{0,51}{1,00} \cdot 31,8$

$l_1 = 16,2$ cm > 10 $\cdot$ 0,8 = 8,0 cm

Verankerungslänge l_2

$l_2 = \dfrac{2}{3} \cdot 16,2 = 10,8$ cm > 6 $\cdot$ 0,8 = 4,8 cm

Damit ist der Flachsturz aus KS-U-Schalen mit den gewählten Baustoffen und Abmessungen nachgewiesen.

16. Kalksandstein und Umwelt

Gesundheit ist ein Zustand körperlichen, geistigen und sozialen Wohlbefindens und nicht allein das Fehlen von Krankheit und Gebrechen. Diese Definition von der Weltgesundheitsorganisation legt offen, daß es individuell sehr unterschiedlich sein kann, wann Wohlbefinden eintritt. Eine Hausfrau mit 30 Jahren ist anders einzuschätzen als ein 45jähriger Maurer auf der Baustelle. Insbesondere die wichtigen Gruppen der kleinen Kinder und alten Leute bedürfen eines besonderen Schutzes.

Sich Wohlfühlen ist also sehr subjektiv. Trotzdem gibt es einige wichtige Grundlagen, die beim Bauen und Wohnen berücksichtigt werden können und die sich wissenschaftlich überprüfen lassen. Bei den nachfolgend beschriebenen Kriterien wird sich herausstellen – ähnlich wie bei der Punkt-Bewertung des olympischen Zehnkampfes – mit Kalksandstein tritt bei der Produktbewertung ein Favorit mit ausgewogenen sehr guten Leistungen an.

Bauen bedeutet stets einen Eingriff in die Natur, und dieser Eingriff muß so umweltschonend wie möglich gestaltet werden. Für Planer und Konstrukteure ist es eine der großen Herausforderungen unserer Zeit, die Belastungen der Umwelt wirkungsvoll zu begrenzen. Daher muß heute die umweltschonende Komponente die Basis für die Entwurfs- und Konstruktionsarbeit im Planungsbüro sein, zur Erfüllung der berechtigten Vorgaben und Wünsche der Auftraggeber und auf dieser Basis stellt sich die folgende Zielsetzung – bekannt als Markenzeichen guter Architektur – nach dem neuesten Stand der Klimaforschung deutlich schärfer und verpflichtender als bisher:

☐ das behutsame und sinnvolle Einfügen des Gebäudes in seine natürliche bzw. gebaute Umgebung,

☐ die anspruchsvolle Gestaltung des Gebäudes für gesundes Wohnen und Arbeiten bei rationeller, schadstoffreduzierter Energienutzung.

Bekannt ist, daß die durch klimaschädigende Emissionen von „Treibhausgasen" bedingte Erwärmung der Atmosphäre in den nächsten Generationen zu einer gefährlichen Klimaveränderung führen wird. Fast die Hälfte des durch Menschen verursachten Treibhauseffekts ist dem Kohlendioxid (CO_2) zuzurechnen, das bei der Verbrennung von Kohle, Öl und Gas gebildet wird.

Die Bundesregierung hat sich aufgrund der Empfehlungen der Enquete-Kommission „Vorsorge zum Schutz der Erdatmosphäre" zum Ziel gesetzt, die CO_2-Emissionen bis zum Jahr 2005 um 25% (alte Bundesländer) und 30% (neue Bundesländer) zu verringern, und zwar durch rationelle Energieerzeugung, rationelle Energieumwandlung und rationelle Energienutzung. Im Vordergrund steht dabei die Verringerung des Energiebedarfs der Haushalte; so wird z.B. bei der Gebäudeheizung, die ca. 30% der gesamten Emissionen verursacht, ein Einsparpotential von immerhin 70% angenommen.

Die wirksamste und preiswerteste Maßnahme zur Heizenergieeinsparung im Bereich der Gebäudeheizung ist die gute Wärmedämmung der Außenbauteile (Außenwand, Fenster, Kellerdecke, Dach). In zahlreichen wissenschaftlichen Veröffentlichungen zu diesem Themenkomplex sind die Maßnahmen aufgezeigt, die in der angegebenen Reihenfolge zu einer bedeutenden Reduzierung der Wärmeverluste und damit zu einer wirksamen Einsparung führen:

☐ Bauliche Maßnahmen: Der höhere Wärmedämmstandard der Gebäudehüllflächen.

☐ Anlagetechnische Maßnahmen: Moderne Heizsysteme mit hohem Wirkungsgrad, evtl. mit kontrollierter Lüftung und Wärmerückgewinnung.

☐ Nutzerverhalten: Information, Beratung und Befragung.

Das Umweltbewußtsein in der Bevölkerung – d.h. auch bei zukünftigen Bauherren – hat in den letzten Jahren stark zugenommen. Für die KS-Industrie ist dies Anlaß, auf diesbezügliche Fragen deutliche Antworten zu geben, denn Umweltverträglichkeit und gesundes Wohnen sind beim Kalksandstein wichtige Zielvorgaben.

Die *ganzheitliche Umweltverträglichkeit* ist das Gebot der Stunde. Dank seiner Vorteile und Eigenschaften erfüllt der Baustoff Kalksandstein von der Herstellung bis zur Wiederverwendung auch strenge Auflagen des Umweltschutzes.

Schon bei der Rohstoffgewinnung wird auf umweltschonenden Abbau des Sandes geachtet. Die Lagerstätten werden später rekultiviert und stehen dann als Erholungsgebiete zur Verfügung oder werden als Feuchtbiotope der Natur zurückgegeben. Bei der Herstellung des Kalksandsteins sind nur geringe Energiemengen erforderlich. Aus diesem Grund ist der Primärenergiebedarf von Kalksandstein-Außenwandkonstruktionen besonders günstig. Gegenüber dem Energiebedarf von 1980 wurde inzwischen eine rund 30%ige Reduktion erreicht. Dies bedeutet im einzelnen für eine hochwärmegedämmte KS-Außenwand mit dem k-Wert 0,3 W/(m²K) einen Primärenergiebedarf von rund 88 kWh/m² Außenwandfläche.

Kalksandsteine werden in über 150 Produktionsbetrieben regional, d.h. dezentral und deshalb verbraucherfreundlich, hergestellt. Da somit beim Vertrieb jeweils nur kurze Transportwege per LKW zu den Baustellen zurückzulegen sind, kann man von einer günstigen Logistik sprechen. Im Bereich Verpackung unternimmt die KS-Industrie zur Zeit erhebliche Anstrengungen, um den Kunden – vor allem im Hinblick auf die zu erwartenden Vorgaben des Bundesumweltministers – auch hier optimale Serviceleistungen anbieten zu können (z.B. Recycling von Verpackungsmaterial oder Lieferung ohne jede Verpackung, Palette, Folie).

Die von der KS-Industrie empfohlenen hochgedämmten Außenwandkonstruktionen eignen sich hervorragend zum Bau von Niedrigenergiehäusern. Auch für den Bereich der Solararchitektur sind hochgedämmte Außenwandkonstruktionen in Kalksandstein günstig: ergänzt wird diese Architektur durch die massive Speicherfähigkeit der KS-Innenwände einschließlich der tragenden Schalen der mehrschichtigen Außenwände. Über die Bereiche Niedrigenergiehäuser und Passive Solararchitektur ist inzwischen umfangreich in der Fachliteratur berichtet worden.

Für die optimale Verarbeitung hat die KS-Industrie seit 1980 konsequent das KS-Bausystem entwickelt (Stumpfstoßtechnik der Wände / Mauerwerk ohne Stoßfugenvermörtelung / Verwendung von Dünnbettmörtel u.a.). Diese Bauweise wurde inzwischen in die DIN 1053 Teil 1, Ausgabe Februar 1990, als Allgemein anerkannte Regel der Technik übernommen.

Geringer Energiebedarf und geringer CO_2-Ausstoß kennzeichnen KS-Bauweisen. Die erstklassigen Eigenschaften des Kalksandsteins hinsichtlich Schallschutz (bei einschaligen Wänden sind massive, schwere Ausführungen besonders günstig), Wärmeschutz (hochwärmegedämmte Außenwände bewirken hohe Wandinnenoberflächen-Temperaturen, die sich positiv auf die Wärmestrahlung und das Empfinden für Infrarotstrahlung auswirken) und Ästhetik (KS-Sichtmauerwerk auch im Innenbereich) gehören mit zu den Hauptfaktoren

Kalksandstein das ganzheitlich umweltverträgliche Produkt				
Produktion	Vertrieb	Planung / Verarbeitung	Nutzung	Recycling / Beseitigung
umweltverträgliche Roh-, Hilfs- und Betriebsstoffe demontage- und wartungsfreundliche Technik umweltverträgliches Energiekonzept Abfallvermeidung in der Produktion	umweltverträgliche – Verpackung – Transportmittel – Transportlogistik	umweltfreundliche, ökologische Planung Humanisierung des Maurerarbeitsplatzes bessere Mauerwerksqualität	gesundheits- und umweltverträglich langlebig reparaturfreundlich	Weiterverwendung Wiederverwendung Weiterverwertung umweltverträgliche Entsorgung

Bild 16/1: Die Anforderungen wurden analog zum Bundesverband für umweltorientiertes Marketing festgelegt (nach B.A.U.M. 1990).

für ein behagliches Wohnen. Wer in Kalksandsteinwänden wohnt, hat beste Möglichkeiten, Energie zu sparen, denn jede nicht verbrauchte Energie ist die sauberste.

Nach einem Gutachten des Instituts für Wasserwirtschaft und Reinhaltung der Luft in Köln ist z. B. die Lagerung von Kalksandstein im Grundwasserbereich möglich. Auch hier zeigt sich:

Umweltschutz hat beim Kalksandstein hohe Priorität.

Es ist heute bereits technisch möglich, Kalksandsteinwände bis zu 100 % zu recyceln, d. h., der KS-Produktion wieder zuzuführen.

Die zukunftsorientierte Konzeption heißt daher: Hochgedämmte Kalksandstein-Außenwände mit k_w = 0,45 bis 0,20 W/(m²K) sowie massive wärmespeichernde schalldämmende und schlanke KS-Innenwände.

16.1 Produktion des Kalksandsteins

Umweltschonende Kalksandsteine sind Mauersteine aus natürlichen Rohstoffen: Die wertvollen einheimischen Naturprodukte Kalk und Sand bestimmen die hohe Qualität der weißen Steine. Kalk als Bindemittel ist seit dem Altertum bekannt und bewährt. Die Vielfalt der Verwendungsmöglichkeiten und der verfeinerte Prozeß des Brennens

haben dem Kalk seine besondere Bedeutung gegeben. Der Zuschlagstoff Sand wird meist in unmittelbarer Nähe der KS-Werke gewonnen. Die Lagerstätten werden heute so umweltschonend wie möglich abgebaut und später rekultiviert oder renaturiert.

Bei dem heutigen Stand der ökologischen Forschung und bei den erprobten und praktizierten Möglichkeiten sinnvoller Rekultivierung und teilweiser Renaturierung bedeutet die temporäre Inanspruchnahme von Flächen durch die Kalksandsteinindustrie nicht mehr Zerstörung der Landschaft, sondern umgekehrt in einer Vielzahl der Fälle sogar eine Bereicherung der Natur.

Bei der Kalksandsteinherstellung entstehen, abgesehen von der reinen Dampferzeugung, keinerlei Emissionen aus Verbrennungsrückständen (z.B. Fluor, Formaldehyd, Benzol, Schwefel o. ä.), wie es aus anderen Industriebetrieben bekannt ist. Zur Dampferzeugung sind moderne Kesselanlagen im Finsatz, die mit Primärenergie, zunehmend mit umweltfreundlichem Erdgas, betrieben werden. Wegen der relativ niedrigen Temperaturen und der kurzen Härtezeiten ist auch der Energieaufwand in der Produktion entsprechend gering. Chemische Zusätze zur Mischung werden bei der Herstellung von Kalksandsteinen nicht verwendet. Umweltbelastende Rückstände fallen nicht an und eventuell im geringen Umfang auftretende umweltschädliche Abwässer werden neutralisiert. Durch kon-

sequente Rationalisierung und Wärmerückgewinnung im Produktionsprozeß konnten die Primärenergieinhalte beim Kalksandstein in den letzten Jahren deutlich gesenkt werden.

Die Belange der Produktion von Wandbaustoffen sind häufig in der Öffentlichkeit weniger bekannt. Der Gesetzgeber hat hier zwar schon deutliche Rahmenbedingungen festgelegt, wie z.B. TA-Luft und TA-Abwasser, jedoch können bei der Herstellung von Wandbaustoffen je nach Produktionsart beträchtliche Unterschiede bei der tatsächlichen Schadstoffemission auftreten. So wird in [16/1] beispielsweise der große Unterschied der Schadstoffemissionen in Gramm Schadstoff pro Kubikmeter Baustoff für ein Ziegelwerk (Rohstoff wird gebrannt) und eine Gasbetonproduktion (ähnlich ist der Produktionsprozeß bei der Kalksandsteinherstellung) gezeigt. Die Unterschiede des damaligen Vergleichs sind extrem bei SO_2 und Fluor.

Rechtliche Grundlage der Produktion ist das Bundesimmissionsschutzgesetz. Aus § 5 BImSchG (auszugsweise) folgt:

☐ Von dem Produktionsbetrieb dürfen keine „schädlichen Umwelteinwirkungen" ausgehen.

☐ Die nach dem „Stand der Technik" möglichen Maßnahmen zur Emissionsbegrenzung müssen getroffen werden.

☐ Die Pflichten des Betreibers sind

– Schutzpflicht (§ 5 Abs. 1 Nr. 1 BImSchG) und

– Vorsorgepflicht (§ 5 Abs. 1 Nr. 2 BImSchG)

– Entsorgungsgrundsatz bei Reststoffen und Abwärme.

Für die KS-Industrie ist es selbstverständlich, auch Betriebs- und Hilfsstoffe umweltfreundlich auszuwählen, z.B. beim Korrosionsschutz der Steinhärtekessel und beim Herabsetzen des chemischen Sauerstoffbedarfs (CSB-Wert) des Abwassers. Hierzu werden jeweils Einzelvereinbarungen mit den Wasserbehörden getroffen, die zusätzlich zu allgemeinen Anforderungen die jeweilige Vorbelastung von Grundwasser oder Flüssen mit berücksichtigen.

Nahezu die Hälfte des Energiebedarfs wird für die Kalkherstellung benötigt. Der Stromverbrauch von insgesamt ca. 15 % ist gering, ebenso wie der gesamte Primärenergiebedarf von 190,6 kWh/t für KS-Steine. Von Vorteil ist der sehr geringe Primärenergieverbrauch für Außenwandkonstruktionen.

Bild 16/2: Abbaustätten werden rekultiviert.

Bild 16/3: Neue Biotope mit vielgestaltiger Flora und Fauna entstehen.

Tafel 16/1: Primärenergieinhalte von Mauersteinen – flächenbezogen bzw. volumenbezogen

Steinart	Stein-Rohdichte (kg/dm³)	MJ/m³	kWh/m³	MJ/m² (36,5 cm)	kWh/m²	k-Wert für die Wand W/m² K
				Primärenergieeinsatz*)		
Bimsbeton	0,7	731	203	267	75	0,40
Blähbeton	0,7	1708	471	623	173	0,40
Porenbeton	0,55	1708	474	623	173	0,40
Leichtziegel	0,8	1181	328	431	119	0,40
Kalksandstein + 8 cm WDVS (Mineralwolle)	1,8**)	1231	342	215	68	0,40

*) Angaben zum Primärenergieverbrauch aus: Primärenergie und Emissionsbilanzen von Dämmstoffen. Institut Wohnen und Umwelt Darmstadt, Dipl.-Ing. Wolfgang Feist.

Angaben über Ziegel: Energiebedarf und Freisetzung von Kohlendioxid bei der Produktion von Mauerziegeln. Dr.-Ing. Karsten Junge, Institut für Ziegelforschung e. V. Essen, veröffentlicht in der Ziegelindustrie International Ausgabe 12/89. Angaben über Kalksandstein: Untersuchung FfE. Forschungsstelle für Energiewirtschaft Januar '92, siehe Tafel 16/2.

**) 17,5 cm KS 1,8 t/m³ und 8 cm WDVS.
Für die Wände 1–4 wurden Mauersteine mit der Wärmeleitzahl λ = 0,16 W/(m · K) gewählt. Der k-Wert für die Wand 5 wurde dem Kalksandstein Baukalender 1992 entnommen.

Tafel 16/2: Primärenergieinhalte von hochgedämmten Außenwandkonstruktionen nach FfE Forschungsstelle für Energiewirtschaft, München, Jan. 92

Außenwandkonstruktion	Dämm-schicht-dicke cm	k-Wert W/(m²K)	PEI*) kWh/m²
KS-Außenwand mit WDVS			
1 2 3 4 Dämmplatten aus PS-Hartschaum	8	0,38	82
① 7 mm armierter Kalk-Zement-Außenputz: Armierung: Glasseidengewebe	10	0,31	88
② PS-Hartschaumplatten: λ = 0,035 W/(m K) Rohdichte: 15 kg/m³	15	0,21	102
③ 17,5 cm KS 1,8 mittl. Steinrohdichte: 1,7 kg/dm³			
④ 10 mm Innenputz			
Dämmplatten aus Mineralwolle	8	0,38	68
Wandaufbau wie zuvor, jedoch	10	0,31	70
② Dämmplatten aus Mineralwolle; λ = 0,035 W/(mK)	15	0,21	75
KS-Außenwand mit Kerndämmung			
1 2 3 4 Kerndämmung mit PS-Hartschaumplatten	8	0,36	118
① 11,5 cm KS Vb 1,8 mittl. Steinrohdichte: 1,7 kg/dm³	10	0,30	124
② Kerndämmplatten aus PS-Hartschaum: λ = 0,035 W/(m K)	15	0,21	138
③ 17,5 cm KS 1,8 mittl. Steinrohdichte: 1,7 kg/dm³			
④ 10 mm Innenputz			
Kerndämmung mit Mineralwolleplatten	8	0,36	104
Wandaufbau wie vor, jedoch	10	0,30	106
② Kerndämmplatten aus Mineralwolle; λ = 0,035 W/(mK)	15	0,21	111

*) Ohne Berücksichtigung des Heizwertes der Ausgangsstoffe der Dämmaterialien.

Während der Produktionspause im Winter werden die Steinpressen und Produktionsanlagen gründlich gewartet. Die demontage- und wartungsfreundliche Maschinenausrüstung in den Kalksandsteinwerken kann hierbei zeitlich und kostengünstig vorteilhaft ausgenutzt werden. – Bei der Produktion fällt kein Abfall (Reststoff, der nicht mehr verwertet werden kann) an. Verlassen beschädigte Steinrohlinge die Pressen, so kann diese Masse dem Mischgut erneut unmittelbar zugeführt werden. Vereinzelt auftretende gerissene oder gebrochene Steine nach der Autoklavhärtung können – entsprechend zerkleinert – dem Sand als Zuschlag beigefügt werden.

16.2 Vertrieb des Kalksandsteins

Die vom Bundes-Umweltminister 1991/92/93 in Stufen vorgegebene Verpackungsverordnung führt zu einer sorgfältigen Beachtung von Möglichkeiten bei der KS-Verpackung.

☐ Paketierung
☐ Palettierung
☐ und/oder Folien

Hier werden regional unterschiedliche Systeme angewendet. Von Bedeutung

Bild 16/4: Beispiel für einen Rückholdienst für KS-Steinpaletten bei KS-Verblendern.

Bild 16/5: Von der Baustelle entsorgte Folien werden verpreßt und der Weiterverwendung zugeführt.

Bild 16/6: Kalksandstein, ein regionaler Baustoff. Auch die neuen Bundesländer werden kurzfristig regional und flächendeckend versorgt.

16.3 Planung und Verarbeitung

Eine gute Planung setzt ein genaues Verständnis der Wirkungen des Außenklimas auf das Gebäudeinnere voraus. Das Makroklima ist die Grundlage für die darauf aufbauende genaue Betrachtung des lokalen Mikroklimas des Bauplatzes und seiner näheren Umgebung.

Ausgehend von den Wetterdaten der nächstgelegenen Wetterstation ergibt die unmittelbare Beobachtung zusammen mit der Analyse der örtlichen, traditionellen Architektur konkrete Hinweise für den Entwurf.

Bei dieser behutsamen Einbettung in die Natur oder die bebaute Umwelt sind beim Entwurf – neben den Wünschen des Bauherrn – auch folgende Kriterien einzubeziehen:

☐ Gebäudetypologie,
☐ Gebäudeorientierung,
☐ Hüllgeometrie, Volumen,
☐ Temperaturzonen,
☐ Innenraumkonzepte,
☐ wärmespeichernde Wandbauteile.

Beim Mauern auf der Baustelle kommen die Vorteile der Verarbeitung der Kalksandsteine von Hand und der Verarbeitung mit Versetzhilfen zur Geltung. Die Standardproduktpalette der Kalksandsteinindustrie ist dazu eine ergänzende nützliche Entwicklung, d. h., bei der Verwendung von großformatigen Steinen sollte man möglichst ein Format pro Wanddicke wählen. Das Ziel ist eine sinnvolle Reduzierung der Sortenvielfalt (und damit eine bessere Baustellenversorgung). Für Bauunternehmer gibt es Unterlagen, die detailliert die Vorteile des KS-Bausystems beschreiben. Dabei wurden die Gewichtsbegrenzungen der Steine (Merkblatt „Handhaben von Mauersteinen" 4/91 der Bau-Berufsgenossenschaft) beachtet. Zweihandsteine berücksichtigen die ergonomische Ausformung nach den Untersuchungen von Prof. Landau. Durch die Anordnung der Griffhilfen „hängen" die Steine an den Fingern.

Planung nach der Maßordnung, passende Ergänzungssteine und ggf. eine Steinsäge auf der Baustelle minimieren den Bauschutt. Ein Ziel, das z. B. mit Kalksandstein-Bausätzen (ggf. mit vorgefertigten ½- und ¾-Blocksteinen oder der modernen KS-Planelementbauweise) vollständig erreicht wird.

wird sein, ob sich Einzelvereinbarungen durchsetzen oder ob das vom Handel bevorzugte duale System (Entsorgung/ Rückführung durch getrennte Firmen) flächendeckend Gültigkeit erlangt.

Es zeichnet sich ab, daß aufwendige Verkaufsverpackungen nur noch bei hochwertigen Sonderprodukten eingesetzt werden. Neben der Art der Verpackung ist unter Umweltgesichtspunkten auch die möglichst kurze Lieferentfernung von Bedeutung. Hier liegt der Vorteil von Kalksandstein als verbrauchernahes Produkt auf der Hand.

Bei einer noch akzeptablen durchschnittlichen Transportentfernung von 40 (bis 60) km zur Baustelle ist die Bundesrepublik (auch kurzfristig einschließlich der neuen Bundesländer) flächendeckend versorgt. Innerhalb der Bundesrepublik kommt aus wirtschaftlichen

Gründen nur der LKW-Transport zur Baustelle in Frage. Es würden sonst mehrfach Umschlagkosten entstehen. Kurze Transportwege sind wichtig, denn für den Gütertransport wird folgender spezifischer Primärenergieverbrauch berechnet:

Straßentransport mit LKW:	792 Wh/(t · km)
Schienentransport mit Eisenbahn:	244 Wh/(t · km)
Seetransport mit Großfrachter:	19 Wh/(t · km)
Seetransport mit Mittelklassefrachter:	25 Wh/(t · km)
Transport mit Binnenschiff:	250 Wh/(t · km)

Kurze Transportwege beim Kalksandstein entlasten Straßen und Autobahnen.

Bild 16/7: Haus am Hang, Dachneigung und Neigung des Hanges sind parallel. Das Haus wirkt wie zum Hang gehörig.

Bild 16/8: Das Haus ist eingebettet in die gebaute Umwelt einschließlich Erker und Fassadengliederung.

Bild 16/9: Grundriß in Nord-Süd-Orientierung. Beachtung der Sonnenstände.

Bild 16/10: Zonierung des Grundrisses einschließlich angeordneter Pufferräume als Energieeinsparungskonzept.

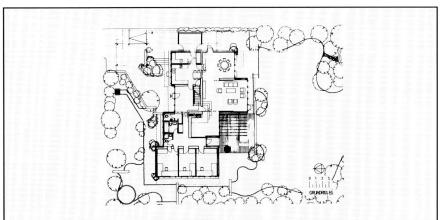

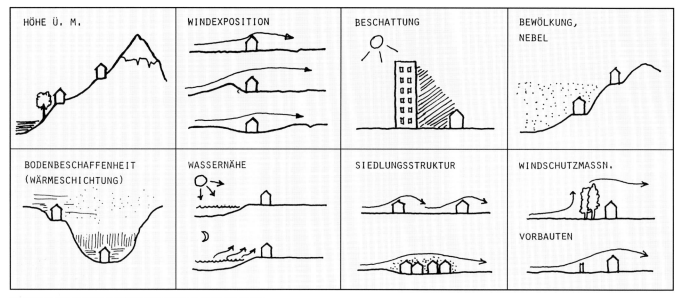

Bild 16/11: Eigenheiten des Standortes nach R. Regolati, Zürich.

Bild 16/12: Handvermauerung von KS-Blocksteinen

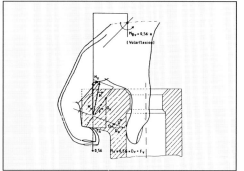

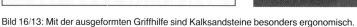

Bild 16/13: Mit der ausgeformten Griffhilfe sind Kalksandsteine besonders ergonomisch.

16.4 Nutzung

Das Wohlbefinden während der Nutzung einer Wohnung wird zukünftig noch mehr das maßgebende Kriterium für die Auswahl geeigneter Baustoffe sein. Von der Deutschen Gesellschaft für Wohnungsmedizin eV in Baden-Baden wurde die wohnmedizinische Checkliste herausgegeben, als Beurteilungshilfe für Wohnungssuchende, Bauherren und Sachverständige zur Einschätzung von Wohnqualität und Gesundheitswert. – Um die Einflüsse bei Baustoffen zu beschreiben, haben unterschiedliche Gruppen von Fachleuten verschiedene Wege beschritten:

☐ Aufstellen baubiologischer Checklisten;

☐ Prüfkriterien für biologisch verträgliche Bauprodukte;

☐ gesundes Wohnen als Wechselbeziehung zwischen Mensch und Umwelt;

☐ Bauherrenbefragungen.

Es ist bekannt, daß Kalksandsteine bereits seit Beginn der Diskussion um gesundes Wohnen bis heute als „baubiologisch unbedenklich/empfehlenswert" beschrieben wurden [16/2], [16/3]. Nachweise (Prüfungen) von staatlich anerkannten Einrichtungen werden zunehmend verlangt. Die Herstellung und Anwendung von Bauprodukten, die die

Gesundheit von Menschen nicht gefährden, sollen gefördert werden [16/4]. Bewertungen betreffen vorrangig die unmittelbare biologische Verträglichkeit für den Bewohner während der Nutzungszeit des Gebäudes, d.h. die Ermittlung möglicher Belastungen durch das Bauprodukt im eingebauten Zustand aufgrund von Atmung, Haut- oder Mundkontakt und Bestrahlung. Erwiesene mittelbare Belastungen für die Gesundheit des Menschen über die Einwirkung auf den Lebensraum werden ebenfalls in die Bewertung einbezogen.

Bekanntlich genügt es nicht, biologisch verträgliche Baustoffe zu verwenden. Erst die fachgerechte Konstruktion, die angemessene Verwendung der Baustoffe, die Beachtung der bauchemischen und bauphysikalischen Erkenntnisse, die umweltgerechte Architektur sowie das Einpassen in die Umgebung führen zu einem menschenfreundlichen und wohnlichen Haus, in dem es sich gesund leben und angenehm wohnen läßt. Gesundes Wohnen als Wechselbeziehung zwischen Mensch und gebauter Umwelt war bereits in [16/5] der erste Versuch einer umfassenden (ganzheitlichen) Darstellung.

Noch konsequenter ist jedoch die hier vorgenommene ganzheitliche Betrachtung als umweltverträgliches Produkt unter Einbeziehung der Nutzer: Bauherrenbefragungen haben eine deutliche Betonung von Eigenschaften ergeben, die mit dem

gesunden Wohnen in einer
naturbelassenen Umwelt

zusammenhängen. So weist eine allgemeine Untersuchung vom Bundesverband für umweltorientiertes Marketing im Bild 16/14 entsprechende Umweltängste aus. Konkreter für den Wohnungsbau werden hierzu Aussagen einer Untersuchung (1991) vom Compagnon Marktforschungsinstitut in Stuttgart [16/6], die im Bild 16/15 berücksichtigt wurden.

Für die *äußere Oberfläche einer Außenwand* gelten die klassischen Anforderungen an den Witterungsschutz, wobei Merkmale wie Ästhetik, Haltbarkeit und Fassadenbegrünung eine deutliche Verlagerung der Entscheidungskriterien für den Wandbaustoff Kalksandstein nach guter Gebrauchsfähigkeit des fertiggestellten Gebäudes zeigen. Vom *Querschnitt der Außenwand* wird neben den Anforderungen an Tragfähigkeit, Brandschutz und Schallschutz (den auf der Hand liegenden Domänen der Kalksandsteinwände) eine hohe Leistungsfähigkeit zum Wärmeschutz z.B. auch in Richtung Niedrigenergiehaus und passive Solararchitektur verlangt, um den CO_2-Verbrauch gering zu halten. Anforderungen an eine geringe Primärenergie bei der Kalksandstein-Außenwandkonstruktion werden bei einer ganzheitlichen Betrachtung zum Umweltschutz immer wichtiger. Bei den hochgedämmten KS-Außenwänden mit k-Werten unter 0,5 W/(m²K) liegt die Wandoberflächentemperatur zwischen 18°C und 19°C, bei 20°C Raumlufttemperatur. Bei KS-Mauerwerk mit Außen- und Kerndämmung werden Wärmebrücken wirksam ausgeschaltet, weil die außenliegenden Wärmedämmschichten ohne Unterbrechung vom Keller bis zum Dach durchgehen.

Die im Bereich des ökologischen Bauens sinnvollste und einfachste Form der Sonnenenergienutzung zur Raumheizung erfolgt in sog. passiven Systemen, die ohne großen technischen Aufwand in jedem besonnten Gebäude anwend-

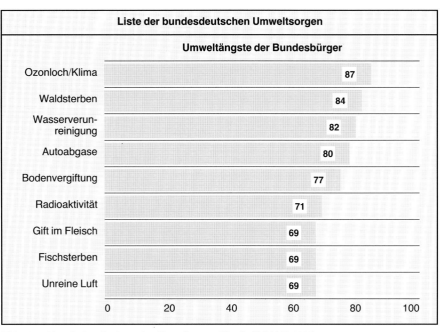

Bild 16/14: Liste der bundesdeutschen Umweltsorgen (Quelle: B.A.U.M. 1990).

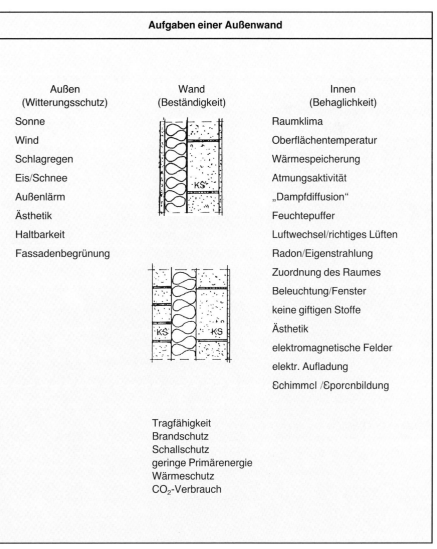

Bild 16/15: Aufgaben einer Außenwand aus der Sicht interessierter Bauherren.

bar sind. In den Planungshilfen wird hervorgehoben, daß zur Speicherung der winterlichen Sonneneinstrahlung schwere, massive Wände und Decken sinnvoll sind, die in Wärmeaufnahme und Speicherfähigkeit optimale Bedingungen erfüllen. – Für den sommerlichen Wärmeschutz greifen diese Vorteile – vor allem bei starken täglichen Temperaturschwankungen – ebenfalls.

Mehrschichtige Wände mit außenliegender Wärmedämmschicht und massivem Mauerwerk erreichen hohe Dämm- und Speicherwerte. Die Größe der Wärmespeicherfähigkeit Q ist abhängig von der Materialrohdichte ϱ, der Stoffdicke d und der spezifischen Wärmekapazität c. Der Rechenwert der spezifischen Wärmekapazität beträgt bei Kalksandsteinen $c = 1,0$ kJ/(kg · K). Das ist bemerkenswert gut auch bei schlanken KS-Wänden mit hoher Rohdichte.

Die vorhandene Wärmespeicherung Q wird bezogen auf die niedrigste Umgebungstemperatur und ist abhängig vom Temperaturgefälle in der Wand (Tafel 16/3). Sie errechnet sich durch Multiplikation der Wärmespeicherfähigkeit Q mit der Temperaturdifferenz von mittlerer Schichttemperatur zur Temperatur der umgebenden Luft.

Die passive Solarnutzung als energiesparende Architektur im Mauerwerksbau ist besonders wirtschaftlich, wenn folgende Punkte beachtet werden:

☐ klimagerechter Entwurf des Gebäudes,

☐ große Fensterflächen an der Südseite mit temporärem Wärmeschutz bzw. mit Spezialgläsern,

☐ optimale Wärmedämmung der anderen Hüllflächen, z.B. hochgedämmte KS-Außenwände ($k_w \approx$ 0,30 W/(m²K),

☐ innere Gebäudemassen mit hoher Wärmespeicherung, z.B. auch Innenwände aus KS-Vollsteinen.

Es ist von großem Einfluß auf das Wohlbefinden eines Menschen, ob er sich in seiner Wohnung behaglich fühlt, ohne daß er selbst zunächst im einzelnen sagen kann, woran dies liegt. Einige wichtige Elemente der Behaglichkeit lassen sich jedoch beschreiben.

Psychische (unterschwellige) Behaglichkeit

Für das Erleben und Verhalten der Menschen gilt die Bedeutung der gebauten Umwelt als inzwischen nachgewiesen. Zu den psychologischen Kriterien des Wohnens sind u.a. die Reizvielfalt mit ihrem Wechsel von Material, Gestaltung und Farbe zu zählen sowie z.B. der Effekt der Ordnung. Beispielsweise ist zu überprüfen, ob der Mieter in seinem Wohlbefinden bzw. seiner Akzeptanz zur Wohnung beeinträchtigt wird. Es gilt daher, ein positives Wohnumfeld zu schaffen. Auch Abwechslungen im Sinne von Gestaltung mit kleinteiligen Baumaterialien (KS-Sichtmauerwerk) sind sympathisch. Eine Überschaubarkeit der Gestaltung als Orientierungshilfe (manche Autoparkhäuser/Tiefgaragen sind hier eher chaotisch) ist ebenso erforderlich wie eine Berücksichtigung von assoziativen Wirkungen (z.B. die Verwendung von einfarbig weißen, kalt wirkenden Fliesen und die sich daraus ergebende Assoziation von „Klinik- oder Schlachterei-Atmosphäre").

Behaglichkeit durch angenehme Wohntemperatur

Bei der thermischen Behaglichkeit stehen neben der eigentlichen Raumlufttemperatur hauptsächlich die Oberflächentemperaturen der Umgebungsflächen im Vordergrund. Bei den von der Kalksandsteinindustrie empfohlenen hochgedämmten Außenwandkonstruktionen sind hier geringe Temperaturdifferenzen zwischen Raumluft und Oberfläche der Innenseite der Außenwände kennzeichnend. Hieraus resultiert eine geringe Luftgeschwindigkeit im Raum, d.h., es gibt keine Zuglufterscheinungen oder entsprechende Staubaufwirbelungen. Ein Aspekt, der bei Allergikern mehr und mehr in den Vordergrund tritt.

Untersuchungen haben ergeben, daß die thermische Behaglichkeit am günstigsten in dem Temperaturbereich zu finden ist, der kurz unter dem Schwitzen stattfindet. Hier spielen selbstverständlich Kleidung, körperliche Aktivität, Lebensalter, Geschlecht und Konstitution eine wesentliche Rolle. Eingebunden ist das Behaglichkeitsempfinden bei der Lufttemperatur in den Parameter Luftfeuchtigkeit. Zu trockene Luft, d.h., weniger als $\approx$ 40% relative Luftfeuchtigkeit ist ebenso schädlich wie zu feuchte Luft, d.h., größer als $\approx$ 70% relative Luftfeuchtigkeit (Schwüleempfinden). Beobachtungen haben ergeben, daß der Grenzbereich der thermischen Behaglichkeit nicht unbedingt mit dem Optimum an körperlicher und geistiger Leistungsfähigkeit einhergehen muß. Hierbei ist es häufig sinnvoller, etwas kühlere Temperaturen anzustreben und dafür wärmere Bekleidung einzusetzen.

Tafel 16/3: Wärmespeicherfähigkeit von Kalksandsteinwänden. Bei intermittierendem Heizbetrieb sind, nach Untersuchungen des Instituts für Wohnen und Umwelt in Darmstadt, Wanddicken von 17,5 cm bei KS-Vollsteinen bereits ausreichend

Stein-Roh-dichte kg/dm³	Wärmespeicherfähigkeit Q in [kJ/(m² · K)] bei einer Wanddicke von d = ... cm[1)					
	11,5	17,5	24,0	30,0	36,5	49,0
1,0	115	175	240	300	365	490
1,2	138	210	288	360	438	588
1,4	161	245	336	420	511	686
1,6	184	280	384	480	584	784
1,8	207	315	432	540	657	882
2,0	230	350	480	600	730	980
2,2	253	385	528	660	803	1078

[1) Bei beidseitigem, 1,5 cm dickem Putz sind jeweils 51 [kJ/(m² · K)] hinzuzurechnen.

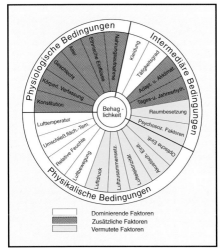

Bild 16/16: Behaglichkeitskomponenten. Beispiele nach [16/5] [16/7].

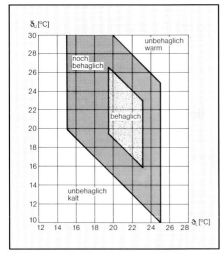

Bild 16/17: Zusammenspiel von Raum-Lufttemperatur und Raum-Umschließungstemperatur. Thermische Behaglichkeit nach [16/8].

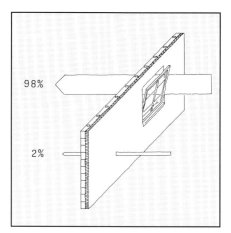

Bild 16/18: Wände „atmen" nicht – denn nur Lüften sorgt für den erforderlichen Luftaustausch.

Behaglichkeit durch Luftfeuchtigkeit

Das Austrocknungsverhalten und damit die Austrocknungszeiten von Kalksandsteinmauerwerk sind günstig, so daß das sogenannte Trockenwohnen bei KS-Neubauten entfällt, wenn normale, bauübliche Verhältnisse vorliegen. Der sich einstellende praktische Feuchtegehalt (Gleichgewichtsfeuchte) von Kalksandsteinen liegt bei 5 Volumenprozent oder 2 bis 2,5 Gewichtsprozent. Der praktische Feuchtegehalt von Mauersteinen wird bei einer Festsetzung der Wärmeleitfähigkeit immer berücksichtigt. Nach Untersuchungen von Schubert im Mauerwerk-Kalender ergeben sich für Mauerwerk aus Kalksandvollsteinen für die Austrocknung folgende Anhaltswerte:

d = 11,5 cm 3 bis 6 Monate
d = 24 cm bis 12 Monate

Die Untersuchungen wurden unter ungünstigen Klima-Randbedingungen durchgeführt (20 °C/65 % relative Luftfeuchtigkeit). Bei Lochsteinen und praxisgerechten Klima-Randbedingungen sind kurze *Austrocknungszeiten* zu erwarten.

Die während der Nutzung auftretende Wohnfeuchte ist *nur durch Lüften* zu beseitigen. Dies haben entsprechende Untersuchungen von Künzel – Außenstelle Holzkirchen des Instituts für Bauphysik der Universität Stuttgart – und Hauser an der Universität Kassel ergeben. Die häufig anzutreffende Meinung, daß zu einem gesunden Raumklima auch eine „atmende" Außenwand gehört, ist irrig und geht auf eine Fehlinterpretation der Versuche von Max von Pettenkofer zurück, die vor rund 100 Jahren gemacht wurden. Ein Luftaustausch durch die Außenwände findet also bei atmosphärischem Luftdruck innen und außen nicht statt, wie teilweise immer noch behauptet wird.

Die Differenz des Luftdrucks, ausgelöst durch den Wind auf ein Gebäude (Staudruck) beträgt im allgemeinen weniger als 4 mm Wassersäule, d. h., sie ist praktisch Null und ist für einen Luftaustausch viel! zu gering. Die Formulierungen *„atmende Wände"* oder *„Atmungsaktivität"* sind deshalb falsch!

Hinsichtlich der Dampfdiffusion (Nachweis nach DIN 4108) sind Kalksandstein-Wandkonstruktionen günstig, d. h., in den Sommermonaten „trocknet" die Außenwand wesentlich mehr aus als rechnerisch im Winter sich im Wandquerschnitt an Feuchtigkeit gesammelt hat. Dieser Vorgang hat jedoch nichts mit der täglich anfallenden Wohnfeuchte zu tun; die Wohnfeuchte ist **nur** durch Lüften zu beseitigen. Der Nachweis der Dampfdiffusion bei Außenwänden hat den Sinn, die Funktionsfähigkeit über die Gesamtdauer des Einsatzes der Wand (rechnerisch) sicherzustellen und daß der Effekt sich nicht „aufschaukelt". Damit werden auch die Rechenwerte der Wärmeleitfähigkeit eingehalten, denn diese würden bei einer „nassen" Wand nicht gelten.

In Räumen mit hoher Wohnfeuchte (Bäder und Küchen) ist eine ständige Abführung der Feuchtigkeit zu empfehlen. Putze und auch Kalksandstein als Sichtmauerwerk können hier als kurzfristige *Feuchtepuffer* wirken und tragen so zu einem noch ausgeglicheneren Raumklima bei. Dies wird durch die vielen offenen kleinen Luftporen im inneren Aufbau des Kalksandsteins und des Putzes ermöglicht. Tauwasserbildungen treten bei hochgedämmten Kalksand-Außenwandkonstruktionen nicht auf. Durch richtiges Lüften kann der Nutzer darüber hinaus dazu beitragen, daß die relative Luftfeuchtigkeit um ≤ 80 % gehalten wird. Diese Grenze ist nach neuen Untersuchungen sinnvoll, um Schimmelpilz- oder Sporenbildung auszuschließen. Bei Wärmebrücken sind eher noch niedrigere Werte (∼ 65 % rel. Luftfeuchte) einzuhalten.

Thermische Behaglichkeit durch milde Infrarotstrahlung

Die Wahl des Heizsystems (z. B. Fußbodenheizung) oder die Anordnung von Heizkörpern im Wohnraum beeinflussen die Behaglichkeit hinsichtlich der auftretenden Wärmestrahlung und der Luftbewegungen. Z. B. kann sowohl der vermehrte Strahlungsaustausch mit Flächen geringer Oberflächentemperatur (Außenfenster, Wände) als auch der

Tafel 16/4: Natürliche Radioaktivität von Baustoffen. Kalksandstein zählt zu den unbedenklichen Baustoffen

Baustoff[6]	Radionukleidkonzentration[5] Mittelwert (Höchstwert) in Bq/kg			Exhalationsrate für 10 cm Dicke in Bq/m²h	Quelle
	Ra-226	Th-232	K-40	Rn-222	
Kalksandstein	11 (19)	7 (15)	384 (592)	0,6	2)
Ziegel, Klinker	40 (71)	30 (44)	771 (955)	0,2	4)
Leichtbetonsteine aus	–				
Hüttenbims	81 (118)	104 (207)	333 (592)	0,9	1)
Naturbims	48 (104)	59 (111)	888 (1110)	1,8	2)
Blähton	56 (67)	33 (93)	573 (925)	0,4	2)
Beton	11 (33)	15 (44)	415 (740)	0,7	2)
Porenbeton	20 (80)	20 (60)	200 (800)	1,1	3)/1)
Naturgips	20 (70)	9 (10)	70 (200)	0,4	3)/1)
Industriegips aus					
Apatit	60 (70)	< 20	< 40	0,4	3)/1)
Phosphorit	518 (1036)	19 (–)	74 (222)	24,1	1)
empfohlener Grenzwert	≤130	≤130	kein Grenzwert erforderlich	≤ 5,0	

1) Keller, Gert: Einfluß der natürlichen Radioaktivität. arcus Heft 5, 1984, Seite 249.
2) Prüfbericht des Boris-Rajewski-Instituts für Biophysik der Universität des Saarlandes, 1984.
3) Der Bundesminister des Inneren: Umweltradioaktivität und Strahlenbelastung. Jahresbericht 1982.
4) Meßwerte aus den Jahren 1987 und 1990 gemäß Prüfberichten des Instituts für Biophysik der Universität des Saarlandes.
5) Die Radonkonzentration hängt von der Radionukleidkonzentration (Ra 226) der Baustoffe ab und vor allem von der Exhalationsrate für den betreffenden Stoff.
6) Keller, Gert: Schreiben vom 27. 1. 92 zur Gültigkeit der angegebenen Daten.

an diesen Flächen auftretende Kaltluftabfall ohne geeignete Heizflächenplazierung zu Behaglichkeitseinbußen führen. Die Unbehaglichkeit in der Nähe stark strahlender Heizflächen ist aus der Praxis hinlänglich bekannt. Die Beeinträchtigung der Behaglichkeit wächst mit zunehmender Außenflächengröße und steigendem k-Wert dieser Flächen. Hochgedämmte Kalksand-Außenwandkonstruktionen sind daher eine günstige Voraussetzung für behagliche Wärmestrahlungsverhältnisse in Wohnräumen.

Behaglichkeit durch reine Luft

In der Vergangenheit wurden Anforderungen an die Reinhaltung der Luft am Arbeitsplatz als maximale Arbeitsplatzkonzentration (MAK) sowie im Freien als maximale Immissionskonzentration (MIK) gesetzlich festgelegt mit dem Ziel, den Menschen vor gesundheitlichen Schäden zu bewahren. Für den privaten Bereich gibt es derartige Festlegungen noch nicht. Einzubeziehen wären als Quellen der Verunreinigung von Innenraumluft z. B.

☐ Gebrauch von Haushaltschemikalien.

☐ Giftige Ausdünstungen aus Baumaterialien.

☐ Giftige Ausdünstungen aus Möbeln.

☐ Heizung.

☐ Lüften verunreinigter Außenluft.

☐ Elektromagnetische Wellen, Erdstrahlen.

☐ Radioaktive Strahlung von Baustoffen.

☐ Reinigungsarbeiten.

Beeinträchtigungen während der Nutzungsdauer sind gering zu halten. Dies ist bei Kalksandsteinmauerwerk und den empfohlenen Dämmstoffen bei Kerndämmung oder Wärmedämmverbundsystemen der Fall. Eine vernünftige Luftqualität und Beseitigung von Schadstoffen im Wohnbereich läßt sich durch Einhaltung des hygienisch ohnehin notwendigen Luftwechsels von 0,5 Luftwechsel/h einhalten.

Die *Behaglichkeit* – allerdings auch wesentlich die Wirtschaftlichkeit der Energieeinsparung – kann von dem Bewohner *durch richtiges Lüften* beeinflußt werden. Dies ist z. B. durch eine Stoßlüftung bei ausreichender Querlüftung durch die gesamte Wohnung erzielbar. Falsch ist es, Fenster auf langfristiger Kippstellung zu halten. Bei konsequenter Energieeinsparung zeigt sich mehr und mehr, daß bei den Lüftungsge-

wohnheiten Änderungen eintreten müssen. So werden zukünftig vermehrt Lüftungsanlagen ohne Wärmerückgewinnung oder Lüftungsanlagen mit Wärmerückgewinnung erforderlich sein. Zur Funktionsfähigkeit dieser Lüftungssysteme ist eine ausreichende Dichtigkeit der Gebäudehülle Voraussetzung. Um die behaglichen Wohnkriterien erreichen zu können und den Eindruck einer Klimaanlage auszuschließen, ist es dringend erforderlich, daß bei allen angebotenen Lüftungssystemen selbstverständlich auch weiterhin Fenster jederzeit geöffnet werden können.

Aufgrund von Messungen des Instituts für Biophysik der Universität des Saarlandes in Homburg/Saar wurde nachgewiesen, daß Kalksandstein aufgrund seiner natürlichen Radioaktivität zu den unbedenklichen Baustoffen zählt.

Bei der radioaktiven Strahlung kommt es zur Aussendung von im wesentlichen drei Teilchen-Arten:

☐ den alpha-Strahlen (α), das sind zweifach positiv geladene Kerne des Edelgases Helium,

☐ den beta-Strahlen (β), das sind Elektronen, und

☐ den gamma-Strahlen (γ), das sind energiereiche Quanten.

Die α-Strahlung ist eine Teilchenstrahlung. Da α-Teilchen jedoch relativ groß und schwer sind, werden sie schnell abgebremst. In der Luft kommen α-Teilchen schon nach wenigen Zentimetern

zum Stillstand, im menschlichen Gewebe schon nach ca. 0,05 mm.

Die β-Strahlung ist eine Teilchenstrahlung. Im menschlichen Gewebe kommen β-Teilchen nach einigen Millimetern zum Stillstand, in der Luft nach einigen Metern.

γ-Strahlung besteht aus γ-Quanten oder Photonen, also energiereicher elektromagnetischer Strahlung bzw. Wellen. γ-Strahlung bewegt sich mit Lichtgeschwindigkeit, durchdringt alle Materialien bis zu einer bestimmten Dikke. Von Einfluß ist daher die γ-Strahlung. Sie ist jedoch bei Kalksandstein nahezu unbedeutend.

Bei Beachtung des hygienisch ohnehin notwendigen Luftwechsels von 0,5 bis 0,8/h ist die geringe natürliche Radioaktivität von Kalksandstein und die günstige Radon-Exhalation bereits mit berücksichtigt.

Behaglichkeit durch Ruhe

Zur Behaglichkeit gehört auch eine akustische Geborgenheit. Hoher Schallschutz ist durch die von der Kalksandsteinindustrie empfohlene Bauart erreichbar. Aufgrund der hohen Rohdichte und hohen Druckfestigkeit ist der Kalksandstein für Schallschutzwände hervorragend geeignet! Aus einer Untersuchung geht hervor, daß Lärm immer mehr zu den Störfaktoren eines erholsamen Wohnens wird. Mit einer Compact-Disc mit Hördemonstrationen

Tafel 16/5: Bewertung der natürlichen Radioaktivität von Kalksandsteinen

1. nach Summenformel für die Dosisleistung der Gammastrahlung nach Muth/Keller/Krieger	Summenformel	Bewertung für Kalksandstein
	$\dfrac{C_{Ra}}{10} + \dfrac{C_{Th}}{7} + \dfrac{C_k}{130} \leq 1$	$\dfrac{0,3}{10} + \dfrac{0,2}{7} + \dfrac{10}{130} = 0,14 < 1$
2. nach Bundesverband für Baubiologische Produkte (BBP, Stuttgart)	$C_{Ra} + C_{Th} \leq 7$ nCi/kg $C_{Ra}; C_{Th} \leq 3,5$ nCi/kg	$0,3 + 0,2 = 0,5$ nCi/kg < 7 $0,3; \quad 0,2 < 3,5$ nCi/kg

Tafel 16/6: Bei den unterschiedlichen Umweltproblemen scheint die Bevölkerung der Bundesrepublik Deutschland besonders empfindlich auf den Lärm zu reagieren

Bereiche der Umweltprobleme	selbst betroffen %	Einstufung: ist nur allgemeines Problem %	ist nicht wichtig %
Lärm	54	39	7
Luftverschmutzung	49	41	10
Wasserverschmutzung	31	60	9
Waldsterben	29	59	11
Abfallbeseitigung	26	59	13
Landschaftszerstörung	23	59	16
chemische Rückstände	19	63	18

ist es objektiv möglich, das eigene Ruhebedürfnis zu testen.

Die digitale akustische Lösung der Hördemonstration auf der CD ist eingebettet in ein Drehbuch, das sowohl das Abspielen aller 14 „Titel" in Folge als auch einzeln erlaubt. Von Vorteil ist dabei die individuelle Kontrolle der Lärmdifferenz anhand des Referenzsignals 57 dB. Das Signal ist zu Beginn einzustellen und bedeutet, daß laute Musik des Nachbarn gerade hörbar ist.

Insgesamt sind rd. 50 Tondemonstrationen auf der CD dokumentiert (Luftschall, Trittschall, Installationsgeräusche, Außenlärm). Durch Benutzung von CD-Playern ist über hochwertige Kopfhörer oder durch hochwertige Verstärker/Lautsprecher das Hörerlebnis wirklichkeitsnah. Durch Ausnutzung der bei CD-Playern möglichen Programmierung ist z. B. eine eindrucksvolle Demonstration innerhalb von zwei Minuten möglich (z. B. Anspielen der Punkte 2. und 9. auf der CD). Zwei Minuten, die den Wunsch nach hohem Schallschutz maßgeblich unterstreichen werden. Bei den während der Produktion eingeschalteten Testgruppen war das Ergebnis klar: hoher Schallschutz ist erforderlich. Die Auswirkung in dB zeigt auch die nachfolgende Tafel 16/7. Es lohnt sich, hohen Schallschutz zu erreichen.

Behaglichkeit durch angenehme Lichtverhältnisse

Unterschiedliche Untersuchungen kommen übereinstimmend zu dem Ergebnis, daß die ausreichende Versorgung mit Tageslicht und Sonne bei der Beurteilung der Wohnqualität einen besonders wichtigen Gesichtspunkt darstellt. Bei künstlicher Beleuchtung beeinflussen sowohl die Lichtfarbe wie auch die Farbwiedergabe unser Wohlbefinden. Genauso wirkt sich die Verteilung von Licht und Schatten auf das Wohlgefühl der Bewohner aus.

Bei der Planung sollte der Lage und Größe von Fenstern, der Anordnung und Auswahl der künstlichen Lichtquellen, aber auch der Gestaltung der Innenwände besondere Priorität eingeräumt werden. Für das Auge sind strukturierte Wände, z. B. weißes KS-Sichtmauerwerk, wesentlich angenehmer als leere strukturlose Flächen.

Behaglichkeit ohne störende „Spannungen"

Elektrische und elektromagnetische Felder in Räumen sind als elektrische Phänomene in geschlossenen Räumen

Bild 16/19: 14 Titel zum Thema Schallschutz. Eine eindrucksvolle, objektive Informationsquelle in digitaler Qualität. Die meßtechnisch exakten Tondemonstrationen wurden von Dipl.-Ing. Dieter Kutzer, Leiter des Dezernats „Technische Akustik und Schallschutz – Vergleichsmessungen" Staatliches Materialprüfungsamt Nordrhein-Westfalen in Dortmund, zusammengestellt.

Tafel 16/7: Praktische Auswirkung der Luftschalldämmung zwischen Wohnungen (Auszug aus Bauphysik Taschenbuch 87)

Grundgeräuschpegel im eigenen Raum				Beurteilung von Ereignissen in der Nachbarwohnung		
30 dB(A)	25 dB(A)	20 dB(A)	15 dB(A)	Gespräche normaler Lautstärke, Radio in Zimmerlautstärke Schalleistungspegel ca. L = 65 dB(A)	lautstarke Gespräche, lauter eingestelltes einfaches Radio, Blockflöte Schalleistungspegel ca. L = 75 dB(A)	Klavier, laut eingestellte Stereoanlage mit hohem Baßanteil, Hausmusik Schalleistungspegel ca. L = 95 dB(A)
Bewertetes Schalldämmaß in dB R'$_w$ (am Bau gemessen nach DIN 52 210)						
35	40	45	50	hörbar, voll verständlich	sehr gut verständlich, störend	
40	45	50	55	noch hörbar, ausreichend vertraulich	gut verständlich, noch störend	
45	50	55	60	noch schwach hörbar, aber volle Vertraulichkeit	noch gut hörbar, aber nicht mehr voll verständlich	extrem störend
50	55	60	65	nicht mehr wahrnehmbar	noch hörbar, ausreichend vertraulich	sehr störend
55	60	65	70	nicht mehr wahrnehmbar	noch schwach hörbar, aber volle Vertraulichkeit	sehr störend
60	65	70	75	nicht mehr wahrnehmbar	nicht mehr wahrnehmbar	störend
65	70	75	80	nicht mehr wahrnehmbar	nicht mehr wahrnehmbar	noch deutlich hörbar, gering störend
70	75	80	85	nicht mehr wahrnehmbar	nicht mehr wahrnehmbar	nur noch schwach wahrnehmbar, nicht mehr störend

zwar nachweisbar, unterscheiden sich jedoch völlig von denen im Freien, z.B. in unmittelbarer Nähe von Hochspannungsanlagen. Es läßt sich bei KS-Mauerwerk keine Beeinträchtigung des Wohlbefindens und der Behaglichkeit des Menschen innerhalb von Gebäuden folgern. In interessierten Fachkreisen wird auch häufig die vorteilhafte rechtsdrehende Strahlung von Kalksandsteinen hervorgehoben.

Behaglichkeit ohne Gifte

Aufgrund seiner natürlichen Bestandteile Sand, Kalk und Wasser ist umweltgerechter Kalksandstein als ungiftiger Wandbaustoff für ein gesundes, behagliches Wohnen prädestiniert. Der Kalksandstein gibt somit z.B. als verputzte Innenwand oder verputzte Innenschale von Außenwandkonstruktionen keine giftigen Schadstoffe ab.

Bild 16/20: Gesund und munter wie der sprichwörtliche Fisch im Wasser lebt man mit Kalksandstein. Und das aus gutem Grund: Umweltorientierter Kalksandstein ist in den ökologischen Kreislauf eingebunden. Aufgrund der natürlichen Rohstoffe Kalk, Sand und Wasser befindet sich Kalksandstein im Einklang mit der Natur.

16.5 Recycling

Die Wiederverwendung von zerkleinertem Kalksandsteinmauerwerk einschließlich Putz und Mörtel als Zuschlag zum Sand ist für eine erneute Produktion von Kalksandsteinen selbst bis zu 100% möglich. Entsprechende Untersuchungen der Forschungsvereinigung Kalk-Sand bestätigten dieses „Recycling" zu 100%. Lediglich bei der Stein-Druckfestigkeit mußten Abminderungen von bis zu 10% in Kauf genommen werden. Bei der sehr hohen, guten Druckfestigkeit von Kalksandstein ist dies jedoch keine Einschränkung. Für den *Wohnungsbau* wären zukünftig auch solche Kalksandsteine aus praktisch naturbelassenen Rohstoffen denkbar.

Vorwiegend für den *Nicht-Wohnungsbau* bietet die einfache Kalksandstein-Technologie weitere Einsatzmöglichkeiten, wie z.B. die Verdichtung von Materialien für die Lagerung in Deponien oder gepreßte und autoklavierte Steine mit anderen Zuschlägen für Untertagebau, Verfüllung und Sonderfälle.

16.6 Vom Stein zur Wand

Während die Kombination von Kalksandsteinen mit mineralischen Mörteln und Putzen hinsichtlich der Umweltverträglichkeit bereits allgemein anerkannt wird, tauchen hinsichtlich der verwendeten Dämmstoffe bei den Außenwänden hin und wieder Fragen auf. Es ist

nicht möglich, hier alle verwendeten Materialien zu beschreiben. So werden häufig Korkschrot, Holzfaser, Schilf, Perlite, Zellulose, Kokosfaser, Blähton und Schaumglas als zu bevorzugen genannt. Allerdings ist hier der Aspekt der ausreichenden Verfügbarkeit und der teilweise hohen Kosten zu beachten. Bei anderen Produkten gilt es, noch einige „Hausaufgaben" zu machen. Exemplarisch soll dies bei den vom Marktanteil her größten Gruppen in Schwerpunkten behandelt werden [16/9].

Mineralwolle-Dämmstoffe

Das Recycling von nicht verunreinigten Mineralwolle-Dämmstoffen ist prinzipiell möglich. Zur Zeit müssen Mineralwolle-Abfälle aus Abrißprojekten noch Deponien zugeführt werden.

Bei folgenden Verwendungsbereichen der Mineralwolle-Dämmstoffe ist eine Verbindung zur Innenraumluft praktisch nicht gegeben.

☐ Wärmeschutz in Außenbauteilen,
☐ Brandschutz,
☐ Schallschutz (Schalldämmung).

Also ist auch keine Gesundheitsgefährdung möglich. Allein bei der Anwendung der Mineralwolle-Dämmstoffe zur Schallabsorption wurde ein Forschungsprogramm des Umweltbundesamtes zur Faseremission in die Innenräume durchgeführt. Die Ergebnisse bestätigen, daß eine Gefährdung der Nutzer von Innenräumen nicht gegeben ist (weniger als 500 Fasern/m³).

Die radioaktive Strahlenemission der Mineralwolle-Dämmstoffe ist bedeutungslos (Institut für Biophysik der Universität des Saarlandes). Ein Formaldehyd-Abgabeprüfverfahren führte zu keinem meßbaren Ergebnis. Ein Berühren/Arbeiten mit Mineralwolle-Dämmstoffen kann bei empfindlichen Personen zu Hautreizungen führen. Dabei handelt es sich um eine Reaktion auf die mechanische Reizung durch die groben Fasern. Eine Krebsgefährdung für den Menschen als *Nutzer* der Mineralwolle-Dämmstoffe ist nicht gegeben (siehe „Behaglichkeit ohne Gifte"). Bei der *Be- und Verarbeitung* empfiehlt sich schon aufgrund der allgemeinen hohen Staubbelastungen ggf. in engen nicht belüfteten Räumen das Tragen von Atemschutzmasken.

Polystyrol-Dämmstoffe

Das bei der Styropor-Herstellung freigesetzte Pentan stellt für unsere Umwelt keine Belastung dar. Pentan wird in der Atmosphäre unter dem Einfluß der Luftfeuchtigkeit und der atmosphärischen Strahlung in einer photochemischen Reaktion schnell zu Kohlendioxid und Wasser umgesetzt. Die Halbwertzeit liegt zwischen 10 und 15 Stunden.

Fünfzehn Objekte, die auf unterschiedliche Weise auf der Innenseite gedämmt waren, wurden auf Emissionen von Styrol-Spuren untersucht. Dabei sind keinerlei gesundheitliche Belastungen oder Gefährdungen von Personen im Zusammenhang mit der Verwendung von Polystyrol-Hartschaumstoff bekannt geworden. Von Styropor-Dämmstoffen geht keine meßbare Radioaktivität aus (CR Consulting Bureau Reiter, Garmisch-Partenkirchen, März/1987).

Schaumstoffe aus Styropor lassen sich vielfältig weiter- und wiederverwenden. Voraussetzung ist, daß Styropor-Abfälle getrennt vom üblichen Hausmüll und Bauschutt gesammelt werden, z.B.

☐ Verwertung bei der Schaumstoffherstellung:
Frische gemahlene Schaumstoff-Abfälle lassen sich in bestimmten Grenzen mit vorgeschäumter Neuware vermischt wiederverwenden.

☐ Verwertung im Bauwesen:
Die Schaumstoffteile werden gemahlen und nach einer speziellen Rezeptur mit Beton zu einem leichten Baustoff verarbeitet. Weiterhin lassen sich mit gemahlenem Styropor auch Dämm- und Leichtmörtel und Putze für innen und außen herstellen.

☐ Sonstige Verwertungsmöglichkeiten ergeben sich für gemahlene Schaumstoffabfälle aus Styropor unter der Bezeichnung *Styromull* als

– Drän-Material für Schlitz- und Flächendränungen

– Zusatzstoff bei Pflanzensubstraten oder bei der Kompostierung

– Zusatzstoff bei der Bodenlockerung oder für elastische Böden.

16.7 Zusammenfassung

Ganzheitlich umweltverträgliche Produkte werden zukünftig an Bedeutung gewinnen. Es ist erkennbar, daß mehr und mehr hierzu auch eine „Öko-Bilanz" gefordert wird. Wichtig ist hierbei z.B. auch die Lebensdauer von Produkten. Einige Produkte, wie Anstriche, Tapeten, Vorhänge, Schaumstoffe (Möbel, Matratzen), Teppiche, Elektrogeräte, Ölbrenner usw. müssen bei einer Lebensdauer eines Bauwerkes von ca. 100 Jahren etwa siebenmal hergestellt und entsorgt werden. Produzenten, Handel und Verbraucher müssen verstärkt in die Verantwortung für den Umweltschutz genommen werden. Dieser neue ordnungspolitische Grundsatz, wie er bereits in der Verpackungsverordnung zum Ausdruck kommt, wird die Umweltschutzpolitik in den 90er Jahren wesentlich prägen. So wird in einer Marktwirtschaft den Belastungen aus Herstellung, Verwendung und Beseiti-

gung von Produkten Rechnung getragen, die neben den Auswirkungen des Verkehrs und der Energieerzeugung wesentliche Ursachen für die Beeinträchtigung der Umwelt in Industriestaaten sind. Aufgrund der bisher vorliegenden Studien kann gefolgert werden, daß eine Öko-Bilanz auch bei gedämmten Außenwandkonstruktionen positiv ausfällt, denn Betrachtungen hierzu bei der Herstellung von Dämmstoffen werden schnell ausgeglichen bei den Einsparungsmöglichkeiten während der Nutzung einer Wohnung.

„Jede nicht verbrauchte Energie ist die beste." Diese Auffassung ist sicher auch ein Ansatz zur vermehrten Berücksichtigung passiver Solarenergie

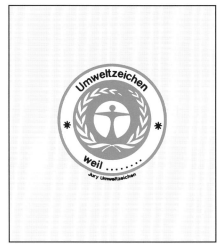

Bild 16/21: Umweltzeichen „Blauer Engel".

Produkt	KALKSANDSTEIN
Hersteller	Hunziker + Cie AG, Olten
Grundlagen	Fabrikations- und Produktebeschreibung
	Produktevolldeklaration
	Allgemeine Fachliteratur

Lebenslinie

LEBENSLINIELEBENSLINIELEBENSLINIELEBENSLINIELEBENSLINIELEBENSLINIELEBENSLINIELEBENSLI

Rohstoffe / Herstellung			Verarbeitung / Nutzung			Abbruch / Entsorgung		
1	2	3	4	5	6	7	8	9

LEBENSLINIELEBENSLINIELEBENSLINIELEBENSLINIELEBENSLINIELEBENSLINIELEBENSLINIELEBENSLI

1: Rohstoffanbau / Rohstoffgewinnung

4: Verarbeitung / Montage

7: Abbruch

2: Produktion / Veredlung

5: Nutzung / Unterhalt

8: Wiederverwendung / Recycling

3: Lagerung / Verpackung

6: Renovation / Sanierung

9: Entsorgung Deponie / Verbrennung

Bewertung

☐ Geringe Umweltbelastung / empfehlenswert

☐ Erhöhte Umweltbelastung / bedingt empfehlenswert

☐ Starke Umweltbelastung / nicht empfehlenswert

Beurteilungskriterien

Luft-Belastung	Energie	Soziale und ökonomische Aspekte
Boden-Belastung	Gesundheit	Störfall
Wasser-Belastung	Fauna, Flora, Landschaft	Verschiedenes (Ressourcen etc.)

Gesamtbewertung

Empfehlenswertes Produkt

Bild 16/22: Zusammenfassende verbale ökologische Materialbeurteilung nach R. Ehrsam [16/10] für ein Schweizer Kalksandsteinwerk.

bei der Planung. Bleibt zum Schluß noch die Frage, warum Kalksandstein nicht das Umweltzeichen „Blauer Engel" trägt.

Das Umweltzeichen kann immer nur eine relative Aussage über die Umweltfreundlichkeit von Produkten treffen. Es kennzeichnet die Produkte mit den deutlich besseren Umwelteigenschaften. Da es „absolut" umweltfreundliche Produkte nicht gibt, kann das Umweltzeichen nur Produkte kennzeichnen, die gegenüber vergleichbaren Erzeugnissen erheblich weniger Umweltbelastungen hervorrufen. Das Umweltzeichen geht von einer realistischen Einkaufssituation aus, bei der ein Käufer z. B. nicht zwischen Auto und Fahrrad, sondern zwischen den verschiedenen Angeboten bei Autos einerseits und bei Fahrrädern andererseits auswählt. Für

jemanden, der ein Fahrrad kaufen will, wäre es wenig hilfreich, wenn alle Fahrräder das Umweltzeichen tragen würden. Für Produktgruppen, die keine besonderen Umweltprobleme hervorrufen, gibt es daher in der Regel keinen Umweltengel.

Bei der Herstellung von Kalksandstein im Autoklaven entstehen keine schädlichen Emissionen. Sand, Kalk und Wasser sind natürliche Rohstoffe. Zur Energieerzeugung des erforderlichen Wasserdampfes werden vorzugsweise leichtes Heizöl, Erdgas und Biogas verwendet, also umweltschonende Energien. Kalksandsteine sind grundwasserverträglich und können bei Abbruch von Gebäuden leicht recycelt, also wiederverwendet werden.

Kalksandstein kann also den „Blauen

Engel" nicht erhalten, weil er immer schon umweltschonend war und weiterhin ist. Umweltschonung wird auch bei der zukünftigen europäischen Baustoff-Norm für umweltgerechte Kalksandsteine der Grundsatz sein. In diesem Zusammenhang wird der „Vorschlag für eine Verordnung (EWG) über ein gemeinschaftliches System zur Vergabe eines Umweltzeichens", d.h., ein EG-Abzeichen für umweltschonende Produkte zu prüfen sein.

Ein Beispiel in Bild 16/22 zeigt den Versuch der Bewertung von Produkten eines Kalksandsteinwerkes in der Schweiz [16/10]. In der Bundesrepublik werden noch günstigere Einstufungen möglich sein (z. B. durch gezielte Baustellenberatung, regionalen Verbund von KS-Werken, Aufbau von Recyclingmaßnahmen).

17. Wärmeschutz

Beginnend mit den Energiepreiskrisen der 70er Jahre wuchs zunehmend die Bedeutung des baulichen Wärmeschutzes. Während zunächst die ökonomischen Aspekte bei der Heizenergieeinsparung überwogen, haben sich in den letzten Jahren ökologische Aspekte mindestens gleichrangig dazugestellt. Diese Entwicklung läßt sich auch in den einschlägigen Gesetzen und Normenwerken ablesen. Bis 1976 wurde aufgrund dieser Vorschriftenwerke lediglich ein hygienisch begründeter Mindestwärmeschutz in DIN 4108 verlangt. Beginnend mit dem Energieeinsparungsgesetz 1976 und der darauf aufgebauten Wärmeschutzverordnung von 1977 wurden erstmals Vorschriften erlassen, die eine wirtschaftlich sinnvolle Beschränkung des Energieverbrauches forderten. Die Novellierung der Wärmeschutzverordnung verschärfte 1982 die Anforderungen an den baulichen Wärmeschutz. Im Laufe der 80er Jahre wurde jedoch zunehmend der ökologische Aspekt eines erhöhten Energieverbrauchs diskutiert. Diese Diskussion fand ihren vorläufigen Abschluß in dem Bericht „Vorsorge zum Schutz der Erdatmosphäre" der Enquete-Kommission des Deutschen Bundestages und dem Beschluß der Bundesregierung vom 7. November 1990. Es wird eine Reduzierung der CO_2-Emissionen in der Bundesrepublik Deutschland um 25% in den alten Bundesländern und 30% in den neuen Bundesländern bis zum Jahre 2005 angestrebt.

Diese Beschlüsse waren Ausgangspunkt für eine weitere Novellierung 1993/94 der Wärmeschutzverordnung. Auch bei dieser Novelle sind die Anforderungen so formuliert, daß das Wirtschaftlichkeitsgebot des Energieeinsparungsgesetzes erfüllt wird.

Darüber hinausgehend werden zunehmend Niedrigenergiehäuser geplant und gebaut, die noch höhere Ansprüche an einen energiesparenden Wärmeschutz stellen.

Die Konsequenz kann daher nur sein, möglichst zukunftsorientiert zu bauen. Dieser Ansatz wird durch KS-Wandkonstruktionen in höchstem Maß ermöglicht durch:

Hochgedämmte KS-Außenwände + massive, wärmespeichernde KS-Innenwände.

Mit dieser wirtschaftlichen Kombination werden sehr gute Ergebnisse im Bereich des winterlichen und auch im Bereich des sommerlichen Wärmeschutzes erreicht, die für den Bauherren günstige Baukosten und Werterhaltung bedeuten.

Die Summe der Vorteile dieser Konzeption ist überzeugend:

☐ wirkungsvoller Schutz vor Wärmeverlusten — k_w bis 0,20 W/(m² · K) — in Verbindung mit den anderen Außenbauteilen als Voraussetzung für die drastische Reduzierung des Heizwärmeverbrauchs und wirtschaftliche Anwendung der Niedertemperaturtechnik bei kleiner Heizungsanlage,

☐ zukunftssichere Energieeinsparung,

☐ geringe Wanddicken durch hochbelastbares KS-Mauerwerk — daher Nutzflächengewinn,

☐ rationeller Rohbau mit großformatigen KS-Steinen für die tragenden Wände, geeignet für Handverlegung und das Mauern mit Versetzgerät sowie das KS-Bausystem aus großformatigen Planelementen,

☐ keine Wärmebrücken im Mauerwerk (Mörtelfugen) und bei Deckenanschlüssen durch die lückenlose Umhüllung mit hochwertigen Dämmstoffen,

☐ Wohnbehaglichkeit sowohl im strengen Winter als auch im heißen Sommer durch den günstigen Temperaturverlauf in der hochgedämmten Konstruktion und durch das wärmespeichernde klimaregulierende KS-Mauerwerk.

Eine wichtige Voraussetzung zur optimalen Ausnutzung der eingestrahlten Sonnenenergie ist die Wahl wärmespeichernder Konstruktionen. Dadurch wird außerdem eine den Komfort steigernde thermische Trägheit des Gebäudes erreicht. Im Sommer wird es selten zu einer hohen Übertemperatur kommen, und im Winter können die Wände tagsüber Wärme speichern und am Abend wieder an den Raum abgeben.

17.1 Grundlagen DIN 4108

Die DIN 4108 (August 1981) enthält Anforderungen an die Wärmedämmung und Wärmespeicherung sowie wärmeschutztechnische Hinweise für Planung und Ausführung von Aufenthaltsräumen in Hochbauten, die ihrer Bestimmung nach auf normale Innentemperaturen (≥ 19 °C) beheizt werden.

Aufenthaltsräume im Sinne der Norm sind u.a.:

Wohn- und Schlafräume, Wohn- und Kochküchen, Unterrichtsräume, Versammlungsräume, Krankenräume, Gasträume, Warteräume, Büroräume, Geschäfts- und Verkaufsräume, Werkstätten.

Der Wärmeschutz im Hochbau umfaßt insbesondere alle Maßnahmen zur Verringerung der Wärmeübertragung durch die Umfassungsflächen eines Gebäudes und durch die Trennflächen von Räumen unterschiedlicher Temperaturen.

Der Wärmeschutz hat bei Gebäuden Bedeutung für:

☐ die Gesundheit der Bewohner durch ein hygienisches Raumklima,

☐ den Schutz der Baukonstruktion vor klimabedingten Feuchteeinwirkungen und deren Folgeschäden,

☐ einen geringeren Energieverbrauch bei der Heizung und Kühlung,

☐ die Herstellungs- und Bewirtschaftungskosten.

Durch Mindestanforderungen an den Wärmeschutz in DIN 4108 Teil 2 (Tafel 17/1) in Verbindung mit DIN 4108 Teil 3 (klimabedingter Feuchteschutz) soll ein hygienisches Raumklima sowie ein dauerhafter Schutz der Baukonstruktion vor klimabedingten Feuchteeinwirkungen gesichert werden. Hierbei wird vorausgesetzt, daß die Räume entsprechend ihrer Nutzung ausreichend geheizt und gelüftet werden.

Durch Empfehlungen für den baulichen Wärmeschutz der Bauteile im Sommer nach Teil 2, Abschnitt 7, soll eine zu hohe Erwärmung der Aufenthaltsräume infolge sommerlicher Wärmeeinwirkung vermieden werden.

17.1.1 Begriffe und Größen

In DIN 4108 Teil 4 sind wärmeschutztechnische Kennwerte festgelegt.

Wärmeleitfähigkeit λ_R

In der Norm werden Rechenwerte der Wärmeleitfähigkeit λ_R [W/(m · K)] für die Baustoffe und Bauteile angegeben. Überdies werden für nicht in der Norm erfaßte Baustoffe amtliche Zulassungsbescheide über die Rechenwerte der Wärmeleitfähigkeit ausgestellt, die im „Bundesanzeiger" veröffentlicht werden. Für den Wärmeschutznachweis dürfen nur wärmetechnische Werte verwendet werden, wenn sie im „Bundesanzeiger" bekanntgegeben wurden oder in DIN 4108 Teil 4 enthalten sind.

Tafel 17/1: Mindestwerte der Wärmedurchlaßwiderstände 1/Λ und Maximalwerte der Wärmedurchgangskoeffizienten k von Bauteilen (mit Ausnahme leichter Bauteile) (Tabelle 1 der DIN 4108 Teil 2)

Spalte		1		2		3	
				2.1	2.2	3.1	3.2
Zeile		Bauteile		Wärmedurchlaßwiderstand 1/Λ		Wärmedurchgangskoeffizient k	
				im Mittel	an der ungünstigsten Stelle	im Mittel	an der ungünstigsten Stelle
				[(m² · K)/W]		[W/(m² · K)]	
1	1.1	Außenwände[1])	allgemein	0,55		1,39; 1,32[2])	
	1.2		für kleinflächige Einzelbauteile (z. B. Pfeiler) bei Gebäuden mit einer Höhe des Erdgeschoßfußbodens (1. Nutzgeschoß $\leq$ 500 m über NN)	0,47		1,56; 1,47[2])	
2	2.1	Wohnungstrennwände[3]) und Wände zwischen fremden Arbeitsräumen	in nicht zentralbeheizten Gebäuden	0,25		1,96	
	2.2		in zentralbeheizten Gebäuden[4])	0,07		3,03	
3		Treppenraumwände[5])		0,25		1,96	
4	4.1	Wohnungstrenndecken[3]) und Decken zwischen fremden Arbeitsräumen[8]) [7])	allgemein	0,35		1,64[8]); 1,45[9])	
	4.2		in zentralbeheizten Bürogebäuden[4])	0,17		2,33[8]); 1,96[9])	
5	5.1	unterer Abschluß nicht unterkellerter Aufenthaltsräume[6])	unmittelbar an das Erdreich grenzend	0,90		0,93	
	5.2		über einen nicht belüfteten Hohlraum an das Erdreich grenzend			0,81	
6		Decken unter nicht ausgebauten Dachräumen[6]) [10])		0,90	0,45	0,90	1,52
7		Kellerdecken[6]) [11])		0,90	0,45	0,81	1,27
8	8.1	Decken, die Aufenthaltsräume gegen die Außenluft abgrenzen[6])	nach unten[12])	1,75	1,30	0,51; 0,50[2])	0,66; 0,65[2])
	8.2		nach oben[13]) [14])	1,10	0,80	0,79	1,03

[1]) Die Zeile 1 gilt auch für Wände, die Aufenthaltsräume gegen Bodenräume, Durchfahrten, offene Hausflure, Garagen (auch beheizte) oder dergleichen abschließen oder an das Erdreich angrenzen. Zeile 1 gilt nicht für Abseitenwände, wenn die Dachschräge bis zum Dachfuß gedämmt ist (siehe Abschnitt 4.2.1.8).

[2]) Dieser Wert gilt für Bauteile mit hinterlüfteter Außenhaut.

[3]) Wohnungstrennwände und -trenndecken sind Bauteile, die Wohnungen voneinander oder von fremden Arbeitsräumen trennen.

[4]) Als zentralbeheizt im Sinne dieser Norm gelten Gebäude, deren Räume an eine gemeinsame Heizzentrale angeschlossen sind, von der ihnen die Wärme mittels Wasser, Dampf oder Luft unmittelbar zugeführt wird.

[5]) Die Zeile 3 gilt auch für Wände, die Aufenthaltsräume von fremden, dauernd unbeheizten Räumen trennen, wie abgeschlossenen Hausfluren, Kellerräumen, Ställen, Lagerräumen usw. Die Anforderung nach Zeile 3 gilt nur für geschlossene, eingebaute Treppenräume, sonst gilt Zeile 1.

[6]) Bei schwimmenden Estrichen ist für den rechnerischen Nachweis der Wärmedämmung die Dicke der Dämmschicht im belasteten Zustand anzusetzen. Bei Fußboden- oder Deckenheizungen müssen die Mindestanforderungen an den Wärmedurchlaßwiderstand durch die Deckenkonstruktion unter- bzw. oberhalb der Ebenen der Heizfläche (Unter- bzw. Oberkante Heizrohr) eingehalten werden. Es wird empfohlen, die Wärmedurchlaßwiderstände 1/Λ über diese Mindestanforderung hinaus zu erhöhen.

[7]) Die Zeile 4 gilt auch für Decken unter Räumen zwischen gedämmten Dachschrägen und Abseitenwänden bei ausgebauten Dachräumen.

[8]) Für Wärmestromverlauf von unten nach oben.

[9]) Für Wärmestromverlauf von oben nach unten.

[10]) Die Zeile 6 gilt auch für Decken, die unter einem belüfteten Raum liegen, der nur bekriechbar oder noch niedriger ist, sowie für Decken unter belüfteten Räumen zwischen Dachschrägen und Abseitenwänden bei ausgebauten Dachräumen (bezüglich der erforderlichen Belüftung siehe DIN 4108 Teil 3).

[11]) Die Zeile 7 gilt auch für Decken, die Aufenthaltsräume gegen abgeschlossene, unbeheizte Hausflure o. ä. abschließen.

[12]) Die Zeile 8.1 gilt auch für Decken, die Aufenthaltsräume gegen Garagen (auch beheizte), Durchfahrten (auch verschließbare) und belüftete Kriechkeller abgrenzen.

[13]) Siehe auch DIN 18530 (Vornorm).

[14]) Zum Beispiel Dächer und Decken unter Terrassen.

Tafel 17/2: Wärme- und feuchteschutztechnische Rechenwerte

1 Kalksandstein

Stoff	Rohdichteklasse	λ_R-Wert in W/(m K)	μ-Wert	Wärmedurchlaßwiderstand s/λ_R [(m²·K)/W] bei Dicke in [m]				
				0,115	0,175	0,24	0,30	0,365
	1,0	0,50		–	0,35	0,48	0,60	0,73
	1,2	0,56	5/10	0,21	0,31	0,43	0,54	0,65
	1,4	0,70		0,16	0,25	0,34	0,43	0,52
KS/KS L	1,0–1,4	0,77¹)	5/10	0,14	0,23	0,31	0,38	0,47
	1,6	0,79		0,15	0,22	0,30	0,38	0,46
	1,8	0,99	15/25	0,12	0,18	0,24	0,30	0,37
	2,0	1,1		0,10	0,16	0,22	0,27	0,33
	2,2	1,3		0,09	0,13	0,18		

2 Putze

Stoff	Rohdichteklasse	λ_R-Wert in W/(m K)	μ-Wert	0,01	0,015	0,02	0,025	0,03	0,035	0,04	0,045	0,05
2.1 Kalkgips-, Gips-, Anhydritmörtel	1,4	0,70	10	0,014	0,021	0,029	0,036					
2.2 Kalk-, Kalkzementmörtel, Mörtel aus hydr. Kalk	1,8	0,87	15/35	0,011	0,017	0,023	0,029					
2.3 Zementmörtel	2,0	1,4	15/35	0,007	0,011	0,014	0,018					
2.4 Gipskartonplatten nach DIN 18180	0,9	0,21	8	0,05								
2.5 Wärmedämmputz nach Zulassung	~ 0,04	0,07	5/20			0,286	0,357	0,429	0,500	0,571	0,643	0,714
		0,09				0,222	0,278	0,333	0,389	0,444	0,500	0,555
		0,10				0,200	0,250	0,30	0,350	0,40	0,45	0,50

3 Wärmedämmschichten

Stoff	Rohdichteklasse	λ_R-Wert in W/(m K)	μ-Wert	0,01	0,02	0,03	0,04	0,05	0,06	0,07	0,08	0,10	0,12
3.1 Faserdämmstoffe nach DIN 18165 λ_R-Gruppe 035		0,035		0,286	0,571	0,857	1,14	1.43	1,71	2,00	2,29	2,86	3,42
040	0,08–0,50	0,040	1	0,250	0,500	0,750	1,00	1,25	1,50	1,75	2,00	2,50	3,00
045		0,045		0,222	0,444	0,667	0,889	1,11	1,33	1,56	1,78	2,22	2,67
050		0,050		0,200	0,400	0,600	0,800	1,00	1,20	1,50	1,60	2,00	2,40
3.2 PS-Hartschaum nach DIN 18164 Teil 1 λ_R-Gruppe 025		0,025		0,040	0,080	1,20	1,60	2,00	2,40	2,80	3,20	4,00	4,80
030		0,030		0,333	0,667	1,00	1,33	1,67	2,00	2,33	2,67	3,33	4,00
035		0,035		0,286	0,571	0,857	1,14	1,43	1,71	2,00	2,29	2,86	3,42
040		0,040		0,250	0,500	0,750	1,00	1,25	1,50	1,75	2,00	2,50	3,00
PS-Partikelschaum	≥ 15		20/50										
	≥ 20		30/70										
	≥ 30		40/100										
PS-Extruderschaum	≥ 25		80/300										

Stoff	Rohdichteklasse	λ_R-Wert in W/(m K)	μ-Wert	0,01	0,02	0,03	0,04	0,05	0,06	0,07	0,08	0,10	0,12
3.3 Hyperlite	0,1	0,050	1	0,20				1,00	1,20	1,40	1,60	2,00	2,40
3.4 PUR-Hartschaum λ_R-Gruppe 020		0,020		0,50	1,00	1,50	2,00	2,50	3,00	3,50	4,00	5,00	6,00
025	≥ 30	0,025	30/100	0,400	0,080	1,20	1,60	2,00	2,40	2,80	3,20	4,00	4,80
030		0,030		0,333	0,667	1,00	1,33	1,67	2,00	2,33	2,67	3,33	4,00
035		0,035		0,286	0,571	0,857	1,14	1,43	1,71	2,00	2,29	2,86	3,42
3.5 Schaumglas nach DIN 18174 λ_R-Gruppe 045		0,045	praktisch dampfdicht	0,222	0,444	0,667	0,889	1,11	1,33	1,55	1,78	2,22	2,67
050	100–150	0,050		0,20	0,40	0,60	0,80	1,00	1,20	1,40	1,60	2,00	2,40
055		0,055		0,182	0,364	0,545	0,727	0,909	1,09	1,27	1,46	1,82	2,18
060		0,060		0,167	0,333	0,500	0,667	0,833	1,00	1,17	1,33	1,67	2,00

4 Folien

Stoff	μ-Wert
PVC-Folie, s ≥ 0,1 mm	20000/50000
PE-Folie, s ≥ 0,1 mm	~100000
Alufolie, s ≥ 0,05 mm	praktisch dampfdicht

5 Dachdichtungsbahnen

Stoff	Rohdichteklasse	λ_R-Wert in W/(m K)	μ-Wert
5.1 Dachpappe nach DIN 52128	1,200	0,17	15000/100000
5.2 nackte Pappe nach DIN 52129	1,200	0,17	2000/3000

¹) Rechenwert der Wärmeleitfähigkeit für KS-Steine mit geänderten Lochbildern gegenüber DIN 106, z. B. R-Blocksteine.

Einige Rechenwerte λ_R enthält Tafel 17/2.

Wärmedurchlaßwiderstand 1/Λ

Der Widerstand, den eine Baustoffschicht dem Abfluß von Wärme entgegensetzt, ist bestimmt durch dessen Wärmedurchlaßwiderstand, der sich ergibt aus der Stoffdicke s in m, dividiert durch die Wärmeleitfähigkeit λ_R des Baustoffs.

$$\frac{1}{\Lambda} = \frac{s}{\lambda_R} \ [(m^2 \cdot K)/W]$$

In der Regel sind die Bauteile mehrschichtig, so daß sich der Gesamt-Wärmedurchlaßwiderstand eines Bauteils aus den Einzel-Wärmedurchlaßwiderständen der Baustoffschichten addiert.

Die Berechnungsformel für den Gesamt-Wärmedurchlaßwiderstand lautet daher:

$$\frac{1}{\Lambda} = \frac{s_1}{\lambda_1} + \frac{s_2}{\lambda_2} + \frac{s_3}{\lambda_3}$$

$$+ \ldots \frac{s_n}{\lambda_n} \ [(m^2 \cdot K)/W]$$

Wärmedurchgangskoeffizient k

Außer dem Wärmedurchlaßwiderstand des Bauteils sind die Wärmeübergangsverhältnisse zu beiden Seiten zu berücksichtigen, die vor allem von der Luftbewegung am Bauteil (innen und außen) abhängen. Diese werden durch die Wärmeübergangswiderstände $1/\alpha_i$ auf der inneren Bauteiloberfläche und $1/\alpha_a$ auf der Außenseite beschrieben gem. Tabelle 5 der DIN 4108 Teil 4 (Tafel 17/3). Mit diesen Wärmeübergangs-

Tafel 17/4: Rechenwerte der Wärmedurchlaßwiderstände von Luftschichten[1])

Lage der Luft-schicht	Dicke der Luftschicht [mm]	Wärmedurchlaß-widerstand 1/Λ [(m² · K)/W]
lotrecht	10 bis 20	0,14
	über 20 bis 500	0.17
waage-recht	10 bis 55	0,17

[1]) Die Werte gelten für Luftschichten, die nicht mit der Außenluft in Verbindung stehen, und für Luftschichten bei mehrschaligem Mauerwerk nach DIN 1053 Teil 1.

widerständen und dem Wärmedurchlaßwiderstand des Bauteils 1/Λ ergibt sich der Wärmedurchgangskoeffizient

$$k = \cfrac{1}{\cfrac{1}{\alpha_i} + \cfrac{1}{\Lambda} + \cfrac{1}{\alpha_a}} \ [W/(m^2 \cdot K)]$$

Der mittlere Wärmedurchgangskoeffizient k für ein Bauteil, das aus mehreren, nebeneinander liegenden Bereichen mit verschiedenen Wärmedurchgangskoeffizienten besteht, wird entsprechend ihren Flächenanteilen nach folgender Gleichung berechnet:

$$k_m = \frac{k_1 \cdot A_1 + k_2 \cdot A_2 + \ldots + k_n \cdot A_n}{A} \ [W/(m^2 \cdot K)]$$

Hier ist A die Summe der Flächenanteile.

$A_1 + A_2 + \ldots + A_n$ der Bauteilbereiche.

Der Wärmeschutznachweis nach der Wärmeschutzverordnung ist ohne Be-

rechnung des Wärmedurchgangskoeffizienten k nicht durchführbar.

Rechenbeispiel

Zweischalige KS-Außenwand mit Kerndämmung s = 39,0 cm

1,0 cm Innenputz ($\lambda_R = 0,70$)	s/λ_R = 0,014
17,5 cm KS-Innenschale ($\lambda_R = 0,99$)	= 0,180
10,0 cm KD-Platten ($\lambda_R = 0,035$)	= 2,860
11,5 cm KS-Verblendschale ($\lambda_R = 0,99$)	= 0,120

Wärmedurchlaß-widerstand [(m² · K)/W] $1/\Lambda = 3,174$

Wärmeübergangswiderstände [(m² · K)/W]   innen $1/\alpha_i = 0,130$ außen $1/\alpha_a = 0,040$

Wärmedurchgangswiderstand [(m² · K)/W] $1/k_w = 3,344$

Wärmedurchgangskoeffizient [W/(m² · K)] $k_w = 0,299$

In Tafel 17/5 sind die Wärmedurchgangskoeffizienten für übliche KS-Außenwände aufgeführt.

Kennwerte für Verglasungen

Weil bei Verglasungen nicht nur geringe Wärmeverluste − beschrieben durch den k-Wert (Tafel 17/6) − von Bedeutung sind, sondern weil sie auch hohe Energiegewinne ermöglichen, wird zur energetischen Beurteilung von transparenten Bauteilen auch der Gesamtenergiedurchlassungsgrad (g-Wert) herangezogen. Der g-Wert dient zur Kenn-

Tafel 17/3: Wärmeübergangswiderstände nach DIN 4108

Zeile	Bauteil	Widerstände in [m² · K/W] $1/\alpha_i$	$1/\alpha_a$
1	Außenwände	0,13	0,04
1 a	Außenwände an Erdreich grenzend	0,13	0[2])
2	Außenwände mit hinterlüfteter Fassade und Dachschrägen	0,13	0,08[3])
3	Decken unter nicht ausgebauten Dachgeschossen	0,13	−[1])
4	Decken, die Aufenthaltsräume nach oben gegen Außenluft abgrenzen	0,13	0,04
5	Kellerdecken	0,17	−[1])
6	Unterer Abschluß nicht unterkellerter Aufenthalts-räume (an das Erdreich grenzend)	0,17	0[2])
7	Decken, die Aufenthaltsräume unten gegen Außenluft abgrenzen (Durchfahrten)	0,17	0,04

VORBAU ÜBER OFFENEM EINSTELLPLATZ

DURCHFAHRT   UNBEHEIZT

Lage der Bauteile im Gebäude. Die Zahlen bei den Bauteilen entsprechen der Zeilennumerierung in nebenstehender Tabelle.

[1]) Bei innenliegenden Bauteilen ist zu beiden Seiten mit demselben Wärmeübergangswiderstand zu rechnen.
[2]) Wird nicht in Ansatz gebracht.
[3]) Zur Vereinfachung wird empfohlen, bei Außenwänden einheitlich mit $1/\alpha_a = 0,04$ zu rechnen, da die Auswirkung auf k-Wert-Berechnungen gering ist.

Tafel 17/5: Hochgedämmte KS-Außenwände (wärmetechnische Daten der Gesamtkonstruktion)

System	Dicke des Systems m	Dicke der tragenden Wand m	Dämmschichtdicke m	k_w [W/m²·K] λ_R [W/m K]			Beschreibung
				0,035	0,040	0,050	
1	0,34 / 0,40 / 0,465	0,115 / 0,175 / 0,24	0,06	0,44 / 0,43 / 0,41	0,48 / 0,47 / 0,45	– / – / –	**Zweischalige KS-Außenwand mit Wärmedämmung und Luftschicht** Innenputz 0,01 m ($\lambda_R = 0,70$) KS-Innenschale (tragende Wand) mit der Rohdichteklasse 1,8 Dämmplatten Luftschicht 0,04 m (1/Λ = 0,17 [(m² · K)/W]) KS-Verblendschale 0,115 m KS Vb 1,8-2,0
	0,36 / 0,42 / 0,485	0,115 / 0,175 / 0,24	0,08	0,35 / 0,34 / 0,34	0,38 / 0,38 / 0,37	– / – / –	
	0,38 / 0,44 / 0,505	0,115 / 0,175 / 0,24	0,10	0,29 / 0,29 / 0,29	0,33 / 0,32 / 0,31	– / – / –	
2	0,30 / 0,36 / 0,425	0,115 / 0,175 / 0,24	0,06	0,47 / 0,46 / 0,45	0,53 / 0,51 / 0,49	0,62 / 0,60 / 0,58	**Zweischalige KS-Außenwand mit Kerndämmung** Innenputz 0,01 m ($\lambda_R = 0,70$) KS-Innenschale (tragende Wand) mit der Rohdichteklasse 1,8 Kerndämmplatten[2]) bzw. Schüttungen KS-Verblendschale 0,115 m[1]) KS Vb 1,8-2,0
	0,32 / 0,38 / 0,445	0,115 / 0,175 / 0,24	0,08	0,37 / 0,36 / 0,36	0,42 / 0,41 / 0,40	0,50 / 0,48 / 0,47	
	0,34 / 0,40 / 0,465	0,115 / 0,175 / 0,24	0,10	0,31 / 0,30 / 0,30	0,34 / 0,34 / 0,33	0,42 / 0,41 / 0,40	
	0,36 / 0,42 / 0,485	0,115 / 0,175 / 0,24	0,12	0,26 / 0,26 / 0,25	0,29 / 0,29 / 0,28	0,36 / 0,35 / 0,34	
	0,39 / 0,45 / 0,515	0,115 / 0,175 / 0,24	0,15	0,21 / 0,21 / 0,21	0,24 / 0,24 / 0,23	0,29 / 0,29 / 0,28	
3	≤ 0,255 / ≤ 0,32	0,175 / 0,24	0,06	0,42 / 0,46	0,53 / 0,52	– / –	**Einschalige KS-Außenwand mit Wärmedämmverbundsystem** Innenputz 0,01 m ($\lambda_R = 0,70$) KS-Außenwand mit der Rohdichteklasse 1,8 Dämmplatten armierte Putzbeschichtung ≤ 0,01 m
	≤ 0,275 / ≤ 0,34	0,175 / 0,24	0,08	0,38 / 0,37	0,42 / 0,41	– / –	
	≤ 0,295 / ≤ 0,36	0,175 / 0,24	0,10	0,31 / 0,30	0,35 / 0,34	– / –	
	≤ 0,315 / ≤ 0,38	0,175 / 0,24	0,12	0,26 / 0,26	0,30 / 0,29	– / –	
	≤ 0,345 / ≤ 0,41	0,175 / 0,24	0,15	0,21 / 0,21	0,24 / 0,24	– / –	
4		0,175 / 0,24	0,06	0,47 / 0,46	0,53 / 0,51	– / –	**Einschalige KS-Außenwand mit außenseitiger Wärmedämmschicht und hinterlüfteter Bekleidung** Innenputz 0,01 m ($\lambda_R = 0,70$) KS-Außenwand mit der Rohdichteklasse 1,8 Dämmplatten Hinterlüftung ≥ 0,02 m Fassadenbekleidung[3])
		0,175 / 0,24	0,08	0,37 / 0,36	0,42 / 0,41	– / –	
		0,175 / 0,24	0,10	0,31 / 0,30	0,34 / 0,34	– / –	
		0,175 / 0,24	0,12	0,26 / 0,26	0,29 / 0,29	– / –	
		0,175 / 0,24	0,15	0,21 / 0,21	0,24 / 0,24	– / –	
5	≤ 0,255 / ≤ 0,32	0,175 / 0,24	0,06	0,47 / 0,46	0,52 / 0,50	– / –	**Einschalige KS-Außenwand (Sonderfall) mit innenseitiger Wärmedämmschicht** Gipskartonplatte 0,01 m ($\lambda_R = 0,21$) mit Dampfbremse Dämmplatten (biegeweich) KS-Außenwand mit der Rohdichteklasse 1,8 Außenputz, wasserabweisend (s_d ≤ 0,04 m)
	≤ 0,275 / ≤ 0,34	0,175 / 0,24	0,08	0,37 / 0,36	0,41 / 0,40	– / –	
6	0,29 / 0,05 / 0,415	0,24 / 0,00 / 0,365	0,05	0,57 / 0,54 / 0,52	0,62 / 0,50 / 0,57	– / – / –	**Einschaliges KS-Kellermauerwerk mit außenliegender Wärmedämmung (Perimeterdämmung)** KS-Außenwand mit der Rohdichteklasse 1,4 Perimeterdämmplatten[2])
	0,32 / 0,38 / 0,445	0,24 / 0,30 / 0,365	0,08	0,40 / 0,39 / 0,39	0,44 / 0,43 / 0,42	– / – / –	
	0,36 / 0,42 / 0,485	0,24 / 0,30 / 0,365	0,12	0,30 / 0,29 / 0,29	0,33 / 0,32 / 0,31	– / – / –	

Als Dämmung können unter Berücksichtigung der stofflichen Eigenschaften und in Abhängigkeit von der Konstruktion alle genormten oder bauaufsichtlich zugelassenen Dämmstoffe verwendet werden, zum Beispiel Hartschaumplatten, Hyperlite-Schüttungen, Mineralwolleplatten.

[1]) 0,09 m möglich, nach Zulassung   [2]) durch Zulassungen geregelt   [3]) Gesamtwanddicke je nach Dicke der Bekleidung

Tafel 17/6: Rechenwerte der Wärmedurchgangskoeffizienten für die Verglasung (k_V) und für Fenster und Fenstertüren einschließlich Rahmen (k_F) (aus Tabelle 3 der DIN 4108 Teil 4)

Spalte	1	2	3	4	5	6	7
Zeile	Beschreibung der Verglasung	Ver-glasung[1] k_V [W/(m²·K)]	Fenster und Fenstertüren einschließlich Rahmen k_F für Rahmenmaterialgruppe[2] [W/(m²·K)]				
			1	2.1	2.2	2.3	3[3]
1	**Unter Verwendung von Normalglas**						
1.1	Einfachverglasung	5,8	5,2				
1.2	Isolierglas mit ≥ 6 bis ≤ 8 mm Luftzwischenraum	3,4	2,9	3,2	3,3	3,6[4]	4,1[4]
1.3	Isolierglas mit > 8 bis ≤ 10 mm Luftzwischenraum	3,2	2,8	3,0	3,2	3,4	4,0[4]
1.4	Isolierglas mit > 10 bis ≤ 16 mm Luftzwischenraum	3,0	2,6	2,9	3,1	3,3	3,8[4]
1.5	Isolierglas mit zweimal ≥ 6 bis ≤ 8 mm Luftzwischenraum	2,4	2,2	2,5	2,6	2,9	3,4
1.6	Isolierglas mit zweimal > 8 bis ≤ 10 mm Luftzwischenraum	2,2	2,1	2,3	2,5	2,7	3,3
1.7	Isolierglas mit zweimal > 10 bis ≤ 16 mm Luftzwischenraum	2,1	2,0	2,3	2,4	2,7	3,2
1.8	Doppelverglasung mit 20 bis 100 mm Scheibenabstand	2,8	2,5	2,7	2,9	3,2	3,7[4]
1.9	Doppelverglasung aus Einfachglas und Isolierglas (Luftzwischenraum 10 bis 16 mm) mit 20 bis 100 mm Scheibenabstand	2,0	1,9	2,2	2,4	2,6	3,1
1.10	Doppelverglasung aus zwei Isolierglaseinheiten (Luftzwischenraum 10 bis 16 mm) mit 20 bis 100 mm Scheibenabstand	1,4	1,5	1,8	1,9	2,2	2,7
2	**Unter Verwendung von Sondergläsern**						
2.1	Die Wärmedurchgangskoeffizienten k_V für Sondergläser werden aufgrund von Prüfzeugnissen hierfür anerkannter Prüfanstalten festgelegt	3,0	2,6	2,9	3,1	3,3	3,8[4]
2.2		2,9	2,5	2,8	3,0	3,2	3,8[4]
2.3		2,8	2,5	2,7	2,9	3,2	3,7[4]
2.4		2,7	2,4	2,7	2,9	3,1	3,6[4]
2.5		2,6	2,3	2,6	2,8	3,0	3,6[4]
2.6		2,5	2,3	2,5	2,7	3,0	3,5
2.7		2,4	2,2	2,5	2,6	2,9	3,4
2.8		2,3	2,1	2,4	2,6	2,8	3,4
2.9		2,2	2,1	2,3	2,5	2,7	3,3
2.10		2,1	2,0	2,3	2,4	2,7	3,2
2.11		2,0	1,9	2,2	2,4	2,6	3,1
2.12		1,9	1,8	2,1	2,3	2,5	3,1
2.13		1,8	1,8	2,0	2,2	2,5	3,0
2.14		1,7	1,7	2,0	2,2	2,4	2,9
2.15		1,6	1,6	1,9	2,1	2,3	2,9
2.16		1,5	1,6	1,8	2,0	2,3	2,8
2.17		1,4	1,5	1,8	1,9	2,2	2,7
2.18		1,3	1,4	1,7	1,9	2,1	2,7
2.19		1,2	1,4	1,6	1,8	2,0	2,6
2.20		1,1	1,3	1,6	1,7	2,0	2,5
2.21		1,0	1,2	1,5	1,7	1,9	2,4
3	**Glasbausteinwand** nach DIN 4242 mit Hohlglasbausteinen nach DIN 18175						3,5

[1] Bei Fenstern mit einem Rahmenanteil von nicht mehr als 5% (z. B. Schaufensteranlagen) kann für den Wärmedurchgangskoeffizienten k_F der Wärmedurchgangskoeffizient k_V der Verglasung gesetzt werden.

[2] Die Einstufung von Fensterrahmen in die Rahmenmaterialgruppen 1 bis 3 ist wie folgt vorzunehmen:

Gruppe 1:
Fenster mit Rahmen aus Holz, Kunststoff (siehe Anmerkung) und Holzkombinationen (z. B. Holzrahmen mit Aluminiumbekleidung) ohne besonderen Nachweis oder wenn der Wärmedurchgangskoeffizient des Rahmens mit $k_R \leq 2,0$ [W/(m²·K)] aufgrund von Prüfzeugnissen nachgewiesen worden ist.

Anmerkung: In die Gruppe 1 sind Profile für Kunststoff-Fenster nur dann einzuordnen, wenn die Profilausbildung vom Kunststoff bestimmt wird und eventuell vorhandene Metalleinlagen nur der Aussteifung dienen.

Gruppe 2.1:
Fenster mit Rahmen aus wärmegedämmten Metall- oder Betonprofilen, wenn der Wärmedurchgangskoeffizient des Rahmens mit $k_R < 2,8$ [W/(m²·K)] aufgrund von Prüfzeugnissen nachgewiesen worden ist.

Gruppe 2.2:
Fenster mit Rahmen aus wärmegedämmten Metall- oder Betonprofilen, wenn der Wärmedurchgangskoeffizient des Rahmens mit $3,5 \geq k_R \geq 2,8$ [W/(m²·K)] aufgrund von Prüfzeugnissen nachgewiesen worden ist oder wenn die Kernzone der Profile bestimmte Merkmale aufweist.

Gruppe 2.3:
Fenster mit Rahmen aus wärmegedämmten Metall- oder Betonprofilen, wenn der Wärmedurchgangskoeffizient des Rahmens mit $4,5 \geq k_R \geq 3,5$ [W/(m²·K)] aufgrund von Prüfzeugnissen nachgewiesen worden ist oder wenn die Kernzone der Profile bestimmte Merkmale aufweist.

[3] Bei Verglasungen mit einem Rahmenanteil ≤ 15% dürfen in der Rahmenmaterialgruppe 3 (Spalte 7, ausgenommen Zeile 1.1) die k_F-Werte um 0,5 [W/(m²·K)] herabgesetzt werden.

[4] Aufgrund bisheriger Regelungen darf bei diesen Werten bis auf weiteres mit $k_F = 3,5$ [W/(m²·K)] gerechnet werden.

zeichnung der Durchlässigkeit von Sonnenenergie und liegt zwischen 0 und 100%. Er sollte möglichst groß sein.

Zeitgemäße Wärmeschutzverglasungen erreichen bei gleichzeitig optimalem Wärmeschutz ($k_v = 1,3$ W/(m² · K)) g-Werte von über 60%. Da die solaren Energiegewinne jedoch im Tag-/Nachtrhythmus wie auch jahreszeitlich stark schwanken, müssen für eine energetische Beurteilung der Verglasung auch diese Randbedingungen berücksichtigt werden. Dazu wird der äquivalente k-Wert (k_{eq}) herangezogen. Er stellt die Energiebilanz aus Wärmeverlust und Strahlungsgewinn dar.

Die Berechnungsformel lautet:

$$k_{F,eq} = k_F - S_F \cdot g - D \cdot k_F$$

Bei dieser Berechnung wird ein Strahlungsgewinnfaktor S_F benötigt, der bauliche, geografische, nutzerspezifische, heiz- und regeltechnische sowie meteorologische Parameter berücksichtigt.

Für das mitteleuropäische Klima und mittlere bauliche und nutzerspezifische Werte wird der Strahlungsgewinnfaktor in Abhängigkeit von der Orientierung der Verglasung angegeben. Aufgrund dieser Abhängigkeiten ist es notwendig, daß für die Fenster bzw. transparenten Bauteile die k_{eq}-Werte in Abhängigkeit der Himmelsrichtung angegeben bzw. errechnet werden.

Die Wirkung von Vorrichtungen für den temporären Wärmeschutz (z.B. Rolläden) fließt in Form des Deckelfaktors in die Berechnung von k_{eq} ein. Er berücksichtigt reduzierte Wärmeverluste durch z.B. Rolladendämmung.

17.1.2 Winterlicher Wärmeschutz

Bereits bei der Planung von Gebäuden werden wesentliche Entscheidungen getroffen, die den Wärmeverbrauch eines Gebäudes beeinflussen:

☐ Bei der Gebäudeform und -gliederung ist zu beachten, daß jede Vergrößerung der Außenflächen im Verhältnis zum beheizten Gebäudevolumen den spezifischen Heizwärmeverbrauch erhöht.

☐ Doppel- und Reihenhäuser weisen je Hauseinheit bei gleicher Größe und Ausführung einen geringeren Wärmeverbrauch auf als freistehende Einzelhäuser.

☐ Die Wärmedämmung der raumumschließenden Bauteile hat erheblichen Einfluß auf den Heizwärmebedarf des Gebäudes und auf das Raumklima.

☐ Die Winddichtigkeit der Gebäudehülle ist – insbesondere bei hohem Wärmeschutz – entscheidend zur Verringerung der Lüftungswärmeverluste.

☐ Die Fensterflächen und -orientierung müssen besonders sorgfältig geplant werden. Bei nach Süden orientierten Fensterflächen können Wärmeverluste minimiert oder sogar Wärmegewinne erzielt werden. Dicht schließende Fensterläden und Rolläden vermindern den Wärmedurchgang ebenfalls erheblich.

☐ Auch die Anordnung der Räume zueinander beeinflußt den Heizwärmeverbrauch. Räume mit etwa gleicher Raumtemperatur sollten möglichst aneinander grenzen oder übereinander liegen. Räume, die über mehrere Geschosse reichen, sind schwer auf eine gleichmäßige Temperatur zu beheizen und können einen erhöhten Wärmeverbrauch verursachen.

☐ Zur Verminderung des Wärmeverbrauchs ist es zweckmäßig, bei Gebäudeeingängen Windfänge vorzusehen. Sie müssen so groß sein, daß die innere Tür geschlossen werden kann, bevor die Außentür geöffnet wird.

Die Mindestanforderungen (Tafel 17/1) an den Wärmeschutz der Bauteile sind an jeder Stelle einzuhalten, z.B. auch bei Nischen unter Fenstern, Fensterbrüstungen, Fensterstürzen oder Pfeilern. Nach der Norm sind Ecken von Außenbauteilen mit gleichartigem Aufbau (z.B. Außenwandecken) nicht als Wärmebrücken zu behandeln. Die Bedeutung der Mindestanforderungen nach DIN 4108 ist heute nur noch bei kleinflächigen Außenbauteilen und im Bereich der Innenbauteile (Treppenraumwände, Wohnungstrennwände) zu sehen. Für alle großflächigen Außenbauteile ergeben sich aufgrund anderer Vorschriften (Wärmeschutzverordnung) höhere Anforderungen an den Wärmeschutz. Bei hochgedämmten KS-Außenwänden (k-Wert 0,2 bis 0,4 W/(m² · K)) ergeben sich außerdem höhere Sicherheiten gegenüber Tauwasserniederschlägen auf den Innenoberflächen, besonders im Bereich von Gebäudeecken.

17.1.3 Sommerlicher Wärmeschutz

Nach DIN 4108 Teil 2, Abschnitt 4.3, – Wärmeschutz im Sommer – ist der sommerliche Wärmeschutz abhängig von der Energiedurchlässigkeit der

Tafel 17/7: Empfohlene Höchstwerte ($g_F \cdot f$) in Abhängigkeit von den natürlichen Lüftungsmöglichkeiten und der Innenbauart

Spalte	1	2	3
Zeile	Innenbauart	Empfohlene Höchstwerte ($g_F \cdot f$)[1]	
		Erhöhte natürliche Belüftung nicht vorhanden[2]	Erhöhte natürliche Belüftung vorhanden[3]
1	leicht[4]	0,12	0,17
2	schwer[4]	0,14	0,25

Hierin bedeuten:

g_F Gesamtenergiedurchlaßgrad gemäß Gleichung (4)

f Fensterflächenanteil, bezogen auf die Fenster enthaltende Außenwandfläche (lichte Rohbaumaße):

$$f = \frac{A_F}{A_W + A_F}$$

Bei Dachfenstern ist der Fensterflächenanteil auf die direkt besonnte Dach- bzw. Dachdeckenfläche zu beziehen. Fußnote 1 ist nicht anzuwenden.

In den Höchstwerten ($g_F \cdot f$) ist der Rahmenanteil an der Fensterfläche mit 30 % berücksichtigt.

[1] Bei nach Norden orientierten Räumen oder solchen, bei denen eine ganztägige Beschattung (z. B. durch Verbauung) vorliegt, dürfen die angegebenen ($g_F \cdot f$)-Werte um 0,25 erhöht werden.
Als Nord-Orientierung gilt ein Winkelbereich, der bis zu etwa 22,5° von der Nord-Richtung abweicht.

[2] Fenster werden nachts oder in den frühen Morgenstunden nicht geöffnet (z. B. häufig bei Bürogebäuden und Schulen).

[3] Erhöhte natürliche Belüftung (mindestens etwa 2 Stunden), insbesondere während der Nacht- oder in den frühen Morgenstunden. Dies ist bei zu öffnenden Fenstern in der Regel gegeben (z. B. bei Wohngebäuden).

[4] Zur Unterscheidung in leichte und schwere Innenbauart wird raumweise der Quotient aus der Masse der raumumschließenden Innenbauteile sowie gegebenenfalls anderer Innenbauteile und der Außenwandfläche ($A_W + A_F$), die die Fenster enthält, ermittelt.
Für einen Quotienten > 600 kg/m² liegt eine schwere Innenbauart vor. Für die Holzbauweise ergibt sich in der Regel leichte Innenbauart. Die Massen der Innenbauteile werden wie folgt berücksichtigt.

☐ Bei Innenbauteilen ohne Wärmedämmschicht wird die Masse zur Hälfte angerechnet.

☐ Bei Innenbauteilen mit Wärmedämmschicht darf die Masse derjenigen Schichten angerechnet werden, die zwischen der raumseitigen Bauteiloberfläche und der Dämmschicht angeordnet sind, jedoch höchstens die Hälfte der Gesamtmasse. Als Dämmschicht gilt hier eine Schicht mit $\lambda_R \leq 0,1$ W/(m² · K) und $1/\Lambda \geq 0,25$ (m² · k)/W.

☐ Bei Innenbauteilen mit Holz oder Holzwerkstoffen dürfen die Schichten aus Holz oder Holzwerkstoffen näherungsweise mit dem zweifachen Wert ihrer Masse angesetzt werden.

transparenten Außenbauteile (Fenster), ihrem Anteil an der Fläche der Außenbauteile und ihrer Orientierung nach der Himmelsrichtung, der Lüftung in den Räumen, der Wärmespeicherfähigkeit insbesondere der innenliegenden Bauteile sowie von den Wärmeleiteigenschaften der nichttransparenten Außenbauteile bei instationären Randbedingungen (tageszeitlicher Temperaturgang und Sonneneinstrahlung).

In diesem Abschnitt der Norm heißt es weiter, daß die Erwärmung der Räume eines Gebäudes infolge Sonneneinstrahlung und interner Wärmequellen (z.B. Beleuchtung, Personen) um so geringer ist, je speicherfähiger (schwerer) die Bauteile, insbesondere die Innenbauteile, sind.

Besonders hervorgehoben wird, daß sich bezüglich der Wärmeleiteigenschaften der nichttransparenten Außenbauteile bei instationären Randbedingungen außenliegende Wärmedämmschichten sowie innenliegende speicherfähige Schichten, z.B. hochgedämmte KS-Außenwände, günstig auswirken.

Für den sommerlichen Wärmeschutz von Gebäuden ohne raumlufttechnische Anlagen wird empfohlen, die in Tafel 17/7 angegebenen Werte einzuhalten. Durch diese Empfehlung der Norm soll verhindert werden, daß bei einer Folge heißer Sommertage die Innentemperaturen einzelner Räume über die Außentemperaturen ansteigen.

Das Wärmespeichervermögen der Bauteile, besonders der Innenbauteile wie Innenwände, Decken und Fußböden, aber auch der Außenbauteile, hat demnach für die Raumtemperaturen unter sommerlichen Verhältnissen größere Bedeutung. Daher ist die Begrenzung der Energiedurchlässigkeit der Fenster abhängig von der Wärmespeicherfähigkeit der Bauteile und der Lüftungsmöglichkeit des Gebäudes.

Für Räume mit natürlicher Lüftung kann bei schwerer Innenbauart, z.B. bei KS-Wänden, bei einem Fensterflächenanteil $f \leq 0,31$ oder einem Gesamtenergiedurchlaßgrad $g_F \leq 0,36$ auf die Ermittlung verzichtet werden.

17.1.4 Feuchteschutz

Der Feuchteschutz ist in DIN 4108 Teil 3 behandelt. Diese Norm enthält:

☐ Anforderungen an den Tauwasserschutz von Bauteilen für Aufenthaltsräume,

☐ Empfehlungen für den Schlagregenschutz von Wänden,

☐ feuchteschutztechnische Hinweise für Planung und Ausführung von Hochbauten.

Es heißt einleitend in diesem Normblatt, daß die Einwirkung von Tauwasser und Schlagregen auf Baukonstruktionen begrenzt werden soll, damit Schäden (z.B. eine unzulässige Minderung des Wärmeschutzes, Schimmelpilzbildung oder Korrosion) vermieden werden.

Tauwasser auf der Oberfläche der Bauteile

Schäden durch Tauwasser sind zu vermeiden, wenn bei üblicher Nutzung und dementsprechender Heizung und Lüftung die Mindestwerte des Wärmedurchlaßwiderstandes nach DIN 4108 Teil 2 bei Raumtemperaturen und relativen Luftfeuchten eingehalten werden, wie sie sich in nicht klimatisierten Aufenthaltsräumen einschließlich häuslichen Küchen und Bädern einstellen. In Sonderfällen (z.B. dauernd hohe Luftfeuchte) ist der unter den jeweiligen raumklimatischen Bedingungen erforderliche Wärmedurchlaßwiderstand nach DIN 4108 Teil 5 rechnerisch zu ermitteln, wobei eine Außentemperatur von $-15\,°C$ und ein raumseitiger Wärmeübergangswiderstand $1/\alpha_i = 0,17$ W/(m² · K) zugrunde zu legen sind (DIN 4108 Teil 3, Abschnitt 3.1). Unter besonderen Bedingungen, wie z.B. bei stark behindertem Wärmeübergang durch Möblierung (Einbauschränke an der Außenwand), ist ein größerer Wärmeübergangswiderstand in der Berechnung einzusetzen. Im Normalfall gelten die Wärmeübergangswiderstände nach DIN 4108 Teil 4, Tabelle 5.

Tauwasser im Innern der Bauteile

Nach der Norm ist eine Tauwasserbildung im Innern von Bauteilen ungefährlich, wenn durch eine Erhöhung des Feuchtegehalts der Bau- und Dämmstoffe der Wärmeschutz und die Standsicherheit der Bauteile nicht beeinträchtigt werden. Die folgenden Bedingungen müssen als Voraussetzung erfüllt sein:

☐ Das während der Tauperiode im Innern des Bauteils anfallende Wasser muß während der Verdunstungsperiode wieder an die Umgebung abgegeben werden können.

☐ Die Baustoffe, die mit Tauwasser in Berührung kommen, dürfen nicht geschädigt werden (z.B. durch Korrosion, Pilzbefall).

☐ Bei Dach- und Wandkonstruktionen darf eine Tauwassermenge von insgesamt 1000 g/m² nicht überschritten werden.

☐ Tritt Tauwasser an Berührungsflächen von kapillar nicht wasseraufnahmefähigen Schichten auf, so darf zur Begrenzung des Ablaufens oder Abtropfens eine Tauwassermasse von 500 g/m² nicht überschritten werden (z.B. Berührungsflächen von Faserdämmstoffen oder Luftschichten und Dampfsperr- oder Betonschichten).

☐ Bei Holz ist eine Erhöhung des massebezogenen Feuchtegehalts um mehr als 5%, bei Holzwerkstoffen um mehr als 3% unzulässig (ausgenommen sind Holzwolle-Leichtbauplatten nach DIN 1101 und Mehrschichten-Leichtbauplatten aus Schaumkunststoffen und Holzwolle nach DIN 1104 Teil 1).

Die Berechnung der Tauwassermenge ist nach Teil 5 der DIN 4108 durchzuführen, sofern das Bauteil die Anforderungen nicht ohne besonderen Nachweis erfüllt. Die Rechenwerte der Wärmeleitfähigkeit und die Richtwerte der Wasserdampf-Diffusionswiderstandszahlen sind DIN 4108 Teil 4 zu entnehmen. Es sollen die für die Tauperiode ungünstigen Werte auch für die Verdunstungsperiode angewendet werden. Für die Berechnung können bei nichtklimatisierten Wohn- und Bürogebäuden die folgenden vereinfachten Annahmen zugrunde gelegt werden:

Tauperiode

Außenklima:
$-10\,°C$, 80% rel. Luftfeuchte

Innenklima:
20 °C, 50% rel. Luftfeuchte

Dauer:
1 440 Stunden (60 Tage)

Verdunstungsperiode

Wandbauteile + Dächer:

Außenklima:
12 °C, 70% rel. Luftfeuchte

Innenklima:
12 °C, 70% rel. Luftfeuchte

Klima im Tauwasserbereich:
12 °C, 100% rel. Luftfeuchte

Dauer:
2 160 Stunden (90 Tage)

Bei schärferen Klimabedingungen (z.B. Schwimmbäder, klimatisierte Räume, extremes Außenklima) sind die tatsächlichen Gegebenheiten zu berücksichtigen.

Tafel 17/8: Mindestdicken s (in mm) einiger üblicher Dampfsperrstoffe für $s_d \geq$ 10 m und $s_d \geq$ 100 m

Material	min s (mm) für	
	$s_d \geq$ 10 m	$s_d \geq$ 100 m
Alu-Folie	0,05[1])	0,05[1])
PE-Folie	0,1	1
PVC-Folie	0,5	5
nackte Bitumenbahn	5	–

[1]) Mit s $\geq$ 1,05 mm praktisch dampfdicht ($s_d \geq$ 1 500 m). Bei Verwendung dünnerer Alu-Folie ist $s_d \geq$ 10 m und $s_d \geq$ 100 m durch Prüfung nach DIN 52615 Teil 1 nachzuweisen.

In DIN 4108 Teil 3, Abschnitt 3.2.3.1, sind die Außenwände angeführt, die bei ausreichendem Wärmeschutz eines rechnerischen Nachweises des Tauwasserausfalls infolge Dampfdiffusion unter den genannten Klimabedingungen nicht bedürfen. Außenwände, für die kein rechnerischer Nachweis erforderlich ist, sind z. B.:

☐ Mauerwerk nach DIN 1053 Teil 1 aus künstlichen Steinen mit außenseitig angebrachter Wärmedämmschicht und einem Außenputz aus mineralischen Bindemitteln nach DIN 18 550 Teil 1 und Teil 2 oder einem Kunstharzputz (z. B. KS + WDVS), wobei die diffusionsäquivalente Luftschichtdicke der Putze $s_d \leq$ 4,0 m ist, oder mit hinterlüfteter Bekleidung (z. B. KS + Vorhangfassade).

☐ Mauerwerk nach DIN 1053 Teil 1 aus künstlichen Steinen ohne zusätzliche Wärmedämmschicht als ein- oder zweischaliges Mauerwerk, verblendet oder verputzt oder mit angemörtelter oder angemauerter Bekleidung nach DIN 18 515 (Fugenanteil mindestens 5%) sowie zweischaliges Mauerwerk mit Luftschicht nach DIN 1053 Teil 1 ohne oder mit zusätzlicher Wärmedämmschicht (z. B. zweischalige KS-Außenwände mit Luftschicht und Wärmedämmung).

Beispiel

1. *Ermittlung des max. k_w-Wertes zur Verhinderung von Tauwasserbildung auf der Innenoberfläche der Außenwand*

Bei gegebener Innenraumtemperatur (ϑ_i) und relativer Rauminnenluftfeuchte (φ_i) sowie der Außentemperatur (ϑ_a) ergibt sich der höchstzulässige Wärmedurchgangskoeffizient der Außenwand ($k_{w\,max}$) zur Verhinderung von Oberflächentauwasser auf der Innenseite der Außenwand.

Rechengang über erforderliche minimale Wandinnenoberflächentemperatur (ϑ_{oi}) zum $k_{w\,max}$:

$$\vartheta_{oi} = 100 \left[\left(1{,}098 + \frac{\vartheta_i}{100} \right) \cdot \frac{8{,}02}{\sqrt{\varphi_i - 1{,}098}} \right]$$

$$k_{w\,max} = \frac{\vartheta_i - \vartheta_{oi}}{\dfrac{1}{\alpha_i} (\vartheta_i - \vartheta_a)}$$

Berechnung (Annahmen siehe Abschnitt 17.1.4):

ϑ_i = 20 °C, φ_i = 0,9 (90 % rel. Luftfeuchtigkeit),

$\vartheta_a = -$ 15 °C

$\dfrac{1}{\alpha_i} = 0{,}17$ (m² · K)/W

$$\vartheta_{oi} = 100 \left[\left(1{,}098 + \frac{20}{100} \right) \cdot \frac{8{,}02}{\sqrt{0{,}9 - 1{,}098}} \right]$$

$$= 100\,[1{,}298 \cdot 0{,}9869 - 1{,}098]$$

$$= 18{,}31\,°C$$

$$k_{w\,max} = \frac{20 - 18{,}31}{0{,}17\,(20 + 15)}$$

$$= \underline{\underline{0{,}284\ W/(m² \cdot K)}}$$

2. *Oberflächentemperatur auf der Innenseite der Außenwände*

$$\vartheta_{oi} = \vartheta_i - \frac{1}{\alpha_i} (\vartheta_i - \vartheta_a) \cdot k$$

3. *Maximal zulässige relative Raumluftfeuchtigkeit, bis zu der es nicht zu Tauwasserbildung auf der Innenseite der Außenwand kommt*

$$\varphi_{i\,max} = \left(\frac{1{,}098 + \dfrac{\vartheta_{oi}}{100}}{1{,}298} \right)^{8{,}02} \cdot 100$$

Angenommene Klimadaten:

ϑ_i = + 20 °C (Innenraumtemperatur)

ϑ_a = $-$ 10 ° (Außentemperatur)

$1/\alpha_i$ = 0,13 (m² · K)/W

$1/\alpha_a$ = 0,04 (m² · K)/W

Bild 17/1: Mehrschalige KS-Konstruktionen bieten hervorragenden Wärmeschutz.

17.1.5 Diffusionstechnische Eigenschaften von KS-Außenwänden

Für die folgenden KS-Außenwandkonstruktionen, insbesondere für hochgedämmte KS-Außenwände (k-Werte 0,2 bis 0,5 W/(m²·K)) sind Tauwasserberechnungen nach DIN 4108 Teil 5 durchgeführt worden.

System Nr. 1:

Zweischaliges KS-Verblendmauerwerk mit Wärmedämmung und Luftschicht

Nach DIN 1053 Teil 1 ist die Luftschicht zu be- und entlüften. Die Lüftungsöffnungen sollen auf 20 m² Wandfläche eine Fläche von etwa 75 cm², jeweils unten und oben, haben. Unter diesen Bedingungen ist nicht mit Tauwasserausfall im Innern der Konstruktion zu rechnen. Der durch die Wand hindurchdiffundierende Wasserdampf wird in der Luftschicht nach außen abgeführt.

Wird die Luftschicht *nicht* be- und entlüftet, ist mit Tauwasserausfall auf der Innenseite der Außenschale zu rechnen. Die Tauwassermenge ist dann im wesentlichen abhängig von dem s_d-Wert der gemauerten Innenschale und der Wärmedämmschicht. Die Außenwandkonstruktion verhält sich diffusionstechnisch so wie System Nr. 2.

Zweischalige Außenwände mit Kerndämmung aus bauaufsichtlich zugelassenen Luftschichtplatten, bei denen ein 2 cm dickes Belüftungssystem auf die Dämmplatten – z. B. Mineralwolleplatten oder PS-Hartschaumplatten – aufkaschiert ist, verhalten sich diffusionstechnisch ähnlich wie Luftschichtmauerwerk nach DIN 1053 mit 4 cm Luftschicht: Die ausdiffundierende Feuchtigkeit wird durch das Belüftungssystem abgeführt. Die Außenschicht ermöglicht ein direktes Gegenmauern der Außenschale und verhindert, daß bei Schlagregen Feuchtigkeit in die Dämmschicht eindringt. Die Dämmschichtdicke kann bis zu 13 cm betragen, da der maximale Schalenabstand auf 15 cm, DIN 1053 Teil 1, begrenzt ist.

System Nr. 2:

Zweischaliges KS-Verblendmauerwerk mit Kerndämmung

Zweischaliges Verblendmauerwerk mit Kerndämmung ist in DIN 1053 Teil 1 geregelt.

Besonders ist auf die Schlagregensicherheit der Außenwandkonstruktion zu achten. Das durch die Vormauerschale hindurchtretende Regenwasser läuft an der Innenseite der Außenschale ab und muß am Wandfußpunkt durch Öffnungen nach außen abgeleitet werden. Die Entwässerungsöffnungen in der Außenschale sollen auf 20 m² Wandfläche eine Fläche von mindestens 50 cm² im Fußpunktbereich haben. Die Gefahr, daß die Außenschale durch das Fehlen der Luftschicht stärker durchfeuchtet wird, weil ein Teil der anfallenden Regenfeuchtigkeit nicht durch Diffusion über die Luftschicht abgeführt werden kann, ist nach niederländischen Untersuchungen gering. Der Austrocknungsanteil durch die belüftete Luftschicht beträgt etwa 3% und ist damit vernachlässigbar.

Wesentlich für die Funktion der Wand ist, daß die Wärmedämmstoffe kein Wasser aufnehmen – daher sind z. B. hydrophobierte Mineralwolleplatten oder PS-Hartschaumplatten, extrudierte PS-Hartschaumplatten oder fugenlose Ortschäume vorzusehen – und daß Regenwasser durch konstruktive Maßnahmen (z. B. Stufenfalz, Tropfscheibe) nicht im Bereich von Plattenfugen oder Drahtankern nach innen gelangt.

Diffusionstechnisch untersucht wurden Wände mit Dämmschichtdicken bis 12 cm und k-Werten bis 0,21 W/(m²·K). Die rechnerischen Untersuchungen haben ergeben, daß bei dieser Wandkonstruktion Tauwasser zwischen der Wärmedämmschicht und der Außenschale – praktisch auf der Innenseite der Außenschale – auftritt. Die ausfallende Tauwassermenge ist abhängig von der Art der Wärmedämmschicht, der Stein-Rohdichte und Steinart im Bereich der Innenschale sowie der Steinart und Stein-Rohdichte im Bereich der Außenschale.

Die zulässige Tauwassermenge für diese Konstruktion beträgt nach DIN 4108 Teil 3 in der Tauperiode 500 g/m², wenn das ausfallende Tauwasser im Sommer wieder austrocknet und die Jahresbilanz positiv ist. Beispiele hierzu sind in den Tafeln 17/9 bis 17/12.

Bild 17/2: Außenwanddetail von KS-Sichtmauerwerk im einfachen Läuferverband aus 2 DF-Formaten.

System Nr. 2.1:

Zweischaliges KS-Verblendmauerwerk mit Kerndämmung (Kerndämmung aus Mineralwolleplatten – Verblendschalen aus KS Vb 1,8 bis 2,0)

Werden Steine hoher Rohdichte im Bereich der Innenschale verwendet, liegt die ermittelte Tauwassermenge mit 190 bis 270 g/m² und Jahr noch weit unterhalb des nach DIN 4108 Teil 1 zulässigen Grenzwertes von 500 g/m² und Jahr. Bei Steinen geringer Rohdichte in der Innenschale wird dieser Grenzwert überschritten. Es sollten daher vorzugsweise Mauersteine hoher Rohdichten ($\varrho \geq 1{,}6$ kg/dm³) wegen des höheren Diffusionswiderstandes verwendet werden, sofern keine innenseitige Dampfsperre vorgesehen ist. Das gilt insbesondere auch dann, wenn die Verblendschale außen eine deckende Anstrichbeschichtung erhalten soll.

Tafel 17/9: System Nr. 2.1

Wandaufbau

1 = Innenputz (s = 0,015 m; λ_R = 0,70; μ = 10)
2 = Mauerwerk
3 = Wärmedämmschicht (λ_R = 0,035; μ = 1)
4 = KS Vb 1,8 – 2,0 (s = 0,115 m; λ_R = 1,1; μ = 25)

1	2	3	4	5	6	7	8	9	10	11	12
Wärme-dämm-schicht	Innenschale				wärmetechnische Werte der Wand		diffusionstechnische Werte der Wand				
	Stein	s	λ_R	μ	1/Λ-Wert	k-Wert	Tau-wasser im Winter	Aus-trocknung im Sommer	Tauwasser: Austrocknung (8):(9)	Jahres-bilanz	Tau-wasser zwischen Schicht
		m	W/(m·K)		(m²·K)/W	W/(m²·K)	g/m²	g/m²	1 :	+/−	
Mineralfaser = 0,06 m	KS 1,4	0,175	0,70	5	2,09	0,44	744	780	1 : 1,05	+	3/4
	1,8		0,99	15	2,02	0,45	260	430	1 : 1,65	+	3/4
	KS 1,4	0,24	0,70	5	2,18	0,42	560	650	1 : 1,15	+	3/4
	1,8		0,99	15	2,08	0,44	190	370	1 : 2	+	3/4
Mineralfaser = 0,08 m	KS 1,4	0,175	0,70	5	2,66	0,35	740	770	1 : 1,04	+	3/4
	1,8		0,99	15	2,59	0,36	270	430	1 : 1,61	+	3/4
	KS 1,4	0,24	0,70	5	2,76	0,34	560	640	1 : 1,14	+	3/4
	1,8		0,99	15	2,65	0,35	190	370	1 : 1,96	+	3/4
Mineralfaser = 0,10 m	KS 1,4	0,175	0,70	5	3,23	0,29	730	760	1 : 1,04	+	3/4
	1,8		0,99	15	3,16	0,30	270	430	1 : 1,59	+	3/4
	KS 1,4	0,24	0,70	5	3,33	0,29	560	640	1 : 1,13	+	3/4
	1,8		0,99	15	3,23	0,29	190	370	1 : 1,92	+	3/4
Mineralfaser = 0,12 m	KS 1,4	0,175	0,70	5	3,81	0,25	720	750	1 : 1,04	+	3/4
	1,8		0,99	15	3,73	0,26	270	430	1 : 1,57	+	3/4
	KS 1,4	0,24	0,70	5	3,90	0,25	560	630	1 : 1,13	+	3/4
	1,8		0,99	15	3,80	0,25	200	370	1 : 1,90	+	3/4

System Nr. 2.2:

Zweischaliges KS-Verblendmauerwerk mit Kerndämmung (Kerndämmung aus extrudierten PS-Hartschaumplatten)

Aus diffusionstechnischer Sicht sind alle untersuchten Außenwandkonstruktionen als günstig zu bezeichnen. Die ausfallende Tauwassermenge ist gering und beträgt zwischen 40 und 80 g/m² und Jahr. Sie trocknet im Sommer wieder vollständig aus, die Jahresbilanz ist positiv.

Tafel 17/10: System Nr. 2.2

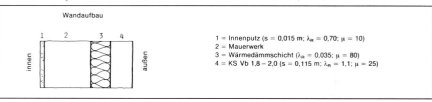

Wandaufbau

1 = Innenputz (s = 0,015 m; λ_R = 0,70; μ = 10)
2 = Mauerwerk
3 = Wärmedämmschicht (λ_R = 0,035; μ = 80)
4 = KS Vb 1,8 – 2,0 (s = 0,115 m; λ_R = 1,1; μ = 25)

1	2	3	4	5	6	7	8	9	10	11	12
Wärme-dämm-schicht	Innenschale				wärmetechnische Werte der Wand		diffusionstechnische Werte der Wand				
	Stein	s	λ_R	μ	1/Λ-Wert	k-Wert	Tau-wasser im Winter	Aus-trocknung im Sommer	Tauwasser: Austrocknung	Jahres-bilanz	Tau-wasser zwischen Schicht
		m	W/(m·K)		(m²·K)/W	W/(m²·K)	g/m²	g/m²	1 :	+/−	
PS – HS, extrudiert = 0,08 m	KS 1,0	0,175	0,50	5	2,76	0,34	80	300	1 : 3,50	+	3/4
	1,4		0,70	5	2,66	0,35	80	300	1 : 3,50	+	3/4
	1,8		0,99	15	2,59	0,36	60	280	1 : 4,53	+	3/4
	KS 1,0	0,24	0,50	5	2,89	0,33	80	290	1 : 3,62	+	3/4
	1,4		0,70	5	2,76	0,34	80	290	1 : 3,66	+	3/4
	1,8		0,99	15	2,65	0,35	50	270	1 : 5,10	+	3/4
PS – HS, extrudiert = 0,10 m	KS 1,0	0,175	0,50	5	3,33	0,28	70	280	1 : 4,23	+	3/4
	1,4		0,70	5	3,23	0,29	70	280	1 : 4,23	+	3/4
	1,8		0,99	15	3,16	0,30	50	270	1 : 5,28	+	3/4
	KS 1,0	0,24	0,50	5	3,46	0,27	60	280	1 : 4,32	+	3/4
	1,4		0,70	5	3,33	0,29	60	280	1 : 4,41	+	3/4
	1,8		0,99	15	3,23	0,29	40	270	1 : 5,95	+	3/4
PS – HS, extrudiert = 0,12 m	KS 1,0	0,175	0,50	5	3,91	0,24	50	270	1 : 4,98	+	3/4
	1,4		0,70	5	3,81	0,25	50	270	1 : 4,98	+	3/4
	1,8		0,99	15	3,73	0,26	40	260	1 : 6,11	+	3/4
	KS 1,0	0,24	0,50	5	4,04	0,24	50	270	1 : 5,09	+	3/4
	1,4		0,70	5	3,90	0,25	50	270	1 : 5,17	+	3/4
	1,8		0,99	15	3,80	0,25	40	260	1 : 6,83	+	3/4

System Nr. 2.3:

Zweischaliges KS-Verblendmauerwerk mit Kerndämmung (Kerndämmung aus PS-Hartschaumplatten)

Die ausfallende Tauwassermenge liegt je nach verwendetem Steinmaterial in der Außenschale zwischen 90 und 217 g/m² und Jahr und trocknet bei KS Vb im Sommer wieder vollständig aus. Die Jahresbilanz ist nahezu ausgeglichen.

Tafel 17/11: System Nr. 2.3

Wandaufbau

1 = Innenputz (s = 0,015 m; λ_R = 0,70; μ = 10)
2 = Mauerwerk
3 = Wärmedämmschicht (λ_R = 0,04; μ = 30)
4 = KS Vb 1,8 – 2,0 (s = 0,115 m; λ_R = 1,1; μ = 25)

1	2	3	4	5	6	7	8	9	10	11	12
Wärme-dämm-schicht	Innenschale				wärmetechnische Werte der Wand		diffusionstechnische Werte der Wand				
	Stein	s	λ_R	μ	1/Λ-Wert	k-Wert	Tau-wasser im Winter	Aus-trocknung im Som-mer	Tauwasser: Austrocknung (8):(9)	Jahres-bilanz	Tau-wasser zwischen Schicht
		m	W/(m·K)		(m²·K)/W	W/(m²·K)	g/m²	g/m²	1:	+/–	
PS–HS = 0,08 m	KS 1,0	0,175	0,50	5	2,48	0,38	217	393	1:1,81	+	3/4
	1,4		0,70	5	2,38	0,39	215	393	1:1,82	+	3/4
	1,8		0,99	15	2,30	0,40	130	332	1:2,55	+	3/4
	KS 1,0	0,24	0,50	5	2,61	0,36	196	377	1:1,93	+	3/4
	1,4		0,70	5	2,47	0,38	196	377	1:1,93	+	3/4
	1,8		0,99	15	2,37	0,39	105	314	1:2,96	+	3/4
PS–HS = 0,10 m	KS 1,0	0,175	0,50	5	2,98	0,32	183	366	1:2,01	+	3/4
	1,4		0,70	5	2,88	0,33	183	365	1:2,01	+	3/4
	1,8		0,99	15	2,80	0,34	117	320	1:2,72	+	3/4
	KS 1,0	0,24	0,50	5	3,11	0,31	169	355	1:2,11	+	3/4
	1,4		0,70	5	2,97	0,32	167	355	1:2,13	+	3/4
	1,8		0,99	15	2,87	0,33	97	305	1:3,14	+	3/4
PS–HS = 0,12 m	KS 1,0	0,175	0,50	5	3,48	0,27	158	346	1:2,19	+	3/4
	1,4		0,70	5	3,38	0,28	158	346	1:2,19	+	3/4
	1,8		0,99	15	3,30	0,29	108	310	1:2,88	+	3/4
	KS 1,0	0,24	0,50	5	3,61	0,27	147	338	1:2,29	+	3/4
	1,4		0,70	5	3,47	0,28	146	338	1:2,31	+	3/4
	1,8		0,99	15	3,37	0,28	90	297	1:3,31	+	3/4

System Nr. 2.4:

Zweischaliges KS-Verblendmauerwerk mit Kerndämmung (Kerndämmschüttung aus Hyperlite)

Günstig wirken sich bei vorgenannten Konstruktionsvarianten Steine höherer Rohdichteklassen ≥ 1,6 mit μ ≥ 15 in der Innenschale aus. In diesen Fällen liegt die ausfallende Tauwassermenge wesentlich unter dem zulässigen DIN-Grenzwert von 500 g/m² und Jahr. Die Jahresbilanz ist in allen untersuchten Fällen positiv.

Tafel 17/12: System Nr. 2.4

Wandaufbau

1 = Innenputz (s = 0,015 m; λ_R = 0,70; μ = 10)
2 = Mauerwerk
3 = Hyperlite (λ_R = 0,055; μ = 5)
4 = KS Vb 1,8 – 2,0 (s = 0,115 m; λ_R = 1,1; μ = 25)

1	2	3	4	5	6	7	8	9	10	11	12
Wärme-dämm-schicht	Innenschale				wärmetechnische Werte der Wand		diffusionstechnische Werte der Wand				
	Stein	s	λ_R	μ	1/Λ-Wert	k-Wert	Tau-wasser im Winter	Aus-trocknung im Som-mer	Tauwasser: Austrocknung	Jahres-bilanz	Tau-wasser zwischen Schicht
		m	W/(m·K)		(m²·K)/W	W/(m²·K)	g/m²	g/m²	1:	+/–	
Hyperlite = 0,075 m	KS 1,4	0,175	0,70	5	1,74	0,52	550	650	1:1,18	+	3/4
	1,8		0,99	15	1,67	0,54	220	410	1:1,82	+	3/4
	KS 1,4	0,24	0,70	5	1,83	0,50	450	570	1:1,28	+	3/4
	1,8		0,99	15	1,73	0,52	160	360	1:2,21	+	3/4
Hyperlite = 0,10 m	KS 1,4	0,175	0,70	5	2,19	0,42	520	620	1:1,19	+	3/4
	1,8		0,99	15	2,12	0,43	220	400	1:1,80	+	3/4
	KS 1,4	0,24	0,70	5	2,29	0,40	420	550	1:1,29	+	3/4
	1,8		0,99	15	2,19	0,42	160	360	1:2,18	+	3/4
Hyperlite = 0,12 m	KS 1,4	0,175	0,70	5	2,56	0,36	490	590	1:1,20	+	3/4
	1,8		0,99	15	2,49	0,37	220	400	1:1,79	+	3/4
	KS 1,4	0,24	0,70	5	2,65	0,35	400	530	1:1,31	+	3/4
	1,8		0,99	15	2,55	0,37	160	350	1:2,16	+	3/4

System Nr. 3:

Einschaliges KS-Mauerwerk mit WDVS

Untersucht werden WDVS mit Wärmedämmplatten aus PS-Hartschaum und Putzbeschichtungen mit s_d-Werten von 0,50 bis 4,00 m sowie Wärmedämmplatten aus Mineralwolle und Putzbeschichtungen mit s_d-Werten von 0,50 bis 1,00 m. Die Dämmschichtdicken betragen zwischen 6 und 12 cm.

Wärmedämmschicht aus PS-Hartschaumplatten

Bei den einschaligen Außenwandkonstruktionen mit WDVS wurden als Außenbeschichtungen Kunstharzputze mit äquivalenten Luftschichtdicken von s_d = 0,50 m, 1,00 m, 2,00 m und 4,00 m angenommen. Der Wert s_d = 4,00 m ist in der Wärmeschutznorm DIN 4108 als oberer Grenzwert genannt.

Für die meisten der auf dem Markt befindlichen WDVS wird der s_d-Wert der Außenbeschichtung mit 0,50 bis 1,00 m angegeben.

Bei allen untersuchten Konstruktionen ist der Tauwasserausfall gering und liegt weit unter dem zulässigen Grenzwert von 500 g/m² und Jahr. Die Jahresbilanz ist positiv. Steine der Rohdichteklassen $\geq$ 1,6 mit μ = 15/25 in der tragenden Wandscheibe wirken sich wegen des höheren Diffusionswiderstandes günstig aus und bewirken eine wesentliche Reduzierung des Tauwasserausfalls, Probleme treten nicht auf.

Wärmedämmschicht aus Mineralwolleplatten

Aufgrund der höheren Wasserdampfdurchlässigkeit der Mineralwolleplatten gegenüber den PS-Hartschaumplatten ist die ausfallende Tauwassermenge höher. Auch bei dieser Konstruktion wirkt sich die Verwendung von Steinen höherer Rohdichteklassen $\geq$ 1,6 mit $\mu \geq$ 15 günstig aus. Insbesondere bei Putzbeschichtungen mit s_d > 0,50 m sollte dieser Punkt beachtet werden.

Tafel 17/13: System Nr. 3

Wandaufbau

1 = Innenputz (s = 0,015 m; λ_R = 0,70; μ = 10)
2 = Mauerwerk
3 = Wärmedämmschicht (λ_R = 0,04; μ = 30)
4 = Kunstharzquarzputz (s_d = 1,00 m)

1	2	3	4	5	6	7	8	9	10	11	12
Wärme-dämm-schicht	KS-Mauerwerk				wärmetechnische Werte der Wand		diffusionstechnische Werte der Wand				
	Stein	s	λ_R	μ	1/Λ-Wert	k-Wert	Tau-wasser im Winter	Aus-trocknung im Sommer	Tauwasser: Austrocknung (8):(9)	Jahres-bilanz	Tau-wasser zwischen Schicht
		m	W/(m·K)		(m²·K)/W	W/(m²·K)	g/m²	g/m²	1 :	+/−	
PS–HS = 0,06 m	KS 1,0 1,4 1,8	0,24	0,50 0,70 0,99	5 5 15	2,00 1,86 1,76	0,46 0,49 0,51	210 210 90	810 810 730	1 : 3,81 1 : 3,81 1 : 8,01	+ + +	3/4 3/4 3/4
PS–HS = 0,08 m	KS 1,4 1,8	0,24	0,70 0,99	5 15	2,36 2,26	0,39 0,41	170 80	780 710	1 : 4,56 1 : 8,95	+ +	3/4 3/4
PS–HS = 0,10 m	KS 1,4 1,8	0,24	0,70 0,99	5 15	2,86 2,76	0,33 0,34	140 70	760 710	1 : 5,31 1 : 10,00	+ +	3/4 3/4
PS–HS = 0,12 m	KS 1,4 1,8	0,24	0,70 0,99	5 15	3,36 3,26	0,28 0,29	120 60	740 700	1 : 6,27 1 : 11,70	+ +	3/4 3/4

Bild 17/3: Außendämmung mit WDVS als Außenwandkonstruktion einer Wohnanlage in Hürth; Architekt: Planungsbüro Schmitz, Aachen

System Nr. 4:

Einschaliges KS-Mauerwerk mit Vor-hangfassade

Ähnlich wie bei zweischaligen Außen-wänden mit Kerndämmung und be- und entlüfteter Luftschicht tritt bei den unter-suchten einschaligen Außenwänden mit hinterlüfteter Vorhangfassade kein Tauwasser aus, da der Wasserdampf, der durch die Wand von innen nach au-ßen hindurchdiffundiert, durch die Hin-terlüftung nach außen abgeleitet wird. Das trifft sowohl zu für Konstruktionen mit Dämmungen aus Mineralwolleplat-ten als auch aus PS-Hartschaumplat-ten.

Tafel 17/14: System Nr. 4

1	2	3	4	5	6	7	8	9	10	11	12
Wärme-dämm-schicht	KS-Mauerwerk				wärmetechnische Werte der Wand		diffusionstechnische Werte der Wand				
	Stein	s	λ_R	µ	1/Λ-Wert	k-Wert	Tau-wasser im Winter	Aus-trocknung im Som-mer	Tauwasser: Austrocknung	Jahres-bilanz	Tau-wasser zwischen Schicht
		m	W/(m·K)		(m²·K)/W	W/(m²·K)	g/m²	g/m²	1 :	+/−	
Mineral-faser = 0,08 m	KS 1,0 1,8	0,24	0,50 0,99	5 15	2,50 2,26	0,37 0,40	keine Tauwasserbildung				
PS-HS = 0,08 m	KS 1,0 1,8	0,24	0,50 0,99	5 15	2,50 2,26	0,37 0,40	keine Tauwasserbildung				

System Nr. 5:

Einschaliges KS-Mauerwerk mit Innen-dämmung

Werden bei der Innendämmung PS-Hartschaumplatten verwendet, so ist die ausfallende Tauwassermenge ge-ring und liegt deutlich unter dem zuläs-sigen Grenzwert nach DIN 4108 von 500 g/m² und Jahr.

Im Gegensatz zur Außen- und Kern-dämmung wirken sich bei Innendäm-mung Steine der Rohdichteklasse ≤ 1,4 (µ = 5/10) in der tragenden Wandschei-be günstig aus wegen des − in diesem Fall günstigeren − Dampfdiffusionswi-derstands.

Bei der Innendämmung mit Mineralwol-leplatten kann auf eine Dampfsperre nicht verzichtet werden, da sonst die ausfallende Tauwassermenge zu hoch und die Jahresbilanz negativ wäre.

Bei Anordnung einer Dampfsperre − bei den Berechnungen wurde eine PE-Folie 0,1 mm mit µ = 100 000 angenom-men − tritt entweder kein Tauwasser aus oder die ausfallende Tauwasser-menge ist sehr gering bei positiver Jah-resbilanz.

Tafel 17/15: System Nr. 5

1	2	3	4	5	6	7	8	9	10	11	12
Wärme-dämm-schicht	KS-Mauerwerk				wärmetechnische Werte der Wand		diffusionstechnische Werte der Wand				
	Stein	s	λ_R	µ	1/Λ-Wert	k-Wert	Tau-wasser im Winter	Aus-trocknung im Som-mer	Tauwasser: Austrocknung	Jahres-bilanz	Tau-wasser zwischen Schicht
		m	W/(m·K)		(m²·K)/W	W/(m²·K)	g/m²	g/m²	1 :	+/−	
PS-HS = 0,06 m (µ = 30)	KS 1,0 1,4 1,8	0,24	0,50 0,70 0,99	10 10 25	2,05 1,91 1,81	0,44 0,47 0,49	250 300 360	510 510 410	1 : 2,01 1 : 1,70 1 : 1,11	+ + +	2/3 2/3 2/3
	KS 1,0 1,4 1,8	0,30	0,50 0,70 0,99	10 10 25	2,17 2,00 1,87	0,42 0,45 0,48	230 280 350	480 480 390	1 : 2,06 1 : 1,69 1 : 1,00	+ + +	2/3 2/3 2/3
PS-HS = 0,08 m (µ = 30)	KS 1,0 1,4 1,8	0,24	0,50 0,70 0,99	10 10 25	2,55 2,41 2,31	0,37 0,39 0,40	216 248 296	446 446 339	1 : 2,07 1 : 1,80 1 : 1,15	+ + +	2/3 2/3 2/3
	KS 1,0 1,4 1,8	0,30	0,50 0,70 0,99	10 10 25	2,67 2,50 2,37	0,35 0,38 0,39	202 239 290	414 414 323	1 : 2,01 1 : 1,73 1 : 1,11	+ + +	2/3 2/3 2/3
Mineralfaser (µ = 1) = 0,08 m + PE-Folie 0,1 mm	KS 1,0 1,4 1,8	0,24	0,50 0,70 0,99	10 10 25	2,60 2,46 2,36	0,36 0,36 0,40	20 60	keine Tauwasserbildung 260 150	1 : 14,50 1 : 2,72	+ +	3/4 3/4
	KS 1,0 1,4 1,8	0,30	0,50 0,70 0,99	10 10 25	2,72 2,55 2,42	0,35 0,37 0,39	20 60	keine Tauwasserbildung 230 130	1 : 13,10 1 : 2,42	+ +	3/4 3/4

17.1.6 Schlagregenschutz

In der DIN 4108 Teil 3, Abschnitt 4, heißt es, daß bei Beregnung Wasser durch Kapillarwirkung oder auch durch Spalten, Risse und fehlerhafte Stellen in Außenbauteile eindringen kann.

Zur Begrenzung der kapillaren Wasseraufnahme von Außenbauteilen sollte der Regen an der Außenoberfläche des wärmedämmenden Bauteils durch eine wasserdichte oder mit Luftabstand vorgesetzte Schicht abgehalten werden oder die Wasseraufnahme durch wasserabweisende oder wasserhemmende Putze an der Außenoberfläche oder durch Schichten im Innern der Konstruktion vermindert bzw. auf einen bestimmten Bereich (z. B. die Verblendschale) beschränkt werden. Dabei darf aber die Wasserabgabe (Verdunstung) nicht unzulässig beeinträchtigt sein. Grundsätzlich ist durch geeignete Regenschutz-Konstruktionen (Dachüberstände, Mauerabdeckungen, Sperrschichten usw.) sicherzustellen, daß Niederschlagswasser schnell und sicher abgeleitet wird. Dies ist auch der wirksamste und dauerhafteste Schutz gegen Vergrünung z. B. von Mauerkronen (Algenbefall) sowie Flecken- und Streifenbildung in Mauerwerksflächen.

KS-Sichtmauerfassaden bleiben bei geringem Unterhaltungsaufwand auch in regenreichen Gebieten sauber, wenn die schnelle Ableitung des Regenwassers sinnvoll eingeplant ist. Im Gegensatz dazu sind Mauerwerkfassaden ohne ausreichenden Regenschutz stärker beansprucht, die Bauteile unterliegen Erosionen durch Wasser, die zu höherem Unterhaltungsaufwand zwingen.

In der Norm wird die Schlagregenbeanspruchung der Gebäude oder einzelner Gebäudeteile durch die Beanspruchungsgruppen I, II oder III definiert (Tafel 17/16). Bei der Wahl der Beanspruchungsgruppen sind die regionalen klimatischen Bedingungen (Regen, Wind), die örtliche Lage und die Gebäudeart zu berücksichtigen. Für die Regenschutz-Empfehlungen ist in dem Teil 3 der Norm eine Regenkarte enthalten. Die Beanspruchungsgruppe ist daher im Einzelfall festzulegen. Hierzu dienen folgende Hinweise:

Beanspruchungsgruppe I
Geringe Schlagregenbeanspruchung:

Im allgemeinen Gebiete mit Jahresniederschlagsmengen unter 600 mm sowie besonders windgeschützte Lagen auch in Gebieten mit größeren Niederschlagsmengen.

Beanspruchungsgruppe II
Mittlere Schlagregenbeanspruchung:

Im allgemeinen Gebiete mit Jahresniederschlagsmengen von 600 bis 800 mm sowie windgeschützte Lagen auch in Gebieten mit größeren Niederschlagsmengen. Hochhäuser und Häuser in exponierter Lage in Gebieten, die aufgrund der regionalen Regen- und Windverhältnisse einer geringen Schlagregenbeanspruchung zuzuordnen wären.

Beanspruchungsgruppe III
Starke Schlagregenbeanspruchung:

Im allgemeinen Gebiete mit Jahresniederschlagsmengen über 800 mm sowie windreiche Gebiete auch mit geringeren Niederschlagsmengen (z. B. Küstengebiete, Mittel- und Hochgebirgslagen, Alpenvorland). Hochhäuser und Häuser in exponierter Lage in Gebieten, die aufgrund der regionalen Regen- und Windverhältnisse einer mittleren Schlagregenbeanspruchung zuzuordnen wären.

Einschaliges KS-Sichtmauerwerk

Für schlagregensichere Ausführung ist DIN 1053 Teil 1, Abschnitt 8.4.2, zu beachten. Insbesondere bei Gebäuden, die für den dauernden Aufenthalt von Menschen bestimmt sind, muß bei Sichtmauerwerk jede Mauerschicht mindestens zwei Steinreihen aufweisen, zwischen denen eine durchgehende, schichtweise versetzte, hohlraumfrei vermörtelte, 2 cm dicke Längsfuge verläuft. Standardausführung: 37,5 cm dickes Mauerwerk (statt 36,5 cm) im Kreuz- oder Blockverband, bei geringer Schlagregenbeanspruchung 31 cm aus 2 DF/3 DF-Steinen im Läuferverband.

Tafel 17/16: Zuordnung der KS-Außenwandkonstruktionen – Schlagregenbeanspruchung gemäß DIN 4108 Teil 3

Beanspruchungsgruppe I geringe Schlagregenbeanspruchung	Beanspruchungsgruppe III starke Schlagregenbeanspruchung
Einschaliges KS-Mauerwerk mit Außenputz nach DIN 18550 Teil 1 ohne besondere Anforderung an den Schlagregenschutz **oder:** **Einschaliges KS-Sichtmauerwerk** nach DIN 1053 Teil 1 31 cm dick[1])	**Einschaliges KS-Mauerwerk** mit wasserabweisendem Außenputz nach DIN 18550 Teil 1 **oder:** mit außenliegender Wärmedämmschicht und armierter Putzbeschichtung **KS + WDVS** **oder:** mit angemauerter Bekleidung mit Unterputz nach DIN 18515 und mit wasserabweisendem Fugenmörtel[2]) **oder:** mit hinterlüfteter Außenwandbekleidung nach DIN 18515 und mit Bekleidung nach DIN 18516 Teil 1 und 2 – **KS + Vorhangfassade**
Beanspruchungsgruppe II mittlere Schlagregenbeanspruchung	
Einschaliges KS-Mauerwerk mit wasserhemmendem Außenputz nach DIN 18550 Teil 1 oder mit einem Kunstharzputz **oder:** mit angemörtelter Bekleidung nach DIN 18515 **Einschaliges KS-Sichtmauerwerk** nach DIN 1053 Teil 1 37,5 cm dick[1])	**Zweischaliges KS-Verblendmauerwerk** mit Luftschicht **oder:** mit Wärmedämmung und Luftschicht – **oder:** mit Kerndämmung – **oder:** ohne Luftschicht, mit Putzschicht zwischen den Schalen Außenwände aus Holzbauart nach DIN 68800 Teil 2 mit einer 11,5 cm dicken KS-Verblendschale mit Luftschicht nach DIN 1053 Teil 1
[1]) Übernimmt eine zusätzlich vorhandene Wärmedämmschicht den erforderlichen Wärmeschutz allein, so kann das Mauerwerk in die nächsthöhere Beanspruchungsgruppe eingeordnet werden. [2]) Wasserabweisende Fugenmörtel müssen einen Wasseraufnahmekoeffizienten $\omega \leqq 0,5$ kg/(m² · h^(1/2)) aufweisen, ermittelt nach DIN 52617.	

Zweischaliges KS-Verblendmauerwerk

Die Ausführung ist in DIN 1053 Teil 1, Abschnitt 8.4.3, geregelt. Dazu sind grundsätzlich folgende Hinweise zu beachten:

Die KS-Verblendschale aus KS Vb (Vollstein-Verblender) kann in 11,5 cm oder 9,0 cm Dicke ausgeführt werden. Für 9,0 cm dicke KS-Verblendschalen in Verbindung mit Kerndämmung (ohne Luftschicht) liegt eine Allgemeine bauaufsichtliche Zulassung (Z-23.2.4-13) vor. Die feuchtetechnische Trennung der KS-Verblendschale vom KS-Hintermauerwerk kann erfolgen durch:

☐ eine 4 cm dicke Luftschicht (DIN 1053 Teil 1),

☐ Kerndämmplatten (mit bauaufsichtlicher Zulassung),

☐ Dämmplatten mit außenseitig aufkaschierten Luftkanälen (mit bauaufsichtlicher Zulassung)

oder

☐ durch hydrophobierte Dämmschüttungen.

Langjährige Erfahrungen bestätigen, daß bei diesen KS-Außenwandkonstruktionen kein Niederschlagswasser von außen in die Dämmschicht und das KS-Hintermauerwerk eindringt. Eine Minderung der Wärmedämmung infolge Durchfeuchtungen tritt bei diesen Konstruktionen nicht auf. Zweischalige Außenwände mit diesen Kriterien sind nach DIN 4108 Teil 3 in die höchste Beanspruchungsgruppe III (starke Schlagregenbeanspruchung) eingestuft. Sie sind in Gebieten mit über 800 mm Jahresniederschlagsmengen oder in windreichen Gebieten (z.B. Küstengebiete, Mittel- und Hochgebirgslagen, Alpenvorland) aber auch für Hochhäuser und Häuser in exponierter Lage besonders geeignet.

17.2 Wärmeschutzverordnung

Siehe Kapitel 21.2: Wärmeschutzverordnung

17.3 Niedrigenergiehäuser

Der entscheidende Anstoß zur Diskussion über Maßnahmen zur Energieeinsparung besteht in dem sich abzeichnenden Klimaproblem. So werden in der Bundesrepublik Deutschland (unter Einschluß der neuen Länder) jährlich etwa 1030 Mill. Tonnen Kohlendioxid (CO_2) emittiert. Die Haushalte und Kleinverbraucher beteiligen sich hieran mit rd. 30%. Der weitaus größte Teil hiervon entfällt auf die Gebäudeheizung. Eine wesentliche Verminderung des CO_2-Ausstoßes und anderer Schadstoffe kann auf dem Neubausektor nur erreicht werden, wenn die Gebäude als Niedrigenergiehäuser (NEH) errichtet und auch verantwortungsvoll genutzt werden. Die energetische Qualität eines NEH kann ohne Probleme mit bereits bekannten und bewährten Baustoffen und Baukonstruktionen erreicht werden. Sicher ist, daß solche Energiesparmaßnahmen das Bauen verteuern können. Dabei ist aber zu beachten:

☐ Gebäude leben lange und derzeit noch aktuelle Energiepreise werden steigen,

☐ privatwirtschaftliche Investitionsrechnungen werden zunehmend in Frage gestellt, da ökologische Folgekosten darin meist nicht enthalten sind,

☐ energiesparende Maßnahmen verbessern die thermische Behaglichkeit in den Räumen und damit den Wohnwert eines Gebäudes.

Was sind Niedrigenergiehäuser?

In der Literatur werden unterschiedlichste Angaben darüber gemacht, welche Gebäude man als NEH bezeichnen kann. Wendet man die bereits heute bekannten und bewährten Bau- und Anlagetechniken konsequent an, so ist es möglich, den Jahresheizwärmebedarf um etwa 30 % gegenüber den Anforderungen der WSchV zu senken. Dies bedeutet einen Heizwärmebedarf von

☐ 30 – 70 kWh pro m^2 und Jahr (rd. 3 – 7 l Heizöl pro m^2 und Jahr).

Die Merkmale eines Niedrigenergiehauses sind:

☐ sehr guter Wärmeschutz aller Außenbauteile,

☐ winddichte Gebäudehülle,

☐ schnell regelbare, anpassungsfähige Heizsysteme mit hohem Wirkungsgrad,

☐ bedarfsgerechte Lüftung, evtl. mit Wärmerückgewinnung,

☐ Unterstützung der passiven Solarenergienutzung durch genügend große Speicherfähigkeit der Innenbauteile,

☐ sorgfältig geplante Anschlußdetails zur Minderung von Wärmebrückenverlusten und

☐ Optimierung der Gebäudeform und Gebäudeorientierung.

Als NEH kann ein Gebäude aber nur dann bezeichnet werden, wenn alle diese Merkmale miteinander verbunden und aufeinander abgestimmt werden. Werden aus Kostengründen zunächst noch nicht alle Maßnahmen realisiert, sollten wenigstens die notwendigen baulichen Voraussetzungen für einen NEH-Standard geschaffen werden, da sie später oft technisch nicht mehr möglich sind oder sehr teuer werden. Die wichtigsten baulichen Voraussetzungen sind:

☐ Wärmedämmung so gut wie möglich ausführen.

Bild 17/4: NEH-Heidenheim in der Fuchssteige mit KS und WDVS, Heidenheim; Architekt: H. Zipprich; Gerstetten

□ Einbau einer Niedertemperatur-Heizanlage, damit später der Anschluß einer Wärmepumpen- oder Sonnenkollektoranlage möglich ist.

□ Die Installationen (z.B. Kabel, Leerrohre etc.) so planen, daß später Anschlußmöglichkeiten für Wärmepumpen, Wärmerückgewinnungsanlagen aus Abluft oder Abwasser, Photovoltaik oder Sonnenkollektoren bestehen.

□ Einbau von feuchteunempfindlichen Schornsteinen für niedrige Abgastemperaturen bzw. Abgasleitungen.

Wärmeschutz für Niedrigenergiehäuser

Theoretische und experimentelle Untersuchungen unterschiedlicher Gebäude weisen auf die Notwendigkeit eines erheblich verbesserten baulichen Wärmeschutzes hin.

Auch unter Beachtung der Förderrichtlinien einzelner Bundesländer (Tafel 17/17) sollten die Werte der Tafel 17/18 eingehalten werden. Mit KS-Außenwänden lassen sich die geforderten Werte bei Verwendung von Dämmschichtdicken von 15 cm (WLG 035) erreichen. Auch KS-Kelleraußenwände mit Perimeterdämmung erreichen die empfohlenen k-Werte.

Bei jedem Gebäude treten vor allem bei Anschlüssen verschiedener Bauteile sowie bei Ecken und bei Bauteilen, die die Wärmedämmschicht durchstoßen, erhöhte Wärmeverluste infolge Wärmebrückenwirkung auf. Durch sorgfältige Detailplanung und konstruktive Maßnahmen ist es möglich, die energetische Wirkung von Wärmebrücken zu reduzieren. Dazu wurde in letzter Zeit eine umfangreiche Fachliteratur veröffentlicht.

Winddichte Gebäudeteile

Außenbauteile mit ihren Anschlüssen und Durchdringungen sind winddicht auszuführen. Neben dem Wärmeschutz ist die Winddichtigkeit die wichtigste Eigenschaft eines Niedrigenergiehauses. Bei unzureichender Winddichtigkeit können die Lüftungswärmeverluste deutlich größer als die Transmissionswärmeverluste sein. Weiterhin ist zu beachten, daß mit der ausströmenden warmen Innenluft auch Feuchte transportiert wird (konvektiver Wasserdampftransport). Die Schäden, die durch die Kondensation dieser Feuchtigkeit in Bauteilen entstehen, sind weitaus häufiger und gravierender als Schäden infolge Dampfdiffusion. Bei folgen-

Tafel 17/17: Bestimmungen und Förderrichtlinien einzelner Bundesländer

Bundesland	Anforderung / Besonderheit
Nordrhein-Westfalen Wohnbau – Förderbest. 1984 Fassung 2. April 1993	Anforderung Q'_H in Abhängigkeit A/V $Q'_H = 20$ bis 70 kWh/(m² · a) Besonderheit Rechenverfahren wie WSchV aber andere $K_{F,eq}$ für Fenster
Hamburg Wärmeschutz-Verordnung 6. Oktober 1992 (gilt für <u>alle</u> Gebäude)	Anforderung an Einzelbauteile k_F = 2,00 W/(m² · K) k_W = 0,30 „ k_G = 0,30 „ k_D = 0,20 „
Schleswig-Holstein Förderung NEH 18. August 1989	Anforderung an Einzelbauteile k_F = 1,50 W/(m² · K) k_W = 0,20 „ k_G = 0,30 „ k_D = 0,15 „
Hessen Technische Wohnbaurichtlinien 26. Oktober 1992	Anforderung Gebäude mit 1–2 Wohnungen 85 kWh/(m² · a) andere Gebäude 75 kWh/(m² · a) Besonderheit Energiebilanzverfahren mit speziellen Kenngrößen
Baden-Württemberg Wohnungsbauförderung 1993	Anforderung (zulässige Mieterhöhung) $Q_H \leq 60$ kWh/(m² · a) (0,50 DM/m² · a) $Q_H \leq 80$ kWh/(m² · a) (0,25 DM/m² · a) Besonderheit Fachtechnische Bestätigung

Tafel 17/18: Richtwerte für den Wärmeschutz von Außenbauteilen für Niedrigenergiehäuser

Bauteil	Richtwert	Zielwert[1]
	k [W/(m² · K)]	
Außenwand	0,30	0,20
Fenster[2]	1,70	1,40
Dach	0,20	0,15
Kellerdecke[3]	0,35	0,25
Kelleraußenwände[4] im Erdreich	0,40	0,30
Kellerfußböden[4]	0,40	0,30

[1] nach Angaben der Gesellschaft für rationelle Energieverwendung.
[2] Der Gesamtenergiedurchlaßgrad der Fenstergläser soll möglichst hoch sein g = 0,6 bis 0,7. Sonnenschutzgläser sind ungeeignet.
[3] bei unbeheizten Kellern
[4] bei beheizten Kellern

Bild 17/5: Vermeidung von Wärmebrücken durch einen thermisch getrennten Balkon

183

den Situationen entstehen häufig Undichtigkeiten:

☐ Durchdringungen der Gebäudehülle durch Schornsteine, Entlüftungsrohre, Installationen.

☐ Fenster und Außentüren sowohl zwischen Blendrahmen und Flügel wie auch zwischen Blendrahmen und Außenwand.

☐ Folienstöße im Dachbereich und Anschluß der Folie an angrenzende Bauteile.

☐ Innentüren zu nicht beheizten Gebäudeteilen.

Lüftung

Das Lüften von Räumen ist eine unumgängliche Notwendigkeit; frische Außenluft ist unverzichtbar für die Gesundheit, das Wohlbefinden der Bewohner und hilft Bauschäden (Tauwasserbildung) zu vermeiden. Früher erfolgte der Luftwechsel zu einem großen Teil unbemerkt und damit unkontrolliert durch Undichtigkeiten in der Gebäudehülle und durch die Fugen in den Fenstern; dabei ging sehr viel Energie verloren. Mit dem Einbau dichter Fenster (hochwertige Lippendichtungen) konnten diese Lüftungswärmeverluste deutlich verringert werden. Nicht selten wurde infolge der dichten Fenster zu wenig gelüftet, da der erforderliche Luftwechsel nun bewußt „von Hand" durch das Öffnen der Fenster bewerkstelligt werden mußte. Die Folge war eine verstärkt einsetzende Schimmelpilzbildung, besonders dort, wo im Gebäudebestand nur die Fenster saniert wurden, der Mindestwärmeschutz der Außenwand nach DIN 4108 jedoch nicht im gleichen Zug verbessert wurde. Bei Niedrigenergiehäusern mit hochwärmegedämmten Bauteilen ist der Schutz gegen Tauwasserausfall wesentlich höher.

Theoretisch ist „richtiges Lüften" durch eine Stoßlüftung, etwa alle zwei Stunden, bei einer hohen Feuchtebelastung auch durch direkte Abfuhr, erzielbar. Im normalen Alltagsgeschehen ergeben sich verständlicherweise dabei Probleme. Die Folge ist, daß häufig durch Kippstellung der Fenster gelüftet wird; dieses führt zwar bei einem guten Wärmeschutz zu einer deutlichen Verringerung der Tauwassergefahr, jedoch entstehen hierdurch enorme Lüftungswärmeverluste.

Mechanische Lüftungsanlagen

Sie bestehen in ihrer einfachsten Variante aus einem kleinen Abluftventilator im Dach, einem Abluftkanal sowie einigen Zu- und Abluftventilen.

Das Funktionsprinzip: In den Räumen, in denen verstärkt Feuchte und Gerüche anfallen (Bad, WC, Küche) wird die Luft kontrolliert abgesaugt und über Dach abgeführt. Es entsteht im Haus ein leichter Unterdruck; durch die Zuluftöffnungen in den Wohn- und Schlafräumen strömt im gleichen Maße Frischluft (Außenluft) in die Räume ein. Die Zuluftöffnungen können in die Außenwand oder in die Blendrahmen der Fenster eingebaut werden, sie funktionieren weitgehend unabhängig von Windverhältnissen. Zuluftöffnungen über den Heizkörpern führen zu einer schnellen Aufwärmung der einströmenden kalten Außenluft.

Die einfachste Steuerung erfolgt über einen Schalter, der den Ventilator ein- und ausschaltet und je nach Bedarf mehrere Leistungsstufen zur Verfügung stellt. Bei weiterentwickelten Systemen erfolgt die Steuerung der auszutauschenden Luftmenge z.B. über einen Feuchtefühler. Damit wird gewährleistet, daß die Luft aus feuchtetechnischer Sicht bei einer bestimmten relativen Feuchte und damit nicht mehr als notwendig ausgetauscht wird. Die kontrollierte Wohnungslüftung über eine Lüftungsanlage, ob von Hand schaltbar oder feuchtegeführt, sollte immer Bestandteil eines Hauses mit NEH-Standard sein. In vielen Ländern haben sich derartige Lüftungsanlagen seit langem bewährt, in Schweden sind sie im Neubau Standard.

Wärmerückgewinnung ist möglich. Die über den Ventilator abgesaugte Innenluft führt die in der ausströmenden Luft (Abluft) enthaltene Energie mit ab. Zur Rückgewinnung eines Teils dieser Energie bringt man die Abluft in thermischen Kontakt mit der einströmenden Außenluft (Zuluft). Bei guten Anlagen kann bis zu 70% der in der Abluft enthaltenen Energie zurückgewonnen werden. Zu beachten ist bei Anlagen mit Wärmerückgewinnung:

☐ der Stromverbrauch ist höher,

☐ sie sind deutlich teurer,

☐ eventuell treten hygienische Probleme auf (Führung der Zuluft in Kanälen).

Bei beiden Systemen, Lüftungsanlagen ohne Wärmerückgewinnung und Lüftungsanlagen mit Wärmerückgewinnung, können selbstverständlich weiterhin die Fenster jederzeit geöffnet werden. Man sollte dabei aber bedenken, daß in der Heizperiode dadurch die prinzipielle Leistungsfähigkeit dieser Anlagen unter Umständen deutlich vermindert wird. Die Größenordnung der durch eine kontrollierte Lüftung erreichbaren Energieeinsparungen für verschiedene Standards kann aus Bild 17/6 entnommen werden.

Heizung

In einem Gebäude mit NEH-Standard wirken sich interne Wärmequellen (Personen, Beleuchtung, Geräte) sowie Wärmegewinne durch Sonneneinstrahlung wesentlich stärker auf den von der Heizungsanlage zu deckenden Wärmebedarf aus, als in einem schlecht gedämmten Gebäude. Um die o.a. Wärmeangebote nutzbar zu machen, muß das Heizungssystem daher flink reagieren, d.h., die Wärmezufuhr über die Heizungsanlage muß raumweise schnell reduziert werden können. Für eine schnelle Regelfähigkeit zur Ausnutzung der „Gratiswärmeangebote" muß die Masse des Gesamtsystems der Heizanlage daher minimiert werden. Aus diesem Grund sind Plattenheizkörper (geringer Wasserinhalt), Konvektoren oder Fußleistenheizungen besonders geeignet. Erforderlich sind spezielle Thermostatventile mit Voreinstellmöglichkeit.

Warmluftheizungen lassen sich sehr gut mit einer Lüftungswärmerückgewinnungsanlage kombinieren. Fußbodenheizungen reagieren auf die o.a. Wärmegewinne relativ träge, sie sind daher bei einem NEH nicht so leistungsfähig im Hinblick auf die Ausnutzung der Wärmegewinne. Eine witterungsgeführte zentrale Regelung der Vorlauftemperatur, eine zentrale völlige Abschaltung des gesamten Heizsystems, einschließlich der Umwälzpumpe bei Nacht und bei fehlendem Wärmebedarf am Tage, gehört ebenfalls zum NEH-Standard.

Die Brennwerttechnik ist besonders energiesparend und verringert die Umweltbelastung. Diese Geräte nutzen auch die im Abgas enthaltene Wärme aus; je nach Standort im Haus kann unter Umständen sogar auf den Schornstein verzichtet werden, man benötigt dann nur eine kurze Abgasleitung. Reine Stromheizungssysteme sind unter Umweltgesichtspunkten nicht zu empfehlen, da der Primärenergieverbrauch und die Emissionen etwa doppelt so groß sind als bei Brennstoffheizungen in der beschriebenen Qualität. Elektrische Wärmepumpen sind ähnlich günstig wie Gas-Brennwert-Geräte, jedoch wesentlich teurer. Lassen sich mehrere Wohneinheiten im Hinblick auf eine Versor-

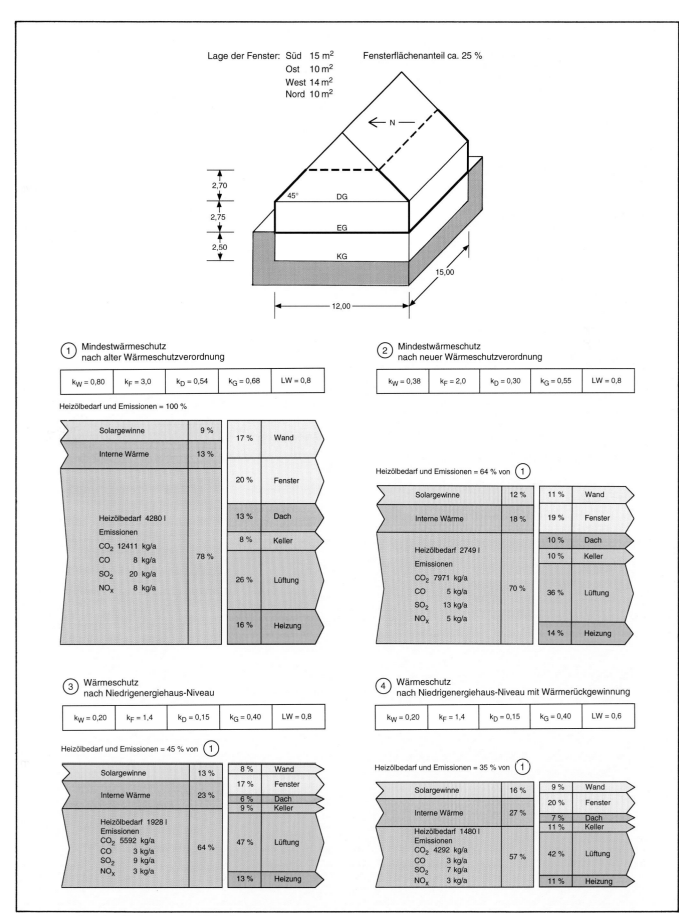

Bild 17/6: Heizölbedarf und Emissionen eines Einfamilienhauses bei verschiedenen Wärmedämmniveaus unter Berücksichtigung von Lüftungswärmeverlusten sowie Energie-Gewinnen aus Solar- und interner Wärme — Rechenbeispiel nach Prof. Hauser

gung mit Heizwärme zusammenschließen und ist eine Kraft-Wärme-Kopplung möglich, so ist diese Lösung am vorteilhaftesten.

Brauchwasserbereitung

Ältere Öl- und Gaszentralheizungen mit integrierter Brauchwassererwärmung mußten ständig auf etwa 70 °C gehalten werden. Diese Systeme hatten im Sommer einen sehr schlechten Wirkungsgrad. Aus diesem Grund ist früher eine Abkoppelung der Brauchwassererwärmung empfohlen worden. Heute ist diese Maßnahme bei dem sehr geringen Heizwärmebedarf eines Gebäudes mit NEH-Standard nicht mehr sinnvoll. Gas-Kombithermen, moderne Niedertemperatur- oder Brennwertkessel mit einem indirekt beheizten Warmwasserspeicher und temperaturdifferenzgesteuerter Ladepumpe sind heute am sinnvollsten.

Warmwasserspeicher können hochwärmegedämmt werden, so daß sie nur sehr geringe Wärmeverluste aufweisen; sie müssen daher oft nur einmal pro Tag „aufgeladen" werden. Dadurch weist der Kessel auch im Sommerbetrieb einen guten Wirkungsgrad auf. Häuser sollten so geplant werden, daß sich nur kurze Wege für die Warmwasserleitungen ergeben; bei Einfamilienhäusern kann dann sogar auf eine Zirkulationsleitung und Pumpe verzichtet werden. Warmwasserleitungen, einschließlich der Zirkulationsleitungen sollten sehr gut wärmegedämmt werden. Falls eine Zirkulationsleitung erforderlich ist, sollte die Pumpe, in Zeiten, in denen kein Bedarf an Warmwasser besteht, über eine Zeitschaltuhr abgeschaltet werden.

Solare Brauchwassererwärmung

Dies ist die effektivste Möglichkeit, erneuerbare Energien zu nutzen. Solaranlagen können etwa 50% des jährlichen Warmwasserbedarfs erwärmen. Gut ausgelegte Anlagen können im Mittel den Bedarf zwischen Mai und September voll abdecken. Wie bei allen Maßnahmen zur Erzielung des NEH-Standards müssen auch hier alle Systemkomponenten (Kollektorflächen, Speichervolumen, Wärmetauscher, Rohrleitungen usw.) sorgfältig aufeinander abgestimmt werden.

Die Kosten für Investition und Betrieb einer derartigen Anlage sind – ohne Zuschüsse – deutlich höher als bei reinen brennstoffbetriebenen Systemen, jedoch niedriger als die von elektrischen Direktheizungssystemen. Solaranlagen

werden u. U. steuerlich begünstigt, es lohnt durchaus, sich nach Förderprogrammen von Bund, Land, Kommune oder Versorgungsunternehmen zu erkundigen.

Passive Solarenergienutzung

Durch die Fenster – insbesondere durch Südfenster – werden vor allem in den Übergangszeiten (Herbst, Frühjahr) erhebliche Mengen an Sonnenenergie eingestrahlt. Die Sonnenenergie kann wesentlich zur Heizenergieeinsparung beitragen. Voraussetzung für eine möglichst effektive Nutzung der Sonnenenergie ist, daß es nicht zu schnell zu Überwärmungen der Aufenthaltsräume kommt, da diese Überwärmungen durch Lüftung wieder beseitigt werden muß. Massive, wärmespeichernde KS-Innenwände wirken dieser Überwärmung entgegen, da sie die Wärmeenergie speichern und während der Nachtstunden wieder abgeben. Dennoch sollten Glasflächen in der Südfassade einen Anteil von max. 50 % der Außenwandflächen nicht überschreiten, da es sonst im Sommer schnell zu Überwärmungen kommen kann. Die anderen Fensterflächen sollten auf das zur Belichtung der Räume erforderliche Maß beschränkt werden.

Solarenergienutzung durch Wintergärten

Glasanbauten sind reizvoll und lassen sich vielfältig nutzen. Aus energetischer Sicht ergeben sich jedoch Probleme. So können Wintergärten zu einem Mehrverbrauch an Energie führen, wenn sie falsch geplant oder z.B. aus pflanzenphysiologischen Gründen beheizt werden müssen. Einen Beitrag zur Energieeinsparung leistet ein Wintergarten nur, wenn Wärmegewinne in das Innere des Hauses transportiert werden und Wärmeverluste aus dem Haus in den Wintergarten minimiert werden. Wintergärten haben einen hohen Wohnwert, sind aber für ein Niedrigenergiehaus nicht zwingend erforderlich.

Zusammenfassung

Die Wärmedämmung von Niedrigenergiehäusern liegt erheblich über den geltenden Anforderungen der Wärmeschutzverordnung. An die Winddichtigkeit der Gebäudehülle werden hohe Anforderungen gestellt. Gute Detailplanung – auch die energetische Bewertung von Wärmebrücken – ist daher notwendig. Anlagen zur kontrollierten Be- und Entlüftung sind entweder sofort einzubauen oder mindestens baulich zu berücksichtigen.

Die Maßnahmen für Niedrigenergiehäuser lassen sich sowohl für Einfamilienhäuser wie auch für Mehrfamilienhäuser verwirklichen. Mögliche Energieeinsparungen können nur dann realisiert werden, wenn die Nutzer alle Voraussetzungen, die ein Niedrigenergiehaus bietet, auch in der Wohnpraxis beachten.

- **Für Niedrigenergiehäuser ist der höchstmögliche Wärmeschutz aller Außenbauteile anzustreben.**

- **Der Winddichtigkeit ist besondere Beachtung zu schenken.**

- **Gute Detailplanung ist wichtig.**

- **Lüftungstechnische Anlagen sind zumindest baulich zu berücksichtigen.**

- **Passive Solarenergienutzung durch richtige Fensterorientierung und wärmespeichernde Innenbauteile trägt erheblich zur Heizenergieeinsparung bei. Flinke Heizsysteme unterstützen die passive Solarenergienutzung.**

Die zukunftsorientierte Konzeption für den Wärmeschutz heißt: Hochgedämmte KS-Außenwände + massive wärmespeichernde KS-Innenwände.

Mit dieser wirtschaftlichen Kombination werden sehr gute Ergebnisse für den winterlichen und sommerlichen Wärmeschutz erreicht. Der Nutzflächengewinn durch schlanke, hochbelastbare KS-Wände mit hervorragendem Schallschutz bedeutet für den Bauherrn günstige Baukosten und behagliches Wohnen.

18. Brandschutz*⁾

Die Anzahl und die Höhe der Brandschäden nimmt über die Jahre gesehen weiter zu. Sehr hohe Sachschäden und auch zunehmend Umweltschäden führen zu hohen Vermögensverlusten. Brandschäden sind nicht selten mit dem Verlust von Menschenleben verbunden.

Bei rechtzeitiger Beachtung der Brandschutzanforderungen und der Normen sowie bei Auswahl geeigneter Baustoffe in der Planung ist der erforderliche Brandschutz häufig bereits sichergestellt. Die Brandschutzanforderungen an Mauerwerkswände werden in den Landesbauordnungen definiert und durch Verordnungen, Verwaltungsvorschriften und Richtlinien ergänzt bzw. spezifiziert. DIN 4102 — Brandverhalten von Baustoffen und Bauteilen — dient einerseits als Prüfnorm zum Prüfen des Brandverhaltens der Bauprodukte und andererseits direkt als Brandschutznachweis für bereits klassifizierte Baustoffe und Bauteile.

18.1 Grundlagen und Anforderungen

Die folgenden Ausführungen geben einen Überblick zu den brandschutztechnischen Grundlagen und Anforderungen. Weitere Details sind der Fachliteratur und den jeweiligen Vorschriften zu entnehmen.

---

*) Dipl.-Ing. Chr. Hahn, Institut für Brandschutz und Massivbau Braunschweig

DIN 4102

Die Norm DIN 4102 enthält die Grundlage für die Definition der bauaufsichtlichen Begriffe hinsichtlich Brandschutz sowie die sich daraus ergebenden Anforderungen. DIN 4102 setzt sich aus 17 Teilen (Teil 1−9 und Teil 11−18) zusammen. Tafel 18/1 gibt eine Übersicht über DIN 4102.

In den Normteilen 1−3, 5−9, 11−13 der DIN 4102 werden brandschutztechnische Begriffe, Anforderungen und Prüfungen für Baustoffe, Bauteile und Sonderbauteile festgelegt. Die Baustoffe werden gemäß Teil 1 in die Baustoffklassen A (nichtbrennbar) und B (brennbar) eingeteilt.

Kalksandsteine sind nach DIN 4102 Teil 4 der Baustoffklasse A1 zuzuordnen, ebenso Mörtel nach DIN 1053.

Als Bauteile im Sinne der Norm gelten Wände (Mauerwerk), Decken, Stützen (Pfeiler), Unterzüge, Treppen usw. Als Sonderbauteile gelten Brandwände, nichttragende Außenwände, Feuerschutzabschlüsse, Lüftungsleitungen, Kabelabschottungen, Installationskanäle, Installationsschächte (Schachtabmauerungen), Rohrabschottungen, Kabelanlagen, Verglasungen usw. Im Teil 2 wird der Begriff der Feuerwiderstandsklasse in Abhängigkeit von der Zeit (30 min, ... 180 min) definiert.

Für Bauteile gilt die Abkürzung F. Für Sonderbauteile gelten verschiedene Abkürzungen, z.B. W für nichttragende Außenwände, T für Feuerschutzab-

schlüsse, L für Lüftungsleitungen, S für Kabelabschottungen oder R für Rohrabschottungen. Für Brandwände gibt es keine Abkürzung. Der Klassifizierungsbegriff lautet: Eignung als „Brandwand". Komplextrennwände werden lediglich im Teil 3 als Fußnote erwähnt, da es sich um einen versicherungstechnischen Begriff handelt.

Der Teil 4 der DIN 4102 wurde überarbeitet und im Bereich des Mauerwerksbaus wesentlich erweitert. Er erscheint voraussichtlich Ende 1993 als Weißdruck. Trotz der europäischen Harmonisierung wird die Norm für Deutschland über einen langen Zeitraum hin Gültigkeit besitzen.

Bauordnung

Die Generalklausel des Brandschutzes, die in ähnlicher Fassung in allen Landesbauordnungen enthalten ist, lautet:

☐ Bauliche Anlagen müssen so beschaffen sein, daß der Entstehung und der Ausbreitung von Feuer und Rauch vorgebeugt wird und bei einem Brand wirksame Löscharbeiten und die Rettung von Menschen und Tieren möglich sind.

Um diese Grundsatzanforderung zu erfüllen, gibt es zahlreiche Einzelanforderungen. Im Bereich der Bauteile gibt es u.a. die Anforderungen feuerhemmend und feuerbeständig. Zusatzanforderungen hinsichtlich der Baustoffe werden mit z.B. nichtbrennbar oder im wesentlichen nichtbrennbar umschrieben.

Tafel 18/1: Überblick DIN 4102 (Stand August 1993)

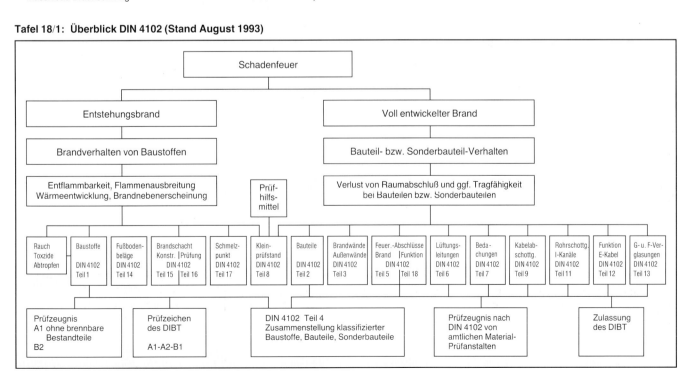

187

Die Grundlagen bauaufsichtlicher Brandschutzanforderungen sind in den jeweils gültigen Landesbauordnungen und den dazugehörigen Verordnungen sowie technischen Baubestimmungen und den Verwaltungsvorschriften enthalten. In der Tafel 18/2 sind die z.Z. gültigen Bauordnungen zusammengefaßt. Die neuen Bundesländer haben einheitlich die Landesbauordnung des Landes Nordrhein-Westfalen übernommen.

Alle Landesbauordnungen, die dazugehörenden Durchführungsverordnungen bzw. die Verwaltungsvorschriften unterscheiden nach:

☐ Gebäuden normaler Art und Nutzung (das sind Wohngebäude und Gebäude vergleichbarer Nutzung) und

☐ Gebäuden besonderer Art oder Nutzung (z.B. Industriebauten, Versammlungsstätten oder Krankenhäuser).

Im Bereich der Gebäude normaler Art und Nutzung wird nach Gebäudearten unterschieden. Die meisten alten Bundesländer haben aufgrund der Musterbauordnung 1981 ihre Landesbauordnung novelliert. Nach älterem Baurecht erfolgte die Einteilung der Gebäude nach Vollgeschossen, die Brandschutzanforderungen wurden in Abhängigkeit der Anzahl der Geschosse festgelegt. Bei den Bauordnungen nach neuerem Baurecht, dies gilt insbesondere auch für die neuen Bundesländer, werden Gebäudeklassen in Abhängigkeit von der Anleiterbarkeit bei einem Feuerwehreinsatz definiert. Außerdem werden die Begriffe Vollgeschoß und oberster Aufenthaltsraum mit herangezogen. Tafel 18/3 faßt die Gebäudeklassen zusammen.

Im allgemeinen sind die Gebäude in fünf Gebäudeklassen unterteilt:

☐ Freistehende Wohngebäude und freistehende Gebäude mit nicht mehr als einer Wohnung;

☐ Wohngebäude mit geringer Höhe und mit nicht mehr als zwei Wohnungen;

☐ Gebäude geringer Höhe (Oberkante Fertig-Fußboden OFF eines Geschosses mit Aufenthaltsräumen ≤ 7 m bzw. Anleiterbarkeitshöhe H bezogen auf die Fensterbrüstung ≤ 8 m);

☐ sonstige Gebäude (Gebäude mittlerer Höhe – LBO Hamburg);

☐ Hochhäuser.

In den Tafeln 18/4 bis 18/7 sind einige wesentliche Brandschutzanforderungen für Wände, unterteilt nach den Gebäudeklassen, aller Landesbauordnungen, soweit tabellarisch möglich, gegenübergestellt. Ergänzende Erläuterungen und Ausnahmen sind in Fußnoten bzw. den jeweiligen Landesbauordnungen angegeben. Maßgebend ist die jeweilige Landesbauordnung.

Außerdem erfolgen teilweise zusätzliche Unterteilungen in Abhängigkeit von den Vollgeschossen, z.B. ≤ zwei Vollgeschosse und > zwei Vollgeschosse

Tafel 18/2: Landesbauordnungen und Ausführungsvorschriften (Stand Dezember 1992)

Bundesländer	Landesbauordnungen (LBO)	Ausführungsvorschriften (DVO, AVO, TVO VV)	Einführungserlaß zu DIN 4102
Baden-Württemberg	28.11.83 Ä 17.12.90	AVO 02.04.84	21.10.82 25.07.88 02.08.88
Bayern	02.07.82 Ä 06.08.86	DVO 02.07.82 Ä 20.11.83	02.02.78 12.11.82
Berlin	28.02.85 25.09.90 Ä 02.10.90		02.06.81 30.03.83 20.06.88
Bremen	01.04.83	DVO 31.03.83	01.12.78
Hamburg	1.07.86 Ä 22.09.87	BTR	02.01.78 06.05.81 24.06.82
Hessen	16.12.77 Ä 12.07.90	DVO 09.05.77 Ä 28.11.89	24.01.78 09.06.81 30.10.81 01.09.82 18./21.10.88 07.12.90
Niedersachsen	06.06.86	DVO 11.03.87	14.09.78 09.09.81 21.03.85
Nordrhein-Westfalen	26.06.84 Ä 20.06.89	VV 29.11.84 Ä 15.03.89	16.01.78 21.04.81 12.08.82 31.05.88 1.06.88
Rheinland-Pfalz	28.11.86 Ä 08.04.91		08.03.78 30.06.81 12.08.82 19./20.12.88 14./15.01.91
Saarland	10.11.88	TVO 17.03.89	15.02.78 21.07.81 16.05.83 30.09.88
Schleswig-Holstein	24.02.83		29.06.82 12.07.88 10.10.88 04.09.90
Brandenburg Mecklenburg-Vorpommern Sachsen Sachsen-Anhalt Thüringen	20.07.90	VV 20.07.90	10.09.90

Ä = Änderung, DVO = Durchführungsverordnung, TVO = Technische Durchführungsverordnung, AVO = Allg. Ausführungsverordnung, VV = Verwaltungsvorschrift, BTR = Brandschutztechn. Richtlinien

oder drei bis fünf Vollgeschosse. Nicht alle Bundesländer unterteilen nach Gebäudeklasse. Es zeigt sich aber bereits an diesen Zusammenstellungen deutlich, wie wichtig es ist, die jeweils maßgebende Landesbauordnung zu beachten. Dieses kann einen erheblichen Einfluß auf die Wirtschaftlichkeit eines Gebäudes haben.

Gebäudeabschlußwände stellen für den Mauerwerksbereich ein wichtiges Anwendungsgebiet dar. Es ist zu beachten, daß der Begriff „Gebäudeabschlußwand" nicht in allen Bundesländern ausdrücklich definiert wird. In einigen Fällen wird der Anwendungsbereich im Bereich der Brandwände oder Außenwände umschrieben.

Richtlinien und Sonderverordnungen

In den Bauordnungen werden die baulichen Anlagen besonderer Art oder Nutzung nur im Grundsatz behandelt. Die Landesbauordnungen werden durch Sonderverordnungen und Richtlinien ergänzt, die die jeweils besonderen Gegebenheiten berücksichtigen. In Tafel 18/8 sind die wesentlichsten Verordnungen zusammengestellt.

Auf alle Besonderheiten dieser Verordnungen kann an dieser Stelle nicht eingegangen werden.

Viele Verordnungen beruhen auf Musterentwürfen im Rahmen der Musterbauordnung. Zahlreiche Bundesländer lehnen sich nur an die Musterentwürfe an. Sie haben keine eigenen Richtlinien eingeführt. Hier sollen zwei Beispiele herausgegriffen werden.

In der Tafel 18/9 sind am Beispiel der Geschäftshausverordnung des Landes Nordrhein-Westfalen und damit auch für die Bundesländer Brandenburg, Mecklenburg-Vorpommern, Sachsen, Sachsen-Anhalt und Thüringen die Brandschutzanforderungen an Bauteile, insbesondere an Wände, zusam-

Tafel 18/3: Einteilung der Gebäude nach den neuen Bauordnungen in fünf Gebäudeklassen

Gebäude-Klasse				
1	2	3	4	5
Wohngebäude freistehend 1 WE	Gebäude mit geringer Höhe Anleiterbarkeit H ≤ 8 m ≤ 2 WE	≥ 3 WE	Sonstige Gebäude H > 8 m	Hochhäuser
bei OFF ≤ 7 m Feuerwehreinsatz mit Steckleitern möglich			bei OFF > 7 m; ≤ 22 m	mind. 1 Aufenthaltsraum > 22 m über OFF

(Diagramm-Beschriftungen: OFF ≤ 7 M; 8 M; OFF ≤ 22 M; OFF > 22 M)

Tafel 18/4: Brandschutzanforderungen an Gebäude normaler Art und Nutzung nach allen Landesbauordnungen für die Gebäudeklassen 1 und 2

Bundesländer		1	Baden-Württemberg	Bayern	Berlin	Bremen	Hamburg	Hessen	Niedersachsen	Nordrhein-Westf. Neue Bundesländer	Rheinland-Pfalz	Saarland	Schleswig-Holstein
Gebäudeklassen		1	2										
Vollgeschosse		≤ 3											
Bauteile – Baustoffe		freistehend 1 WE	Wohngebäude mit geringer Höhe (OFF ≤ 7 m) ≤ 2 WE										
Tragende Wände	Dach	0	0	0	0	0	0	0	0	0	0	0	0
	Sonstige	0[1]	F 30−B	F 30−B	F 30−B	F 30−B	F 30−B	F 30−B[3]	F 30−B	F 30−B	F 30−B	F 30−B	F 30−B
	Keller	0[1]	F 30−B	F 30−B	F 30−B	F 30−B	F 30−B	F 30−B[3]	F 30−B	F 30−AB	F 30−A	F 30−AB	F 30−B
Nichttragende Außenwände		0[1]	0	0	0	0	0	F 30−B	0	0	B2	B1+ F 30−B	0
Außenwand-Bekleidungen einschl. Thermohaut		0	0	0	0	0	0	F 30−B	0	0	F 30−B	F 30−B	0
			B1[2]	B1[2]	B1[2]	B1[2]	B1	B1	B1[2]	B1[2]	B2	B1[2]	0
Gebäudeabschlußwände		0	F 90−AB	BW	BW	BW	F 90−AB	F 90−AB	F 90−AB	F 90−AB	F 90−A	F 90−A	F 90−AB
			–	F 90[4]	F 90−AB				F 30−B+ F 90−B	F 30−B+ F 90−B	F 90−B	F 30−B+ F 90−B	F 30−B+ F 90−B
Decken	Dach	0	0	F 30−B	0	0	0	0	0	0	F 30−B	0	F 30−B
	Sonstige	0	F 30−B	F 30−B	F 30−B	F 30−B	F 30−B	F 30−B[3]	F 30−B	F 30−B	F 30−B[5]	F 30−B	F 30−B
	Keller	0	F 30−B	F 30−B	F 30−B	F 30−B	F 30−A	F 30−B[3]	F 30−B	F 30−B	F 30−B[5]	F 90−AB	F 30−B
Gebäudetrennwände			BW	BW	BW	BW				(F 90−AB)		BW	F 90−AB
40 m Gebäudeabschnitte		−	F 90−A	F 90[4]	F 90−AB	F 90−A	F 30−B[5]	F 90−AB	F 30−B		F 90−A		F 30−B+ F 90−B
Wohnungstrennwände	Dach	−	F 30−B	F 30−B	F 30−B	F 90−AB	F 30−B[5]	F 90−AB[3]	F 30−B	F 30−B	F 30−B	F 30−B	F 30−B
	Sonstige	−	F 30−B	F 30−B	F 30−B	F 90−AB	F 30−B	F 90−AB[3]	F 30−B	F 30−B	F 30−AB	F 30−B	F 30−B

[1] Bremen nur über Ausnahmegenehmigung
[2] Baustoffklasse B2 mit geeigneten Maßnahmen
[3] Ausnahmen möglich
[4] und so dick wie Brandwände
[5] Beplankung mit nichtbrennbaren Baustoffen

Tafel 18/5: Brandschutzanforderungen an Gebäude normaler Art und Nutzung nach allen Landesbauordnungen für die Gebäudeklasse 3

Bundesländer		Baden-Württemberg	Bayern	Berlin	Bremen	Hamburg	Hessen	Niedersachsen	Nordrhein-Westf. Neue Bundesländer	Rheinland-Pfalz	Saarland	Schleswig-Holstein
Gebäudeklasse		3										
Vollgeschosse		≤ 3										
Bauteile – Baustoffe		Gebäude mit geringer Höhe (OFF ≤ 7 m) ≥ 3 WE										
Tragende Wände	Dach	0	0	0	0	0	0	0	0	0	0	0
	Sonstige	F 30–B	F 30–B	F 30–B	F 90–AB	F 30–AB	F 30–B	F 30–B	F 30–AB	F 30–AB	F 30–AB	F 30–B
	Keller	F 90–AB	F 30–B	F 30–B	F 90–AB	F 90–AB[3]	F 30–B	F 90–AB	F 90–AB	F 90–AB	F 90–AB	F 30–B
Nichttragende Außenwände		0	A	0	A	0	F 30–B	0	0	B2	B1+	A
			F 30–B		F 30–B						F 30–B	F 30–B
Außenwand-Bekleidungen einschl. Thermohaut		0	0	0	0	0	F 30–B	0	0	F 30–B	F 30–B	0
		B1[2]	B1	B1	B1	B1	B1	B1	B1	B2	B2	B2
Gebäudeabschlußwände		BW	BW	BW	BW	BW	BW	BW	BW	BW	BW	BW
			F 90[4]						F 90–AB			F 90–AB
Decken	Dach	0	F 30–B	0	F 30–B	F 30–B	F 30–B	0	0	F 30–AB	F 30–B	F 30–B
	Sonstige	F 30–B	F 30–B	F 30–B	F 30–B	F 30–AB	F 30–B	F 30–B	F 30–AB	F 30–AB	F 30–AB	F 30–B
	Keller	F 90	F 30–AB	F 90–AB	F 90–AB	F 90–AB	F 30–B	F 90–AB	F 90–AB	F 90–AB	F 90–AB	F 30–B
Gebäudetrennwände		BW	BW	BW	BW	BW	BW	BW	BW	BW	F 90–A	BW
40 m Gebäudeabschnitte		F 90–A	F 90–A[4]		F 90–A				F 90–AB			F 90–AB
Wohnungstrennwände	Dach	F 30–B	F 30–B	F 30–B	F 90–AB	F 30–B[5]	F 90–AB	F 30–B	F 30–B	F 30–B	F 90–AB	F 30–B
	Sonstige	F 90–AB	F 30–B	F 30–B	F 90–AB	F 90–AB	F 90–AB	F 30–B	F 60–AB	F 90–AB	F 90–AB	F 30–B

[1] Bremen nur über Ausnahmegenehmigung
[2] Baustoffklasse B2 mit geeigneten Maßnahmen
[3] Ausnahmen möglich
[4] und so dick wie Brandwände
[5] Beplankung mit nichtbrennbaren Baustoffen

Tafel 18/6: Brandschutzanforderungen an Gebäude normaler Art und Nutzung nach allen Landesbauordnungen für die Gebäudeklasse 4

Bundesländer		Baden-Württemberg	Bayern	Berlin	Bremen	Hamburg	Hessen	Niedersachsen	Nordrhein-Westf. Neue Bundesländer	Rheinland-Pfalz	Saarland	Schleswig-Holstein
Gebäudeklasse		4										
Vollgeschosse		> 3										
Bauteile – Baustoffe		Sonstige Gebäude (7 m $<$ OFF ≤ 22 m), außer bei Hochhäusern										
Tragende Wände	Dach	0	F 90–AB	0	F 90–AB	0	F 90–AB	0	0	0	0	F 30–B
	Sonstige	F 90–AB	F 90–AB	F 90–AB	F 90–AB	F 90–AB	F 90–AB	F 90–AB	F 90–AB	F 90–AB	F 90–AB	F 90–AB
	Keller	F 90–AB	F 90–AB	F 90–AB	F 90–AB	F 90–AB	F 90–AB	F 90–AB	F 90–AB	F 90–AB	F 90–A	F 90–AB
Nichttragende Außenwände		A	A	F 30–B	A	F 30–AB	0	A oder	A oder	A	A	A
		F 30–B	F 30–B		F 30–B			W 30–B	F 30–B	F 30–B	F 30–B	F 30–B
Außenwand-Bekleidungen einschl. Thermohaut		B1[2]	B1[2]	B1	B1	B1	0[3]	B1	B1	B1	B1	B1
Gebäudeabschlußwände		BW	BW	BW	BW	BW	BW	BW	BW	BW	BW	BW
Decken	Dach	0	F 30–B	0	F 90–AB	F 30–B	F 90–AB[3]	0	0	F 90–AB	F 30–AB[3]	F 30–B
	Sonstige	F 90–AB	F 90–AB	F 90–AB	F 90–AB	F 90	F 90–AB[3]	F 90–AB	F 90–AB	F 90–AB	F 90–AB[3]	F 90–AB
	Keller	F 90–AB	F 90–AB	F 90–AB	F 90–AB	F 90	F 90–AB[3]	F 90–AB	F 90–AB	F 90–AB	F 90–A	F 90–AB
Gebäudetrennwände 40 m Gebäudeabschnitte		BW	BW	BW	BW	BW	BW	BW	BW	BW	BW	BW
		F 90–A	F 90–A[4]									
Wohnungstrennwände	Dach	F 30–AB	F 90–AB	F 90–AB	F 90–AB	F 90–AB	F 90–AB	F 30–B	F 90–B	F 30–B	F 90–AB	F 90–AB
	Sonstige	F 90–AB	F 90–AB	F 90–AB	F 90–AB	F 90–AB	F 90–AB	F 90–AB	F 90–AB	F 90–AB	F 90–AB	F 90–AB

[1] Bremen nur über Ausnahmegenehmigung
[2] Baustoffklasse B2 mit geeigneten Maßnahmen
[3] Ausnahmen möglich
[4] und so dick wie Brandwände
[5] Beplankung mit nichtbrennbaren Baustoffen

Tafel 18/7: Brandschutzanforderungen an Gebäude normaler Art und Nutzung nach allen Landesbauordnungen für die Gebäudeklasse 5

Bundesländer		Baden-Württemberg	Bayern	Berlin	Bremen	Hamburg	Hessen	Niedersachsen	Nordrhein-Westf. Neue Bundesländer	Rheinland-Pfalz	Saarland	Schleswig-Holstein
Gebäudeklasse						5						
Vollgeschosse					in der Regel ≥ 8							
Bauteile − Baustoffe					Hochhäuser (OFF > 22 m)							
Tragende Wände	Dach		F 90−A¹)		F 90−A¹)	F90-A	F 90−A¹)		F 90−A			F 90−A¹)
	Sonstige		F 90−A¹)		F 90−A¹)	F90-A	F 90−A¹)		F 90−A			F 90−A¹)
	Keller		F 90−A¹)		F 90−A¹)	F90-A	F 90−A¹)		F 90−A			F 90−A¹)
Nichttragende Außenwände			A		A	A	A		A			A
Außenwand-Bekleidungen einschl. Thermohaut			A		A	A	A		A			A²)
Gebäudeabschlußwände			BW		BW	BW	BW		BW			BW
Decken	Dach		F 90−A		F 90−A	F90-A	F 90−A¹)		F 90−A			F 90−A
	Sonstige		F 90−A		F 90−A	F90-A	F 90−A¹)		F 90−A			F 90−A
	Keller		F 90−A		F 90−A	F90-A	F 90−A¹)		F 90−A			F 90−A
Gebäudetrennwände 40 m Gebäudeabschnitte			BW		BW	BW	BW		BW			BW
Wohnungstrennwände	Dach		F 90−A		F 90−A	F90-A	F 90−A		F 90−A			F 90−A
	Sonstige		F 90−A		F 90−A	F90-A	F 90−A		F 90−A			F 90−A

¹) Höhe > 60 m: F 120−A
²) einschl. Unterkonstruktion

Tafel 18/8: Richtlinien und Sonderverordnungen für bauliche Anlagen besonderer Art oder Nutzung zum Brandschutz (Stand September 1993)

Bundesländer	Verwendung brennbarer Baustoffe im Hochbau	Bau und Betrieb von								Bauaufsichtliche Richtlinien Schulen	Baulicher Brandschutz von Industriebauten
		Hochhäusern	Verkaufsstätten	Versammlungsstätten	Gaststätten	Krankenhäusern	Geschäftshäusern	Garagen	Fliegenden Bauten		
Baden-Württemberg				10.08.74 Ä 12.02.82		25.09.90	15.08.69	13.09.89		15.12.77	
Bayern		25.05.83		17.12.90	13.08.86		20.03.85				
Berlin				15.09.70 24.08.79			20.12.66 15.02.91			12.08.75	
Bremen	17.01.75	27.08.79			03.05.71						
Hamburg		05.92									
Hessen		29.12.83 Ä 23.12.87		18.12.90	23.01.91	31.12.86 Ä 07.09.90	04.06.73 Ä 21.06.77		Bund 10.89	18.04.84	eingeführt
Niedersachsen				09.10.78 23.01.83		12.76	NBO 06.06.86	04.09.89		04.07.78 Ä 06.11.89	vorläufig eingeführt
Nordrhein-Westfalen	29.04.78	11.06.86		24.06.71 Ä 09.12.83	09.12.83	21.02.78	22.01.69 Ä 12.06.69	02.11.90		28.11.76	eingeführt 20.10.89
Rheinland-Pfalz				17.07.72 Ä 22.09.82 13.07.90			30.04.76 Ä 13.07.90	13.07.90		12.01.89	
Saarland				22.01.79			05.09.77				
Schleswig-Holstein				22.06.71 18.07.84			30.08.84			21.01.76	
Brandenburg Mecklenburg-Vorpommern Sachsen Sachsen-Anhalt Thüringen	03.12.90	03.12.90	03.10.90	03.10.90	03.10.90	03.10.90		10.09.90	03.10.90		03.10.90

Tafel 18/9: Brandschutzanforderungen an Baustoffe und Bauteile nach der Verordnung über den Bau und den Betrieb von Geschäftshäusern (Fassung Nordrhein-Westfalen)

Zeile	Bauteil bzw. Baustoff	Brandschutzanforderungen bei Geschäftshäusern	erdgeschossigen Geschäftshäusern
1	Tragende und aussteifende Wände sowie Stützen	F 90 – A	F 90 – A Ausnahmen: F 90 – AB oder F 30 – B[1])
2	Nichttragende Außenwände	A Ausnahme: B 1[1])	B 1
3	Trennwände zwischen Verkaufsräumen und Büroräumen	F 90 – A	F 90 – A
4	Verglasungen in Trennwänden nach Zeile 3	F 30 – A	F 30 – A
5	Trennwände zu Lagerräumen, Werkräumen usw.	F 90 – A	F 90 – A
6	Türen in Trennwänden nach Zeile 5	T 90 und aus Baustoffen der Klasse A Ausnahmen: T 90[1]), bei Sprinklerung o.ä. T 30	
7	Decken	F 90 – A	F 90 – A
8	Wand- und Deckenbekleidungen einschließlich Dämmschichten	A Ausnahme: bei Sprinklerung B 1[1]), jedoch nicht bei Fluren, Treppenräumen und Durchfahrten	B 1
9	Tragwerke von Dächern über Verkaufsräumen ohne feuerbeständige Decke	F 90 – A Ausnahme: F 90 – AB[1])	F 90 – A Ausnahmen: F 90 – AB oder F 30 – B[1])
10	Treppen	F 90 – A	–

[1]) Wenn Bedenken wegen des Brandschutzes nicht bestehen

mengefaßt. Die Angaben sind wegen der bereits erwähnten Unterschiede in den einzelnen Landesbauordnungen als Beispiel anzusehen und nur bedingt übertragbar. Es wird jedoch deutlich, daß einige zusätzliche Brandschutzanforderungen zu erfüllen sind, die besonders die Wände betreffen.

Als zweites Beispiel soll die Industriebaurichtlinie in Verbindung mit der DIN V 18230 erwähnt werden. Die Vornorm DIN V 18230 – Baulicher Brandschutz in Industriebauten – ermöglicht die Brandschutzbemessung für den Einzelfall. In einigen Bundesländern wurde die Vornorm bereits durch eine Industriebaurichtlinie eingeführt bzw. versuchsweise vorläufig eingeführt.

Mit Hilfe der Vornorm werden die tatsächlich anzusetzenden Brandlasten für ein konkretes Industriegebäude in Abhängigkeit von den Abmessungen des Gebäudes und der Ventilation bestimmt. Mit den Ergebnissen werden dann die Brandschutzanforderungen an die Bauteile festgelegt. Es wird die „rechnerisch erforderliche Feuerwiderstandsdauer (erf t_F)" ermittelt, aus der sich die „Brandschutzklassen I bis V" ergeben. Innerhalb eines umfassenden Brandschutzkonzeptes werden insbesondere brandschutztechnische Anforderungen an Wände ermittelt, die das

Industriegebäude in Brandabschnitte und auch in Brandbekämpfungsabschnitte unterteilen. Das kann zu feuerhemmenden Wänden, zu feuerbeständigen Wänden oder auch zu Brandwänden führen. Im Bereich der Brandwände gibt es die Besonderheit, daß für Brandwände auch die Eigenschaften feuerhemmend oder F 120 gefordert werden. Gemäß Landesbauordnungen und DIN 4102 Teil 3 sind Brandwände feuerbeständig. Brandwände nach DIN 4102 Teil 3 erfüllen daher immer die Anforderung feuerhemmend. Die Erfüllung der Anforderung „Brandwand und F 120" ist gesondert nachzuweisen.

Auch hier wird wieder deutlich, daß es wichtig ist, die richtige bzw. die maßgebende Brandschutzanforderung zu bestimmen und damit wirtschaftliches Bauen zu ermöglichen.

Versicherungstechnische Anforderungen

Über die Forderung des Baurechts hinaus erheben die Feuer-/Sachversicherer weitergehende Anforderungen zum Brandschutz, da die Brennbarkeit der Baustoffe und die Feuerwiderstandsfähigkeit der Bauteile einen entscheidenden Einfluß auf die Schadenshöhe im Brandfall haben. Zum einen ist demzufolge die Bauart des Gebäudes ausschlaggebend und zum anderen sind Trennungen von Gebäuden oder Komplexen bzw. Bildung von Brandabschnitten entscheidend. Entsprechend dem Brandverhalten und entsprechend der Feuerwiderstandsfähigkeit der verwendeten Bauteile unterscheiden die Versicherer die Gebäude in drei Bauartklassen, die Einfluß auf die Prämienfindung haben:

☐ Rabatt-Klasse R
☐ Neutrale-Klasse N
☐ Zuschlag-Klasse Z

Grundlage zur Erfassung und Bewertung der individuellen Risikoverhältnisse eines Bauwerkes sind die unverbindlichen Prämienrichtlinien (PRL) des Verbandes der Sachversicherer. Sie berücksichtigen zunächst die Nutzung des Gebäudes. Ergänzend werden auf diesen Prämiensatz individuell die Rabatte oder Zuschläge für Bauart, gefahrerhöhende Merkmale und Brandverhütungs- und Brandbekämpfungsmaßnahmen angewendet. KS-Mauerwerk führt in vielen Bereichen zu Rabatten, die an dieser Stelle nicht im einzelnen aufgeführt werden können, da – wie bereits oben angeführt – das individuelle Gebäude betrachtet werden muß. Es kann jedoch festgestellt werden, daß durch die Verwendung von KS-Mauerwerk eine Einstufung der Bauteile in die Rabatt-Klasse (R) erfolgt und damit mindestens ein Rabatt von 10% auf die Prämie gegeben wird.

Im Industriebaubereich sind weitere Gesichtspunkte, z.B. höhere Brandlasten, wesentlich. So sind insbesondere hier aus der Sicht der Feuerversicherer räumliche Trennungen von Brandabschnitten oder von Gebäudekomplexen zur Verhinderung der Brandweiterleitung optimal. Diese Trennung läßt sich aufgrund von Betriebsabläufen in den meisten Fällen nur durch geeignete konstruktive bauliche Maßnahmen erreichen. Brandwände und Komplextrennwände können bauliche Trennungen in brandschutztechnischer Hinsicht gewährleisten, wenn sie richtig ausgeführt und eingesetzt werden.

> **Bauteile aus KS-Mauerwerk werden in die versicherungstechnisch günstige Rabatt-Klasse (R) eingestuft, wodurch mindestens ein Rabatt von 10% auf die Prämie gegeben wird.**

*Verknüpfung Brandschutz-
forderungen − Brandschutznormen*

Es gelten Bauordnungen, Verwaltungsvorschriften, Sonderverordnungen,
Richtlinien und Normen, die alle Anteil
an den Brandschutzforderungen haben. Tafel 18/10 erläutert in einem
Überblick die Zusammenhänge und
ihre gegenseitige Einflußnahme. Es ist
deutlich erkennbar, welche Vorschriften
für ein Bauwerk zu berücksichtigen
sind, um die jeweils maßgebenden
Brandschutzanforderungen zu ermitteln.

Die bauaufsichtlichen Brandschutzvorschriften nennen Begriffe, wie feuerhemmend, feuerbeständig und in selte-
nen Fällen hochfeuerbeständig. Die
bauaufsichtlichen Vorschriften unterscheiden weiter, ob Bauteile teilweise
oder ganz aus nichtbrennbaren Baustoffen bestehen müssen. Die Tafeln
18/11 bis 18/13 erläutern die Verknüpfung des Baurechts mit DIN 4102, insbesondere hinsichtlich der Benennung
und Kurzbezeichnung der Bauteile. Die
bauaufsichtliche Verbindung erfolgt
über Einführungserlasse.

Brandschutz mit KS-Konstruktionen

Umfangreiche Brandprüfungen und Untersuchungen belegen, daß sich Kalksandstein in brandschutztechnischer
Hinsicht vorteilhaft verhält. KS-Mauerwerk hat im Brandfall eine hohe Feuerwiderstandsfähigkeit. Brandfälle aus
der Praxis belegen dieses sehr ein-
drucksvoll.

Das vorteilhafte Verhalten von KS-Mauerwerk im Brandfall ergibt sich aus dem
Baustoff und dem Herstellungsverfahren der Kalksandsteine. Wände aus KS-
Produkten haben einen vergleichsweise hohen Kristallwassergehalt. In den
hydraulischen Reaktionsprodukten, die
während des Härtungsprozesses von
KS-Steinen entstehen, wird Kristallwasser in den chemischen Bindungen eingebunden. Durch den hohen Wasser-
dampfgehalt im Härtekessel, gekoppelt
mit niedrigen Temperaturen, wird außerdem freies, nicht gebundenes Wasser eingelagert.

In KS-Wänden stellt sich beim Austrocknen, abhängig von den klimatischen Bedingungen, ein relativ geringer
Restfeuchtegehalt ein. Im Brandfall wird
bei Kalksandsteinen das freie und das
gebundene Kristallwasser abgebaut,
bevor die Baustoffstrukturen angegriffen werden. Ein wesentlicher Eingriff in
die KS-Struktur erfolgt im Verlauf eines

Tafel 18/10: Überblick über die bauaufsichtlichen Brandschutzvorschriften

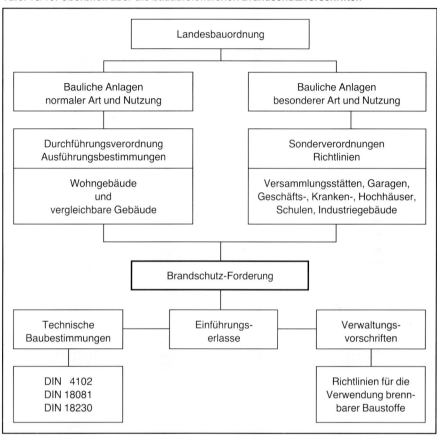

Tafel 18/11: Benennungen gemäß DIN 4102 und gemäß Baurecht

Benennung nach DIN 4102	Kurzbezeichnung	Bauaufsichtliche Benennung
Feuerwiderstandsklasse F 30	F 30−B	feuerhemmend
Feuerwiderstandsklasse F 30 und in den wesentlichen Teilen aus nichtbrennbaren Baustoffen	F 30−AB	feuerhemmend und in den tragenden Teilen aus nichtbrennbaren Baustoffen
Feuerwiderstandsklasse F 30 und aus nichtbrennbaren Baustoffen	F 30−A	feuerhemmend und aus nichtbrennbaren Baustoffen
Feuerwiderstandsklasse F 90 und in den wesentlichen Teilen aus nichtbrennbaren Baustoffen	F 90−AB	feuerbeständig
Feuerwiderstandsklasse F 90 und aus nichtbrennbaren Baustoffen	F 90−A	feuerbeständig und aus nichtbrennbaren Baustoffen

Brandes erst bei Temperaturen über
600 °C.

Die möglichen Ausführungen nach
DIN 1053 Teil 1 und Teil 2, z. B. ohne
Stoßfugenvermörtelung, Dünnbettmör-
tel, Verwendung von höheren Steinfe-
stigkeiten und größeren zulässigen
Spannungen, wurden für KS-Konstruk-
tionen auch in brandschutztechnischer
Hinsicht nachgewiesen.

In den Teil 4 von DIN 4102 fließen alle
seit längerem brandschutztechnisch
nachgewiesenen Ausführungsarten
von KS-Konstruktionen, die durch Normen abgedeckt sind, ein.

Tafel 18/12: Klassifizierung der Baustoffe nach DIN 4102

Baustoff-klasse	Bauaufsichtliche Benennung
A A 1 A 2	nichtbrennbare Baustoffe
B B 1 B 2 B 3	brennbare Baustoffe schwerentflammbare Baustoffe normalentflammbare Baustoffe leichtentflammbare Baustoffe

Tafel 18/13: Benennung von Sonderbauteilen

Bauaufsichtliche Benennung	Nicht-tragende Außen-wände	Feuer-schutz-abschl.	Verglasungen Wärmestrahlung undurch-lässig	durch-lässig	Lüftungs-leitungen	Brand-schutz-klappen in Lüftungsltg.	Rohr-durch-führungen	Abschottg. von Kabeldurch-führungen	Installat.-schächte und -kanäle	Kabel-anlagen
feuerhemmend	–	T 30	F 30	–	–	–	–	–	–	–
feuerbeständig	–	T 90	F 90	–	–	–	–	–	–	–
Vorkehrungen gegen Übertragung von Feuer und Rauch	–	–	–	–	L 30 L 60 L 90 L 120	K 30 K 60 K 90	R 30 R 60 R 90 R 120	S 30 S 60 S 90 S 120	I 30 I 60 I 90 I 120	–
keine gesonderte Benennung	W 30 W 60 W 90 W 120 W 180	T 60 T 120 T 180	F 60	G 30 G 60 G 90 G 120	–	–	–	–	–	–
Funktionserhalt	–	–	–	–	–	–	–	–	–	E 30 E 60 E 90 E 120

18.2 KS-Wände der Feuerwiderstandsklassen F 30–F 180 nach DIN 4102 Teil 2 (1977) und Teil 4 (1994)*)

Im Sinne des Baurechts und auch nach DIN 4102 werden die in einem Bauwerk vorhandenen Wände brandschutztechnisch in verschiedene Arten eingeteilt. Neben der Unterscheidung in tragend und nichttragend erfolgt die Trennung in raumabschließend und nichtraumabschließend:

□ *Nichttragende Wände* sind Bauteile, die auch im Brandfall überwiegend nur durch ihr Eigengewicht beansprucht werden und auch nicht der Knickaussteifung tragender Wände dienen; sie müssen aber auf ihre Fläche wirkende Windlasten auf tragende Bauteile abtragen. Nichttragende Wände sind in brandschutztechnischer Hinsicht grundsätzlich *raumabschließend*.

*) voraussichtliches Ausgabedatum

KS ist nicht brennbar. Das günstige Brandverhalten ergibt sich aus den Baustoffbestandteilen und dem Herstellungsverfahren. Im Brandfall sind hohe Energiemengen nötig, um das Kristallwasser aus der Baustoffmatrix zu lösen. Ein Eingriff in die KS-Struktur erfolgt erst, wenn im Bauteil Temperaturen von über 600 °C auftreten.

□ *Tragende, raumabschließende Wände* sind überwiegend auf Druck beanspruchte Bauteile, die im Brandfall die Tragfähigkeit gewährleisten müssen und außerdem die Brandübertragung von einem Raum zum anderen verhindern, z. B. Treppenraumwände, Wohnungstrennwände, Wände zu Rettungswegen oder auch Brandabschnittstrennwände. Sie werden im Brandfall nur einseitig vom Brand beansprucht.

□ *Tragende, nichtraumabschließende Wände* sind überwiegend auf Druck beanspruchte Bauteile, die im Brandfall ausschließlich die Tragfähigkeit gewährleisten müssen, z. B.

tragende Innenwände innerhalb eines Brandabschnittes (einer Wohnung), Außenwandscheiben mit einer Breite ≤ 1,0 m oder Mauerwerkspfeiler. Sie werden im Brandfall zwei-, drei- oder vierseitig vom Brand beansprucht.

□ *Stürze* über Wandöffnungen sind für eine dreiseitige Brandbeanspruchung zu bemessen.

□ *Brandwände* und *Komplextrennwände* sind Bauteile, an die erhöhte Anforderungen hinsichtlich des Brandschutzes gestellt werden.

In Bild 18/1 werden die einzelnen Wandarten anhand von Gebäudegrundrissen verdeutlicht.

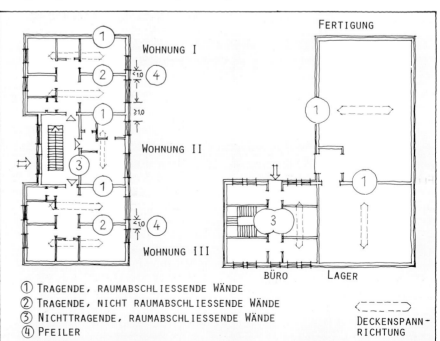

① TRAGENDE, RAUMABSCHLIESSENDE WÄNDE
② TRAGENDE, NICHT RAUMABSCHLIESSENDE WÄNDE
③ NICHTTRAGENDE, RAUMABSCHLIESSENDE WÄNDE
④ PFEILER

Bild 18/1: Wandarten Wohnungsbau – Industriebau

Nichttragende, raumabschließende Wände

Nichttragende, raumabschließende Wände können z. B. zur Trennung von Brandabschnitten oder zur Sicherung von Rettungswegen eingesetzt werden. Raumabschließende Wände werden per Definition nur einseitig vom Brand beansprucht, d. h. Öffnungen müssen brandschutztechnisch verschlossen werden.

Die Mindestwanddicken für nichttragende, raumabschließende KS-Wände nach DIN 4102 Teil 4 (1994) sind in Tafel 18/14 zusammengefaßt.

Die Angaben gelten für Wände, die von Rohdecke bis Rohdecke spannen. Werden raumabschließende Wände z. B. an Unterdecken angeschlossen, so muß auch für diesen Anschluß und die Unterdecke ein brandschutztechnischer Nachweis vorliegen.

Aussteifung von nichttragenden Wänden

In der Praxis werden nichttragende Wände aus architektonischen Gründen sowie Montage- und Kostengründen gern mit Stahlstützen oder Stahlprofilen – siehe auch Bild 18/2 – ausgesteift. DIN 4102 Teil 4 sagt lediglich, daß die aussteifenden Bauteile in ihrer aussteifenden Wirkung mindestens der entsprechenden Feuerwiderstandsklasse angehören müssen.

In Bild 18/3 wird hierfür eine Lösungsmöglichkeit, die nur in Verbindung mit KS-Wänden gilt, vorgestellt. Für Feuerwiderstandsklassen ≥ F 90 sind im Bereich der Stahlbauteile in brandschutztechnischer Hinsicht Zusatzmaßnahmen erforderlich.

Einerseits können die Stahlprofile thermisch getrennt werden oder andererseits ist eine Bekleidung der Stahlprofile mit Brandschutzplatten möglich.

Tragende, raumabschließende Wände

Tragende, raumabschließende Wände können ebenfalls zur Trennung von Brandabschnitten verwendet werden. Für sie gilt das bereits für nichttragende KS-Wände Gesagte; sie unterscheiden sich nur durch ihre Tragfunktion von den o. a. Wänden. Aufgrund dieser Tragfunktion sind jedoch größere Mindestwanddicken erforderlich. Da das Brandverhalten der Wände wesentlich von dem Ausnutzungsgrad α abhängt und eine Wand bei voller Ausnutzung die ungünstigsten Wanddicken benötigt, wurden unterschiedliche Ausnutzungsfaktoren eingeführt. Hiermit soll in Abhängigkeit von den Anwendungsberei-

Tafel 18/14: Mindestwanddicken für nichttragende, raumabschließende KS-Wände nach DIN 4102 Teil 4

Wände mit Konstruktionsmerkmale – Normalmörtel – Dünnbettmörtel – Leichtmörtel	Mindestdicke d in mm für die Feuerwiderstandsklasse-Benennung				
	F 30–A	F 60–A	F 90–A	F 120–A	F 180–A
Kalksandsteine nach DIN 106					
Teil 1 Voll-, Loch-, Block- und Hohlblocksteine	70	115[1]	115	115	175
Teil 1 A 1 Voll-, Loch-, Block-, Hohlblock- und Plansteine (z.Z. Entwurf)	(50)	(70)	(100)	(115)	(140)
Teil 2 Vormauersteine und Verblender					

Die ( )-Werte gelten für Wände mit beidseitigem Putz nach DIN 18550 Teil 2 MG PIV oder DIN 18550 Teil 4 Leichtmörtel.

[1] Bei Verwendung von Dünnbettmörtel: d ≥ 70 mm

Bild 18/2: Aussteifungsstützen in nichttragenden KS-Innenwänden

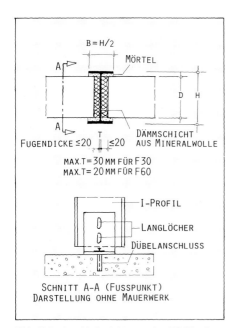

Bild 18/3: Anschluß nichttragender KS-Wand an nichttragende Stahl-Aussteifungsstütze für die Feuerwiderstandsklassen F 30 und F 60

Tafel 18/15: Mindestwanddicken für tragende, raumabschließende KS-Wände nach DIN 4102 Teil 4

Wände mit – Normalmörtel – Dünnbettmörtel	Konstruktionsmerkmale	Mindestdicke d in mm für die Feuerwiderstandsklasse-Benennung				
		F 30–A	F 60–A	F 90–A	F 120–A	F 180–A
Kalksandsteine nach DIN 106						
Teil 1 Voll-, Loch-, Block- und Hohlblocksteine						
Teil 1 A 1 Voll-, Loch-, Block-, Hohlblock- und Plansteine (z.Z. Entwurf)						
Teil 2 Vormauersteine und Verblender						
Ausnutzungsfaktor $\alpha_2 = 0,2$		115 (115)	115 (115)	115 (115)	115 (115)	175 (140)
Ausnutzungsfaktor $\alpha_2 = 0,6$		115 (115)	115 (115)	115 (115)	140 (115)	200 (140)
Ausnutzungsfaktor $\alpha_2 = 1,0^1$		115 (115)	115 (115)	115 (115)	200 (140)	240 (175)

Die ( )-Werte gelten für Wände mit beidseitigem Putz nach DIN 18550 Teil 2 MG PIV oder DIN 18550 Teil 4 Leichtmörtel.
[1]) Bei 3,0 < vorh. $\sigma \le 4,5$ N/mm² gelten die Werte nur für Mauerwerk aus Voll-, Block- und Plansteinen.

chen der Praxis wirtschaftlicheres Bauen ermöglicht werden. Der Ausnutzungsfaktor α_2 ist das Verhältnis der vorhandenen Beanspruchung zu der zulässigen Beanspruchung nach DIN 1053 Teil 1 (vorh σ/zul σ). Weitere Angaben zur Bemessung der tragenden Wände können DIN 4102 Teil 4 entnommen werden.

Raumabschließende Wände der Klassifizierung F nach DIN 4102 können in einigen Ländern auch als Gebäudeabschluß- bzw. Gebäudetrennwand anstelle einer Brandwand eingesetzt werden. Die Begriffe Gebäudeabschluß- und Gebäudetrennwand werden sehr deutlich in der LBO NRW erläutert. Die jeweils erforderliche Feuerwiderstandsklasse ergibt sich in Abhängigkeit von der Anzahl der Geschosse und der Landesbauordnung. Es gibt die Möglichkeit, F 90-Wände oder sogar die Kombination F 90 + F 30 einzusetzen, vgl. Tafeln 18/4–18/7.

Die erforderlichen Mindestwanddicken nach DIN 4102 Teil 4 für tragende,

raumabschließende KS-Wände in Abhängigkeit von der gewünschten Feuerwiderstandsklasse sind in Tafel 18/15 zusammengefaßt.

Anschlüsse von KS-Wänden an angrenzende Bauteile

Anschlüsse von KS-Mauerwerk an angrenzendes Mauerwerk können als Verbandsmauerwerk oder auch als Stumpfstoß ausgeführt werden. Ebenso können Anschlüsse tragender und nichttragender KS-Wände gemäß Bild 18/4 ausgeführt werden. Hierbei sind die Angaben zum Verschluß der Fugen zu beachten.

Dämmschichten in Anschlußfugen, die aus brandschutztechnischen Gründen angeordnet werden, müssen aus Mineralwolle bestehen, der Baustoffklasse A nach DIN 4102 Teil 1 angehören, einen Schmelzpunkt $\ge 1000\,°C$ besitzen und eine Rohdichte ≥ 30 kg/m³ aufweisen.

Stürze, Ringbalken aus vorgefertigten KS-U-Schalen

Der brandschutztechnische Nachweis für Stürze aus vorgefertigten KS-U-Schalen wurde für die Feuerwiderstandsklassen F 90 und F 120 erbracht. So können ohne weiteren Nachweis 11,5 cm breite Stürze in die Feuerwiderstandsklasse F 90 und 17,5 cm breite Stürze in die Feuerwiderstandsklasse F 120 eingestuft werden. Eine Putzbekleidung ist nicht erforderlich. Weitere Angaben sind in Tafel 18/16 zusammengefaßt.

Einbauten

Abgesehen von den im folgenden aufgeführten Ausnahmen beziehen sich die Feuerwiderstandsklassen klassifizierter Wände stets auf Wände ohne Einbauten. Die erforderliche Feuerwiderstandsklasse für die Einbauten ist im Einzelfall zu überprüfen, z. B. werden für F 90-Wände häufig nur T 30-Türen gefordert.

Zu den Einbauten zählen z. B. Schlitze, Nischen für Rohre, Schaltschränke, Elektro-Installationen. Bei derartigen Einbauten ist der Brandschutz gesondert nachzuweisen. Der Restquerschnitt einer Wand muß auch im Bereich von Schlitzen die geforderte Mindestwanddicke für eine bestimmte Feuerwiderstandsklasse besitzen oder es sind Sondermaßnahmen auszuführen.

Steckdosen, Schalterdosen, Verteilerdosen dürfen i. d. R. bei raumabschließenden Wänden nicht unmittelbar gegenüberliegend eingebaut werden. Bei Wänden aus Mauerwerk gilt diese Einschränkung nicht bei einer Gesamtdicke ≥ 140 mm. Bei Wanddicken < 60 mm sind jedoch nur Aufputzdosen erlaubt. Diese Einschränkung ist insbesondere bei Ausfachungs- und Schachtwänden zu beachten, da hier häufig dünnere Wände zur Ausführung kommen.

Für die Durchführung von Kabelbündeln oder Rohrleitungen etc. durch raumabschließende Wände sind brandschutztechnische Maßnahmen erforderlich, deren Brauchbarkeit durch bau-

> **Die Funktion des Raumabschlusses wird von KS-Wänden auch ohne Stoßfugenvermörtelung gewährleistet. Ein zusätzlicher Putz oder Verspachtelung ist nicht erforderlich (siehe Kapitel 18.7).**

aufsichtliche Zulassungen nachgewiesen sein muß.

Wenn in raumabschließenden Wänden mit bestimmter Feuerwiderstandsklasse Verglasungen oder Feuerschutzabschlüsse (Türen, Tore) eingebaut werden sollen, so wird auch diese Maßnahme i. d. R. durch bauaufsichtliche Zulassungen geregelt. Diese Bauteile dürfen jeweils nur in bestimmte Wände – Mindestdicke, Mindestfestigkeit – eingebaut werden. Außerdem sind bestimmte konstruktive Details, z. B. die Verankerung einer T 90-Tür im Mauerwerk, zu beachten.

Tragende, nichtraumabschließende Wände

Tragende, nichtraumabschließende Wände sind tragende Innenwände innerhalb eines Brandabschnittes – siehe Bild 18/1. Diese Wände werden häufig brandschutztechnisch nicht beachtet. Sie sind für die Tragfähigkeit eines Gebäudes im Brandfall jedoch mit entscheidend. Diese Wände werden im Brandfall zweiseitig vom Brand beansprucht. Sie weisen per Definition nach DIN 4102 eine Breite b > 1,0 m auf.

An derartige Wände werden keine Anforderungen hinsichtlich des Raumabschlusses gestellt, so daß auch an die Fugenausbildung keine zusätzlichen Anforderungen gestellt werden.

Die Mindestwanddicken für tragende, nichtraumabschließende KS-Konstruktionen nach DIN 4102 Teil 4 sind in Tafel 18/17 wiedergegeben.

Tragende Pfeiler bzw. tragende, nichtraumabschließende Wandabschnitte

Tragende Pfeiler in Außenwänden, z. B. Fensterpfeiler, und in Innenwandberei-chen, z. B. Einzelpfeiler, werden im Brandfall mehr- und bis zu vierseitig beansprucht. DIN 4102 definiert außerdem Wandabschnitte mit einer Breite b ≤ 1,0 m als nichtraumabschließend. Es wird davon ausgegangen, daß im Brandfall das Feuer z. B. aus Fenstern schlägt und derartige Wandabschnitte daher mehrseitig brandbeansprucht werden.

Da es sich um tragende Bauteile handelt, muß die Standsicherheit auch im Brandfall gewährleistet werden. Aufgrund der mehrseitigen Brandbeanspruchung werden brandschutztechnisch die höchsten Anforderungen gestellt.

In Tafel 18/18 werden die Mindestabmessungen für tragende KS-Pfeiler und tragende, nichtraumabschließende Wandabschnitte nach DIN 4102 Teil 4 wiedergegeben.

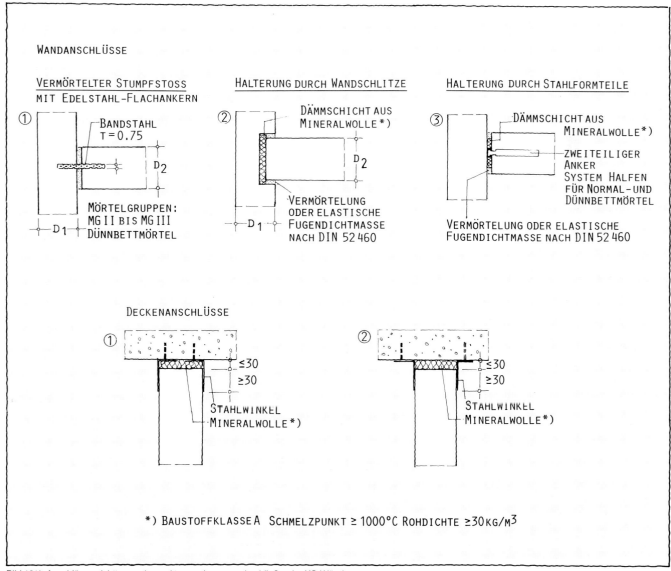

Bild 18/4: Anschlüsse nichttragender und tragender, raumabschließender KS-Wände

Tafel 18/16: Stürze und Ringbalken aus vorgefertigten KS-U-Schalen

Konstruktionsmerkmale	Mindest-höhe h in mm	Mindestbreite b in mm für die Feuerwiderstandsklasse-Benennung				
		F 30−A	F 60−A	F 90−A	F 120−A	F 180−A
Vorgefertigte KS-Flachstürze 	71	115	115	175	(175)	−
2 DF — 3 DF	113	115	115	115	(175)	−
ausbetonierte KS-U-Schalen 	238	115	115	175	−	−

Die ( )-Werte gelten für Stürze mit dreiseitigem Putz nach DIN 18550 Teil 2 MG PIV oder DIN 18550 Teil 4 Leichtmörtel.
Auf den Putz an der Sturzunterseite kann bei Anordnung von Stahl- oder Holz-Umfassungszargen verzichtet werden.

Tafel 18/17: Mindestwanddicken für tragende, nichtraumabschließende KS-Wände nach DIN 4102 Teil 4

Wände mit − Normalmörtel − Dünnbettmörtel	Konstruktionsmerkmale 	Mindestdicke d in mm für die Feuerwiderstandsklasse-Benennung				
		F 30−A	F 60−A	F 90−A	F 120−A	F 180−A
Kalksandsteine nach DIN 106 Teil 1 Voll-, Loch-, Block- und Hohlblocksteine Teil 1 A 1 Voll-, Loch-, Block-, Hohlblock- und Plansteine (z.Z. Entwurf) Teil 2 Vormauersteine und Verblender Ausnutzungsfaktor $\alpha_2 = 0{,}2$		115 (115)	115 (115)	115 (115)	140 (115)	175 (140)
Ausnutzungsfaktor $\alpha_2 = 0{,}6$		115 (115)	115 (115)	140 (115)	175 (115)	190 (175)
Ausnutzungsfaktor $\alpha_2 = 1{,}0$[1]		115 (115)	115 (115)	140 (115)	190 (175)	240 (190)

Die ( )-Werte gelten für Wände mit beidseitigem Putz nach DIN 18550 Teil 2 MG PIV oder DIN 18550 Teil 4 Leichtmörtel.
[1] Bei 3,0 <vorh. $\sigma \leq 4{,}5$ N/mm² gelten die Werte nur für Mauerwerk aus Voll-, Block- und Plansteinen.

18.3 Außenwände

Für nichttragende Außenwände der Feuerwiderstandsklassen W 30 bis W 180 können ohne jeden weiteren Nachweis die Angaben von nichttragenden KS-Wänden der Feuerwiderstandsklassen F 30 bis F 180 zugrundegelegt werden. Sie liegen damit weit auf der sicheren Seite, weil geringere Temperaturen an der Außenseite nach DIN 4102 Teil 3 gefordert werden.

Für tragende Außenwände gelten die Angaben gemäß den Angaben für die o. a. tragenden KS-Wände in Abhängigkeit von der raumabschließenden bzw. nichtraumabschließenden Funktion.

In der Praxis werden die unterschiedlichen Anforderungen an Außenwände i. d. R. nicht beachtet. Es wird lediglich zwischen nichttragender und tragender Wand unterschieden. Wände der Feuerwiderstandsklasse F erfüllen immer die entsprechenden Anforderungen.

Bei Außenwänden kann der brandschutztechnisch erforderliche Putz − ( )-Werte in den Tafeln 18/14 bis 18/18 − durch eine Vormauerschale ersetzt werden. Bei Verwendung eines Wärmedämmverbundsystems darf der Aufbau mit:

☐ einer Dämmschicht aus Baustoffen der Baustoffklasse B nicht als Putz angesetzt werden,

☐ einer Dämmschicht aus Baustoffen der Baustoffklasse A (z. B. Mineralwolleplatten) als Putz angesetzt werden.

Wenn bei Außenwänden Wärmedämmverbundsysteme verwendet werden sollen, sind die Richtlinien für die Verwendung brennbarer Baustoffe im Hochbau zu beachten. In Abhängigkeit von den Gebäudeklassen bzw. Vollgeschossen dürfen entweder Dämmschichten der Baustoffklasse B 1 (Ausnahmeregelung bis zu zwei Vollgeschossen: B 2) oder der Baustoffklasse A eingesetzt werden. In der Regel müssen bei Gebäuden außer Hochhäusern Dämmschichten oder Außenwandbekleidungen aus Baustoffen der Baustoffklasse B 1 bestehen. Bei Hochhäusern müssen Baustoffe der Baustoffklasse A verwendet werden.

Ebenso werden bei geringeren Grenzabständen oder bei aneinandergereihten Gebäuden im Bereich der Haustrennwände Baustoffe der Baustoffklasse A gefordert.

Tafel 18/18: Mindestwanddicken und Mindestbreiten für tragende Pfeiler bzw. nichtraumab-schließende Wandabschnitte nach DIN 4102 Teil 4

Wände mit – Normalmörtel – Dünnbettmörtel	Konstruktionsmerkmale	Mindest-dicke d in mm	Mindestbreite b in mm für die Feuerwiderstandsklasse-Benennung				
			F 30−A	F 60−A	F 90−A	F 120−A	F 180−A
Kalksandsteine nach DIN 106 Teil 1　　Voll-, Loch-, Block- 　　　　und Hohlblocksteine Teil 1 A 1²　Voll-, Loch-, Block-, 　　　　Hohlblock- und Plan- 　　　　steine Teil 2　　Vormauersteine und 　　　　Verblender Ausnutzungsfaktor $\alpha_2 = 0,6$		115 175 240	365 240 175	490 240 175	(615) 240 175	(990) 240 175	−⁴) 365 300
Ausnutzungsfaktor $\alpha_2 = 1,0^1)$		115 175 240	(365) 240 175	(490) 240 175	(730) 300²)³) 240	−⁴) 300³) 240	−⁴) 490 365

Die ( )-Werte gelten für Wände mit beidseitigem Putz nach DIN 18550 Teil 2 MG PIV oder DIN 18550 Teil 4 Leichtmörtel.
1) Bei 3,0 <vorh. $\sigma \leq 4,5$ N/mm² gelten die Werte nur für Mauerwerk aus Vollsteinen, Block- und Plansteinen.
2) Bei $h_k/d \leq 10$ darf b = 240 mm betragen.
3) Bei Verwendung von Dünnbettmörtel, $h_k/d \leq 15$ und vorh. $\sigma \leq 3,0$ N/mm² darf b = 240 mm betragen.
4) Die Mindesbreite ist b > 1,0 m; Bemessung bei Außenwänden daher als raumabschließende Wand nach Tafel 18/15 − sonst als nichtraumabschließende Wand nach Tafel 18/17.

Tafel 18/19: Brandwände nach DIN 4102 Teil 4

Schemaskizze für Wände mit verputztem Mauerwerk	Zulässige Schlankheit h_k/d	Mindestwanddicke d in mm bei	
		ein-schaliger	zwei-schaliger³) Ausführung
Wände aus KS-Mauerwerk¹) nach DIN 1053 Teil 1 und Teil 2 unter Verwendung von Normalmörtel der Mörtelgruppe II, II a oder III, III a Steine nach DIN 106 Teil 1 und Teil 1 A 1²) sowie Teil 2 der	Bemes-sung nach DIN 1053 Teil 1, Teil 2 1)		
Rohdichteklasse ≥ 1,8		175⁴)	2 × 150⁴)
≥ 1,4		240	2 × 175
≥ 0,9		300 (300)	2 × 200 (2 × 175)
= 0,8		300	2 × 240 (2 × 175)

Die ( )-Werte gelten für Wände mit beidseitigem Putz nach DIN 18550 Teil 2 MG PIV oder DIN 18550 Teil 4 Leichtmörtel.
1) Exzentrizität e ≤ d/3.
2) Auch mit Dünnbettmörtel.
3) Hinsichtlich des Abstands der beiden Schalen bestehen keine Anforderungen.
4) Bei Verwendung von Dünnbettmörtel und Plansteinen.

18.4 Brandwände

Brandwände nach DIN 4102 Teil 3

Brandwände müssen folgende erhöhte Anforderungen hinsichtlich Brandschutz erfüllen:

☐ Sie müssen aus Baustoffen der Baustoffklasse A nach DIN 4102 Teil 1 bestehen.

☐ Sie müssen mindestens die Anforderungen der Feuerwiderstandsklasse F 90 nach DIN 4102 Teil 2 erfüllen; tragende Wände müssen diese Anforderung bei mittiger und bei ausmittiger Belastung erfüllen.

☐ Brandwände müssen unter einer dreimaligen Stoßbeanspruchung − Pendelstöße mit je 3000 Nm Stoßarbeit (200 kg Bleischrotsack) − standsicher und raumabschließend im Sinne von DIN 4102 Teil 2 bleiben.

☐ Brandwände müssen die vorstehend genannten Anforderungen auch ohne Bekleidung erfüllen. In Absprache mit der Bauaufsicht werden jetzt auch solche geputzten Mauerwerksarten als Brandwände anerkannt, die aufgrund ihrer Materialien und Oberflächenstruktur grundsätzlich in der Praxis geputzt werden.

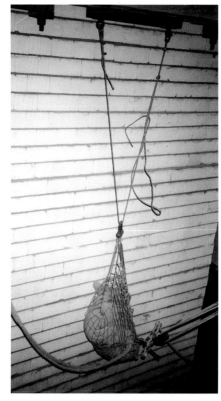

Bild 18/5: Prüfung einer Brandwand nach DIN 4102 Teil 3

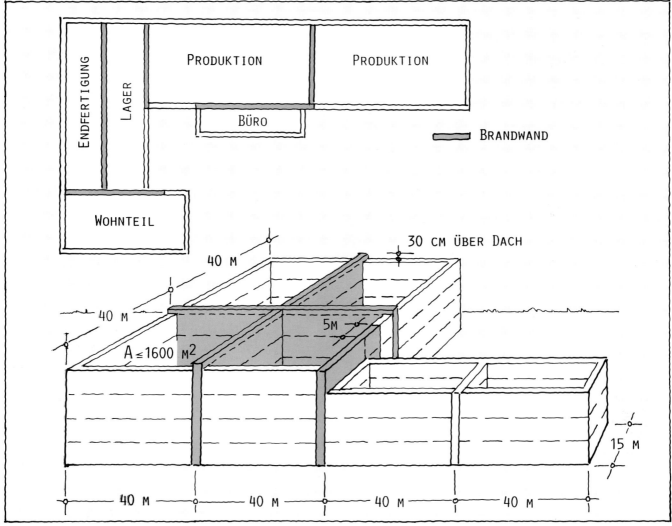

Bild 18/6: Anordnung von Brandwänden innerhalb von Gebäuden (Beispiele)

Tafel 18/20: Brandschutztechnische Anforderungen im Bereich von Brandwänden

Bauteile	Anforderungen
Brandwände	F 90 − A + Stoßbeanspruchung 3 × 3000 Nm
Tragende und aussteifende Bauteile	F 90
Anzahl von Öffnungen	unbegrenzt
Verschluß von Öffnungen	T 90-Türen (selbstschließende Abschlüsse) F 90-Brandschutzverglasungen S 90-Kabelabschottungen R 90-Rohrabschottungen
Anordnung von Brandwänden Die jeweilige Landesbauordnung ist zu beachten.	an der Nachbargrenze zwischen aneinandergereihten Gebäuden innerhalb ausgedehnter Gebäude in Abhängigkeit von der Gebäudehöhe und der Dacheindeckung: ≤ 3 Vollgeschosse bis unter die Dachhaut > 3 Vollgeschosse mindestens 30 cm über Dach weiche Bedachung mindestens 50 cm über Dach Bauteile dürfen soweit eingreifen, wenn der Restquerschnitt der Wände F 90 dicht und standsicher bleibt.

Anforderungen an Brandwände nach den Landesbauordnungen

Für Brandwände ist jedoch nicht nur entscheidend, daß sie den Prüfanforderungen entsprechen, sondern daß sie in der Praxis richtig angeordnet und ausgeführt werden. Brandwände werden u. a. auf Grundstücksgrenzen, zur Trennung bestimmter Gebäude, z. B. „sonstige Gebäude", zur Bildung von Brandabschnitten in bestimmten Abständen, erforderlich.

In Bild 18/6 wird anhand eines Gebäudegrundrisses (Beispiel) dargestellt, wo Brandwände gefordert werden.

Da Brandwände brandschutztechnisch eine sehr wesentliche Funktion haben, werden zusätzliche erhöhte Anforderungen im Bereich der Brandwände, z. B. an den Verschluß von Öffnungen, gestellt. In Tafel 18/20 werden die brandschutztechnischen Anforderungen im Bereich von Brandwänden zusammengefaßt.

Wohngebäude ≤ 2 VG ≤ 2 Whg.
mit höchstens 2 Wohnungen und bis zu zwei Vollgeschossen in offener Bauweise.
Wände ohne Öffnungen, die vom Gebäudeinneren die Anforderung der Feuerwiderstandsklasse F 30-B und vom Gebäudeäußeren die der Feuerwiderstandsklasse F 90-B erfüllen.

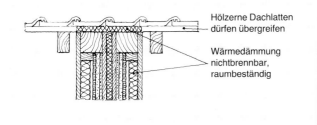

Hölzerne Dachlatten dürfen übergreifen

Wärmedämmung nichtbrennbar, raumbeständig

Wohngebäude ≤ 3 VG
mit bis zu drei Vollgeschossen.

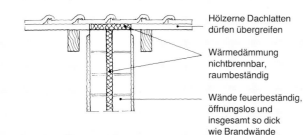

Hölzerne Dachlatten dürfen übergreifen

Wärmedämmung nichtbrennbar, raumbeständig

Wände feuerbeständig, öffnungslos und insgesamt so dick wie Brandwände

Gebäude (keine Wohngebäude) ≤ 3 VG
mit bis zu drei Vollgeschossen, ausgenommen Gebäude mit erhöhter Brandgefahr.
Als erhöht brandgefährlich gelten in der Regel Industriegebäude (abhängig von der Art der Produktion oder Lagerung).

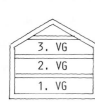

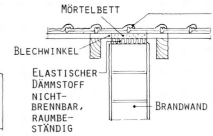

MÖRTELBETT

BLECHWINKEL

ELASTISCHER DÄMMSTOFF NICHT-BRENNBAR, RAUMBE-STÄNDIG

BRANDWAND

Dacheindeckung auf Brandwänden satt aufgemörtelt

Hölzerne Dachlatten dürfen nicht übergreifen, brennbare Bauteile dürfen nicht in die Brandwand eingreifen oder über diese hinwegführen

Gebäude ≥ 3 VG
mit mehr als drei Vollgeschossen und
Gebäude mit erhöhter Brandgefahr.
Als erhöht brandgefährlich gelten in der Regel Industriegebäude (abhängig von der Art der Produktion oder Lagerung).

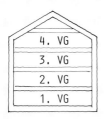

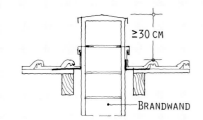

≥ 30 CM

BRANDWAND

Brennbare Bauteile dürfen nicht in die Brandwand eingreifen oder über diese hinwegführen

Gebäude...
mit Dachaufbauten (z.B. Dachgauben) oder Öffnungen (z.B. Dachfenster in der Dachhaut)
(§ 8 Abs. 3 DV BayBO)

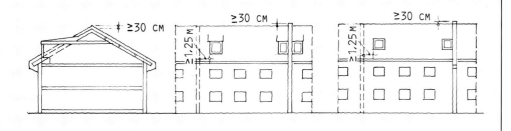

Bild 18/7: Brandwände im Dachbereich, Wohnungsbau

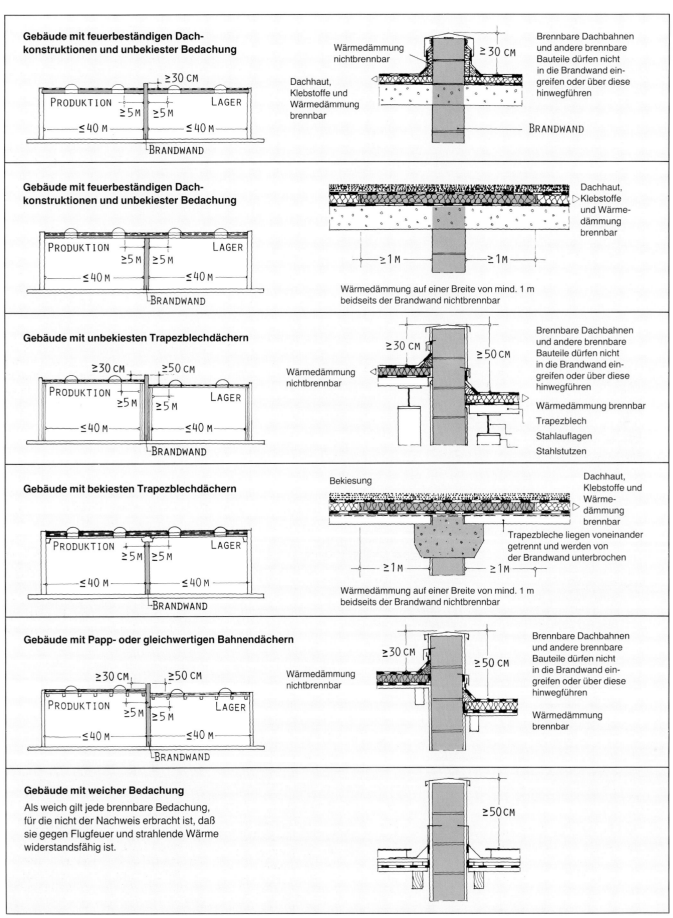

Gebäude mit feuerbeständigen Dachkonstruktionen und unbekiester Bedachung

Wärmedämmung nichtbrennbar

≥ 30 CM

Brennbare Dachbahnen und andere brennbare Bauteile dürfen nicht in die Brandwand eingreifen oder über diese hinwegführen

Dachhaut, Klebstoffe und Wärmedämmung brennbar

BRANDWAND

PRODUKTION ≥5 M ≥5 M LAGER
≤ 40 M ≤ 40 M
BRANDWAND

Gebäude mit feuerbeständigen Dachkonstruktionen und unbekiester Bedachung

Dachhaut, Klebstoffe und Wärmedämmung brennbar

PRODUKTION ≥5 M ≥5 M LAGER
≤ 40 M ≤ 40 M
BRANDWAND

≥1 M ≥1 M

Wärmedämmung auf einer Breite von mind. 1 m beidseits der Brandwand nichtbrennbar

Gebäude mit unbekiesten Trapezblechdächern

≥30 CM ≥50 CM

Wärmedämmung nichtbrennbar

≥30 CM ≥50 CM

PRODUKTION ≥5 M ≥5 M LAGER
≤ 40 M ≤ 40 M
BRANDWAND

Brennbare Dachbahnen und andere brennbare Bauteile dürfen nicht in die Brandwand eingreifen oder über diese hinwegführen

Wärmedämmung brennbar

Trapezblech

Stahlauflagen

Stahlstutzen

Gebäude mit bekiesten Trapezblechdächern

Bekiesung

Dachhaut, Klebstoffe und Wärmedämmung brennbar

Trapezbleche liegen voneinander getrennt und werden von der Brandwand unterbrochen

PRODUKTION ≥5 M ≥5 M LAGER
≤ 40 M ≤ 40 M
BRANDWAND

≥1 M ≥1 M

Wärmedämmung auf einer Breite von mind. 1 m beidseits der Brandwand nichtbrennbar

Gebäude mit Papp- oder gleichwertigen Bahnendächern

≥30 CM ≥50 CM

Wärmedämmung nichtbrennbar

PRODUKTION ≥5 M ≥5 M LAGER
≤ 40 M ≤ 40 M
BRANDWAND

Brennbare Dachbahnen und andere brennbare Bauteile dürfen nicht in die Brandwand eingreifen oder über diese hinwegführen

Wärmedämmung brennbar

Gebäude mit weicher Bedachung

Als weich gilt jede brennbare Bedachung, für die nicht der Nachweis erbracht ist, daß sie gegen Flugfeuer und strahlende Wärme widerstandsfähig ist.

≥50 CM

Bild 18/8: Brandwände im Dachbereich, Industriebau

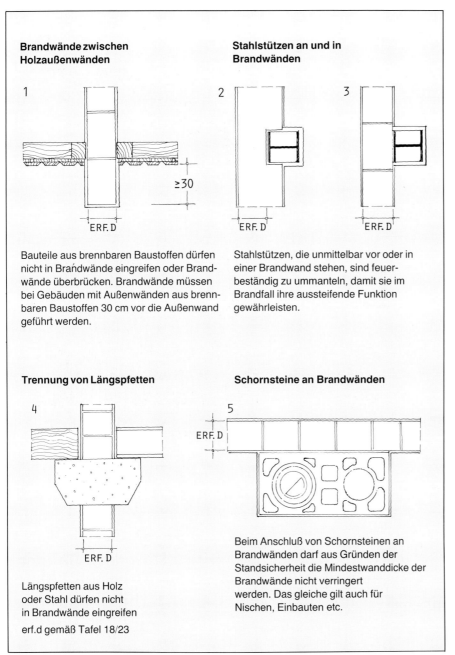

Brandwände zwischen Holzaußenwänden

1

≥30

ERF. D

Bauteile aus brennbaren Baustoffen dürfen nicht in Brandwände eingreifen oder Brandwände überbrücken. Brandwände müssen bei Gebäuden mit Außenwänden aus brennbaren Baustoffen 30 cm vor die Außenwand geführt werden.

Stahlstützen an und in Brandwänden

2 **3**

ERF. D ERF. D

Stahlstützen, die unmittelbar vor oder in einer Brandwand stehen, sind feuerbeständig zu ummanteln, damit sie im Brandfall ihre aussteifende Funktion gewährleisten.

Trennung von Längspfetten

4

ERF. D

Längspfetten aus Holz oder Stahl dürfen nicht in Brandwände eingreifen erf.d gemäß Tafel 18/23

Schornsteine an Brandwänden

5

ERF. D

Beim Anschluß von Schornsteinen an Brandwänden darf aus Gründen der Standsicherheit die Mindestwanddicke der Brandwände nicht verringert werden. Das gleiche gilt auch für Nischen, Einbauten etc.

Bild 18/9: Bauteilanschlüsse an Brandwände

In Bild 18/7 bis 18/9 werden einige Beispiele zu Ausführungsdetails im Dachbereich sowie zu Bauteilanschlüssen gezeigt, die zu beachten sind, da gerade hier häufig Fehler gemacht werden. Mindestabmessungen von Brandwänden nach DIN 4102 Teil 4 siehe Tafel 18/19.

Anschlüsse von Brandwänden

Es ist ausreichend, wenn die Anschlußfugen vollfugig mit Mörtel nach DIN 1053 oder DIN 1045 verschlossen werden.

Für Anschlüsse von KS-Brandwänden an angrenzende Massivbauteile kön-

nen auch die in Bild 18/3 dargestellten Anschlüsse verwendet werden, weil Brandwände aus Mauerwerk in der Brandprüfung grundsätzlich mit freiverformbaren Anschlüssen geprüft werden.

Öffnungen in Brandwänden

Nach den Landesbauordnungen sind Öffnungen in Brandwänden unzulässig. Wenn die Nutzung des Gebäudes oder notwendige Rettungsmaßnahmen es erfordern, können Öffnungen in inneren Brandwänden erlaubt oder verlangt werden. Die Öffnungen müssen mit selbstschließenden, feuerbeständigen

Abschlüssen, z.B. Türen T 90, Lüftungsleitungen L 90, Klappen in Lüftungsleitungen K 90 oder Abschottungen von Kabeldurchführungen S 90 und von Rohrdurchführungen R 90 verschlossen werden. Die Wände und Decken anschließender Räume müssen aus nichtbrennbaren Baustoffen hergestellt werden.

Dehnfugen in Brandwänden sind so zu verschließen, daß Bewegungen der einzelnen Bauteile möglich sind. Die raumabschließende Funktion der Brandwand muß jedoch voll erhalten bleiben. Die Fugen sind, ausgenommen die äußere Versiegelung, in voller Fugentiefe mit nichtbrennbarem Material bzw. mit nach DIN 4102 Teil 2 nachgewiesenen Fugenabdichtungen zu verschließen. Brennbare bituminöse Weichfaserplatten dürfen in Brandwänden nicht verwendet werden.

Die Errichtung einer Brandwand an brandschutztechnisch sinnvoller Stelle stellt heute kein größeres Problem dar, da für fast alle gewünschten betriebstechnischen Öffnungen und Durchlässe zahlreiche feuerbeständige Abschlüsse zur Auswahl stehen.

KS-Brandwände

Für Brandwände aus KS-Mauerwerk wurden viele Nachweise sowohl für den tragenden als auch für den nichttragenden Bereich erbracht. Bild 18/12 zeigt eine KS-Brandwand nach einem Brand.

In Teil 4 von DIN 4102 wurden die Angaben zu Brandwänden aus KS-Mauerwerk wesentlich erweitert. Zusätzliche Angaben enthält Tafel 18/22.

Unter anderem wurden 6 m hohe nichttragende KS-Wände brandschutztechnisch durch Prüfzeugnis nachgewiesen. Ihr wesentlicher Einsatzbereich liegt im Industriebau.

> **Einschalige Brandwände sind aus 17,5 cm dicken KS-Plansteinen mit Dünnbettmörtel ohne Stoßfugenvermörtelung nachgewiesen. Zweischalige Brandwände sind aus 2×15 cm dicken KS-Plansteinen bzw. KS-Planelementen mit Dünnbettmörtel ohne Stoßfugenvermörtelung nachgewiesen.**

203

Bild 18/10: Brandwand mit einem nicht ordnungsgemäß ausgeführten Dachanschluß nach einem Brandereignis

18.5 Komplextrennwände

Komplextrennwände sind Wände, die versicherungstechnisch definiert sind. Die Bestimmungen der Sachversicherer sind in Tafel 18/21 zusammengefaßt. Wesentlich ist zu beachten, daß die Feuerwiderstandsklasse F 180 gefordert wird.

Komplextrennwände müssen unversetzt durch alle Geschosse gehen. Bauteile dürfen in diese Wände weder eingreifen noch diese überbrücken. Diese Anforderungen werden häufig nicht beachtet.

Da Komplextrennwände im Baurecht nicht aufgeführt sind, werden in DIN 4102 Teil 4 auch keine Angaben zu derartigen Bauteilen gemacht.

Öffnungen in Komplextrennwänden

Öffnungen in Komplextrennwänden sind auf das für die Nutzung des Gebäudes unbedingt notwendige Maß zu beschränken.

Pro Geschoß dürfen nicht mehr als vier Öffnungen (einschließlich Schlupftüren) mit insgesamt 22 m² Fläche vorhanden sein. Brandschutzverglasungen F 90 sollen nur dann eingebaut werden, wenn dies aus zwingenden Gründen für einen Betriebsablauf erforderlich ist, da die Stoßfestigkeit 200mal geringer als bei Komplextrennwänden ist.

Bild 18/11: Brandwand mit nicht ordnungsgemäß ausgeführten Verschlüssen nach einem Brandereignis

Bild 18/12: KS-Brandwand nach einem Brandereignis

KS-Komplextrennwände

Nach den Angaben der Sachversicherer (Vds 2234 Ausg. April 1993: Brandwände und Komplextrennwände; Merkblatt für die Anordnung und Ausführung) werden 36,5 cm (einschalig) bzw. 2 x 24 cm (zweischalig) dicke KS-Wände nach DIN 1053 Teil 1 Mörtelgruppe II, IIa und III (Normalmörtel in Stoß- und Lagerfuge) als Komplextrennwände eingestuft.

Für 24 cm dicke, tragende Wände aus

KS-Mauertafeln gemäß der Zulassung Z-17.1-338 mit unvermörtelter Stoßfuge wurde ebenfalls der Nachweis Komplextrennwand erbracht.

Außerdem werden 24 cm dicke, nichttragende KS-Wände, Rohdichte $\geq 1,8$, mit Dünnbettmörtel in den Lagerfugen bis zu einer Wandhöhe von 6 m als Komplextrennwände eingestuft.

Die Komplextrennwände sind in Tafel 18/23 zusammengefaßt.

18.6 Reihenhäuser

Aus Schallschutzgründen werden bei Reihenhäusern meistens zweischalige KS-Haustrennwände hoher Rohdichte mit durchgehender Trennfuge gebaut.

Aus brandschutztechnischer Sicht werden bei derartigen Wänden je nach Lage im Gebäude und nach Landesbauordnung unterschiedliche Anforderungen gestellt. Es können Gebäudetrennwände zur Bildung von 40 m langen Gebäudeabschnitten oder Gebäudeabschlußwände gefordert werden.

Zweischalige Haustrennwände/Gebäudeabschlußwände mit oder ohne Dämmschicht/Luftschicht aus Mauerwerk sind Wände, die nicht miteinander verbunden sind und daher keine Anker besitzen. Bei tragenden Wänden bildet jede Schale für sich jeweils das Endauflager einer Decke/eines Daches.

Der brandschutztechnisch erforderliche Putz — ( )-Werte bei den o. a. Tafeln — ist bei zweischaligen Trennwänden jeweils nur auf den Außenseiten der Schalen — nicht zwischen den Schalen erforderlich.

Tafel 18/21: Anforderungen im Bereich von Komplextrennwänden

Bauteile	Anforderungen
Komplextrennwand	F 180 – A + Stoßbeanspruchung 3 × 4000 Nm
Tragende und aussteifende Bauteile	F 180 – A
Anzahl von Öffnungen	max. vier pro Geschoß, Gesamtfläche $\leq 22\ m^2$ Beschränkung auf unbedingt notwendiges Maß
Verschluß von Öffnungen	T 90-Türen (selbstschließende Abschlüsse) F 90-Brandschutzverglasungen nur in zwingenden Ausnahmefällen
Anordnung von Komplextrennwänden	unversetzt durch alle Geschosse, mindestens 50 cm über dem Dach des höheren Gebäudes Bauteile dürfen weder in Komplextrennwände eingreifen noch diese überbrücken.

Bild 18/13: Reihenhäuser

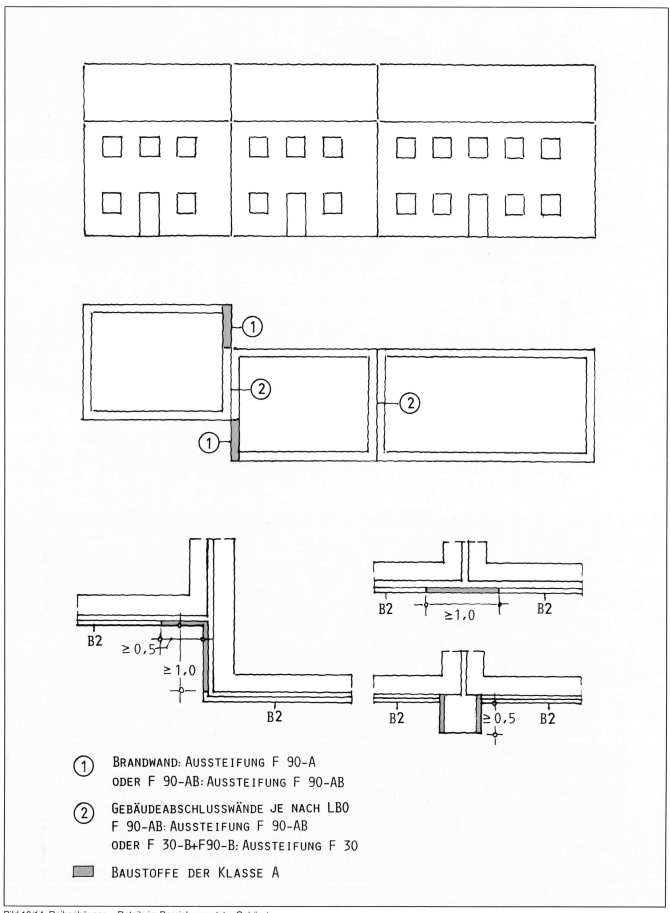

1 BRANDWAND: AUSSTEIFUNG F 90-A
   ODER F 90-AB: AUSSTEIFUNG F 90-AB

2 GEBÄUDEABSCHLUSSWÄNDE JE NACH LBO
   F 90-AB: AUSSTEIFUNG F 90-AB
   ODER F 30-B+F90-B: AUSSTEIFUNG F 30

   BAUSTOFFE DER KLASSE A

Bild 18/14: Reihenhäuser – Details im Bereich versetzter Gebäude

Tafel 18/22: Brandschutz mit KS-Konstruktionen,
Wände — nichttragend, tragend, raumabschließend, nichtraumabschließend
und Pfeiler — tragend, nichtraumabschließend

Konstruktionsmerkmale			Mindestdicke d bzw. Mindestbreite b bei Pfeilern in mm für die Feuerwiderstandsklasse-Benennung				
Wandart	Wandtyp	Mörtel	F 30—A	F 60—A	F 90—A	F 120—A	F 180—A
nichttragend, raumabschließend — Wände —	DIN 106	NM DB¹⁾ LM	70 (50)	115/70¹⁾ (70)	115 (100)	115 (100)	175 (140)
	KS-P7	DB	70	70	—	—	—
	KS-PE	DB	115 (115)	115 (115)	115 (115)	115 (115)	175 (150)
tragend, raumabschließend — Wände —	DIN 106	NM DB					
	Ausnutzungsfaktor $\alpha_2 = 0{,}2$		115 (115)	115 (115)	115 (115)	115 (115)	175 (140)
	Ausnutzungsfaktor $\alpha_2 = 0{,}6$		115 (115)	115 (115)	115 (115)	140 (115)	200 (140)
	Ausnutzungsfaktor $\alpha_2 = 1{,}0$²⁾		115 (115)	115 (115)	115 (115)	200 (140)	240 (175)
	KS-PE Ausnutzungsfaktor $\alpha_2 = 1{,}0$	DB	115 (115)	115 (115)	115 (115)	200 (150)	240 (175)
tragend, nicht-raumabschließend — Wände — Wandlänge $l \geq 1{,}0\,m$	DIN 106	NM DB					
	Ausnutzungsfaktor $\alpha_2 = 0{,}2$		115 (115)	115 (115)	115 (115)	140 (115)	175 (140)
	Ausnutzungsfaktor $\alpha_2 = 0{,}6$		115 (115)	115 (115)	140 (115)	175 (115)	200 (175)
	Ausnutzungsfaktor $\alpha_2 = 1{,}0$²⁾		115 (115)	115 (115)	140 (115)	200 (175)	240 (190)
	KS-PE Ausnutzungsfaktor $\alpha_2 = 1{,}0$	DB	115 (115)	115 (115)	150 (115)	200 (175)	240 (200)
— Pfeiler — Wandabschnitte $l < 1{,}0\,m$	DIN 106	NM DB					
		Mindestdicke d					
Ausnutzungsfaktor $\alpha_2 = 0{,}6$		115	365	490	(616)	(990)	—³⁾
		175	240	240	240	240	365
		240	175	175	175	175	300
Ausnutzungsfaktor $\alpha_2 = 1{,}0$²⁾		115	365	(490)	(730)	—³⁾	—³⁾
		175	240	240	300	300	490
		240	175	175	240	240	365
Ausnutzungsfaktor $\alpha_2 = 1{,}0$ $h_K/d \leq 10$		175	240	240	240	—³⁾	—³⁾
Ausnutzungsfaktor $\alpha_2 = 1{,}0$ $h_K/d \leq 15$, DB, vorh. $\sigma \leq 3{,}0\,N/mm^2$		175	240	240	240	240	—³⁾
KS-PE DB Ausnutzungsfaktor $\alpha_2 = 1{,}0$		115	897	897	—³⁾	—³⁾	—³⁾
		175	240	240	240	300	490
		240	175	175	240	240	365

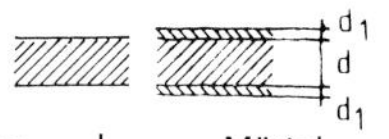

Die ( )-Werte gelten für Wände mit beidseitigem bzw. für Pfeiler mit allseitigem Putz. Der Putz kann ein- oder mehrseitig durch eine Verblendung ersetzt werden.
¹) Dünnbettmörtel
²) Bei $3{,}0 <$ vorh. $\sigma \leq 4{,}5\,N/mm^2$ gelten die Werte nur für KS-Mauerwerk aus Voll-, Block- und Plansteinen.
³) Mindestbreite $b \geq 1{,}0\,m$. Bei Außenwänden Bemessung als raumabschließende Wand sonst als nichtraumabschließende Wand.

Gebäudetrennwände

Gebäudetrennwände sind in der Regel als Brandwände auszubilden. In Ausnahmefällen dürfen in einigen Bundesländern Wände der Feuerwiderstandsklasse F 90 eingesetzt werden, vgl. Tafeln 18/4−18/7.

Gebäudeabschlußwände

Gebäudeabschlußwände müssen nach den bauaufsichtlichen Bestimmungen je nach Lage der Gebäude, der Anzahl der Geschosse und Nutzung einer bestimmten Feuerwiderstandsklasse entsprechen. Häufig sind Brandwände oder Wände der Feuerwiderstandsklasse F 90 (feuerbeständig) zu errichten.

Für Wohngebäude mit nicht mehr als zwei Wohnungen und bis zu zwei Vollgeschossen in offener Bauweise bzw.

für Wohngebäude geringer Höhe sind anstelle von Brandwänden oder feuerbeständigen Wänden − je nach Landesbauordnung − auch Gebäudeabschlußwände zulässig, die von innen nach außen der Feuerwiderstandsklasse F 30 und von außen nach innen der Feuerwiderstandsklasse F 90 entsprechen.

Bei versetzter Gebäudeanordnung werden in den nicht überlappenden Bereichen der Gebäude an der Grundstücksgrenze Brandwände oder F 90-Wände jeweils mit Aussteifungen ≥ F 90 gefordert. Nach den Richtlinien für die Verwendung brennbarer Baustoffe im Hochbau müssen bei derartigen Gebäuden

☐ nichtbekleidete Bauteiloberflächen,

☐ Außenwandbekleidungen,

☐ großflächige Unterkonstruktionen sowie

☐ Dämmschichten unter Bekleidungen

in bestimmten Bereichen der unmittelbar aneinandergrenzenden Gebäude aus nichtbrennbaren Baustoffen, Baustoffklasse A, bestehen.

KS-Wände lassen sich in den hier beschriebenen Anwendungsfällen vorteilhaft und wirtschaftlich einsetzen.

18.7 Zusammenfassung aller brandschutztechnisch nachgewiesenen KS-Konstruktionen

Für KS-Wände wurden zahlreiche Nachweise in Verbindung mit Dünnbettmörtel, der die Vorteile der KS-Bauweise hinsichtlich Brandschutz unterstützt, geführt.

Es wurde nachgewiesen, daß KS-Konstruktionen auch ohne Stoßfugenvermörtelung, knirsch gestoßen im Sinne von DIN 1053, Feuerwiderstandsklassen bis F 180 bei Beachtung der jeweils erforderlichen Mindestwanddicke erreichen. Zusatzmaßnahmen, wie Verspachtelung oder Putz, sind nicht erforderlich. Die Aussage gilt auch für KS-Steine mit Nut-Feder-System.

Die Tafeln 18/22 und 18/23 gelten i. d. R. für Wände und Pfeiler nach DIN 1053 Teil 1, Teil 2 Abschnitte 6−8, Teil 3 Abschnitte 1,2b, 2d, 2e, 3−8 sowie DIN 4103.

Der Ausnutzungsfaktor α_2 ist das Verhältnis der vorhandenen Beanspruchung zu der zulässigen Beanspruchung nach DIN 1053. Für die Ermittlung der Druckspannungen σ gilt DIN 1053 Teil 1 bzw. Teil 2. Es wurden Wände mit Druckspannungen bis zu $\sigma \leq 4,5$ N/mm^2 nachgewiesen.

Die Angaben der Tafeln 18/22 und 18/23 decken Exzentrizitäten nach DIN 1053 bis e < d/6 ab. Bei Exzentrizitäten d/6 < e ≤ d/3 ist die Lasteinleitung konstruktiv zu zentrieren.

Für KS-Wände dürfen i. d. R. Voll- oder Lochsteine mit Normalmörtel oder Dünnbettmörtel eingesetzt werden. Einschränkungen werden in Fußnoten der Tabellen 38 bis 41 und 45 der DIN 4102 Teil 4 angegeben.

Weitere Angaben zu Randbedingungen und Einsatzmöglichkeiten können DIN 4102 Teil 4 (1994) entnommen werden.

Tafel 18/23: Brandschutz mit KS-Konstruktionen, Brandwände − Komplextrennwände

Wände	Konstruktions-merkmale			Wanddicke [mm]	
Wandart	Wandtyp		Mörtel	ein-schalig	zwei-schalig
Brandwände tragend	DIN 106		MG II MG IIa MG III MG IIIa DB		
	Rohdichteklasse		≥ 1,8	240	2 × 175
			≥ 1,4	240	2 × 175
			≥ 0,9	300 (300)	2 × 200 (2 × 175)
			= 0,8	300 (300)	2 × 240 (2 × 175)
	DIN 106 Teil 1 A 1 KS(P) ≥ 1,8		DB	175	2 × 150
	KS-PE ≥ 1,8		DB	240[1]	2 × 175[1]
	KS-PE ≥ 2,0		DB	240[1]	2 × 150[1]
nichttragend bis 6 m Höhe	KS-20-1,8		MG III	240[1]	−
	KSL-12-1,6		DB	240[1]	−
Komplextrennwände tragend	DIN 106 Teil 1		MG II MG IIa MG III MG IIIa	365[2]	2 × 240[2]
	KS-Mauertafeln Z-17.1-338 KS-12-1,8-16 DF		MG III	240[1]	−
nichttragend bis 6 m Höhe	KS-20-1,8		DB	240[1]	−

Die ( )-Werte gelten für Wände mit beidseitigem Putz nach DIN 18550 Teil 2 MG PIV oder DIN 18550 Teil 4 Leichtmörtel.
[1] Nach Prüfzeugnis bzw. gutachtlicher Stellungnahme MPA Braunschweig.
[2] Nach VdS 22.34 Ausg. April 1993: Brandwände und Komplextrennwände.

19. Schallschutz[*)]

Der Schallschutz in Gebäuden hat eine große Bedeutung für die Gesundheit und das Wohlbefinden des Menschen.

Besonders wichtig ist der Schallschutz im Wohnungsbau, da die Wohnung dem Menschen sowohl zur Entspannung und zum Ausruhen dient als auch den eigenen häuslichen Bereich gegenüber den Nachbarn abschirmen soll. Genauso wichtig ist Schallschutz im Industrie- und Verwaltungsbereich, in denen laute und leise Tätigkeiten gleichzeitig ausgeübt werden.

Eine wesentliche Rolle für den Schallschutz spielen die Grund- bzw. Fremdgeräuschepegel aufgrund allgemeiner Umgebungsgeräusche während des gesamten Tagesablaufs (auch nachts). Je geringer die Umgebungsgeräusche sind, um so höher muß die Schalldämmung von Bauteilen sein!

19.1 Normen

Über ein Vierteljahrhundert nach Veröffentlichung der bisher gültigen Norm ist im November 1989 die neue Schallschutznorm DIN 4109, die den heutigen Stand der Technik widerspiegelt, als Weißdruck erschienen. Damit ist – hoffentlich – eine lange Zeit der Rechtsunsicherheit vorüber, da die Normfassung von 1962/63 schon lange nicht mehr den Allgemein anerkannten Regeln der Technik entsprach. Die neue Norm mit dem Beiblatt 1 ist bauaufsichtlich eingeführt, z.B. in Nordrhein-Westfalen mit Runderlaß vom 24. September 1990.

In der neuen Norm sind alle Anforderungen und Nachweise zusammengefaßt. Ausführungsbeispiele, Rechenverfahren sowie Empfehlungen und Vorschlä-

*) Dipl.-Ing. D. Kutzer, Materialprüfanstalt des Landes Nordrhein-Westfalen Dortmund

ge für einen erhöhten Schallschutz enthalten die Beiblätter.

Die Norm besteht aus:

☐ DIN 4109:
Schallschutz im Hochbau, Anforderungen und Nachweise;

☐ Beiblatt 1 zu DIN 4109:
Schallschutz im Hochbau, Ausführungsbeispiele und Rechenverfahren;

☐ Beiblatt 2 zu DIN 4109:
Schallschutz im Hochbau, Hinweise für Planung und Ausführung, Vorschläge für einen erhöhten Schallschutz, Empfehlungen für den Schallschutz im eigenen Wohn- und Arbeitsbereich.

Die in der Norm DIN 4109 gestellten Anforderungen müssen mindestens erfüllt werden. Wenn darüber hinaus ein besserer Schallschutz gewünscht wird, so bedarf es der ausdrücklichen Vereinbarung mit dem Bauherrn und dem Entwurfsverfasser, z.B. mit Hinweis auf die Vorschläge für einen erhöhten Schallschutz nach Beiblatt 2.

Das Ziel der Norm ist der Schutz von Menschen in Aufenthaltsräumen

☐ vor Luft- und Trittschallübertragung aus benachbarten fremden Räumen,

☐ vor Lärm aus haustechnischen Anlagen und aus Betrieben im selben Gebäude oder in baulich damit verbundenen Gebäuden,

☐ gegen Außenlärm, wie Verkehrslärm, oder Lärm von Gewerbe- und Industriebetrieben, die mit den Aufenthaltsräumen baulich nicht verbunden sind.

Zum Anwendungsbereich und zum Zweck der neuen Norm heißt es u. a.:

„Der Schallschutz in Gebäuden hat große Bedeutung für die Gesundheit und das Wohlbefinden des Menschen.

Besonders wichtig ist der Schallschutz im Wohnungsbau, da die Wohnung dem Menschen sowohl zur Entspannung und zum Ausruhen dient als auch den eigenen häuslichen Bereich gegenüber den Nachbarn abschirmen soll. Um eine zweckentsprechende Nutzung der Räume zu ermöglichen, ist auch in Schulen, Krankenanstalten sowie Beherbergungsstätten und Bürobauten der Schallschutz von Bedeutung.

In dieser Norm werden Anforderungen an den Schallschutz mit dem Ziel festgelegt, Menschen in Aufenthaltsräumen vor unzumutbaren Belästigungen durch Schallübertragung zu schützen. Außerdem ist das Verfahren zum Nachweis des geforderten Schallschutzes geregelt.

Aufgrund der festgelegten Anforderungen kann nicht erwartet werden, daß Geräusche von außen oder aus benachbarten Räumen nicht mehr wahrgenommen werden. Daraus ergibt sich insbesondere die Notwendigkeit gegenseitiger Rücksichtnahme durch Vermeidung unnötigen Lärms. Die Anforderungen setzen voraus, daß in benachbarten Räumen keine ungewöhnlich starken Geräusche verursacht werden.“

Speziell dem letzten Absatz ist zu entnehmen, daß die in der neuen Norm festgelegten (Mindest-)Anforderungen nicht in allen Fällen ein ungestörtes Wohnen gewährleisten. In vielen Fällen bleibt das Anforderungsniveau hinter dem Stand der Technik zurück. Deswegen wird vielfach, z.B. in ruhigen Wohnlagen oder bei größerem Schutzbedürfnis, ein Verlangen nach höherem – über die Anforderungen der DIN 4109 hinausgehenden – Schallschutz bestehen.

Die Anforderung der Norm beispielsweise für Wohnungstrennwände (um 1 dB auf $R'_w = 53$ dB angehoben) ist im allgemeinen ausreichend, wenn der

---

Die frequenzabhängige Schalldämmung eines Bauteils oder einer Konstruktion wird als Einzahlwert durch das bewertete Schalldämm-Maß R'_w gekennzeichnet, das an Stelle des früher verwendeten Luftschallschutzmaßes LSM verwendet wird.

Zwischen dem Luftschallschutzmaß LSM und dem bewerteten Schalldämm-Maß R_w bzw. R'_w besteht folgende Beziehung:

$$\text{LSM} = R'_w - 52 \text{ dB}$$

$$R'_w = \text{LSM} + 52 \text{ dB}$$

R_w = bewertetes Schalldämm-Maß *ohne* Berücksichtigung der Nebenwege

R'_w = bewertetes Schalldämm-Maß *mit* Berücksichtigung der Nebenwege

Grundgeräuschpegel während des gesamten Tagesverlaufs (auch nachts) etwa 25 dB (A) beträgt, nicht aber dann, wenn das Gebäude in einer Gegend mit niedrigem Umgebungsgeräusch erstellt werden soll. In derartigen Fällen kann der Grundgeräuschpegel innerhalb der Wohnung 20 dB (A) und weniger betragen, so daß die bei erfülltem Schallschutz nach DIN 4109 aus der benachbarten Wohnung noch wahrzunehmenden Geräusche als unangenehm und störend empfunden werden und zu Beschwerden führen können.

Die subjektive Beurteilung der Sprachverständlichkeit bei unterschiedlicher Schalldämmung R'_w der Trennwand und bei verschieden hohem Grundgeräuschpegel (Tag und Nacht) zeigt Tafel 19/1. Bild 19/1 enthält verschiedene

Geräuschquellen und gibt die durchschnittlichen A-bewerteten Schallpegel in dB (A) an.

Zur Sorgfaltspflicht eines jeden Entwurfsverfassers gegenüber dem Bauherrn gehört es, daß er ihn darauf hinweist, daß es sich bei den Anforderungen der DIN 4109 um Mindestanforderungen handelt und daß höherer Schallschutz — nach den Empfehlungen des Beiblattes 2 zu DIN 4109 (siehe Tafel 19/3) oder nach den verschiedenen Schallschutzklassen des Entwurfes der VDI-Richtlinie 4100 — Schallschutz von Wohnungen — möglich ist, jedoch gesondert vereinbart werden muß.

Die Anforderung $R'_w = 53$ dB bei Wohnungstrennwänden wird nach DIN 4109 Beiblatt 1 erreicht bei Verwendung einer 24 cm dicken Wand aus Steinen der

Rohdichteklasse 1,8 mit 10 mm dickem Gipsputz oder Spachtelputz, wenn die mittlere flächenbezogene Masse der flankierenden Bauteile $m'_{L,\ Mittel} \geq 300$ kg/m² beträgt. Nach der Norm genügt die Steinrohdichteklasse 1,6, sofern beidseitig ein 15 mm dicker Kalkputz, Kalkzementputz oder Zementputz aufgebracht wird.

Beim Bau von Einfamilien-Doppel- und Reihenhäusern ist die Situation bezüglich des erforderlichen Schallschutzes noch *kritischer*, weil einerseits diese Häuser häufig in sehr ruhiger Umgebung gebaut werden und sich innen sehr niedrige Grundgeräuschpegel einstellen, andererseits die Anforderungen und Erwartungen im eigenen Haus in ruhiger Lage entsprechend hoch sind. Geräusche aus dem Nachbarhaus werden daher oft als störend oder unzumutbar empfunden und führen zu Beschwerden. Bei der Planung von Dekken und Wänden sollten daher insbesondere im gehobenen Doppel- und Reihenhausbau die Vorschläge für erhöhten Schallschutz nach Beiblatt 2 zu DIN 4109 vereinbart werden. Dies bedeutet für Einfamilien-Doppel- und Reihenhäuser zweischalige Haustrennwände mit durchgehender Trennfuge und $R'_w \geq 67$ dB. Für eine kostengünstige Ausführung solcher Trennwände

Tafel 19/1: Bewertetes Schalldämm-Maß R_w und das Durchhören von Sprache

Sprachverständlichkeit	erforderliches bewertetes Schalldämm-Maß R_w in dB	
	Grundgeräusch 20 dB(A)	Grundgeräusch 30 dB(A)
nicht zu hören	67	57
zu hören, jedoch nicht zu verstehen	57	47
teilweise zu verstehen	52	42
gut zu verstehen	42	32

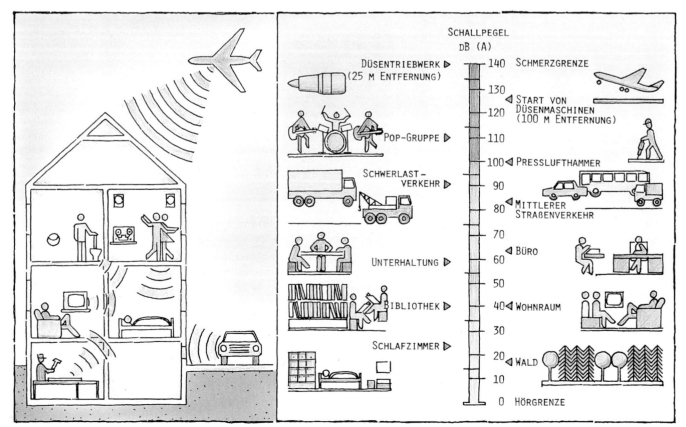

Bild 19/1: Schallpegel verschiedener Verursacher

eignen sich großformatige Vollsteine (KS-R-Blocksteine oder KS-Planelemente) der Rohdichteklasse 2,0 besonders gut.

Auch innerhalb des eigenen Wohn- und Arbeitsbereiches ist der Schallschutz von Bedeutung für die Bewohner, beispielsweise bei

☐ unterschiedlicher Nutzung und Schallquellen in einzelnen Räumen,

☐ unterschiedlichen Arbeits- und Ruhezeiten einzelner Bewohner oder

☐ erhöhter Schutzbedürftigkeit.

Trotzdem werden in der Norm dafür keine Anforderungen gestellt; auch nicht für die Trennwand zwischen Wohn- und Kinderschlafzimmer. Das Beiblatt 2 zu DIN 4109 enthält dafür Empfehlungen für normalen und erhöhten Schallschutz; für Luft- und Trittschalldämmung von Bauteilen zum Schutz gegen Schallübertragung aus dem eigenen Wohn- oder Arbeitsbereich werden die für erforderlich gehaltenen Werte einmal für Wohngebäude, zum anderen für Büro- und Verwaltungsgebäude genannt.

Da es sich bei den angegebenen Werten nicht um Anforderungen im Sinne der Norm handelt, müssen sie ausdrücklich zwischen Entwurfsverfasser und Bauherrn vereinbart und bereits bei der Planung, insbesondere bei der Grundrißgestaltung, berücksichtigt werden.

Die Empfehlung für den normalen Schallschutz zwischen Wohn- und Kinderschlafzimmern lautet $R'_w = 40$ dB; sie wird bereits von einer einschaligen KS-P7-Wand mit beidseitigem Spachtelputz erreicht. Zur Erfüllung der Empfehlung eines gehobenen Schallschutzes, in diesem Fall $R'_w \geq 47$ dB, genügt z.B. eine 11,5 cm dicke Wand aus KS-Vollsteinen der Rohdichteklasse 1,8 mit beidseitigem 15 mm dickem Putz.

Anmerkung:

Im Zusammenhang mit der Vereinbarung eines besseren oder höheren Schallschutzes ist – obwohl keine Norm – auf den Entwurf der VDI-Richtlinie 4100 vom Oktober 1989 – Schallschutz von Wohnungen; Kriterien für Planung und Beurteilung – hinzuweisen. In dem Entwurf dieser Richtlinie werden Schallschutzklassen je nach Qualität des subjektiv empfundenen Schallschutzes in drei Stufen definiert und zugehörige Kennwerte für Luft- und Trittschallschutz und für Schutz gegen Geräusche aus haustechnischen Anla-

gen und aus baulich verbundenen Gewerbebetrieben definiert. Die Kennwerte der untersten Schallschutzklasse 1 entsprechen den Anforderungen der DIN 4109. Bei der Vereinbarung eines höheren Schallschutzes sollte geprüft werden, ob dies aufgrund einer der Schallschutzklassen dieser Richtlinie erfolgen kann oder soll.

19.2 Allgemeine Aspekte für Planung und Ausführung

Die bekannten KS-Mauerwerkskonstruktionen im Außenwand- und Innenwandbereich bedürfen keines besonderen Nachweises, sie sind schallschutztechnisch überprüft und haben sich seit Jahrzehnten bewährt.

Die Erfüllung der Anforderungen an die Luft- und Trittschalldämmung in Gebäuden setzt Maßnahmen sowohl bei der Bauplanung als auch bei der Bauausführung voraus. Bei der Grundrißplanung sollten zum Beispiel Wohn- und Schlafräume möglichst so angeordnet werden, daß sie wenig von Außenlärm betroffen und von Treppenräumen durch andere Räume, wie z. B. Wasch- und WC-Räume, Küchen, Flure, ge-

trennt sind. An den Trennwänden beiderseitig angrenzender Räume sollten Räume gleichartiger Nutzung sein, z. B. sollte Küche neben Küche, Schlafraum neben Schlafraum liegen; sofern nicht durchgehende Gebäudetrennfugen vorhanden sind.

Einschalige Wände

Bei der Luftschalldämmung von einschaligen Bauteilen ist die Masse entscheidend. Einschalige Bauteile haben im allgemeinen eine um so bessere Luftschalldämmung, je schwerer sie sind.

Mauerwerk ist in schalltechnischem Sinn „biegesteif". Im Gegensatz dazu gelten Gipskartonplatten, Spanplatten, Putzschalen auf Rohr- oder Drahtgewebe sowie Holzwolle-Leichtbauplatten als „biegeweich".

Putz verbessert die Luftschalldämmung dicht gemauerter Wände nur entsprechend seinem Anteil an der flächenbezogenen Masse der Wand. Er hat zusätzlich eine abdichtende Wirkung. Putz verbessert daher die Luftschalldämmung von Wänden, wenn diese unvollständig vermörtelte Fugen oder mörtelfreie Stoßfugen haben und er zumindest einseitig dicht aufgetragen wird.

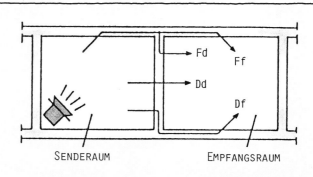

SENDERAUM   EMPFANGSRAUM

Dd Luftschall-Anregung des Trennelementes im Senderaum

Schallabstrahlung des Trennelementes in den Empfangsraum

Ff Luftschall-Anregung der flankierenden Bauteile des Senderaumes

teilweise Übertragung der Schwingungen auf flankierende Bauteile des Empfangsraumes

Fd Luftschall-Anregung der flankierenden Bauteile des Senderaumes

teilweise Übertragung der Schwingungen auf die flankierenden Bauteile des Empfangsraumes

Schallabstrahlung des Trennelementes in den Empfangsraum

Df Luftschall-Anregung des Trennelementes im Senderaum

teilweise Übertragung der Schwingungen auf die flankierenden Bauteile des Empfangsraumes

Schallabstrahlung dieser Bauteile in den Empfangsraum.

Mit den Großbuchstaben werden die Eintrittsflächen im Senderaum, mit den Kleinbuchstaben die Austrittsflächen im Empfangsraum gekennzeichnet, wobei D und d auf das direkte Trennelement, F und f auf die flankierenden Bauteile hinweisen.

Bild 19/2: Übertragungswege des Luftschalls zwischen zwei Räumen nach DIN 52 217

Wird bei einer schalltechnisch undichten Rohbauwand ein Wand-Trockenputz durch Einbau von Gipskartonplatten mit einzelnen Gipsbatzen oder -streifen an der Wand befestigt, ist mit einer Verringerung der Schalldämmung gegenüber naß verputzten Wänden zu rechnen. Bei Verwendung von Trockenputzen muß die Wand daher schalltechnisch dicht sein bzw. vor dem Aufbringen des Trockenputzes z. B. durch Zuspachteln der Fugen abgedichtet werden.

Punktweise oder vollflächig an Decken und Wänden angeklebte oder anbetonierte und verputzte Dämmplatten mit hoher dynamischer Steifigkeit (z. B. Hartschaumplatten) verschlechtern die Schalldämmung der Bauteile durch die Resonanz im Hauptfrequenzbereich von 200–2000 Hz. Das läßt sich vermeiden, wenn stattdessen weichfedernde Dämmschichten, d. h. Dämmschichten mit geringer dynamischer Steifigkeit, verwendet werden. Für Holzwolle-Leichtbauplatten und Mehrschicht-Leichtbauplatten gemäß DIN 1101 kann der vorgenannte Nachteil vermieden werden, wenn diese Platten an einschalige, biegesteife Wände – wie in DIN 1102 beschrieben – gedübelt und verputzt werden.

Die Luftschalldämmung von Trennwänden und Decken hängt nicht nur von deren Ausbildung, sondern auch von der Ausführung der flankierenden Bauteile ab. Welche Übertragungswege des Luftschalls zwischen zwei Räumen wirksam werden, zeigt Bild 19/2. Die in den Tafeln 19/6 und 19/11 bis 19/18 enthaltenen Angaben über das bewertete Schalldämm-Maß R'_w setzen jeweils flankierende Bauteile mit einer mittleren flächenbezogenen Masse von $m'_{L, Mittel} \geq 300$ kg/m² voraus.

Auch im Bereich der flankierenden Bauteile wirken sich schwere KS-Wände vorteilhaft bei wirtschaftlichen Wanddicken aus.

Vorhaltemaß 2 dB:

Beim Nachweis der Eignung durch Prüfung der Bauteile (Wände und Decken) in einem Prüfstand mit bauähnlicher Flankenübertragung muß das gemessene Schalldämm-Maß um 2 dB über den Anforderungswerten, den Richtwerten oder den vorgeschlagenen Werten für erhöhten Schallschutz der Tafeln 19/3 bis 19/5 liegen.

Für die Angaben in den o.g. Tafeln wird weiterhin vorausgesetzt, daß die flankierenden Bauteile im akustischen Sinn biegesteif mit dem trennenden Bauteil verbunden sind. Dieser Wandanschluß wird erreicht durch:

☐ verzahnten Wandanschluß oder durch

☐ Stumpfstoß-Wandanschluß mit vermörtelter Wandanschlußfuge und Edelstahl-Flachanker.

Die in Tafel 19/6 angegebenen Zusammenhänge zwischen flächenbezogener Masse m' und bewertetem Schalldämm-Maß R'_w setzen ein geschlossenes Gefüge und fugendichten Aufbau der Wände voraus. Wände ohne Stoßfugenvermörtelung erfüllen diese Forderung nur, wenn mindestens einseitig ein vollflächiger und dichter Putz oder beidseitig ein 3 mm dicker Spachtelputz aufgebracht wird.

Die Schalldämmung von einschaligen Wänden wird durch den Einbau von Dosen für die Elektroinstallation oder durch – sachgerecht hergestellte und wieder verschlossene – Schlitze nicht nennenswert beeinflußt, sofern durch das Herstellen der Schlitze Gefüge und/ oder Dichtheit der Wand nicht beschädigt werden.

19.3 Kennzeichnung und Bewertung der Luftschalldämmung von Bauteilen

Zur allgemeinen Kennzeichnung der frequenzabhängigen Luftschalldämmung von Bauteilen mit einem Zahlenwert wird das bewertete Schalldämm-Maß R'_w verwendet. Die Ermittlung des bewerteten Schalldämm-Maßes R'_w erfolgt nach DIN 52 210 Teil 4 durch Vergleich mit der in dieser Norm festgelegten Bezugskurve, die in Bild 19/3 dargestellt ist. Für das zu beurteilende Bauteil wird im Freqenzbereich 100 Hz bis 3150 Hz das Schalldämm-Maß R' bestimmt. Die sich so ergebende „Ist-Kurve" wird mit der Bezugskurve verglichen, indem die Bezugskurve parallel zu sich selbst soweit in Richtung Ist-Kurve verschoben wird, bis die mittlere untere Abweichung zwischen Bezugskurve und Ist-Kurve 2 dB beträgt. Der Ordinatenwert der so verschobenen Bezugskurve an der Stelle 500 Hz ist das bewertete Schalldämm-Maß R'_w des Bauteils in dB.

Je nachdem, welche Schallübertragungswege bei der Messung der Schalldämmung der verschiedenen

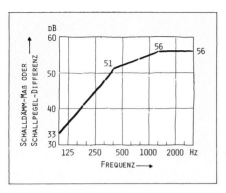

Bild 19/3: Bezugskurve für die Luftschalldämmung nach DIN 52 210 Teil 4

Bauteile berücksichtigt und wo diese Messungen durchgeführt wurden, werden verschiedene kennzeichnende Größen der Luftschalldämmung für den Nachweis der Eignung von Bauteilen verwendet. Eine Zusammenstellung dieser kennzeichnenden Größen enthält Tafel 19/2.

Zur Beurteilung, ob ein Bauteil zur Erfülung der Anforderungen nach DIN 4109 oder der Empfehlungen für einen erhöhten Schallschutz nach Beiblatt 2 zu DIN 4109 (siehe Tafel 19/3) geeignet ist, ist der Rechenwert der Luftschalldämmung maßgeblich.

Beim Nachweis der Eignung durch Prüfung von Wänden und Decken in einem Prüfstand mit bauähnlicher Flankenübertragung nach DIN 52 210 Teil 2, muß von dem gemessenen bewerteten Schalldämm-Maß $R'_{w,P}$ das Vorhaltemaß von 2 dB abgezogen werden, um den Rechenwert $R'_{w,R}$ zu erhalten; d. h. der gemessene Wert $R'_{w,P}$ muß mindestens um 2 dB über der Anforderung erf. R'_w für den jeweiligen Verwendungsfall liegen.

19.4 Anforderungen an die Luftschalldämmung von Bauteilen und Installationswänden

Die Tafel 19/3 enthält die Anforderungen an die Luftschalldämmung von Wänden, Türen und Decken zum Schutz vor Schallübertragung aus einem fremden Wohn- oder Arbeitsbereich, Mindestanforderungen und Empfehlungen für einen erhöhten Schallschutz.

Die für die Schalldämmung der trennenden Bauteile angegebenen Werte gelten nicht für diese Bauteile allein, sondern für die resultierende Schalldämmung unter Berücksichtigung der an der Schallübertragung beteiligten Bauteile und Nebenwege.

Tafel 19/2: Kennzeichnende Größen der Luftschalldämmung für den Nachweis der Eignung von Bauteilen

R'_w: Bewertetes Schalldämm-Maß in dB mit Schallübertragung über flankierende Bauteile
R_w: Bewertetes Schalldämm-Maß ohne Schallübertragung über flankierende Bauteile
$R_{L,w}$: Bewertetes Schall-Längsdämm-Maß in dB
$D_{K,w}$: Bewertete Schallpegeldifferenz in dB

Zeile	Bauteile	Berücksichtigte Schallübertragung	Eignungsprüfungen in Prüfständen (EP I)	Eignungsprüfungen in ausgeführten Bauten (EP III)	Rechenwert[1]
1	Wände, Decken als trennende Bauteile	über das trennende und die flankierenden Bauteile sowie gegebenenfalls über Nebenwege	$R'_{w,P}$	$R'_{w,B}$	$R'_{w,R}$
2		nur über das trennende Bauteil	$R_{w,P}$	$R_{w,B}$	$R_{w,R}$
3	Wände, Decken als flankierende Bauteile	nur über das flankierende Bauteil	$R_{L,w,P}$	$R_{L,w,B}$	$R_{L,w,R}$
4	Fenster	nur über das trennende Bauteil	$R_{w,P}$	$R_{w,B}$	$R_{w,R}$
5	Türen				$R_{w,R}$[2]
6	Schächte, Kanäle	nur über Nebenwege	$D_{K,w,P}$	$D_{K,w,B}$	$D_{K,w,R}$

[1] Der Rechenwert für ein Bauteil ergibt sich
  - bei Ausführungen nach DIN 4109, Beiblatt 1, direkt aus den dortigen Angaben,
  - bei Eignungsprüfungen in Prüfständen aus den Ergebnissen der EP I, vermindert um das Vorhaltemaß 2 dB (z.B. $R'_{w,R} = R'_{w,P} - 2$ dB), ausgenommen Türen (siehe Fußnote 2),
  - bei Eignungsprüfungen in ausgeführten Bauten direkt aus den Ergebnissen der EP III (z.B. $R'_{w,R} = R'_{w,B}$).
[2] Der Rechenwert $R_{w,R}$ für Türen ergibt sich durch Eignungsprüfungen in Prüfständen aus $R_{w,R} = R_{w,P} - 5$ dB.

In der Norm sind auch Anforderungen an die Luftschalldämmung von Türen gestellt. Sie gelten für das bewertete Schalldämm-Maß R'_w der betriebsfertigen Tür, nicht etwa nur für das Schalldämm-Maß des Türblattes allein. Die recht hoch erscheinende Anforderung erf. $R'_w = 37$ dB – das bedeutet einen im Prüfstand nachgewiesenen Wert von $R'_{w,P} = 42$ dB – für Türen, die von Hausfluren oder Treppenräumen unmittelbar in Aufenthaltsräume – außer Flure und Dielen – führen, sollte auch als Warnung und Hinweis dienen, derartig ungünstige Grundrißsituationen schon bei der Planung zu vermeiden.

Anforderungen an die Luftschalldämmung von Wanden und Decken zwischen „besonders lauten" und schutzbedürftigen Räumen

In der DIN 4109 sind Werte für die zulässigen Schallpegel von Geräuschen aus haustechnischen Anlagen und Gewerbebetrieben festgelegt. Um diese Werte einhalten zu können, werden Anforderungen an die Luft- und Trittschalldämmung von Bauteilen zwischen „besonders lauten" und schutzbedürftigen Räumen gestellt. In Tafel 19/4 sind diese Anforderungen erf. R'_w für Wände

und Decken zwischen den vorgenannten Räumen zusammengestellt.

In vielen Fällen ist zusätzlich eine Körperschalldämmung von Maschinen, Geräten und Rohrleitungen gegenüber den Gebäudedecken und -wänden erforderlich. Sie kann zahlenmäßig nicht angegeben werden, weil sie von der Größe der Körperschallerzeugung der Maschinen und Geräte abhängt, die sehr unterschiedlich sein kann.

„Besonders laute" Räume sind
- Räume mit „besonders lauten" haustechnischen Anlagen oder Anlageteilen, wenn der maximale Schallpegel des Luftschalls in diesen Räumen häufig mehr als 75 dB(A) beträgt,
- Aufstellräume für Auffangbehälter von Müllabwurfanlagen und deren Zugangsflure zu den Räumen vom Freien,
- Betriebsräume von Handwerks- und Gewerbebetrieben einschließlich Verkaufsstätten, wenn der maximale Schallpegel des Luftschalls in diesen Räumen häufig mehr als 75 dB(A) beträgt,
- Gasträume, z. B. von Gaststätten, Cafés, Imbißstuben,

- Räume von Kegelbahnen,
- Küchenräume von Beherbergungsstätten, Krankenhäusern, Sanatorien, Gaststätten; außer Betracht bleiben Kleinküchen, Aufbereitungsküchen sowie Mischküchen,
- Theaterräume,
- Sporthallen,
- Musik- und Werkräume.

Schutzbedürftige Räume sind

Aufenthaltsräume, soweit sie gegen Geräusche zu schützen sind. Nach dieser Norm sind es
- Wohnräume, einschließlich Wohndielen,
- Schlafräume, einschließlich Übernachtungsräume in Beherbergungsstätten und Bettenräume in Krankenhäusern und Sanatorien,
- Unterrichtsräume in Schulen, Hochschulen und ähnlichen Einrichtungen,
- Büroräume (ausgenommen Großraumbüros), Praxisräume, Sitzungsräume und ähnliche Arbeitsräume.

Anforderungen an Installationswände

Zur Einhaltung der zulässigen Schallpegel von Geräuschen aus Wasserinstallationen in schutzbedürftigen Räumen wird an die Schalldämmung von Installationswänden keine Anforderung hinsichtlich des bewerteten Schalldämm-Maßes gestellt. Es wird jedoch gefordert, daß die flächenbezogene Masse von Installationswänden mindestens m' = 220 kg/m^2 betragen muß. Schwere Wände werden durch Körperschall weniger stark angeregt als leichte Wände; sie strahlen damit auch weniger Schall ab. Durch massive Körperschallbrücken, die bei nicht sachgerechter Verlegung von Rohren in Wandschlitzen häufig auftreten, kann eine besonders starke Anregung der Wand und starke Abstrahlung in den schutzbedürftigen Raum erfolgen. Eine starke Abstrahlung der Installationswand kann durch Montage einer biegeweichen Vorsatzschale aus Mineralfaser- und Gipskartonplatten auf der Seite des schutzbedürftigen Raumes wirkungsvoll gemindert werden. Bereits bei der Grundrißplanung ist darauf zu achten, daß die Installationswand nicht unmittelbar an einen schutzbedürftigen Raum grenzt.

In diesem Zusammenhang sei auch auf moderne Installationssysteme der Vor-Wand-Installation hingewiesen, die mit der vorgesehenen halbhohen Ausmauerung, raumhoher Vormauerung oder

215

Tafel 19/3: Luftschalldämmung von Wänden und Türen gegen Schallübertragung aus einem fremden Wohn- oder Arbeitsbereich

Bauteil	Anforderung nach DIN 4109[1] erf. R'$_w$ dB	Empfehlung für einen erhöhten Schallschutz nach Beiblatt 2[2] erf. R'$_w$ dB
1. Geschoßhäuser mit Wohnungen und Arbeitsräumen		
Wohnungstrennwände und Wände zwischen fremden Arbeitsräumen	53	≥ 55
Treppenraumwände und Wände neben Hausfluren	52[3]	≥ 55
Wände neben Durchfahrten, Einfahrten von Sammelgaragen u. ä.	55	−
Wände von Spiel- oder ähnlichen Gemeinschaftsräumen	55	−
Türen,		
− die von Hausfluren oder Treppenräumen in Flure und Dielen von Wohnungen und Wohnheimen oder von Arbeitsräumen führen,	27	≥ 37
− die von Hausfluren oder Treppenräumen unmittelbar in Aufenthaltsräume − außer Flure und Dielen − von Wohnungen führen.	37	−
2. Einfamilien-Doppelhäuser und -Reihenhäuser		
Haustrennwände	57	≥ 67
3. Beherbergungsstätten		
Wände zwischen		
− Übernachtungsräumen	47	≥ 52
− Fluren und Übernachtungsräumen	47	≥ 52
Türen		
− zwischen Fluren und Übernachtungsräumen	32	≥ 37
4. Krankenanstalten, Sanatorien		
Wände zwischen	47	≥ 52
− Krankenräumen		
− Fluren und Krankenräumen		
− Untersuchungs- bzw. Sprechzimmern		
− Fluren und Untersuchungs- bzw. Sprechzimmern		−
− Krankenräumen und Arbeits- und Pflegeräumen		
Wände zwischen		
− Operations- bzw. Behandlungsräumen	42	−
− Fluren und Operations- bzw. Behandlungsräumen		
Wände zwischen	37	
− Räumen der Intensivpflege		
− Fluren und Räumen der Intensivpflege		
Türen zwischen		
− Untersuchungs- bzw. Sprechzimmern	37	−
− Fluren und Untersuchungs- bzw. Sprechzimmern		
− Fluren und Krankenräumen	32	≥ 37
− Operations- bzw. Behandlungsräumen		−
− Fluren und Operations- bzw. Behandlungsräumen		
5. Schulen und vergleichbare Unterrichtsbauten		
Wände zwischen	47	−
− Unterrichtsräumen oder ähnlichen Räumen		
− zwischen Unterrichtsräumen oder ähnlichen Räumen und Fluren		
Wände zwischen	52	−
− Unterrichtsräumen oder ähnlichen Räumen und Treppenräumen		
Wände zwischen	55	−
− Unterrichtsräumen oder ähnlichen Räumen und „besonders lauten" Räumen (z. B. Sporthallen, Musikräumen, Werkräumen)		
Türen zwischen	32	−
− Unterrichtsräumen oder ähnlichen Räumen und Fluren		

[1]) Auszug aus Tabelle 3 der DIN 4109
[2]) Auszug aus Tabelle 2 des Beiblatts 2 zu DIN 4109
[3]) Für Wände mit Türen gilt: R'$_w$ (Wand) = R$_w$ (Tür) + 15 dB; Wandbreiten ≦ 30 cm bleiben dabei unberücksichtigt.

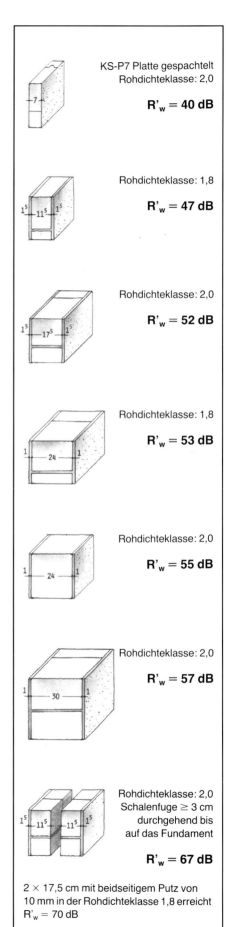

KS-P7 Platte gespachtelt
Rohdichteklasse: 2,0

R'$_w$ = 40 dB

Rohdichteklasse: 1,8

R'$_w$ = 47 dB

Rohdichteklasse: 2,0

R'$_w$ = 52 dB

Rohdichteklasse: 1,8

R'$_w$ = 53 dB

Rohdichteklasse: 2,0

R'$_w$ = 55 dB

Rohdichteklasse: 2,0

R'$_w$ = 57 dB

Rohdichteklasse: 2,0
Schalenfuge ≥ 3 cm
durchgehend bis
auf das Fundament

R'$_w$ = 67 dB

2 × 17,5 cm mit beidseitigem Putz von 10 mm in der Rohdichteklasse 1,8 erreicht R'$_w$ = 70 dB

Fortsetzung zu Tafel 19/3: Luftschalldämmung von Decken gegen Schallübertragung aus einem fremden Wohn- oder Arbeitsbereich

Decken[3])	Anforderung nach DIN 4109[1]) erf. R'_w dB	Empfehlung für einen erhöhten Schallschutz nach Beiblatt 2[2]) erf. R'_w dB
1. Geschoßhäuser mit Wohnungen und Arbeitsräumen		
Decken unter allgemein nutzbaren Dachräumen, z. B. Trockenböden, Abstellräumen und ihren Zugängen	53	≥ 55
Wohnungstrenndecken (auch -treppen) und Decken zwischen fremden Arbeitsräumen bzw. vergleichbaren Nutzungseinheiten	54	
Decken unter Bad und WC ohne/mit Bodenentwässerung		
Decken über Kellern, Hausfluren, Treppenräumen unter Aufenthaltsräumen	52	
Decken über Durchfahrten, Einfahrten von Sammelgaragen und ähnliches unter Aufenthaltsräumen	55	
Decken unter/über Spiel- oder ähnlichen Gemeinschaftsräumen		
2. Beherbergungsstätten, Krankenhausanstalten, Sanatorien		
Decken unter Bad und WC ohne/mit Bodenentwässerung	54	≥ 55
Decken unter/über Schwimmbädern, Spiel- oder ähnlichen Gemeinschaftsräumen zum Schutz gegenüber Schlafräumen	55	
3. Schulen		
Decken zwischen Unterrichtsräumen oder ähnlichen Räumen	55	≥ 55

[1]) Auszug aus Tabelle 3 der DIN 4109
[2]) Auszug aus Tabelle 2 des Beiblatts 2 zu DIN 4109
[3]) Bei Gebäuden mit nicht mehr als 2 Wohnungen beträgt das erf. R'_w = 52 dB

Tafel 19/4: Anforderungen an die Luftschalldämmung von Wänden und Decken zwischen besonders lauten und schutzbedürftigen Räumen

Zeile	Art der Räume	Bewertetes Schalldämm-Maß erf. R'_w dB	
		Schallpegel $L_{AF} =$ 75 bis 80 dB(A)	Schallpegel $L_{AF} =$ 81 bis 85 dB(A)
1	Räume mit „besonders lauten" haustechnischen Anlagen oder Anlageteilen	57	62
2	Betriebsräume von Handwerks- und Gewerbebetrieben; Verkaufsstätten	57	62
3	Küchenräume der Küchenanlagen von Beherbergungsstätten, Krankenhäusern, Sanatorien, Gaststätten, Imbißstuben und dergleichen	55	
4	Küchenräume wie vor, jedoch auch nach 22.00 Uhr in Betrieb	57	
5	Gasträume, nur bis 22 Uhr in Betrieb	55	
6	Gasträume (maximaler Schallpegel $L_{AF} \leq 85$ dB(A), auch nach 22 Uhr in Betrieb)	62	
7	Räume von Kegelbahnen	67	
8	Gasträume (maximaler Schallpegel 85 dB(A) $\leq L_{AF} \leq 95$ dB(A), z. B. mit elektroakustischen Anlagen)	72	

Anmerkung: L_{AF} = Zeitabhängiger Schallpegel, der mit der Frequenzbewertung A und der Zeitbewertung F (engl.: fast) als Funktion der Zeit gemessen wird.

Verkleidung mit Spezialpaneelen schalltechnisch sehr gute Lösungsmöglichkeiten bieten.

Schlitze und Aussparungen

Bei der Anordnung von Wandschlitzen (z. B. für Wasserinstallationen) sind eventuelle Anforderungen an die Luftschalldämmung zu beachten, da mit einer Minderung des bewerteten Schalldämm-Maßes R'_w um etwa $1-2$ dB — auch bei sachgerecht verschlossenem Schlitz — zu rechnen ist. Die erforderlichen Schlitze sollten bereits bei der Planung berücksichtigt und als gemauerte Schlitze ausgeführt werden. Die flächenbezogene Masse der Restwand zum schutzbedürftigen Raum hin soll mindestens 220 kg/m² betragen.

Nachteilig wirken sich häufig die beim Verlegen der Wasserversorgungs- und Abwasserleitung in den — oft zu engen — Schlitzen entstehenden Körperschallbrücken aus. Diese führen zur Übertragung der Installationsgeräusche auf die Wand und in benachbarte schutzbedürftige Räume. Vermeiden läßt sich dies durch ausreichend dimensionierte Installationsschächte mit entsprechender Abmessung.

Zählerschränke, die zum Beispiel im Geschoßwohnungsbau in Treppenraumwände eingebaut werden, führen bei dichter Ausführung der Zählerschranktür nach Untersuchungen von Prof. Dr.-Ing. K. Gösele zu einer noch tragbaren Verringerung der Schalldämmung bis etwa 2 dB. Andernfalls sind die Zählerschränke ohne Verringerung des Wandquerschnitts einzubauen oder an anderer Stelle zu planen.

> **Bei Wänden, die Anforderungen an die Schalldämmung zu erfüllen haben, ist zu berücksichtigen, daß Schlitze, Zählernischen u. ä. das bewertete Schalldämm-Maß R'_w um $1-2$ dB vermindern können.**
>
> **Einschalige Wände, an oder in denen Wasserinstallationen befestigt sind, müssen eine flächenbezogene Masse von mindestens 220 kg/m² haben (DIN 4109, Abs. 7.2.2.4).**

217

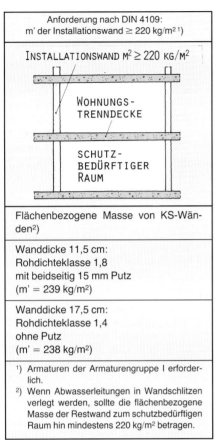

Anforderung nach DIN 4109:
m' der Installationswand ≥ 220 kg/m²[1]

INSTALLATIONSWAND M² ≥ 220 KG/M²

WOHNUNGS-
TRENNDECKE

SCHUTZ-
BEDÜRFTIGER
RAUM

Flächenbezogene Masse von KS-Wänden[2]

Wanddicke 11,5 cm:
Rohdichteklasse 1,8
mit beidseitig 15 mm Putz
(m' = 239 kg/m²)

Wanddicke 17,5 cm:
Rohdichteklasse 1,4
ohne Putz
(m' = 238 kg/m²)

[1] Armaturen der Armaturengruppe I erforderlich.
[2] Wenn Abwasserleitungen in Wandschlitzen verlegt werden, sollte die flächenbezogene Masse der Restwand zum schutzbedürftigen Raum hin mindestens 220 kg/m² betragen.

Bild 19/4: KS-Wände mit Wasserinstallation

Tafel 19/5: Vorschläge für den Schallschutz im eigenen Wohn- und Arbeitsbereich nach Beiblatt 2 zu DIN 4109

Zeile	Bauteile	Vorschläge für normalen Schallschutz erf. R'_w dB	Vorschläge für erhöhten Schallschutz erf. R'_w dB
	Wohngebäude		
1	Wände ohne Türen zwischen „lauten" und „leisen" Räumen unterschiedlicher Nutzung, z. B. zwischen Wohn- und Kinderschlafzimmer	40	≥ 47
	Büro- und Verwaltungsgebäude		
2	Wände zwischen Räumen mit üblicher Bürotätigkeit	37	≥ 42
3	Wände zwischen Fluren und Räumen nach Zeile 2	37	≥ 42
4	Wände von Räumen für konzentrierte geistige Tätigkeit oder zur Behandlung vertraulicher Angelegenheiten, z. B. zwischen Direktions- und Vorzimmer	45	≥ 52
5	Wände zwischen Fluren und Räumen nach Zeile 4	45	≥ 52
6	Türen in Wänden nach Zeile 2 und 3	27	≥ 32
7	Türen in Wänden nach Zeile 4 und 5	37	–

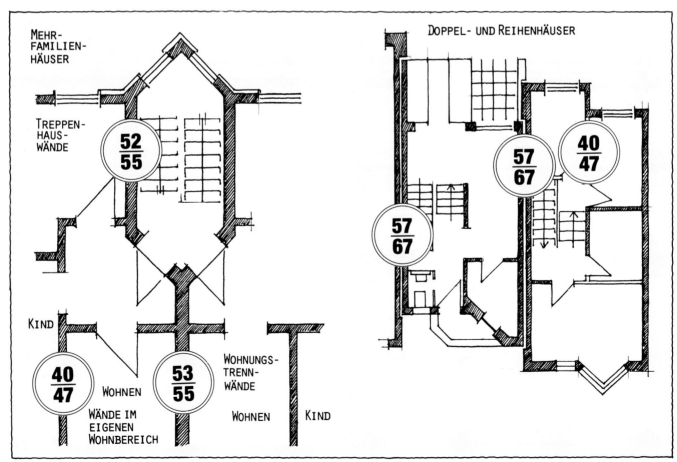

Bild 19/5: Anforderungen (obere Zahl) und Empfehlungen für den erhöhten Schallschutz (untere Zahl) an ausgewählten Grundrissen.

Vorschläge für den Schallschutz im eigenen Wohn- und Arbeitsbereich

Als Orientierungshilfe für den Planer sind für schallschutztechnisch sinnvolle Maßnahmen in Tafeln 19/5 Vorschläge für einen normalen und für einen erhöhten Schallschutz gegen Schallübertragung aus dem eigenen Wohn- und Arbeitsbereich ausgeführt.

19.5 Luftschalldämmung von massiven Wänden

Einschalige Wände

Die Erfüllung der Anforderungen oder Vorschläge für die Schalldämmung trennender Bauteile nach den Tafeln 19/3 bis 19/5 hängt nicht nur von ihrer flächenbezogenen Masse und Konstruktion, sondern auch von der Art und Ausführung der flankierenden Bauteile ab.

Die Ermittlung der Schalldämmung einschaliger Wände kann nach den Tafeln 19/6 bis 19/10 erfolgen.

Die Tafeln 19/11 bis 19/17 enthalten die Schalldämm-Maße für verschiedene Ausführungen von einschaligen KS-Wänden. Als Schalldämm-Maße R'_w sind jeweils Rechenwerte angegeben, bei denen das Vorhaltemaß von 2 dB berücksichtigt wurde. Tafel 19/11 enthält Beispiele von erforderlichen Mindest-Wanddicken und Steinrohdichteklassen für einschalige Wände in üblicher Ausführung, mit denen die in DIN 4109 genannten Anforderungen erfüllt werden können.

Die Tafeln 19/12 bis 19/17 enthalten die Schalldämm-Maße R'_w und die flächenbezogenen Massen einschaliger KS-Wände in verschiedenen Ausführungen. Aus diesen Tafeln ist beispielswei-

se auch ersichtlich, welche Wände die Anforderungen von m' = 220 kg/m² für Installationswände erfüllen können.

Einfluß von flankierenden Bauteilen

Die in den oben angegebenen Tafeln enthaltenen Werte gelten nur unter folgenden Voraussetzungen:

☐ Mittlere flächenbezogene Masse $m'_{L,Mittel}$ von etwa 300 kg/m³ der biegesteifen, flankierenden Bauteile. Bei der Ermittlung der flächenbezogenen Masse werden Öffnungen (Fenster, Türen) nicht berücksichtigt.

☐ Biegesteife Anbindung der flankierenden Bauteile an das trennende Bauteil, sofern die flächenbezogene Masse mehr als 150 kg/m² beträgt.

☐ Dichte Anschlüsse des trennenden Bauteils an die flankierenden Bauteile.

☐ Die Werte gelten nicht bei flankierenden Außenwänden aus Steinen mit einer Rohdichte ≤ 0,8 und mit in schallschutztechnischer Hinsicht ungünstiger Lochung.

Biegesteife Anbindung der flankierenden Bauteile bei KS-Mauerwerk

Der gegenseitige Anschluß von gemauerten Wänden mit Stumpfstoß ist als bauakustisch biegesteife Anbindung im Sinne der DIN 4109 anzusehen, wenn die Stumpfstoßfuge zwischen den Wänden schichtweise und voll vermörtelt ist mit oder ohne Einlage von Edelstahl-Flachankern. Dies gilt sowohl für vollfugig ausgeführtes Mauerwerk als auch für Mauerwerk ohne Stoßfugenvermörtelung.

Sowohl das Längs-Schalldämm-Maß der flankierenden Wand als auch das Schalldämm-Maß der Trennwand sind bei verzahnt gemauertem Wandanschluß und bei stumpf vermörteltem Wandanschluß gleich. Beide Wandanschlüsse sind aus schalltechnischer Sicht als gleichwertig anzusehen. Dies haben auch Untersuchungen am Fraunhofer-Institut für Bauphysik in Stuttgart bestätigt, die sich mit der Schalldämmung und der Längs-Schalldämmung von KS-Wänden bei verschiedenen Knotenpunktausbildungen befaßt haben [19/1].

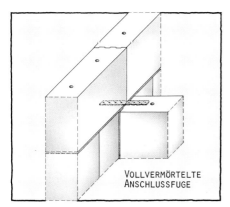

Bild 19/6: Schalltechnisch biegesteifer Wandanschluß

Tafel 19/6: Bewertetes Schalldämm-Maß $R'_{w,R}$ einschaliger, biegesteifer Wände und Decken nach Beiblatt 1 zu DIN 4109[1][2])

Zeile	Flächenbezogene Masse (Wandgewicht) kg/m²	Bewertetes Schalldämm-Maß $R'_{w,R}$[1]) dB
1	85[3])	34
2	90[3])	35
3	95[3])	36
4	105[3])	37
5	115[3])	38
6	125[3])	39
7	135	40
8	150	41
9	160	42
10	175	43
11	190	44
12	210	45
13	230	46
14	250	47
15	270	48
16	295	49
17	320	50
18	350	51
19	380	52
20	410	53
21	450	54
22	490	55
23	530	56
24	580	57
25[4])	630	58
26[4])	680	59
27[4])	740	60
28[4])	810	61
29[4])	880	62
30[4])	960	63
31[4])	1040	64

Anmerkung: Die Norm läßt eine Interpolation bei den Zwischenwerten und ein Runden auf volle dB zu. Es wird jedoch vorgeschlagen, bei Aufrundungen mit Augenmaß vorzugehen und nur geringfügige Unterschreitungen aufzurunden.

[1]) Gültig für flankierende Bauteile mit einer mittleren flächenbezogenen Masse $m'_{L,M}$ von etwa 300 kg/m².

[2]) Meßergebnisse haben gezeigt, daß bei verputzten Wänden aus dampfgehärtetem Gasbeton und Leichtbeton mit Blähtonzuschlag mit Steinrohdichte ≤ 0,8 kg/m² bei einer flächenbezogenen Masse bis 250 kg/m² das bewertete Schalldämm-Maß um 2 dB höher angesetzt werden kann. Das gilt auch für zweischaliges Mauerwerk, sofern die flächenbezogene Masse der Einzelschale m' ≤ 250 kg/m² beträgt.

Anmerkung: Schalltechnische Untersuchungen am Institut für Massivbau an der TU Braunschweig haben gezeigt, daß der Bonus von 2 dB ebenfalls für Kalksandsteine der Rohdichteklassen ≤ 0,8 (z. B. KS-Yali) angesetzt werden kann.

[3]) Sofern Wände aus Gips-Wandbauplatten nach DIN 4103 Teil 2 ausgeführt und am Rand ringsum mit 2 bis 4 mm dicken Streifen aus Bitumenfilz eingebaut werden, darf das bewertete Schalldämm-Maß R'_w um 2 dB höher angesetzt werden.

Anmerkung: Die um 2 dB höheren Werte können unter gleichen Randbedingungen auch für KS-P7-Bauplatten angesetzt werden (bei Wandgewicht ≤ 150 kg/m²). Problematisch erscheint hierbei jedoch die nach DIN 4103 – Nichttragende Innenwände – notwendige seitliche Verankerung im Detail, die besonders sorgfältig ohne Schallbrücken ausgeführt werden muß.

[4]) Diese Werte gelten nur für die Ermittlung des Schalldämm-Maßes zweischaliger Wände aus biegesteifen Schalen.

Tafel 19/7: Korrekturwerte $K_{L,2}$

Anzahl der flankierenden, biegeweichen Bauteile oder flankierenden Bauteile mit biegeweicher Vorsatzschale	Korrekturwert $K_{L,2}$
1	+ 1
2	+ 3
3	+ 6

Tafel 19/10: Korrekturwerte $K_{L,1}$ für das Schalldämm-Maß $R'_{w,R}$ von biegesteifen Wänden und Decken

Trennendes Bauteil	Korrekturwerte $K_{L,1}$ in dB bei mittlerer flächenbezogener Masse $m'_{L,M}$ [kg/m²] der flankierenden Bauteile						
	400	350	300	250	200	150	100
einschalige biegesteife Wände und Decken	0	0	0	0	− 1	− 1	− 1
massive Wände mit Vorsatzschalen nach Tafel 19/19 sowie Decken mit schwimmendem Estrich bzw. Unterdecke	+ 2	+ 1	0	− 1	− 2	− 3	− 4

Tafel 19/8: Wandrohdichten einschaliger, biegesteifer Wände (Beiblatt 1 zu DIN 4109)

Zeile	Stein-Platten-Roh-dichte[1] kg/dm³	Wand-Rohdichte[2][3])		
		Normal-mörtel kg/m³	Leicht-mörtel (Rohdichte ≤ 1000 kg/m³) kg/m³	Dünn-bett-mörtel kg/m³
1	2,2	2080	1940	2100
2	2,0	1900	1770	1900
3	1,8	1720	1600	1700
4	1,6	1540	1420	1500
5	1,4	1360	1260	1300
6	1,2	1180	1090	1100
7	1,0	1000	950	950
8	0,9	910	860	850
9	0,8	820	770	750
10	0,7	730	680	650
11	0,6	640	590	550
12	0,5	550	500	450
13	0,4	460	405	350

[1] Werden Hohlblocksteine nach DIN 106 Teil 1, DIN 18 151 und DIN 18 153 umgekehrt vermauert und die Hohlräume satt mit Sand oder mit Normalmörtel gefüllt, so sind die Werte der Wand-Rohdichte um 400 kg/m³ zu erhöhen.
Hinweis: Das Ausfüllen der Kammern in Hohlblocksteinen zum Erreichen einer höheren Wandrohdichte muß auf der Baustelle äußerst sorgfältig vorgenommen werden und ist mit entsprechendem Aufwand verbunden. Die Ausführung mit KS-Vollsteinen hoher Rohdichteklasse ist daher vorzuziehen.
[2] Die angegebenen Werte sind für alle Formate der in DIN 1053 Teil 1 und DIN 4103 Teil 1 für die Herstellung von Wänden aufgeführten Steine bzw. Platten zu verwenden.
[3] Dicke der Mörtelfugen von Wänden nach DIN 1053 Teil 1 bzw. DIN 4103. Bei Wänden aus dünnfugig zu verlegenden Plansteinen und -platten siehe Spalte „Dünnbettmörtel".

Tafel 19/11: Beispiele für Mindest-Wanddicke und Steinrohdichteklasse von Wänden in üblicher Ausführung zur Erfüllung der Anforderungen nach DIN 4109

Anforderungen nach DIN 4109 (Wandgewicht in kg/m²)	Wanddicke in cm	Normalmörtel			Dünnbettmörtel		
		ohne Putz	2 x 10 mm Putz	2 x 15 mm Putz	ohne Putz	2 x 10 mm Putz	2 x 15 mm Putz
67 dB (490 kg/m²)	2 × 11,5	−	KS 2,2	KS 2,0	−	KS 2,2	KS 2,0
	2 × 17,5	KS 1,6	KS 1,4	KS 1,4	KS 1,6	KS 1,4	KS 1,4
57 dB (580 kg/m²)	30	KS 2,0	KS 2,0	KS 2,0	KS 2,0	KS 2,0	KS 2,0
55 dB 490 kg/m²)	24	−	KS 2,0	KS 2,0	KS 2,2	KS 2,0	KS 2,0
	30	KS 1,8	KS 1,6	KS 1,6	KS 1,8	KS 1,8	KS 1,6
53 dB (410 kg/m²)	24	KS 1,8	KS 1,8	KS 1,6	KS 1,8	KS 1,8	KS 1,6
52 dB (380 kg/m²)	17,5	−	−	KS 2,0	−	−	KS 2,0
	24	KS 1,8	KS 1,6	KS 1,4	KS 1,8	KS 1,6	KS 1,6
47 dB (250 kg/m²)	11,5	−	−	KS 1,8	−	−	KS 1,8
	17,5	KS 1,6	KS 1,4	KS 1,2	KS 1,6	KS 1,4	KS 1,4
42 dB (160 kg/m²)	7	−	−	KS 1,6	−	−	KS 1,8
	11,5	KS 1,6	KS 1,4	KS 1,0	KS 1,6	KS 1,4	KS 1,0
37 dB (105 kg/m²)	7	KS 1,6	−	KS 1,4	−	KS 1,4	−

Anmerkung: Die Rohdichteklasse 2,2 ist nur regional lieferbar.

Tafel 19/9: Flächenbezogene Masse von Wandputzen

Zeile	Putzdicke	Flächenbezogene Masse des Putzes	
		Kalkgips-putz, Gipsputz	Kalkputz, Kalkzement-putz, Zementputz
	mm	kg/m²	kg/m²
1	10	10	18
2	15	15	25
3	20	−	30

Anmerkung:

Wände aus KS-Mauerwerk ohne Stoßfugenvermörtelung, an die Schallschutzanforderungen gestellt werden, sind einseitig mit einem Putz nach DIN 18 550 oder beidseitig mit einem 3 mm dicken Spachtelputz zu versehen. Bei vergleichbaren Wanddicken gelten die gleichen Schalldämm-Maße wie für Mauerwerk mit Stoßfugenvermörtelung.

Korrekturwert $K_{L,1}$

Bei flankierenden Bauteilen mit einer mittleren flächenbezogenen Masse, die von 300 kg/m² abweicht, sind für die Schalldämmung des trennenden Bauteils die Korrekturwerte $K_{L,1}$ der Tafel 19/10 zu berücksichtigen.

Korrekturwert $K_{L,2}$ zur Berücksichtigung von Vorsatzschalen und biegeweichen Bauteilen

Das Schalldämm-Maß $R'_{w,R}$ wird bei mehrschaligen, trennenden Bauteilen um den Korrekturwert $K_{L,2}$ erhöht, wenn die einzelnen flankierenden Bauteile eine der folgenden Bedingungen erfüllen:

☐ Sie sind in beiden Räumen mit je einer Vorsatzschale oder mit schwimmendem Estrich versehen, die im Bereich des trennenden Bauteils (Wand oder Decke) unterbrochen sind.

☐ Sie bestehen aus biegeweichen Schalen, die im Bereich des trennenden Bauteils (Wand oder Decke) unterbrochen sind.

In Tafel 19/7 sind Korrekturwerte $K_{L,2}$ in Abhängigkeit von der Anzahl der flankierenden Bauteile angegeben, die eine der obigen Bedingungen erfüllen.

Tafel 19/12: Schalldämm-Maße R'$_{w,R}$ und flächenbezogene Masse einschaliger KS-Wände mit Normalmörtel ohne Putz

Stein-Rohdichte-klasse (Wandrohdichte kg/m³)	KS-Wände in Normalmörtel, ohne Putz bewertetes Schalldämm-Maß R'$_{w,R}$ in dB bei Wanddicken in cm Wandgewicht in kg/m²							
	7	11,5	15**)	17,5	20**)	24	30	36,5
0,7 (730)	– –	34 84	– –	39 128	– –	43 175	45 219	48 266
0,8 (820)	– –	36 94	– –	40 144	– –	44 197	47 246	49 299
0,9 (910)	– –	37 105	– –	42 159	– –	45 218	48 273	50 332
1,0 (1000)	– –	38 115	– –	43 175	– –	46 240	49 300	51 365
1,2 (1180)	– –	40 136	– –	45 207	– –	48 284	51 354	53 431
1,4 (1360)	– –	41 156	– –	46 238	– –	50 326	53 408	55 496
1,6 (1540)	– –	43 177	– –	48 270	– –	51 370	54 462	56 562
1,8 (1720)	38 120	44 198	47 258	49 301	51 344	53 413	55 516	58*) 628
2,0 (1900)	40 133	45 219	48 285	50 333	52 380	54 456	57 570	59*) 694
2,2 (2080)	– –	46 239	- –	51 364	– –	55 499	58*) 624	60*) 759

*) s. Tafel 19/6, Fußnote 4)   **) regional lieferbar

Tafel 19/13: Schalldämm-Maße R'$_{w,R}$ und flächenbezogene Masse einschaliger KS-Wände mit Normalmörtel beidseitig geputzt je 10 mm dick

Stein-Rohdichte-klasse (Wandrohdichte kg/m³)	KS-Wände in Normalmörtel, beidseitig geputzt je 10 mm dick (je Seite 10 kg/m²) bewertetes Schalldämm-Maß R'$_{w,R}$ in dB bei Wanddicken in cm Wandgewicht in kg/m²							
	7	11,5	15**)	17,5	20**)	24	30	36,5
0,7 (730)	– –	37 104	– –	41 148	– –	44 195	46 239	48 286
0,8 (820)	– –	38 114	– –	42 164	– –	45 217	47 266	50 319
0,9 (910)	– –	39 125	– –	43 179	– –	46 238	49 293	51 352
1,0 (1000)	– –	40 135	– –	44 195	– –	47 260	50 320	52 385
1,2 (1180)	– –	41 156	– –	46 227	– –	49 303	51 374	54 451
1,4 (1360)	– –	43 176	– –	47 258	– –	51 346	53 428	55 516
1,6 (1540)	– –	44 197	– –	49 290	– –	52 390	55 482	57 582
1,8 (1720)	40 140	45 218	48 278	50 321	51 364	53 433	56 536	58*) 648
2,0 (1900)	41 153	46 239	49 305	51 353	53 400	55 476	57 590	59*) 714
2,2 (2080)	– –	47 259	– –	52 384	– –	55 519	58*) 644	60*) 779

*) s. Tafel 19/6, Fußnote 4)   **) regional lieferbar

Schalldämm-Maße von KS-Wänden

In den folgenden Tafeln sind die flächenbezogenen Massen und die Schalldämm-Maße von KS-Wänden zusammengestellt. Bei den unterlegten Wand- bzw. Steinrohdichten handelt es sich um handelsübliche KS-Qualitäten. Die unteren Rohdichten sowie die Rohdichte 2,2 sind nur regional erhältlich. Die Werte der Tafeln 19/12 bis 19/17 gelten bei flankierenden Bauteilen mit mittlerer flächenbezogener Masse m'$_{L,Mittel}$ von etwa 300 kg/m²:

☐ Einschalige KS-Wände in *Normalmörtel:*

Tafel 19/12: ohne Putz oder Sichtmauerwerk
Tafel 19/13: beidseitig 10 mm Putz
Tafel 19/14: beidseitig 15 mm Putz

☐ Einschalige KS-Wände in *Dünnbettmörtel:*

Tafel 19/15: ohne Putz
Tafel 19/16: beidseitig 10 mm Putz
Tafel 19/17: beidseitig 15 mm Putz

Übliche KS werden in den Rohdichteklassen 1,2–2,0 geliefert. Die übrigen Rohdichteklassen sind nur regional erhältlich.

Tafel 19/14: Schalldämm-Maße R'$_{w,R}$ und flächenbezogene Masse einschaliger KS-Wände mit Normalmörtel beidseitig geputzt je 15 mm dick

Stein-Rohdichte-klasse (Wandrohdichte kg/m³)	KS-Wände in Normalmörtel, beidseitig geputzt je 15 mm dick, ϱ = 1,8 kg/dm³ (je Seite 25 kg/m²) bewertetes Schalldämm-Maß R'$_{w,R}$ in dB bei Wanddicken in cm Wandgewicht in kg/m²							
	7	11,5	15**)	17,5	20**)	24	30	36,5
0,7 (730)	– –	40 134	– –	43 178	– –	46 225	48 269	50 316
0,8 (820)	– –	40 144	– –	44 194	– –	47 247	49 296	51 349
0,9 (910)	– –	41 155	– –	45 209	– –	48 268	50 323	52 382
1,0 (1000)	– –	42 165	– –	45 225	– –	49 290	51 350	53 415
1,2 (1180)	– –	44 186	– –	47 257	– –	50 333	53 404	54 481
1,4 (1360)	– –	45 206	– –	48 288	– –	52 376	54 458	56 546
1,6 (1540)	– –	46 227	– –	50 320	– –	53 420	55 512	57 612
1,8 (1720)	42 170	47 248	49 308	51 351	51 364	54 463	56 566	59*) 678
2,0 (1900)	43 183	48 269	50 335	52 383	53 430	55 506	58*) 620	60*) 744
2,2 (2080)	– –	48 289	– –	53 414	– –	56 549	59*) 674	61*) 809

*) s. Tafel 19/6, Fußnote 4)   **) regional lieferbar

Tafel 19/15: Schalldämm-Maße R'$_{w,R}$ in dB und flächenbezogene Masse einschaliger KS-Wände mit Dünnbettmörtel ohne Putz

Stein-Rohdichte-klasse (Wandrohdichte kg/m³)	KS-Wände in Dünnbettmörtel, ohne Putz bewertetes Schalldämm-Maß R'$_{w,R}$ in dB bei Wanddicken in cm Wandgewicht in kg/m²							
	7	11,5	15**)	17,5	20**)	24	30	36,5
0,7 (650)	– –	– 75	– –	38 114	– –	41 156	44 195	46 237
0,8 (750)	– –	34 86	– –	39 131	– –	43 180	45 225	48 274
0,9 (850)	– –	36 98	– –	41 149	– –	44 204	47 255	49 310
1,0 (950)	– –	37 109	– –	42 166	– –	46 228	48 285	51 347
1,2 (1100)	– –	39 127	– –	44 193	– –	47 264	50 330	52 402
1,4 (1300)	– –	41 150	– –	46 228	– –	49 312	52 390	54 475
1,6 (1500)	– –	43 173	– –	47 263	– –	51 360	54 450	56 548
1,8 (1700)	38 119	44 196	47 255	49 298	51 340	53 408	55 510	57 621
2,0 (1900)	40 133	45 219	48 285	50 333	52 380	54 456	57 570	59*) 694
2,2 (2100)	– –	46 242	– –	51 368	– –	55 504	58*) 630	60*) 767

*) s. Tafel 19/6, Fußnote 4)   **) regional lieferbar

Tafel 19/16: Schalldämm-Maße R'$_{w,R}$ und flächenbezogene Masse einschaliger KS-Wände mit Dünnbettmörtel beidseitig geputzt je 10 mm dick

Stein-Rohdichte-klasse (Wandrohdichte kg/m³)	KS-Wände in Dünnbettmörtel, beidseitig geputzt je 10 mm dick (je Seite 10 kg/m²) bewertetes Schalldämm-Maß R'$_{w,R}$ in dB bei Wanddicken in cm Wandgewicht in kg/m²							
	7	11,5	15**)	17,5	20**)	24	30	36,5
0,7 (650)	– –	36 95	– –	40 134	– –	43 176	45 215	47 257
0,8 (750)	– –	37 106	– –	41 151	– –	44 200	46 245	49 294
0,9 (850)	– –	38 118	– –	42 169	– –	45 224	48 275	50 330
1,0 (950)	– –	39 129	– –	44 186	– –	47 248	49 305	51 367
1,2 (1100)	– –	41 147	– –	45 213	– –	48 284	51 350	53 422
1,4 (1300)	– –	42 170	– –	47 248	– –	50 332	53 410	55 495
1,6 (1500)	– –	44 193	– –	48 283	– –	52 380	54 470	56 568
1,8 (1700)	40 139	45 216	48 275	50 318	51 360	53 428	56 530	58*) 641
2,0 (1900)	41 153	46 239	49 305	51 353	53 400	55 476	57 590	59*) 714
2,2 (2100)	– –	47 262	– –	52 388	– –	56 524	58*) 650	60*) 787

*) s. Tafel 19/6, Fußnote 4)   **) regional lieferbar

Tafel 19/17: Schalldämm-Maße R'$_{w,R}$ und flächenbezogene Masse einschaliger KS-Wände mit Dünnbettmörtel beidseitig geputzt je 15 mm dick

Stein-Rohdichte-klasse (Wandrohdichte kg/m³)	KS-Wände in Dünnbettmörtel, beidseitig geputzt je 15 mm dick, ϱ = 1,8 kg/dm³ (je Seite 25 kg/m²) bewertetes Schalldämm-Maß R'$_{w,R}$ in dB bei Wanddicken in cm Wandgewicht in kg/m²							
	7	11,5	15**)	17,5	20**)	24	30	36,5
0,7 (650)	– –	39 125	– –	42 164	– –	45 206	47 245	48 287
0,8 (750)	– –	40 136	– –	43 181	– –	46 230	48 275	50 324
0,9 (850)	– –	41 148	– –	44 199	– –	47 254	49 305	51 360
1,0 (950)	– –	42 159	– –	45 216	– –	48 278	50 335	52 397
1,2 (1100)	– –	43 177	– –	46 243	– –	49 314	52 380	54 452
1,4 (1300)	– –	44 200	– –	48 278	– –	51 362	53 440	56 525
1,6 (1500)	– –	45 223	– –	49 313	– –	53 410	55 500	57 598
1,8 (1700)	42 169	47 246	49 305	51 348	52 390	54 458	56 560	59*) 671
2,0 (1900)	43 183	48 269	50 335	52 383	53 430	55 506	58*) 620	60*) 744
2,2 (2100)	– –	49 292	– –	53 418	– –	56 554	59*) 680	61*) 817

*) s. Tafel 19/6, Fußnote 4)   **) regional lieferbar

Tafel 19/18: Bewertetes Schalldämm-Maß R'$_{w,R}$ von Massivwänden mit einer Vorsatzschale bei einer mittleren flächenbezogenen Masse der flankierenden Bauteile von 300 kg/m²

Flächenbezogene Masse der trennenden Massivwand kg/m²	Bewertetes Schalldämm-Maß R'$_{w,R}$		
	ohne Vorsatzschale dB	mit Vorsatzschale Gruppe A dB	mit Vorsatzschale Gruppe B dB
100	37	48	49
200	45	49	50
300	47	53	54
400	52	55	56
500	55	57	58

Beispiel: Einschalige Wand aus KS 1,8; einseitig verputzt
Vorsatzschale nach Tafel 19/19, Gruppe B, Zeile 6

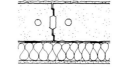

Masse der Massivwand	= 217 kg/m²	
R'$_{w,R}$ nach dieser Tafel	= 50 dB	
Korrekturwert K$_{L,1}$ für flankierende Bauteile mit m'$_{L,M}$ = 200 kg/m²	= − 2 dB (Tafel 19/10)	
Anzurechnendes Schalldämm-Maß R'$_w$ =	48 dB	

Anmerkung: Werden dagegen zum Beispiel aus Gründen der Wärmedämmung an einschalige, biegesteife Wände Dämmplatten hoher dynamischer Steifigkeit, z. B. nicht elastifizierte Hartschaumplatten, vollflächig oder punktweise angesetzt, so kann sich die Schalldämmung verschlechtern, wenn die Dämmplatten durch Putz oder Fliesen abgedeckt werden.

Tafel 19/19: Eingruppierung von Vorsatzschalen vor Massivwänden nach ihrem schalltechnischen Verhalten

Zeile	Gruppe	Wandausbildung	Beschreibung
1	A	30 BIS 50 / 500 MIN. / 60 MIN.	Vorsatzschale aus Holzwolle-Leichtbauplatten nach DIN 1101; Dicke ≥ 25 mm, verputzt, Holzstiele (Ständer) an schwerer Schale befestigt; Ausführung nach DIN 1102.
2	A	30 BIS 50 / 500 MIN. / 60 MIN.	Vorsatzschale aus Gipskartonplatten nach DIN 18 180, Dicke 12,5 oder 15 mm Ausführung nach DIN 18 181 oder aus Spanplatten nach DIN 68 763, Dicke 10 bis 16 mm; mit Hohlraumfüllung[1]; Unterkonstruktion an schwerer Schale befestigt[2].
3	B	30 BIS 50 / 500 MIN. / 60 MIN. / 20 MIN.	Ausführung wie 1 A, jedoch Holzstiele (Ständer) mit Abstand ≥ 20 mm vor schwerer Schale freistehend.
4	B	30 BIS 50 / 500 MIN. / 60 MIN. / 20 MIN.	Ausführung wie 2 A, jedoch Holzstiele (Ständer) mit Abstand ≥ 20 mm vor schwerer Schale freistehend.
5	B	50 / 30 BIS 50	Vorsatzschale aus Holzwolle-Leichtbauplatten nach DIN 1101; Dicke 50 mm, verputzt, freistehend mit Abstand von 30 bis 50 mm vor schwerer Schale, Ausführung nach DIN 1102, bei Ausfüllung des Hohlraums nach Fußnote[1]) ist ein Abstand von 20 mm ausreichend.
6	B	40 MIN.	Vorsatzschale aus Gipskartonplatten nach DIN 18 180, Dicke 12,5 oder 15 mm und Fassadendämmplatten[3]; Ausführung nach DIN 18 181, an schwerer Schale streifenförmig angesetzt.

[1]) Faserdämmstoffe nach DIN 18 165 Teil 1, Typ WZ-w oder W-w. Nenndicke 40 bis 60 mm, längsbezogener Strömungswiderstand Ξ ≥ 5 kN s/m⁴.
[2]) Bei den Beispielen nach 2 A und 4 B können auch Ständer aus Blech-C-Profilen nach DIN 18 183 Teil 1 verwendet werden.
[3]) Faserdämmstoffe nach DIN 18 165 Teil 1, Typ WV-s. Nenndicke ≥ 40 mm, s' ≤ 5 MN/m³.

19.6 Einschalige massive Wände mit biegeweichen Vorsatzschalen

Die Luftschalldämmung einschaliger, biegesteifer Wände kann mit biegeweichen Vorsatzschalen nach Tafel 19/19 verbessert werden. Dabei ist zwischen den Gruppen A und B der Vorsatzschalen nach ihrer Wirksamkeit zu unterscheiden. Bei Vorsatzschalen der Gruppe A wird die Unterkonstruktion an der schweren Schale befestigt; Vorsatzschalen der Gruppe B sind auf freistehend vor der schweren Schale stehender Konstruktion oder federnd mit Mineralfaserplatten im Klebeverfahren befestigt. Vorsatzschalen der Gruppe B haben größere Wirksamkeit als die der Gruppe A. Die erreichbare Schalldämmung hängt sowohl von der flächenbezogenen Masse der biegesteifen Trennwand als auch von der Ausbildung der flankierenden Bauteile ab.

Tafel 19/18 enthält bewertete Schalldämm-Maße R'$_{w,R}$ (Rechenwerte) für Massivwände mit einseitiger Vorsatzschale. Die Werte gelten bei flankierenden Bauteilen mit mittlerer flächenbezogener Masse m'$_{L,Mittel}$ von etwa 300 kg/m². Zusätzlich ist ein Beispiel angegeben.

19.7 Zweischalige Wände

Bei zweischaligen Haustrennwänden aus zwei schweren, biegesteifen Schalen mit durchgehender Trennfuge, z. B. bei Reihenhäusern, wird die Schallübertragung zwischen benachbarten Wohnungen erheblich verringert. Voraussetzung ist:

☐ Die Fuge ist von Oberkante-Fundament lückenlos bis zur Dachhaut durchzuführen (Bild 19/7).

☐ Die flächenbezogene Masse der Einzelschale mit einem etwaigen Putz muß mindestens ≥ 150 kg/m² sein. Die Dicke der Trennfuge muß dabei mindestens 30 mm betragen.

Bei einem Schalenabstand von ≥ 50 mm darf das Gewicht der Einzelschale ≥ 100 kg/m² betragen.

☐ Der Fugenhohlraum ist mit dicht gestoßenen und vollflächig verlegten, mineralischen Faserdämmplatten nach DIN 18 165 Teil 2, Typ T (Trittschalldämmplatten), auszufüllen. Bei einer flächenbezogenen Masse der Einzelschale $\geq$ 200 kg/m² und Fugendicke $\geq$ 30 mm darf auf das Einlegen von Dämmschichten verzichtet werden. Der Fugenhohlraum ist dann mit Lehren herzustellen, die nachträglich entfernt werden müssen. Bei Verwendung von Mörtelschlitten und/oder Dünnbettmörtel kann auf das Einlegen von Dämmschichten verzichtet werden, wenn die Dicke der Trennfuge mindestens 30 mm beträgt.

Für zweischalige Wände nach Bild 19/7 kann das bewertete Schalldämm-Maß R'$_w$ nach DIN 4109 aus der Summe der flächenbezogenen Masse der beiden Einzelschalen unter Berücksichtigung etwaiger Putze – wie bei einschaligen, biegesteifen Wänden – nach Tafeln 19/20 und 19/21 ermittelt werden; dabei dürfen auf das so ermittelte Schalldämm-Maß R'$_w$ für die zweischalige Ausführung mit durchgehender Trennfuge 12 dB aufgeschlagen werden. Meßergebnisse zeigen, daß die tatsächlichen Schalldämm-Maße von KS-Wänden im allgemeinen höher liegen.

Schalldämmung zweischaliger Haustrennwände:

Das bewertete Schalldämm-Maß R'$_w$ zweischaliger Innenwände (Haustrennwände) ist gleich dem Schalldämm-Maß der einschaligen Wand mit gleichem Flächengewicht + 12 dB.

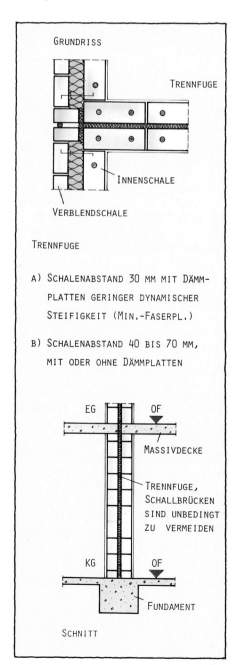

GRUNDRISS

TRENNFUGE

INNENSCHALE

VERBLENDSCHALE

TRENNFUGE

A) SCHALENABSTAND 30 MM MIT DÄMMPLATTEN GERINGER DYNAMISCHER STEIFIGKEIT (MIN.-FASERPL.)

B) SCHALENABSTAND 40 BIS 70 MM, MIT ODER OHNE DÄMMPLATTEN

EG   OF

MASSIVDECKE

TRENNFUGE, SCHALLBRÜCKEN SIND UNBEDINGT ZU VERMEIDEN

KG   OF

FUNDAMENT

SCHNITT

Bild 19/7: Ausführungsbeispiele für zweischalige Trennwände aus zwei schweren, biegesteifen Schalen mit bis zum Fundament durchgehender Trennfuge

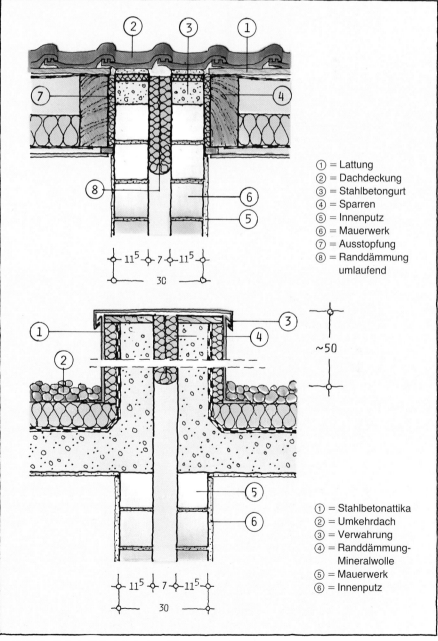

① = Lattung
② = Dachdeckung
③ = Stahlbetongurt
④ = Sparren
⑤ = Innenputz
⑥ = Mauerwerk
⑦ = Ausstopfung
⑧ = Randdämmung umlaufend

11^5 — 7 — 11^5
30

~50

① = Stahlbetonattika
② = Umkehrdach
③ = Verwahrung
④ = Randdämmung-Mineralwolle
⑤ = Mauerwerk
⑥ = Innenputz

11^5 — 7 — 11^5
30

Bild 19/8: Vertikalschnitt Flachdach ohne Höhenversatz der Häuser

Tafel 19/20: Zweischalige KS-Wände
a) mit Normalmörtel mit beidseitigem Putz

Schalen-dicke cm	Stein-Roh-dichte kg/dm³	Wand-gewicht einschl. beid-seitigem Putz[1] kg/m²	bewer-tetes Schall-dämm-Maß $R'_{w,R}$ dB
2 × 11,5	2,0	458	67[2]
	1,8	416	65
	1,6	374	63
2 × 15	2,0	590	69
	1,8	536	68
2 × 17,5	2,0	686	71
	1,8	622	70
	1,6	560	68
2 × 24	2,0	932	74
	1,8	846	73
	1,6	760	72

[1]) 2 × 10 mm ≙ 20 kg/m²
[2]) 67 dB bei 5 bis 7 cm dicker Trennfuge oder
    2 × 15 mm dickem Putz

b) mit Dünnbettmörtel ohne Putz

cm	kg/dm³	kg/m²	dB
2 × 11,5	2,0	437	67[1]
	1,8	391	64
2 × 15	2,0	570	69
	1,8	510	67
2 × 17,5	2,0	665	70
	1,8	595	69
2 × 20	2,0	760	72
	1,8	680	71

[1]) 67 dB mit 2 × 15 mm dickem Putz

Tafel 19/21: Einfluß des Schalenabstandes auf das Schalldämm-Maß schlanker zweischaliger KS-Haustrennwände

Zeile	Konstruktion	bewertetes Schall-dämm-Maß $R'_{w,R}$ dB
1	1 2 1 1 = 11,5 cm KS 1,8 2 = 3 cm Luftschicht	65
2	1 2 1 1 = 11,5 cm KS 1,8 2 = 3 cm Min-F.-Platten	66
3	1 2 1 1 = 11,5 cm KS 1,8 2 = 7 cm Luftschicht	67
4	1 2 1 1 = 11,5 cm KS 1,8 2 = 7 cm Min-F.-Platten	68

Bild 19/9 zeigt den Einfluß einer durchgehenden Fundamentplatte auf die Schalldämmung einer zweischaligen Wand aus 2 x 24 cm in verschiedenen Geschossen. Durch den Fundamenteinfluß kann das Schalldämm-Maß im Kellergeschoß bis etwa 3 dB niedriger sein als in den darüberliegenden Geschossen.

Bei nicht unterkellerten Gebäuden sollten daher Wandkonstruktionen mit $R'_w \geq 70$ dB gewählt werden.

Die Meßergebnisse zeigen den störenden Einfluß der Fundamentplatte und der unzureichenden Ausbildung der Trennfuge (Bild 19/10).

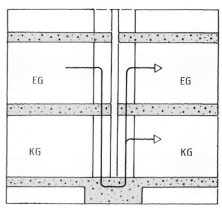

Bild 19/9: Leitung des Schalls durch eine zweischalige Wand mit durchgehender Trennfuge ohne Fundamenttrennung.

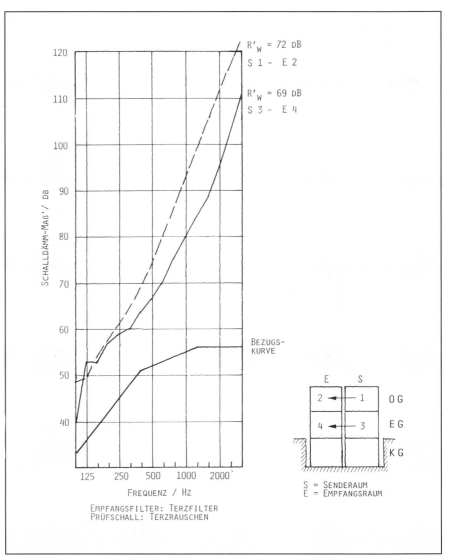

Bild 19/10: Beispiel einer Objektmessung

19.8 Luftschalldämmung von Decken

Für die Luftschalldämmung von Massivdecken gelten die gleichen Regeln wie für einschalige Massivwände, d. h. die Schalldämmung hängt bei weitgehend homogen aufgebauten Decken hauptsächlich von der flächenbezogenen Masse ab und es gilt entsprechend Tafel 19/6. Schalltechnisch ungünstiger können sich Decken mit größeren Hohlräumen aufgrund der Gewichtskonzentration in Rippen oder Balken und Resonanzeffekten der Hohlkörperschalen verhalten.

Hinweise zur Ermittlung der flächenbezogenen Masse verschiedener Massivdecken enthält Beiblatt 1 zu DIN 4109.

Zusätzliche Einflüsse auf die Schalldämmung der Decke ergeben sich durch eine biegeweiche Unterdecke sowie durch einen zusätzlichen schwimmenden Estrich.

In Tafel 19/22 sind bewertete Schalldämm-Maße R'_w für Massivdecken ohne und mit schwimmendem Estrich sowie ohne und mit Unterdecke angegeben. Die Beispiele für Rechenwerte gelten für flankierende Bauteile mit einer mittleren flächenbezogenen Masse $m'_{L,Mittel}$ von etwa 300 kg/m². Weicht die mittlere flächenbezogene Masse um mehr als ± 25 kg/m² davon ab, sind entsprechende Zu- oder Abschläge (Korrekturwert $K_{L,1}$; siehe Tafel 19/10) zu berücksichtigen.

19.9 Außenwände

19.9.1 Allgemeines

In der DIN 4109 sind Anforderungen festgelegt, die den Menschen vor dem von außen in Aufenthaltsräume eindringenden Lärm schützen. Die Anforderungen betreffen insbesondere die Schalldämmung der Außenwände und Fenster (Türen gelten als Fenster), der Decken und Dächer. Die Höhe der Anforderungen ist von dem vor dem Gebäude auftretenden Schallpegel abhängig. Bei den Anforderungen wurde berücksichtigt, daß der von außen in Aufenthaltsräume eindringende Lärm so gemindert wird, daß der innerhalb der Aufenthaltsräume zumutbare Schallpegel nicht überschritten wird.

Für die Festlegung von Anforderungen an die Luftschalldämmung von Außenbauteilen gegenüber Außenlärm werden verschiedene Lärmpegelbereiche zugrunde gelegt, denen die jeweils vorhandenen oder zu erwartenden „maßgeblichen Außenlärmpegel" zuzuordnen sind.

Der „maßgebliche Außenlärmpegel" kann beispielsweise für Verkehrslärm mit Hilfe des in Bild 19/12 dargestellten Nomogrammes aus der Verkehrsbelastung ermittelt werden.

Zwei Beispiele sollen die Anforderungen an den Schallschutz gegenüber Außenlärm verdeutlichen:

1. Für ein Einfamilienhaus in 200 m Abstand von einem Autobahnzubringer mit einer täglichen Verkehrsbelastung von etwa 5000 Kfz pro Tag ermittelt man aus dem Nomogramm in Bild 19/12 einen maßgeblichen Außenlärmpegel L_{Am} = 58 dB (A). Für das am stärksten von Lärm betroffene Außenbauteil gilt die Anforderung des Lärmpegelbereiches II mit einem erforderlichen resultierenden Schalldämm-Maß erf. $R'_{w,res}$ = 30 dB.

2. Für die Straßenseite eines Krankenhauses in 25 m Abstand von einer Hauptstraße (tägliche Verkehrsbelastung 5000 Kfz/Tag) mit beidseitiger geschlossener Bebauung, 80 m vor einer lichtsignalgeregelten Kreuzung gelegen, ermittelt man mit Hilfe des Nomogrammes und der angegebenen Korrekturwerte einen maßgeblichen Außenpegel $L_{A,m}$ = 67 dB (A). Für die straßenseitigen Außenbauteile gilt damit die Anforderung nach dem Lärmpegelbereich III mit erf. $R'_{w,res}$ = 45 dB.

Für Fluglärm wird als „maßgeblicher Außenlärmpegel" bei Flughäfen der äquivalente Dauerschallpegel L_{eq} nach dem Gesetz zum Schutz gegen Fluglärm vom 30. März 1971 verwendet.

Nach dem Fluglärmschutzgesetz sind zwei Schutzzonen mit unterschiedlichen äquivalenten Dauerschallpegeln L_{eq} festgesetzt, und zwar:

Zone 1: L_{eq} > 75 dB (A)
Zone 2: L_{eq} 67 bis 75 dB (A)

Die Festlegung der örtlichen Ausdehnung der Schutzzonen — jeweils für die verschiedenen Flughäfen — erfolgt aufgrund einer besonderen Verordnung.

Für Gebiete, die nicht durch das Gesetz zum Schutz gegen Fluglärm erfaßt sind, für die aber aufgrund landesrechtlicher Vorschriften äquivalente Dauerschallpegel nach DIN 45 643 Teil 1 in Anlehnung an das Fluglärmgesetz ermittelt wurden, sind dies im Regelfall die zugrunde zu legenden Pegel.

Bestehen die Außenbauteile aus verschiedenen Teilflächen mit unterschiedlicher Schalldämmung — beispielsweise eine Wand mit Fenster und Rolladenkasten — so gilt die Anforderung für das resultierende bewertete Schalldämm-Maß $R'_{w,res}$, das aus den Schalldämm-Maßen R'_w bzw. R_w der verschiedenen Teilflächen zu errechnen ist.

Die Anforderungen an die Luftschalldämmung sind in Tafel 19/23 aufgeführt.

Auf Außenbauteile, die unterschiedlich

Tafel 19/22: Bewertetes Schalldämm-Maß $R'_{w,R}$[1]) von Massivdecken (Rechenwerte)

Zeile	Flächenbezogene Masse der Decke[3]) kg/m²	Bewertetes Schalldämm-Maß $R'_{w,R}$ dB[2])			
		Einschalige Massivdecke, Estrich und Gehbelag unmittelbar aufgebracht	Einschalige Massivdecke mit schwimmendem Estrich[4])	Massivdecke mit Unterdecke[5]), Gehbelag und Estrich unmittelbar aufgebracht	Massivdecke mit schwimmendem Estrich und Unterdecke[5])
1	500	55	59	59	62
2	450	54	58	58	61
3	400	53	57	57	60
4	350	51	56	56	59
5	300	49	55	55	58
6	250	47	53	53	56
7	200	44	51	51	54
8	150	41	49	49	52

[1]) Zwischenwerte sind linear einzuschalten.

[2]) Gültig für flankierende Bauteile mit einer mittleren flächenbezogenen Masse $m'_{L,Mittel}$ von etwa 300 kg/m².

[3]) Die Masse von aufgebrachten Verbundestrichen oder Estrichen auf Trennschicht und vom unterseitigen Putz ist zu berücksichtigen.

[4]) Und andere schwimmend verlegte Deckenauflagen, z. B. schwimmend verlegte Holzfußböden, sofern sie ein Trittschall-Verbesserungsmaß VM $\geq$ 24 dB haben.

[5]) Biegeweiche Unterdecke nach Tafel 19/6 oder akustisch gleichwertige Ausführungen.

zur maßgeblichen Lärmquelle angeordnet sind, müssen die in Tafel 19/23 angegebenen Anforderungen jeweils separat angewendet werden. Dabei dürfen für die der maßgeblichen Lärmquelle abgewandten Gebäudeseite die maßgeblichen Außenlärmpegel abgemindert werden:

☐ um 5 dB (A) bei offener Bebauung,

☐ um 10 dB (A) bei geschlossener Bebauung bzw. bei Innenhöfen.

Die in Tafel 19/23 angegebenen erforderlichen bewerteten Schalldämm-Maße erf. R'_w sind in Abhängigkeit vom jeweiligen Verhältnis der gesamten Außenflächen (Flächen von Wand und Fenster) A_W eines Raumes zu seiner Grundfläche A_G nach Tafel 19/24 zu erhöhen oder abzumindern. Für Wohngebäude mit üblichen Raumhöhen von etwa 2,5 m und Raumtiefen von etwa 4,5 m darf ohne besonderen Nachweis ein Abschlag von -2 dB berücksichtigt werden.

Da die Anforderungen an das resultierende Schalldämm-Maß $R'_{w,res}$ gestellt werden, können sie bei einer Außenwand mit Fenster durch verschiedene Kombinationen der Schalldämmungen von Wand und Fenster erfüllt werden. Wird beispielsweise eine Wand mit hoher Schalldämmung gewählt, braucht das Fenster nur eine relativ geringe Schalldämmung zu haben; dabei sind jedoch die Flächenanteile von Wand und Fenster zu berücksichtigen.

Für Räume in Wohngebäuden,

☐ übliche Raumhöhe von etwa 2,5 m,
☐ Raumtiefe von etwa 4,5 m und mehr,
☐ 10% bis 60% Fensterflächenanteil,

gelten die Anforderungen an das resultierende Schalldämm-Maß erf. $R'_{w,res}$ als erfüllt, wenn bei den in Tafel 19/25 angegebenen Kombinationen die Einzel-Schalldämm-Maße für Fenster und Wand jeweils einzeln eingehalten werden. Die Ermittlung des resultierenden Schalldämm-Maßes $R'_{w,res}$ kann grafisch nach Bild 19/13 oder aus Tabellen — wie beispielsweise Tafel 19/26 — entnommen werden.

Anforderungen an Rolladenkästen

Bei der Anordnung von Rolladenkästen bzw. von Lüftungseinrichtungen ist deren Schalldämm-Maß und die zugehörige Bezugsfläche bei der Berechnung des resultierenden Schalldämm-Maßes zu berücksichtigen. Bei Anwendung der Tafel 19/25 müssen entweder die Anforderungen an das Außenbauteil von Außenwand und Rolladenkasten und/oder

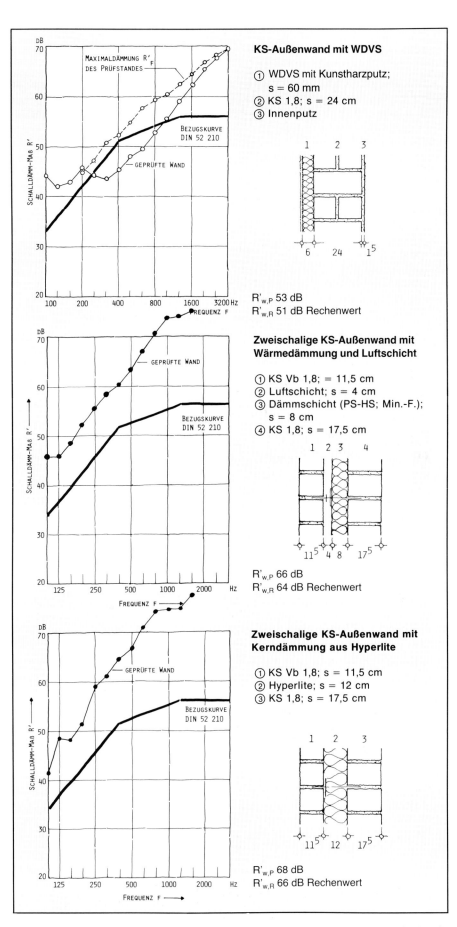

KS-Außenwand mit WDVS

① WDVS mit Kunstharzputz;
   s = 60 mm
② KS 1,8; s = 24 cm
③ Innenputz

$R'_{w,P}$ 53 dB
$R'_{w,R}$ 51 dB Rechenwert

Zweischalige KS-Außenwand mit Wärmedämmung und Luftschicht

① KS Vb 1,8; = 11,5 cm
② Luftschicht; s = 4 cm
③ Dämmschicht (PS-HS; Min.-F.);
   s = 8 cm
④ KS 1,8; s = 17,5 cm

$R'_{w,P}$ 66 dB
$R'_{w,R}$ 64 dB Rechenwert

Zweischalige KS-Außenwand mit Kerndämmung aus Hyperlite

① KS Vb 1,8; s = 11,5 cm
② Hyperlite; s = 12 cm
③ KS 1,8; s = 17,5 cm

$R'_{w,P}$ 68 dB
$R'_{w,R}$ 66 dB Rechenwert

Bild 19/11 a: Bewertete Schalldämm-Maße von KS-Wandkonstruktionen nach Messungen des Instituts für Baustoffe, Massivbau und Brandschutz der Technischen Universität Braunschweig

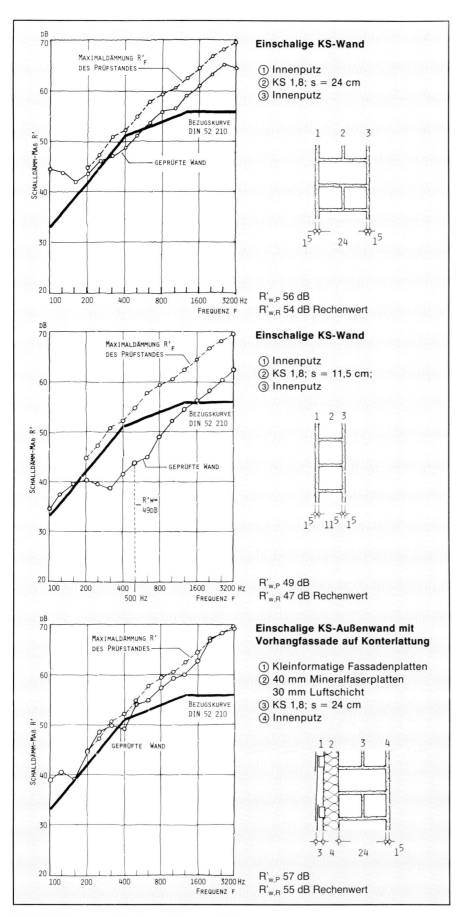

Einschalige KS-Wand

① Innenputz
② KS 1,8; s = 24 cm
③ Innenputz

$R'_{w,P}$ 56 dB
$R'_{w,R}$ 54 dB Rechenwert

Einschalige KS-Wand

① Innenputz
② KS 1,8; s = 11,5 cm;
③ Innenputz

$R'_{w,P}$ 49 dB
$R'_{w,R}$ 47 dB Rechenwert

Einschalige KS-Außenwand mit Vorhangfassade auf Konterlattung

① Kleinformatige Fassadenplatten
② 40 mm Mineralfaserplatten
   30 mm Luftschicht
③ KS 1,8; s = 24 cm
④ Innenputz

$R'_{w,P}$ 57 dB
$R'_{w,R}$ 55 dB Rechenwert

Bild 19/11 b: Bewertete Schalldämm-Maße von KS-Wandkonstruktionen nach Messungen des Instituts für Baustoffe, Massivbau und Brandschutz der Technischen Universität Braunschweig

Lüftungseinrichtung oder die Anforderungen an Fenster von Fenster und Rolladenkasten und/oder Lüftungseinrichtungen gemeinsam eingehalten werden.

Anforderungen an Decken und Dächer

Für Decken von Aufenthaltsräumen, die zugleich den oberen Gebäudeabschluß bilden, sowie für Dächer und Dachschrägen von ausgebauten Dachräumen gelten die Anforderungen der Luftschalldämmung für Außenwände.

Bei Decken unter nicht ausgebauten Dachräumen und bei Kriechböden sind die Anforderungen durch Dach und Decke gemeinsam zu erfüllen. Die Anforderungen gelten als erfüllt, wenn das Schalldämm-Maß der Decke allein um nicht mehr als 10 dB unter dem erforderlichen Wert erf. $R'_{w,res}$ liegt.

19.9.2 Einschalige KS-Außenwände

Für bauakustisch einschalige Außenwände kann das bewertete Schalldämm-Maß in Abhängigkeit von der flächenbezogenen Masse den Tafeln 19/12 bis 19/17 entnommen werden.

Einschalige Außenwände mit WDVS

In einer Versuchsreihe am Institut für Massivbau der Universität Braunschweig wurde 1987 das schalltechnische Verhalten einschaliger KS-Außenwände mit verschiedenen Wärmedämmverbund-Systemen in praxisgerechter Ausführung geprüft. Die wesentlichen Ergebnisse sind in Bild 19/14 zusammengestellt.

Die Untersuchungen haben folgendes erwiesen:

☐ Einschalige, 17,5 cm dicke KS-Außenwände mit WDVS haben je nach Ausführung eine Schalldämmung zwischen 47 dB und 51 dB bei einer Schalldämmung der KS-Wand allein von 51 dB.

☐ Bei WDVS mit Dämmschichten aus Hartschaumplatten wirkt sich ein 20 mm dicker, mineralischer Edelkratzputz gegenüber einem Dünnputz um 2 bis 3 dB günstiger aus.

☐ WDVS mit Hartschaumplatten oder Mineralwolleplatten verhalten sich bei gleicher Putzdicke von 20 mm ähnlich.

☐ Der Einfluß der Dämmschichtdicke auf die Schalldämmung der Außenwand ist gering, zumindest bei Dicken zwischen 60 und 100 mm.

☐ Eine zusätzliche Verdübelung der Dämmplatten, wie sie bei der Althaussanierung üblich ist, hat keinen Einfluß auf die Schalldämmung.

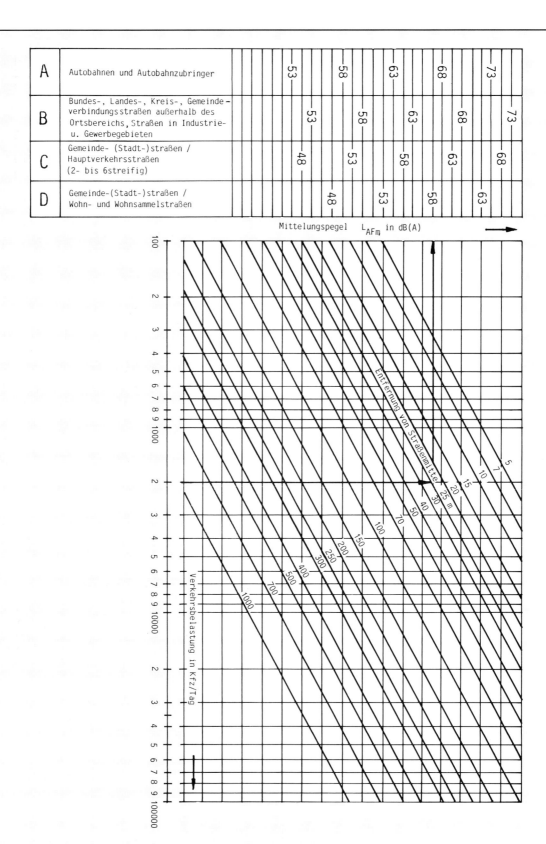

Bei der Ermittlung der Mittelungspegel sind gegebenenfalls folgende Zuschläge vorzunehmen:
+ 3 dB(A), wenn das geplante Gebäude an einer Straße mit beidseitig geschlossener Bebauung liegt,
+ 2 dB(A), wenn die Straße eine Längsneigung von mehr als 5 % hat,
+ 2 dB(A), wenn der Immissionsort oder das gesamte Gebäude weniger als 100 m von der nächsten lichtsignalgeregelten Kreuzung oder Einmündung entfernt ist.

Bild 19/12: Nomogramm zur Ermittlung des „maßgeblichen Außenlärmpegels" vor Hausfassaden für typische Straßenverkehrssituationen.

Tafel 19/23: Anforderungen an die Luftschalldämmung von Außenbauteilen

Zeile	Lärm-pegel-bereich	„Maßgeb-licher Außenlärm-pegel"	Raumarten		
			Bettenräume in Krankenanstalten und Sanatorien	Aufenthaltsräume in Wohnungen, Übernachtungs-räume in Beher-bergungsstätten, Unterrichtsräume und ähnliches	Büroräume[1]) und ähnliches
		dB(A)	erf. $R'_{w,res}$ in dB des Außenbauteils		
1	I	bis 55	35	30	–
2	II	56 bis 60	35	30	30
3	III	61 bis 65	40	35	30
4	IV	66 bis 70	45	40	35
5	V	71 bis 75	50	45	40
6	VI	76 bis 80	[2])	50	45
7	VII	> 80	[2])	[2])	50

[1]) An Außenbauteile von Räumen, die aufgrund der darin ausgeübten Tätigkeiten nur einen untergeordneten Beitrag zum Innenraumpegel leisten, werden keine Anforderungen gestellt.
[2]) Die Anforderungen sind hier aufgrund der örtlichen Gegebenheiten festzulegen.

Tafel 19/24: Korrekturwerte für das erforderliche resultierende Schalldämm-Maß nach Tafel 19/23 in Abhängigkeit vom Verhältnis $A_{(W+F)}/A_G$

$A_{(W+F)}/A_G$	2,5	2,0	1,6	1,3	1,0	0,8	0,6	0,5	0,4
Korrektur	+ 5	+ 4	+ 3	+ 2	+ 1	0	– 1	– 2	– 3

$A_{(W+F)}$: Gesamtfläche des Außenbauteils eines Aufenthaltsraumes in m²
$A_{(G)}$: Grundfläche eines Aufenthaltsraumes in m²

Tafel 19/25: Erforderliche Schalldämm-Maße von Kombinationen von Außenwänden und Fenstern

Zeile	erf. $R'_{w,res}$ in dB nach Tafel 19/22	Schalldämm-Maße für Wand und Fenster in ..dB/.. dB bei folgenden Fensterflächenanteilen in %					
		10%	20%	30%	40%	50%	60%
1	30	30/25	30/25	35/25	35/25	50/25	30/30
2	35	35/30 40/25	35/30	35/32 40/30	40/30	40/32 50/30	45/32
3	40	40/32 45/30	40/35	45/35	45/35	40/37 60/35	40/37
4	45	45/37 50/35	45/40 50/37	50/40	50/40	50/42 60/40	60/42
5	50	55/40	55/42	55/45	55/45	60/45	–

Diese Tafel gilt nur für Wohngebäude mit üblicher Raumhöhe von etwa 2,5 m und Raumtiefe von etwa 4,5 m und mehr, unter Berücksichtigung der Anforderungen an das Gesamt-Schalldämm-Maß nach Tafel 19/23 und der Korrektur von − 2 dB nach Tafel 19/24

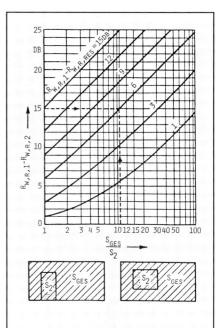

Hierin bedeuten:

$S_{ges} = S_1 + S_2$ Fläche der Wand mit Tür oder Fenster

S_1 Fläche der Wand

S_2 Tür- oder Fenster-fläche (bei Türen lichte Durchgangsfläche, bei Fenstern Fläche des Fensters einschließlich Rahmen)

$R_{w,R,1}$ bewertetes Schall-dämm-Maß der Wand allein

$R_{w,R,2}$ bewertetes Schall-dämm-Maß von Tür oder Fenster

$\dfrac{S_{ges}}{S_2}$ Verhältnis der gesam-ten Wandfläche $S_{ges} = S_1 + S_2$ einschließlich Tür- oder Fensterflä-che zur Tür- oder Fen-sterfläche S_2

$R'_{w,R,1} - R_{w,R,2}$ Unterschied zwischen dem Schalldämm-Maß der Wand $R'_{w,R,1}$ und dem Schalldämm-Maß von Tür oder Fenster $R_{w,R,2}$

$R'_{w,R,1} - R_{w,R,res}$ Unterschied zwischen dem Schalldämm-Maß der Wand allein $R'_{w,R,1}$ und dem Gesamt-Schalldämm-Maß $R_{w,R,res}$ der Wand mit Tür oder Fenster

Bild 19/13: Das resultierende Schalldämm-Maß $R'_{w,R,res}$ kann mit Hilfe des Diagramms abgeschätzt werden.

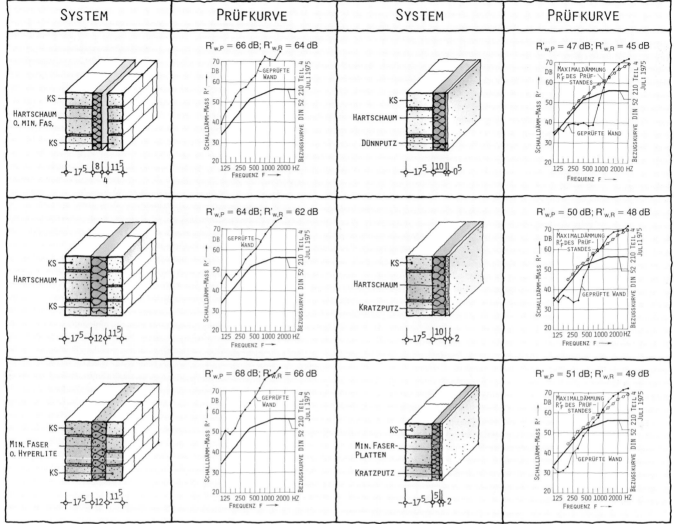

Bild 19/14: Außenwände — Ergebnisse einer Versuchsreihe

Tafel 19/26: Resultierende Schalldämm-Maße $R'_{w,R,res}$ in dB in Abhängigkeit von dem Schall-dämm-Maß der Wand, dem Schalldämm-Maß des Fensters und dem Fensterflächenanteil in % — Beispiele —

Schall-dämm-Maß der Wand	Schalldämm-Maß des Fensters $R_{w,R}$ in dB bei einem Fensterflächenanteil in %											
	30 dB				32 dB				35 dB			
	25%	30%	40%	50%	25%	30%	40%	50%	25%	30%	40%	50%
45	35	34	33	32	37	36	35	34	39	39	38	37
50	35	35	33	33	37	37	35	34	40	39	38	37
55	35	35	33	33	37	37	35	34	40	40	38	37

a) Standardausführungen

Schall-dämm-Maß der Wand	Schalldämm-Maß des Fensters $R_{w,R}$ in dB bei einem Fensterflächenanteil in %											
	37 dB				40 dB				42 dB				45 dB			
	25%	30%	40%	50%	25%	30%	40%	50%	25%	30%	40%	50%	25%	30%	40%	50%
50	42	42	41	40	45	44	43	43	46	46	45	44	48	48	47	47
60	43	42	41	40	46	45	44	43	48	47	46	45	51	50	49	48
65	43	42	41	40	46	45	44	43	48	47	46	45	51	50	49	48

b) hochschalldämmende Außenwände und Fenster

Das resultierende Schalldämm-Maß einer aus Elementen verschiedener Schall-dämmung bestehenden Wand mit Tür oder Fenster wird nach folgender Formel er-mittelt:

$$R_{w,R,res} = -10\lg \cdot \left(\frac{1}{S_{ges}} \cdot \sum_{i=1}^{n} \cdot S_i \cdot 10^{\frac{-R_{w,R,i}}{10}} \right) dB$$

Hierin bedeuten:

$S_{ges} = \sum_{i=1}^{n} S_i$ Fläche des gesamten Bauteils

$S_i =$ Fläche des i-ten Elements des Bauteils

$R_{w,R,i} =$ bewertetes Schalldämm-Maß des i-ten Elements des Bauteils

Als $R_{w,R,i}$ gilt
— für die Wand $R'_{w,R}$
— für Türen und Fenster $R_{w,R}$

Besteht das Bauteil aus nur zwei Ele-menten, gilt für das resultierende Schalldämm-Maß $R_{w,R,res}$ die verein-fachte Beziehung:

$$R_{w,R,res} = R_{w,R,1} - 10\lg \cdot \left[1 + \frac{S_2}{S_{ges}} \left(10^{\frac{R_{w,R,1} - R_{w,R,2}}{10}} - 1 \right) \right] dB$$

Beispiel:
Außenwand mit WDVS:
$R'_w = 48\ dB$
Fenster:
$R_w = 35\ dB$, 30% Fensterflächenanteil

$$R'_{w,R,res} = -10\lg\left(0{,}70\cdot 10^{\dfrac{-48}{10}} + 0{,}30\cdot 10^{\dfrac{-35}{10}}\right) = 40\ dB$$

Zulässig im Lärmpegelbereich IV bei
Wohngebäuden[1])

Beispiel:
Zweischalige Außenwand
mit Kerndämmung
mit oder ohne Luftschicht:
$R'_w = 64\ dB$
Fenster:
$R_w = 45\ dB$, 30% Fensterflächenanteil

$$R'_{w,R,res} = -10\lg\left(0{,}70\cdot 10^{\dfrac{-64}{10}} + 0{,}30\cdot 10^{\dfrac{-45}{10}}\right) = 50\ dB$$

Zulässig im Lärmpegelbereich VI bei
Wohngebäuden[1])

---

[1]) zu beachten ist der Korrekturwert nach Tafel 19/24
und die Fußnote zur Tafel 19/25.

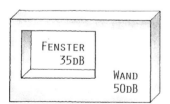

ERGEBNIS: 40DB
BEI 25% FENSTERFLÄCHEN-
ANTEIL

Tafel 19/27: Ausführungsbeispiele für belüftete oder nichtbelüftete, geneigte Dächer in Holzbauart (Rechenwerte) (Maße in mm)

Zeile	Dachausbildung	Dachdeckung nach Ziffer	$R'_{w,R}$ dB
1		8	35
2		8	40
3		8a	45
4		8a	45
5		8	37

1 Faserdämmstoff nach DIN 18165 Teil 1, längenbezogener Strömungswiderstand $\Xi \geq 5\ kN \cdot s/m^4$
1a Hartschaumplatten nach DIN 18164 Teil 1, Anwendungstyp WD oder WS und WD
2 Spanplatten oder Gipskartonplatten
2a Spanplatten oder Gipskartonplatten ohne/mit Zwischenlattung
2b Raumspundschalung mit Nut und Feder, 24 mm
3 Zusätzliche Bekleidung aus Holz, Spanplatten oder Gipskartonplatten mit $m' \geq 6\ kg/m^2$
4 Zwischenlattung
5 Dampfsperre, bei zweilagiger, raumseitiger Bekleidung kann die Dampfsperre auch zwischen den Bekleidungen angeordnet werden
6 Hohlraum belüftet/nicht belüftet
7 Unterspannbahn oder ähnliches, z. B. harte Holzfaserplatten nach DIN 68754 Teil 1 mit $d \geq 3\ mm$
8 Dachdeckung auf Querlattung und erforderlichenfalls Konterlattung
8a Wie 8. jedoch mit Anforderungen an die Dichtheit (z. B. Faserzementplatten auf Rauhspund $\geq 20\ mm$, Falzdachziegel nach DIN 456 bzw. Betondachsteine nach DIN 1115, nicht verfalzte Dachziegel bzw. Dachsteine in Mörtelbettung)

233

Tafel 19/28: Ausführungsbeispiele für Dreh-, Kipp- und Drehkipp-Fenster(-türen) und Fensterverglasungen mit bewerteten Schalldämm-Maßen $R_{w,R}$ von 25 dB bis 45 dB (Rechenwerte)[*]

Zeile	$R_{w,R}$ dB	Konstruktions-merkmale	Einfachfenster[1] mit Isolier-verglasung[2]	Verbundfenster[1] mit 2 Einfach-scheiben	Verbundfenster[1] mit 1 Einfachscheibe und 1 Isolierglasscheibe	Kastenfenster[1][3] mit 2 Einfach- bzw. 1 Einfach- und 1 Isolierglasscheibe
1	25	Verglasung: Gesamtglasdicken Scheibenzwischenraum $R_{w,R}$ Verglasung Falzdichtung:	≥ 6 mm ≥ 8 mm ≥ 27 dB nicht erforderlich	≥ 6 mm keine – nicht erforderlich	keine keine – nicht erforderlich	– – – nicht erforderlich
2	30	Verglasung: Gesamtglasdicken Scheibenzwischenraum $R_{w,R}$ Verglasung Falzdichtung:	≥ 6 mm ≥ 12 mm ≥ 30 dB ① erforderlich	≥ 6 mm ≥ 30 mm – ① erforderlich	keine ≥ 30 mm – ① erforderlich	– – – nicht erforderlich
3	32	Verglasung: Gesamtglasdicken Scheibenzwischenraum $R_{w,R}$ Verglasung Falzdichtung:	≥ 8 mm ≥ 12 mm ≥ 32 dB ① erforderlich	≥ 8 mm ≥ 30 mm – ① erforderlich	≥ 4 mm + 4/12/4 ≥ 30 mm – ① erforderlich	– – – ① erforderlich
4	35	Verglasung: Gesamtglasdicken Scheibenzwischenraum $R_{w,R}$ Verglasung Falzdichtung:	≥ 10 mm ≥ 16 mm ≥ 35 dB ① erforderlich	≥ 8 mm ≥ 40 mm – ① erforderlich	≥ 6 mm + 4/12/4 ≥ 40 mm – ① erforderlich	– – – ① erforderlich
5	37	Verglasung: Gesamtglasdicken Scheibenzwischenraum $R_{w,R}$ Verglasung Falzdichtung:	– – ≥ 37 dB ① erforderlich	≥ 10 mm ≥ 40 mm – ① erforderlich	≥ 6 mm + 6/12/4 ≥ 40 mm – ① erforderlich	≥ 8 mm bzw. ≥ 4 mm + 4/12/4 ≥ 100 mm – ① erforderlich
6	40	Verglasung: Gesamtglasdicken Scheibenzwischenraum $R_{w,R}$ Verglasung Falzdichtung:	– – ≥ 42 dB ①+②[4] erforderlich	≥ 14 mm ≥ 50 mm – ①+②[4] erforderlich	≥ 8 mm + 6/12/4[4] ≥ 50 mm – ①+②[4] erforderlich	≥ 8 mm bzw. ≥ 6 mm + 4/12/4 ≥ 100 mm – ①+②[4] erforderlich
7	42	Verglasung: Gesamtglasdicken Scheibenzwischenraum $R_{w,R}$ Verglasung Falzdichtung:	– – ≥ 45 dB ①+②[4] erforderlich	≥ 16 mm ≥ 50 mm – ①+②[4] erforderlich	≥ 8 mm + 8/12/4 ≥ 50 mm – ①+②[4] erforderlich	≥ 10 mm bzw. ≥ 8 mm + 4/12/4 ≥ 100 mm – ①+②[4] erforderlich
8	45	Verglasung: Gesamtglasdicken Scheibenzwischenraum $R_{w,R}$ Verglasung Falzdichtung:	– – –	≥ 18 mm ≥ 60 mm – ①+②[4] erforderlich	≥ 8 mm + 8/12/4 ≥ 60 mm – ①+②[4] erforderlich	≥ 12 mm bzw. ≥ 8 mm + 6/12/4 ≥ 100 mm – ①+②[4] erforderlich
9	≥ 48		Allgemein gültige Angaben sind nicht möglich; Nachweis nur über Eignungsprüfungen nach DIN 52210			

Anforderungen an die Ausführung der Konstruktion bei verschiedenen Fensterarten

[*] Eine eindeutige Zuordnung zu den Schallschutzklassen nach VDI 2719 ist nicht möglich.

[1] Sämtliche Flügel müssen bei Holzfenstern mindestens Doppelfalze, bei Metall- und Kunststofffenstern mindestens zwei wirksame Anschläge haben. Erforderliche Falzdichtungen müssen umlaufend, ohne Unterbrechung angebracht sein; sie müssen weichfedernd, dauerelastisch, alterungsbeständig und leicht auswechselbar sein.

[2] Das Isolierglas muß mit einer dauerhaften, im eingebauten Zustand erkennbaren Kennzeichnung versehen sein, aus der das bewertete Schalldämm-Maß $R_{w,R}$ und das Herstellwerk zu entnehmen sind. Jeder Lieferung muß eine Werksbescheinigung nach DIN 50049 beigefügt sein, der ein Prüfzeugnis zugrunde liegt, das nicht älter als 5 Jahre sein darf.

[3] Eine schallabsorbierende Laibung ist sinnvoll, da sie bei durch Alterung der Falzdichtung entstehenden Fugenundichtigkeiten die Verluste teilweise ausgleichen kann.

[4] Werte gelten nur, wenn keine zusätzlichen Maßnahmen zur Belüftung des Scheibenzwischenraumes getroffen werden.

☐ Bereits mit einschaligen, 17,5 cm dicken KS-Außenwänden mit WDVS lassen sich die schalltechnischen Anforderungen, die an Wohngebäude in den Schallpegelbereichen I bis IV gestellt werden, erfüllen.

Einschalige Außenwände mit Vorhangfassade

Bei Außenwänden mit leichten Vorhangschalen oder schweren Vorhangfassaden nach DIN 18 515 wird nach Beiblatt 1 zu DIN 4109 nur die flächenbezogene Masse der inneren Wand als akustisch wirksam berücksichtigt.

19.9.3 Zweischalige KS-Außenwände

Bei zweischaligen Außenwänden nach DIN 1053 Teil 1 darf das bewertete Schalldämm-Maß aus der Summe der flächenbezogenen Massen der beiden Schalen – wie bei einschaligen, biegesteifen Wänden – ermittelt werden. Für die zweischalige Ausführung ist auf den so ermittelten Wert ein Zuschlag hinzuzufügen von

☐ 5 dB, wenn das Gewicht der auf die Innenschale stoßenden Wand weniger als 50% der inneren Schale der Außenwand beträgt,

☐ 8 dB, wenn das Gewicht der auf die Innenschale stoßenden Wand mehr als 50% der inneren Schale der Außenwand beträgt.

Auch die Schalldämmung zweischaliger Außenwände wurde in einer Versuchsreihe am Institut für Massivbau der Universität Braunschweig unter-

sucht. Die Untersuchungsergebnisse sind in Bild 19/14 wiedergegeben.

19.9.4 Andere Bauteile

Fenster und Glasbausteinwände

Rechenwerte der Schalldämm-Maße $R_{w,R}$ von Fenstern in verschiedenen Ausführungen sind in Tafel 19/28 angegeben. Die Werte gelten für Fenster mit bis 3 m² Glasflächen der größten Einzelscheibe; für Fenster mit größeren Glasflächen sind die angegebenen Rechenwerte $R_{w,R}$ um 2 dB abzumindern. Die für die Beispiele angegebenen Schalldämm-Maße setzen voraus, daß die Fenster sowohl umlaufend dicht schließen als auch dicht in die Außenwand eingebaut sind.

Für Glasbaustein-Wände nach DIN 4242 mit Wanddicken d ≥ 80 mm aus Glasbausteinen nach DIN 18 175 gilt als Rechenwert $R_{w,R} = 36$ dB.

Decken und Dächer

Bei der Ermittlung der Schalldämmung von Flachdächern kann das Gewicht der Kiesschüttung bei der Bestimmung der flächenbezogenen Masse berücksichtigt werden.

Das Beiblatt 1 zu DIN 4109 enthält Ausführungsbeispiele für belüftete und nicht belüftete Flachdächer und geneigte Dächer in Holzbauart, für deren Schalldämm-Maß je nach Konstruktion Rechenwerte von 35 bis 50 dB angegeben sind.

Tafel 19/27 enthält Ausführungsbeispiele für geneigte Dächer (belüftet oder nicht belüftet) mit bewerteten Schalldämm-Maßen $R'_{w,R} = 35$ dB bis $R'_{w,R} = 45$ dB (Rechenwerte).

19.10 Schallabsorption

Im Gegensatz zur Schalldämmung, unter der man die Behinderung der Schallausbreitung – z. B. in einen anderen Raum – versteht, erfolgt bei der Schallabsorption eine Minderung der Schallenergie in einem Raum an den Raumbegrenzungsflächen oder Gegenständen im Raum, in dem nur ein Teil der auftreffenden Schallenergie reflektiert wird. Die restliche Energie wird beim Eindringen der Schallwelle in ein poröses Material in Wärme umgewandelt (sogenannte Dissipation). Die Energie kann teilweise auch in Nachbarräume oder durch Öffnungen ins Freie gelangen und damit dem Raum verlorengehen.

Die Schallabsorption in einem Raum wird gekennzeichnet durch die äquivalente Schallabsorptionsfläche A, die man sich als 100%ig absorbierend vorstellen kann. Alle auf diese Fläche A auffallende Energie wird dem Raum entzogen, so, als würde sie durch ein geöffnetes Fenster entweichen.

Übliche Baustoffe, Bauteile oder Konstruktionen absorbieren immer nur teilweise, nie vollständig. Ihr Absorptionsverhalten wird durch den Schallabsorptionsgrad α gekennzeichnet; er ist das Verhältnis der nicht reflektierten zur auffallenden Schallenergie. Demnach ist der Schallabsorptionsgrad bei vollständiger Absorption $\alpha = 1$ und bei vollständiger Reflexion $\alpha = 0$.

Der Schallabsorptionsgrad α ist frequenzabhängig und wird nach DIN 52 212 im Hallraum für Terzbereiche mit Mittenfrequenzen von 100 Hz bis 6400 Hz bestimmt und als Diagramm angegeben. Einzahl-Angaben, wie bei Luft- und Trittschalldämmung, sind für α nicht gebräuchlich und derzeit auch nicht genannt.

Durch Einbringung schallabsorbierender Stoffe oder Konstruktionen in einen Raum kann die äquivalente Schallabsorptionsfläche A des Raumes und damit seine Nachhallzeit sowie der Schallpegel im Raum beeinflußt werden.

Der Zusammenhang zwischen Nachhallzeit T, äquivalenter Schallabsorptionsfläche A und Raumvolumen V wird durch die Sabinesche Gleichung

$$T = 0,16 \frac{V}{A}$$

beschrieben. Dabei wird T in s, V in m³ und A in m² angegeben. Aus der Gleichung ist ersichtlich, daß die Nachhallzeit T mit zunehmender Absorptionsfläche A abnimmt.

Tafel 19/29: Ausführungsvarianten schallabsorbierender Vorsatzschalen

Wand	Konstruktionsbeschreibung	mittlerer Schallabsorptionsgrad α_s
1	24 cm KS 12 – 1,8 – 2 DF	0,04
2	24 cm KS 12 – 1,8 – 2 DF 1 cm Mörtelfuge 11,5 cm KS L 12 – 1,4 – 2 DF Löcher sichtbar (nicht durchgestoßen) 36,5 cm	0,24
3	24 cm KS 12 – 1,8 – 2 DF 6 cm Luftschicht 11,5 cm KS L 12 – 1,4 – 2 DF Löcher sichtbar und durchgestoßen 41,5 cm	0,39
4	24 cm KS 12 – 1,8 – 2 DF 4 cm Mineralwolleplatten 11,5 cm KS L 12 – 1,4 – 2 DF Löcher sichtbar und durchgestoßen 39,5 cm	0,52

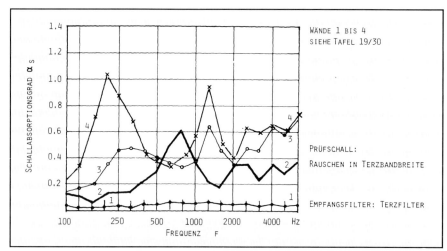

Bild 19/15: Beispiele für frequenzabhängige Schallabsorptionsgrade, die mit Kalksandsteinen möglich sind.

Bild 19/16: Schallschluckwand aus KS-Lochsteinen mit werkseitig durchstoßener Lochung

Die Pegelminderung des Schallpegels in einem Raum durch Einbringen von zusätzlichen absorbierenden Stoffen oder Konstruktionen wird durch nachfolgende Gleichung beschrieben:

$$\Delta L \approx 10 \lg \frac{A_2}{A_1} \, dB \approx 10 \lg \frac{T_1}{T_2} \, dB$$

Dabei gilt der Index 1 für den Raum im ursprünglichen Zustand, der Index 2 für den Raum mit zusätzlichem Absorptionsmaterial.

In der Praxis werden schallabsorbierende Einbauten überall dort verwendet, wo störende Schallreflexionen an schallharten Begrenzungselementen vollständig oder teilweise vermieden werden sollen:

☐ Zur Minderung des Schallpegels in lärmerfüllten Räumen (Werkhallen),

☐ zur Regulierung der Nachhallzeit in Konzertsälen oder Studioräumen

werden schallabsorbierende Wand- und Deckenverkleidungen oder separate Schallabsorber, möglichst über die Oberflächen des Raumes verteilt, eingebaut.

Einige Beispiele für frequenzabhängige Schallabsorptionsgrade, die mit Kalksandsteinen möglich sind, zeigt Bild 19/15 in Zusammenhang mit Tafel 19/29; einen Eindruck von den architektonischen Möglichkeiten zeigt Bild 19/16.

Mauerwerk aus Kalksandsteinen hat aufgrund der feinporigen Oberfläche der Steine Schallabsorptionsgrade von $\alpha = 0,01$ bis 0,06. Zusammen mit einer vorgemauerten Schale aus KS-Lochsteinen mit durchgehender Querlochung und 6 cm Luftspalt ohne und mit Mineralwolleinlage lassen sich hohe Schallabsorptionsgrade mit recht verschiedenartigen Frequenzverläufen verwirklichen (die dargestellten Kurven zeigen Ergebnisse von Schallabsorptionsgradmessungen an der Technischen Universität Braunschweig).

Auf der folgenden Seite sind 2 Beispiele abgedruckt.

Beispiel 1: Wohnungstrennwand mit schweren flankierenden Bauteilen

Beispiel 2: Wohnungstrennwand mit leichten flankierenden Bauteilen

Weitere Schallschutznachweise sind in [19/2] und [19/3] zu finden.

Beispiel 1:
Wohnungstrennwand mit schweren flankierenden Bauteilen

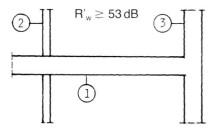

$R'_w \geq 53\,dB$

① Wohnungstrennwand mit schweren Flankenwänden

②+③ Flankenwände

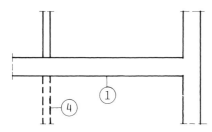

Trennwand

Einschalige Wand aus 24 cm KS 1,8 in Normalmörtel, beidseitig 10 mm geputzt

Flächenbezogene Masse der Wand ① : m' = 433 kg/m² (s. Tafel 19/13)

Schalldämm-Maß : $R'_{w,R}$ = 53 dB (s. Tafel 19/13)

Flächenbezogene Masse der flankierenden Bauteile

Wand ②: 11,5 cm KS 1,8 : $m'_{L,1}$ = 218 kg/m² (Tafel 19/13)

Wand ③: 17,5 cm KS 1,8 : $m'_{L,2}$ = 311 kg/m² (Tafel 19/13)

Betondecke oben: mit 16 cm Beton : $m'_{L,3}$ = 378 kg/m² (2 300 kg/m³)

Betondecke unten: mit schw. Estrich : $m'_{L,4}$ = nicht zu berücksichtigen

Mittlere flächenbezogene Masse der flankierenden Bauteile : $m'_{L,Mittel}$ = 302 kg/m²

Korrekturwerte : $K_{L,1}$ = 0 dB

: $K_{L,2}$ = nicht zu berücksichtigen

Schalldämm-Maß der Trennwand, Rechenwert : $R'_{w,R}$ = 53 dB

Anmerkung:
Für die aufgeführten Korrekturwerte wird vorausgesetzt, daß die flankierenden Bauteile und zu beiden Seiten eines trennenden Bauteils in einer Ebene liegen. Ist dies nicht der Fall, ist für die Berechnung anzunehmen, daß das leichtere flankierende Bauteil auch im Nachbarraum vorhanden ist. ④

Anforderungen : siehe Tafel 19/3

Beispiel 2:
Wohnungstrennwand mit leichten flankierenden Bauteilen

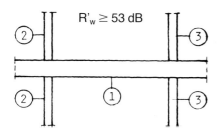

$R'_w \geq 53\,dB$

① Wohnungstrennwand mit leichten Flankenwänden

②+③ Flankenwände

Anmerkung:
Beispiel für eine massive Trennwand mit biegeweicher Vorsatzschale siehe Tafel 19/18

Trennwand

Einschalige Wand aus 24 cm KS 2,0, beidseitig geputzt

Flächenbezogene Masse der Wand ① : m' = 476 kg/m² (Tafel 19/13)

Schalldämm-Maß : $R'_{w,R}$ = 55 dB (Tafel 19/13)

Flächenbezogene Masse der flankierenden Bauteile

Wand ②: 11,5 cm ϱ = 0,5 : $m'_{L,1}$ = 73 kg/m² (550 kg/m³)

Wand ③: 11,5 cm ϱ = 0,5 : $m'_{L,2}$ = 73 kg/m² (550 kg/m³)

Betondecke oben 14 cm Beton : $m'_{L,3}$ = 332 kg/m² (2300 kg/m³)

Betondecke unten mit schw. Estrich : $m'_{L,4}$ = nicht zu berücksichtigen

Mittlere Masse der flankierenden Bauteile m'_m : $m'_{L,Mittel}$ = 159 kg/m²

Korrekturwerte : $K_{L,1}$ = – 1 dB (Tafel 19/10)

: $K_{L,2}$ = nicht zu berücksichtigen

Schalldämm-Maß der Wand, Rechenwert : $R'_{w,R}$ = 54 dB

Anforderungen : siehe Tafel 19/3

20. Sonstige Eigenschaften und Anwendungsbereiche

Durch die große Formatpalette und die breite Spanne der Festigkeits- und Rohdichteklassen des Kalksandsteins bieten sich für Planer und Bauherren vielfältige Anwendungsmöglichkeiten im Hoch- und Tiefbau.

20.1 Strahlenschutz in Gebäuden

Ionisierende Strahlungen, z. B. Röntgenstrahlen und die von Radionukliden ausgehenden Strahlen, können organische Leben schädigen. Man erinnere sich hierbei an die Zerstörung von Krebsgewebe in der Strahlentherapie. Es muß daher sichergestellt sein, daß beruflich Strahlenexponierte, beispielsweise Radiologen, nicht gesundheitsschädigenden Strahlendosen ausgesetzt werden. In den Strahlenschutzverordnungen sind deshalb Dosisgrenzwerte festgelegt und die Betreiber von Röntgenanlagen sind zum Strahlenschutz verpflichtet. Außerhalb besonders gekennzeichneter Kontroll- und Überwachungsbereiche darf keine Person eine höhere Ganzkörperdosis als 0,15 rem im Jahr erhalten.

In DIN 6812 – Medizinische Röntgenanlagen bis 300 kV, Strahlenschutzregeln – sind Durchführungsregeln und -richtlinien für die Errichtung medizinischer Röntgenanlagen enthalten.

In Tabellenform ist die Abschirmwirkung verschiedener Baustoffe als Bleigleichwert angegeben. Der Bleigleichwert gibt die Materialdicke eines Stoffes in mm zur Erzielung der gleichen Schwächung für Röntgenstrahlung an wie eine Schutzschicht aus Blei mit 1 mm Dicke.

An der Universität Hannover wurden für Kalksandsteine Messungen durchgeführt, wobei verschiedene Röntgenröhrenspannungen gem. DIN 6814 Teil 2 berücksichtigt wurden.

Für KS-Vollsteinwände der Rohdichteklasse 1,8 ergeben sich für 1 mm Bleidicke die in Tafel 20/1 angegebenen Bleigleichwerte.

Tafel 20/1: Bleigleichwerte für KS-Mauerwerk

Röntgenstrahlung bei max. Röhrenspannung in kV	Bleigleichwert in mm	KS-Vollstein Wanddicke in cm
50	200–266	24–30
80	254–278	30
100	155–175	17,5
110	158–175	17,5
150	179	17,5
200	142	17,5

20.2 KS-Mauerwerk im Erdreich

Kalksandstein ist auch dann außerordentlich beständig, wenn das KS-Mauerwerk ungeschützt im Erdreich angeordnet wird und wenn es ganz oder teilweise im Grundwasser steht.

In einer über 20 Jahre laufenden Versuchsreihe wurde das Verhalten und die Widerstandsfähigkeit von unverputztem Kalksandstein-Mauerwerk im Erdreich getestet. Die Testwände befanden sich im Grundwasserbereich, im Grundwasserschwankungsbereich und oberhalb des Grundwasserspiegels. Die Auswertungen nach jeweils 2, 5, 10 und 20 Jahren haben ergeben, daß bei den Wandteilen sowohl unterhalb als auch oberhalb des Grundwasserspiegels bei nicht aggressivem Wasser die Steindruckfestigkeiten nahezu unverändert hoch blieben. Optische Schäden sowie Gefügestörungen sind in keinem der Fälle aufgetreten.

Bezüglich der Standsicherheit bestehen daher keine Bedenken, wenn Kalksandsteine über längere Zeit hin im Erdreich sowohl oberhalb als auch unterhalb des Grundwasserspiegels eingesetzt werden.

Es wird folgendes empfohlen:

☐ Für ungeschütztes KS-Mauerwerk im Erdreich sollten grundsätzlich Vollsteine der Festigkeitsklasse ≥ 20 verwendet werden.

☐ Im Frostbereich sollten frostbeständige Kalksandsteine eingesetzt werden.

20.3 Aggressive Wässer, Böden und Gase

Nach DIN 4030 (6/91) können Wässer und Böden Mauerwerk und Beton angreifen, wenn sie freie Säuren, Sulfide (Salze des Schwefelwasserstoffs), Sulfate (Salze der Schwefelsäure), bestimmte Magnesiumsalze (Magnesiumsulfat und Magnesiumchlorid), Ammoniumsalze und bestimmte organische Verbindungen (Fette, Öle) enthalten.

Darüber hinaus wirken Wässer angreifend, wenn sie besonders „weich" sind. Nach DIN 19 640 – Härte eines Wassers, Begriffe und Maßeinheiten – haben besonders „weiche" Wässer 3° dH (deutsche Härte) und kleiner. Als Härte eines Wassers wird sein Gehalt an Erdalkali-Ionen (d. h. von Calcium, Magnesium und Barium) bezeichnet.

Tafel 20/2: Härte des Wassers

Beschaffenheit des Wassers	°dH	mval/l
sehr weich	0– 4	0 – 1,44
weich	4– 8	1,44– 2,88
mittelhart	8–12	2,88– 4,32
ziemlich hart	12–18	4,32– 6,89
hart	18–30	6,84–10,80
sehr hart	über 30	über 10,80

Hartes Wasser enthält größere Mengen an Erdalkalisalzen, vorwiegend gelöste Ca- und Mg-Salze.

Weiches Wasser enthält wenig Erdalkalisalze.

Alle „weichen" Wässer, z. B. Regenwasser, Oberflächenwasser, enthalten freie Kohlensäure, da diese das in der Luft enthaltene Kohlendioxid (CO_2) zu freier Kohlensäure (H_2CO_3) binden, sie reagieren daher sauer mit pH-Werten von 4,8 bis 5.

Der pH-Wert ist die Größe, die die Azidität (Säuregehalt) oder die Alkalität (Laugengehalt) eines Mediums beschreibt.

pH kleiner als 7 = sauer
pH gleich 7 = neutral
pH größer als 7 = basisch (alkalisch)

Saure Wässer, d. h. Wässer mit freien Säuren – ph < 7 – greifen Mauerwerk und Beton an.

Auch Gase können in Verbindung mit Feuchtigkeit Mauerwerk und Beton angreifen, wenn sie Schwefelwasserstoff oder Schwefeldioxid enthalten. Schwefelwasserstoff kommt insbesondere in Faulgasen (Kanalanlagen) vor, Schwefeldioxid insbesondere in Rauchgasen. Beide Gase werden bei gleichzeitiger Anwesenheit von Feuchtigkeit und Luft zu Schwefelsäure oxydiert mit entsprechenden Schädigungsreaktionen.

Grundwasser enthält oft kalklösende Kohlensäure, Sulfat und Magnesium. Schwefelwasserstoff, Ammonium und angreifende organische Verbindungen kommen in höherer Konzentration nur in solchen Gewässern vor, die durch Abwässer verunreinigt sind. Zur Beurteilung des aggressiven Charakters eines Baugrundes genügt i. a. die Prüfung von Wasserproben. Äußere Merkmale angreifender Wässer sind häufig: dunkle Färbung, Ausscheiden von Gips und anderen Kristallen, fauliger Geruch, Aufsteigen von Gasblasen, saure Reaktion (Rotfärbung von blauem Lackmuspapier). Die chemische Wasseranalyse ist die sicherste Methode, angreifende Bestandteile festzustellen, sie sollte bei der Errichtung von Bauwerken im

Grundwasserbereich immer durchgeführt werden.

Die chemische Untersuchung von Wässern vorwiegend natürlicher Zusammensetzung umfaßt nach DIN 4030 folgende Bestimmungen: pH-Wert/Geruch / Kaliumpermanganatverbrauch / Gesamthärte / Carbonathärte / Nichtcarbonathärte / Magnesium / Ammonium / Sulfat / Chlorid / kalklösende Kohlensäure.

Grenzwerte zur Beurteilung des Angriffsgrades von Böden und Wässern nach DIN 4030 enthält Tafel 20/3.

Bei stark und sehr stark angreifenden Wässern und Böden ist das Mauerwerk entsprechend zu schützen. Seewasser aus der Nordsee und Ostsee ist als stark bis sehr stark angreifend einzustufen. Nicht zuletzt wirkt sich der hohe Chloridgehalt negativ aus.

KS in der Landwirtschaft

Von der KS-Industrie sind umfangreiche Untersuchungen durchgeführt worden, um die Beständigkeit von Kalksandstein gegenüber aggressiven Medien zu überprüfen. Insbesondere interessierte dabei die Widerstandsfähigkeit gegen Düngemittel und aggressive Medien aus dem landwirtschaftlichen Bereich.

Neben dem äußeren Befund ist die Stein-Druckfestigkeit ein wichtiges Hilfsmittel zur Bestimmung der unterschiedlichen Einwirkungen aggressiver Medien. KS hoher Stein-Rohdichteklassen – Vollsteine –, die üblicherweise im Fundamentbereich Verwendung finden, sind deutlich widerstandsfähiger. Auch hat sich ergeben, daß die aggressive Wirkung bei ziehenden Grundwässern deutlich größer ist als bei stehenden.

Die umfassenden Untersuchungen haben den Beweis erbracht, daß Kalksandsteine gegenüber aggressiven Flüssigkeiten eine gute Widerstandsfähigkeit haben. Diese Ergebnisse stehen in guter Übereinstimmung zur Praxis

Seit Jahrzehnten haben sich KS-Grundmauerwerke in den deutschen Heide- und Moorgebieten hervorragend bewährt. Der Kalksandstein hat sich im Laufe von mehr als 100 Jahren als solider, dauerhafter Mauerstein für den Fundamentbau bewährt.

Im Bereich des landwirtschaftlichen Bauens hat sich der KS seit Jahrzehnten bewährt als Mauerstein für Außen- und Innenwände von Wohn- und Betriebsgebäuden. Dies gilt auch für Stall-

Tafel 20/3: Grenzwerte / Angriffsgrad von Böden und Wässern nach DIN 4030

	Angriffsgrad		
	schwach	stark	sehr stark
pH-Wert	$6,5-5,5$	$<5,5-4,5$	$<4,5$
kalklösende Kohlensäure (Heyer-Versuch) mg CO_2/l	$15-40$	$>40-100$	>100
Ammonium-Ionen-mg NH_4^+/l	$15-30$	$>30-60$	>60
Magnesium-Ionen-mg Mg^{2+}/l	$300-1000$	$>1000-3000$	>3000
Sulfat-Ionen mg SO_4^{2-}/l	$200-600$	$>600-3000$	>3000

gebäude, da der KS eine außerordentlich hohe Beständigkeit gegen ammoniakhaltige Laugen hat. In diesem Zusammenhang wird auf die langjährigen Erfahrungen beim Bau von Güllegruben und Kanälen in KS-Mauerwerk verwiesen, bei denen viel höhere Konzentrationen von aggressiven Stoffen einwirken. Trotz des starken Wechsels der Höhe der einstehenden Jauchemengen sind nach jahrzehntelanger Nutzung keine Korrosionserscheinungen am Mauerwerk aufgetreten.

KS-Mauerwerk ist auch beständig gegen Gülle aus der Schweinemast. Zur besseren Reinigung der Güllekanäle und -gruben empfiehlt es sich jedoch, die – unverputzten – KS-Wände mit einem elastischen Abdichtungssystem zu versehen[1]).

Im Außenwandbereich von Stallgebäuden mit ungewöhnlich hohen relativen Luftfeuchten im Innern sind hochgedämmte KS-Außenwandkonstruktionen (einschalig KS + Außendämmung oder zweischalig KS + Kerndämmung) besonders geeignet. Die Innenschalen sollten als Sichtmauerwerk mit Anstrich ausgeführt werden. Diese Wandoberflächen sind weitgehend unempfindlich gegen mechanische Beanspruchungen wie z. B. Stöße.

20.4 Chloridhaltige Auftausalze und Frostschutzmittel

Die umweltbelastende Verwendung von chloridhaltigen Auftausalzen (Chlorid = Salz der Salzsäure) mit jährlichen Millionenbeträgen für die Schadensbeseitigung an Verkehrsflächen ist aus den Berichten der Behörden und Umweltinstitute bekannt.

Bei dem Einsatz auf Baustellen können diese hochaggressiven Salzlösungen zur Zerstörung von Bauteilen aus Mauerwerk und Beton und zur beschleunigten Korrosion der Stahleinlagen führen. In DIN 1053 Teil 1 wird auf diese Gefahren besonders hingewiesen. Der Zerstörungsprozeß als physikalischer und chemischer Vorgang wird durch den

kombinierten Angriff der beim Auftauen entstehenden wäßrigen Salzlösungen, die in Geschoßdecken und Wandbauteile eindringen, und den in der hiesigen Klimazone üblichen Frost-Tau-Wechsel ausgelöst. Das kann bereits bei geringen Chloridkonzentrationen zu mehr oder weniger starken Schäden am Mauerwerk führen. Daher sind Arbeitsplätze und Arbeitsflächen auf der Baustelle auf keinen Fall mit Tausalzen, sondern mechanisch oder unter Verwendung von Wasserdampflanzen von Eis und Schnee zu räumen. Im Streu- und Spritzbereich bestehender Gebäude sind ebenfalls keine Tausalze zu verwenden. Weiterhin besteht die Gefahr, daß Ausblühungen im Mauerwerk auftreten, die zu Folgeschäden im Putz und Anstrich führen können.

20.5 Schußsicherheit

In sicherheitsrelevanten Bereichen von Gebäuden, wie Sparkassen und Banken, Militärgebäuden, Verwaltungsgebäuden u.a., werden an die einzelnen Bauteile hohe Anforderungen an die Beschußsicherheit gestellt. Aufgrund wiederholter Anfragen aus der Praxis wurde daher die Beschußsicherheit von KS-Wänden geprüft.

Die Prüfungen erfolgen nach den Prüfbedingungen für den Beschuß angriffhemmender Stoffe des Landeskriminalamtes Baden-Württemberg. Dabei werden nach DIN 52 290 Teil 1, fünf Beanspruchungsarten für die Beschußprüfungen zugrunde gelegt – wie auch Tafol 20/4 zeigt. Eine weitere Beanspruchungsart wird offengehalten für Sonderfälle mit Prüfmunition, mit deren Anwendung aus neuesten kriminalistischen Erkenntnissen zu rechnen ist, deren Prüfart aber nicht unter die Beanspruchungsarten 1–5 fällt. Durch die Beurteilung des Beschußbildes auf der Rückseite der Prüfwand: kein Durch-

---

[1]) Hersteller: Remmers Chemie, 49624 Löningen, Tel. 054 32/9 53 00, Fax: 0 54 32/8 31 09

Tafel 20/4: Beschußwiderstandsklassen von ungeputzten KS-Wänden, geprüft vom Beschußamt in Ulm

Beanspruchungsart	Beschluß-klasse	Kaliber	Geschoß		Schuß-entfernung	erf. Wanddicke KS	
			Masse	Mündungs-austritt-Geschwin-digkeit		Normal-mörtel Rohdichte-klasse 1,8	Dünnbett-mörtel Rohdichte-klasse 2,0
–	–	mm	g	m/s	m	cm	cm
1	M1 – SF	9 × 19	8	360	3	11,5	11,5
2	M2 – SF	357 Magnum	10,25	420	3	11,5	11,5
3	M3 – SF	44 Magnum	15,55	440	3	11,5	11,5
4	M4 – SF	7,62 × 51	9,45	790	10	17,5	11,5[1]
5	M5 – SF	7,62 × 51[2]	9,75	800	25	30	24[3]

[1] Kleinformatige KS, Griffhilfen mit Normalmörtel verfüllt; bei großformatigen KS: erf. Wanddicke d = 17,5 cm
[2] Vollmantel-Spitzkopfgeschoß mit Hartkern
[3] Bei Beschuß mit Kaliber 8 × 68S (Vollmantel, Rundkopf, Weichkern): Mündungsaustrittgeschwindigkeit 939 m/s (Geschoßenergie 5.597 Joule), bis zu 12 Schuß kein Durchschuß; kein Splitterabgang

schuß in Verbindung mit „Splitterabgang (SA)" oder „splitterfrei (SF)", ergeben sich 12 Widerstandsklassen:

☐ M1 – SF bis M5 – SF
  MS 6 – SF

☐ M1 – SA bis M5 – SA
  MS 6 – SA

Die Beschußprüfungen wurden vom Beschußamt Ulm durchgeführt; die Ergebnisse sind in Tafel 20/4 wiedergegeben.

Bei Mauerwerk mit Normalmörtel wurden die Beschußklassen

☐ M 3 – SF mit 11,5 cm,

☐ M 4 – SF mit 17,5 cm und

☐ M 5 – SF mit 30 cm dickem Mauerwerk erreicht.

Noch günstigere Ergebnisse wurden mit KS-Mauerwerk mit Dünnbettmörtel erzielt. So wurden die Anforderungen an die Beschußklasse

☐ M 4 – SF bereits mit 11,5 cm und

☐ M 5 – SF mit 24 cm dickem KS-Mauerwerk erfüllt.

Somit können in Bereichen, in denen hohe Anforderungen an die Beschußsicherheit gestellt werden, wirtschaftliche und schlanke Wandkonstruktionen aus Kalksandsteinen eingesetzt werden. Zum Nachweis liegen Prüfzeugnisse vor, die auch in die bundesweit gültige Beschußliste des Landeskriminalamtes von Baden-Württemberg aufgenommen wurde.

20.6 Kabelabdeckungen

Die Verwendungsfähigkeit von Mauersteinen für die Abdeckung von Hoch- und Niederspannungskabeln im Erdreich hängt im wesentlichen davon ab, ob aus den Steinen durch in das Erdreich eindringende Feuchtigkeit Salze

herausgelöst werden, die auf Blei bzw. Aluminium angreifend wirken. In einer umfangreichen Versuchsreihe der Materialprüfanstalt Berlin-Dahlem wurden zur Erhärtung bereits vorliegender guter Erfahrungen mit KS Langzeit-Prüfungen unter diesen Kriterien durchgeführt. Es wurden Blei- und Aluminiumbleche bis zu einer Versuchsdauer von einem Jahr Lösungen ausgesetzt, die aus KS unter Feuchteeinwirkung (z. B. Regen) wasserlösliche Stoffe transportierten. Selbst unter den besonders starken Korrosionsbeanspruchungen der Auslaugversuche im Feuchtelagergerät mit erheblichem Temperaturwechsel und starker Schwitzwasserbildung auf den Proben erfolgten keine stärkeren Abtragungen oder örtliche Anfressungen an Blei und Aluminium. Die Lebensdauer von Kabelmänteln oder dergleichen aus diesen Metallen wird nicht herabgesetzt, so daß Kabelabdeckungen aus Kalksandsteinen besonders geeignet sind. Für diese Zwecke sind seit Jahrzehnten von der Bundespost und von Versorgungsunternehmen überall im Land KS mit Erfolg eingesetzt worden, vorzugsweise als Vollstein im Format DF/NF.

20.7 Das Austrocknungsverhalten von KS-Mauerwerk

Das Austrocknungsverhalten und damit die Austrocknungszeiten von KS-Mauerwerk sind außerordentlich günstig. Die Tatsache, daß bei den weißen Mauersteinen auch geringe Feuchteeinwirkung sofort durch Abdunkeln der Stein-Oberflächen sichtbar wird, verleitet irrtümlich zu dem Schluß, daß der gesamte Steinquerschnitt erfaßt ist. Das trifft jedoch nicht zu.

Untersuchungen an Steinen und Mauerwerkskörpern im Institut für Arbeitstechnik und Didaktik der Universität Hannover haben gezeigt, daß KS etwa die gleiche Zeit wie z.B. Ziegel benötigen, um aus dem „saugsatten" Zustand bis herunter zur „Gleichgewichtsfeuchte" auszutrocknen.

Die Unterschiede zwischen den Mittelwerten der beiden Steingruppen sind geringer als die Streuungen innerhalb der Steingruppen. In der ersten Trockenphase geben KS die aufgenommene Feuchtigkeit besonders schnell wieder ab.

KS-Verblender nehmen bei gleich langer Schlagregeneinwirkung deutlich weniger Wasser auf, so daß sich im Zeitmittel ein niedrigerer Feuchtegehalt in der KS-Schale ergibt als bei anderen Mauerverblendern. Bei verputztem KS-Mauerwerk ergeben sich bei gleich hohem Wassergehalt je nach Art des Putzmörtels etwa gleiche Austrocknungszeiten gegenüber HLz-Mauerwerk.

Der praktische Feuchtegehalt (Gleichgewichtsfeuchte) von KS liegt bei 5 Vol.-% oder 2 bis 2,5 Gew.-% (vgl. hierzu auch DIN 4108 Teil 4 – Praktische Feuchtegehalte von Baustoffen –).

Der praktische Feuchtegehalt von Mauersteinen wird bei der Festsetzung der Wärmeleitfähigkeit (λ_R) immer berücksichtigt.

Nach einer Veröffentlichung von Schubert [20/1] ergeben sich für Mauerwerk aus KS-Vollsteinen für die Austrocknung folgende Anhaltswerte:

d = 11,5 cm: 3 bis 6 Monate,
d = 24 cm: bis 12 Monate.

Die Untersuchungen wurden unter ungünstigen Klimarandbedingungen durchgeführt (20°C/65% rel. Luftfeuchte). Bei Lochsteinen sowie bei praxisgerechten Klimarandbedingungen sind deutlich kürzere Austrocknungszeiten zu erwarten.

21. Anhang

21.1 Einschalige Außenwände mit KS-YALI

21.1.1 KS-YALI nach DIN 106

Seit über 15 Jahren bietet die Kalksandstein-Industrie mit regionalen Schwerpunkten in der Bundesrepublik den Wärmedämmstein KS-YALI an. Hierbei handelt es sich um einen Kalksand-Leichtstein, dessen Zuschlagstoff aus natürlich porosiertem, rein mineralischem Silikatsand nach DIN 4226 Teil 2 besteht. Kalk, Wasser und YALI-Sand werden zu KS-YALI verarbeitet. Das Produktionsverfahren ist das gleiche wie bei der Kalksandsteinherstellung und wird durch die DIN 106 Teil 1 und 2 geregelt. Der KS-YALI ist daher ein echter Kalksandstein, jedoch mit einer niedrigen Steinrohdichte.

Durch konsequente Weiterentwicklung bei der Rezeptur, dem Schlitzlochbild und durch die Verwendung von Leichtmörtel und KS-Dünnbettmörtel wurde die Wärmeleitfähigkeit bis auf $\lambda_R = 0,18$ W/(mK) reduziert. Parallel zu der Fortentwicklung der Wärmedämmeigenschaft wurde die Optimierung der Formate und Griffhilfen betrieben. Dies führt dazu, daß heute einschalige Außenwände aus 30 cm dickem KS-YALI Wärmedämmwerte von k = 0,52 W/(m²K) erreichen. Bei einer Wanddicke von 36,5 cm beträgt der k-Wert 0,51 W/(m²K).

KS-YALI wird für tragendes (DIN 1053 Teil 1) und nichttragendes einschaliges Außenmauerwerk verwendet. Auf Grund der geringen Rohdichte von 0,7 bis 0,8 kann KS-YALI als leichte nichttragende Trennwand nach DIN 4103 eingesetzt werden. Der KS-YALI kann sowohl bei Neubauten als auch bei Altbauten für Renovierung und Instandsetzung verwendet werden.

Auf Grund der guten Eigenschaften ergeben sich für KS-YALI vielseitige Einsatzmöglichkeiten als:

☐ einschalige Außenwand mit hohem Wärmeschutz,

☐ Sichtmauerwerk für innen und außen,

☐ leichte nichttragende Innenwände und

☐ Kelleraußenwände

sowie bei ein- und mehrgeschossiger Bauweise für die Verwendung in:

☐ der Altbaumodernisierung, Renovierung und Instandsetzung,

☐ Industrie- und Hallenbauten sowie

☐ kommunalen Bauten.

Tafel 21/1: KS-Yali-Lieferprogramm[1])

Format	Wanddicke [mm]	Abmessungen L/B/H [mm]	Rohdichteklasse	Druckfestigkeitsklasse [N/mm²]	Materialbedarf/Stück je m²	m³
KS-Yali-Hohlblocksteine						
10 DF	240	300 x 240 x 238	0,8	6	14	56
16 DF	240	498 x 240 x 238	0,8	4	8	34
16 DF	240	498 x 240 x 238	0,8	6	8	34
15 DF	300	373 x 300 x 238	0,7	4	11	37
15 DF	300	373 x 300 x 238	0,8	4	11	37
15 DF	300	373 x 300 x 238	0,8	6	11	37
12 DF	365	240 x 365 x 238	0,7	4	16	44
12 DF	365	240 x 365 x 238	0,7	6	16	44
12 DF	365	240 x 365 x 238	0,8	6	16	44
KS-Yali für Innenausbau, leichte Trennwände und Sanierung						
6 DF	115	365 x 115 x 238	0,9		11	96
8 DF	115	498 x 115 x 238	1,0	6	8	70
9 DF	175	373 x 175 x 238	0,8		11	63
12 DF	175	498 x 175 x 238	1,0		8	46
KS-Yali-Ergänzungssteine						
NF	115/240	240 x 115 x 71	1,2		48/96	418/400
2 DF	115/240	240 x 115 x 113	0,8/0,9	6	32/64	279/267
3 DF	175/240	240 x 175 x 113	0,8/0,9		32/44	183/189
5 DF	240/300	300 x 240 x 113	0,9		26/32	108/107

[1]) Die regionalen Lieferprogramme sind zu beachten

21.1.2 Steinarten

KS-YALI werden als KS-Lochsteine in den Höhen 113-238-248 mm hergestellt. Großformatige KS-YALI-Hohlblocksteine sind maßgenau, mit Nut- und Feder-System und nach ergonomischen Gesichtspunkten mit optimierten Griffhilfen versehen (Bild 21/1). Neben der Handvermauerung kann der KS-YALI maschinell mit Versetzhilfen verarbeitet werden (Bild 21/2). Formate

Tafel 21/2: Grundwerte der zulässigen Druckspannungen in MN/m²

Festigkeitsklasse	Normalmauermörtel nach DIN 1053 Teil 1 Mörtelgruppe II	Normalmauermörtel nach DIN 1053 Teil 1 Mörtelgruppe IIa	Leichtmauermörtel nach DIN 1053 Teil 1 Mörtelgruppe LM 21	Leichtmauermörtel nach DIN 1053 Teil 1 Mörtelgruppe LM 36	Dünnbettmörtel nach DIN 1053 Teil 1 Mörtelgruppe III
4	0,7	0,8	0,7	0,8	0,9
6	0,9	1,0	0,7	0,8	1,2

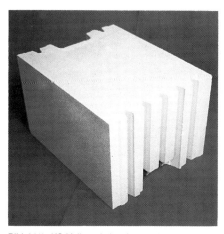

Bild 21/1: KS-Yali, optimiert für das Versetzen von Hand.

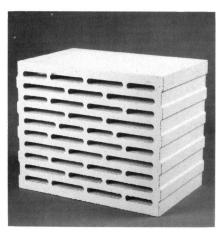

Bild 21/2: KS-Yali, optimiert für das Arbeiten mit Versetzhilfe (Minikran).

und Abmessungen enthält die Tafel 21/1. Das regionale Lieferprogramm der KS-Werke ist zu beachten.

KS-YALI wird in den Festigkeitsklassen 4 und 6 sowie in den Rohdichteklassen 0,7 und 0,8 angeboten. Auf Grund der geringen Rohdichte kann KS-YALI als leichte nichttragende Trennwand nach DIN 4103 eingesetzt werden. Die Zulassungen für Reihenverlegung ohne Stoßfugenvermörtelung sind unter folgenden Nummern vorhanden:

☐ Zulassung Z.17.1-433 für KS-Yali-Steine

☐ Zulassung Z.17.1-446 für KS-Yali-Plansteine

Für die zulässigen Druckspannungen gilt Tafel 21/2.

21.1.3 Mauermörtel

Für die Verarbeitung von KS-YALI werden folgende Mauermörtel empfohlen:

☐ genormte Dünnbettmörtel zur Herstellung von Mauerwerk aus KS-Plansteinen,

☐ genormte Leichtmörtel,

☐ bauaufsichtlich zugelassene Leichtmörtel, u. a. YALI-Leichtmörtel.

21.1.4 Verarbeitung

Die Reihenverlegung bietet wesentliche Vorteile beim Vermauern der KS-YALI-Hohlblocksteine, da durch die Nut- und Federausbildung an den Stirnseiten

das Vermörteln der Stoßfugen entfällt. Durch die bewährte KS-Stumpfstoß-Technik lassen sich Außenwände aus KS-YALI und Innenwände aus Kalksandsteinen problemlos ohne Verzahnung kombinieren. Zusätzliche Sicherheit wird durch das Einlegen von Edelstahl-Flachanker in jeder zweiten Lagerfuge – ansonsten nach Statik – erreicht. Versetzzeiten bis zu 2,15 h/m³ sind durch die Verbesserung der optimierten Griffhilfen in Verbindung mit hoher Maßgenauigkeit und mörtelfreien Stoßfugen möglich.

Die Verwendung eines Versetzgerätes führt wie beim KS-Bausystem zur weiteren Kostensenkung. Es können bis zu 2 m lange Steinstangen mit einer Zange gegriffen und vermauert werden; d. h. 1 m² Wand kann in zwei Hüben hergestellt werden. Durch die geschlossene Oberseite des KS-YALI bleibt der Mörtelverbrauch gering. Die gleichmäßige Lagerfugendicke wird durch den Einsatz von Mörtelschlitten gewährleistet. Eine Steigerung der Wirtschaftlichkeit erreicht man durch die Verwendung von KS-Dünnbettmörtel. Die plangenaue Oberfläche der KS-YALI-Wand ermöglicht – wie beim KS-Bausystem – auch hier den Einsatz von Dünnputzen, der zur weiteren Kostensenkung führt.

KS-YALI lassen sich sehr einfach bearbeiten. Das Teilen der Steine erfolgt entweder mit einer Widia-Hand- oder

-Bandsäge. Weitere Bearbeitungsmöglichkeiten bieten Steinknacker und Steintrennsägen. Werden Schlitze für Leitungen und Rohre, Aussparungen und Löcher benötigt, sind diese nach DIN 1053 Teil 1 zu mauern oder mit qualifizierten Werkzeugen, z. B. Mauernutfräser und Dosensenker, zu fräsen.

21.1.5 Wandkonstruktionen

Auf Grund seiner hohen Wärmedämmung ist der KS-YALI in allen Außenwandbereichen einsetzbar. Im Wohnungsbau sind einschalige und wirtschaftliche Wanddicken mit KS-YALI möglich. Werden im Keller beheizte Räume angeordnet und es soll nicht mit Perimeter- oder Innendämmung auf KS-Mauerwerk gedämmt werden, ist hier auch KS-YALI für eine einschalige, wärmedämmende Kelleraußenwand zu empfehlen. Für Industrie- und Wirtschaftsbauten mit geringen Anforderungen an den Wärmeschutz können die Außenwände bereits mit 24 cm Dicke erstellt werden. Nichttragende leichte Trennwände bestehen aus KS-YALI z. B. der Rohdichteklasse 0,9 bei 11,5 cm Wanddicke.

21.1.6 Bauphysik

Wärmeschutz

KS-YALI ist ein hochwärmedämmender Kalksandstein mit sehr niedrigen Wärmeleitzahlen bis $\lambda_R = 0,18$ W/(mK). KS-YALI bietet außerdem ein hervorragendes Wärmespeichervermögen und ein gutes Auskühl- und Dampfdiffusionsverhalten, was zu einem behaglichen Raumklima führt (Tafel 21/3).

Schallschutz von Außenwänden

Die nach DIN 4109 geforderten Werte der Schalldämmung gegen Außenlärm werden in Abhängigkeit von Wanddikke, Steinrohdichte sowie Putz erfüllt (Tafel 21/4).

Brandschutz

KS-YALI-Steine gehören als nichtbrennbare Baustoffe zur Klasse A1. Sie bieten einen hervorragenden Brandschutz. Für einschalige Wände aus KS-YALI gelten die Feuerwiderstandsklassen in Tafel 21/5.

21.1.7 Baubiologie

Auf Grund des rein mineralischen und natürlich porosierten Zuschlagstoffes YALI-Sand und des Bindemittels Kalk wird der KS-YALI als baubiologisch unbedenklicher Wandbaustoff empfohlen. Meßwerte der Radioaktivität sind in der Tafel 21/6 enthalten.

Bild 21/3: Studentenwohnheim Heidelberg, am Karlstor. Architekt: Dipl.-Ing. Hans Jörg Schröder, Heidelberg; 36,5 cm KS-Yali-Außenwand

Tafel 21/4: Schallschutz von einschaligen Außenwänden aus KS-Yali 0,8

Wand-dicke mm	Flächengewicht kg/m² beidseitig geputzt		Bewertetes Schall-dämmaß R'$_w$ in dB
365	Dünnbettmörtel	329	50
300		280	48
240		235	46
175		186	44
115		86	40
365	Leichtmörtel	336	50
300		286	48
240		240	46
175		190	44
115		88	40

Tafel 21/3: KS-Yali Wärmeschutz

Beispiel:
Außenwand verputzt d = 30,0 u. d = 36,5 cm
Wärmedurchgangskoeffizient k = [W/(m² · K)]

KS-Yali Mauerwerk[1] mit	d = 30 cm					
	Wärmeleit-fähigkeit λ_R = W/(m · K)		Mit Normalputz		Mit 4,0 cm Wärmedämm-putz λ_R = 0,07	
Rohdichteklasse	0,7	0,8	0,7	0,8	0,7	0,8
Normalmörtel	0,24[2]	0,24	0,68	0,68	0,49	0,49
Dünnbettmörtel	0,21	0,24	0,61	0,68	0,45	0,49
Leichtmörtel LM 21	0,18	0,21	0,52	0,61	0,41	0,45
KS-Yali Mauerwerk[1] mit	d = 36,5 cm					
	Wärmeleit-fähigkeit λ_R = W/(m · K)		Mit Normalputz		Mit 3,0 cm Wärmedämm-putz λ_R = 0,07	
Rohdichteklasse	0,7	0,8	0,7	0,8	0,7	0,8
Normalmörtel	0,24	0,27	0,57	0,64	0,47	0,51
Dünnbettmörtel	0,21	0,24	0,51	0,57	0,42	0,47
Leichtmörtel LM 21	0,21	0,24	0,51	0,57	0,42	0,47

[1]) Feuchtetechnischer Rechenwert μ = 5/10
[2]) Im Einzelfall 0,21 W/(m · K)

Hersteller:

Hessische Bausteinwerke GmbH & Co. KG
Am Bornbruch 10, 64546 Mörfelden
Tel. 061 05-30 85, Fax 061 05-2 63 14

Theodor Kleiner GmbH & Co. KG
Am Binnendamm, 67240 Bobenheim-Roxheim
Tel. 06239-10 51, Fax 06239-10 55

Peter GmbH, Kalksandsteinwerk KG
Rheinstr. 120, 77866 Rheinau-Freistett
Tel. 078 44-40 50, Fax 078 44-4 05 15

Kalksandsteinwerk Stüve + Co. GmbH + Co.
Am Sportplatz 40,
21465 Reinbek-Neuschönningstedt
Tel. 040-7 10 91 90, Fax 040-71 09 19 99

Tafel 21/5: Feuerwiderstandsklassen bei KS-Yali

Bauteil	Druckspannung σ vorh. MN/m²	Feuerwiderstandsklasse				
		F 30	F 60	F 90	F 120	F 180
Tragende und nichttragende Wände (nur Spalte ≦ 0,3)	≦ 0,3	11,5	11,5	11,5	14,0	17,5
		11,5[1)2)]	11,5[1)2)]	11,5[1)]	11,5[1)]	14,0[1)]
	≦ 1,4	11,5	11,5	14,0	17,5	19,0
		11,5[1)]	11,5[1)]	11,5[1)]	14,0[1)]	18,5[1)]
Pfeiler	≦ 1,4	24/24	24/30	24/36,5	30/36,5	36,5/36,5

Mindestwanddicken (cm) für Feuerwiderstandsklassen (Auszug DIN 4102, Teil 4)

[1]) Wände mit beidseitigem Putz   [2]) bei nichttragenden Wänden 7,1 cm

Tafel 21/6: Radioaktivität bei KS-Yali
(gemessen vom Institut für Biophysik der Universität des Saarlandes)

Ergebnisse der Konzentrationsmessungen (1 nCi = 10⁻⁹ Ci = 37 Bq)		
Radium-226 (²²⁶Ra)	0,7 nCi/kg	26 Bq/kg
Thorium-232 (²³²TH)	0,6 nCi/kg	22 Bq/kg
Kalium-40 (⁴⁰K)	29 nCi/kg	1070 Bq/kg
(Der Gesamtfehler der Messungen war im Mittel ≧10%.)		

Ergebnisse der Exhalationsmessungen (1 Bq = 27 pCi)		
Radon (²²²Rn)	28 ±7 pCi/m² · h	1,04 ± 0,26 Bq/m² · h
Thoron (²²⁰Rn)	(8,6 ± 0,7) · 10³ pCi/m² · h	318 ± 26 Bq/m² · h

Beurteilung:
Die angegebenen Konzentrationen bzw. Exhalationsraten für die untersuchten KS-Yali-Steine liegen im Vergleich zu anderen Baumaterialien im unteren bzw. mittleren Bereich der Meßwerte. Aus der Sicht des Strahlenschutzes ist die Verwendung dieser Steine, verglichen mit anderen Baustoffen, daher als unbedenklich anzusehen.

Bild 21/4: Wohnhaus in Heidelberg; Architekten: Dipl.-Ing. Hans Jörg Schröder, Dipl.-Ing. Hans Peter Stichs, Heidelberg

21.2 Wärmeschutz-
verordnung[1])

21.2.1 Situation

Beginnend mit den Energiepreiskrisen der 70er Jahre wuchs zunehmend die Bedeutung des baulichen Wärmeschutzes. Während zunächst die ökonomischen Aspekte bei der Heizenergieeinsparung überwogen, haben sich in den letzten Jahren ökologische Aspekte mindestens gleichrangig dazugestellt. Diese Entwicklung läßt sich auch in den einschlägigen Gesetzen und Normenwerken ablesen. Bis 1976 wurde aufgrund dieser Vorschriftenwerke lediglich ein hygienisch begründeter Mindestwärmeschutz in DIN 4108 verlangt. Beginnend mit dem Energieeinsparungsgesetz 1976 und der darauf aufgebauten Wärmeschutzverordnung von 1977 wurden erstmals Vorschriften erlassen, die eine wirtschaftlich sinnvolle Beschränkung des Energieverbrauches forderten. Die Novellierung der Wärmeschutzverordnung verschärfte 1982 die Anforderungen an den baulichen Wärmeschutz. Im Laufe der 80er Jahre wurde jedoch zunehmend der ökologische Aspekt eines erhöhten Energieverbrauchs diskutiert. Diese Diskussion fand ihren vorläufigen Abschluß in dem Bericht „Vorsorge zum Schutz der Erdatmosphäre" der Enquete-Kommission des Deutschen Bundestages und dem Beschluß der Bundesregierung vom 7. November 1990 zur Reduzierung der CO_2-Emissionen in der Bundesrepublik Deutschland um 25% in den alten Bundesländern und 30% in den neuen Bundesländern bis zum Jahre 2005.

Diese Beschlüsse waren Ausgangspunkt für eine weitere Novellierung der Wärmeschutzverordnung. Auch bei dieser Novelle sind die Anforderungen so formuliert, daß das Wirtschaftlichkeitsgebot des Energieeinsparungsgesetzes erfüllt wird. Dennoch ist in der neuen WSchV eine Tendenzwende erkennbar, weil erstmals nicht mehr abstrakte Forderungen in Form von Wärmedurchgangskoeffizienten erhoben werden, sondern auch für Nichtfachleute nachvollziehbare Forderungen an den maximalen Heizwärmebedarf von Gebäuden gestellt werden.

Das Anforderungsniveau der neuen Verordnung liegt etwa im mittleren Bereich dessen, was bisher in der Fachliteratur als „Niedrigenergiehaus" bezeichnet wurde.

Der Nachweis zur Erfüllung der Anforderungen beinhaltet demnach nicht mehr nur eine Begrenzung der Transmissionswärmeverluste über einen mittleren Wärmedurchgangskoeffizienten für Gebäude, sondern berücksichtigt auch:

☐ Lüftungswärmeverluste,

☐ solare Wärmegewinne (z.B. über Fenster),

☐ interne Wärmegewinne (z.B. Beleuchtung, Personen usw.).

Dennoch darf die Genauigkeit der Ergebnisse, bezogen auf ein Einzelbauvorhaben, nicht überschätzt werden, da die WSchV den theoretischen Wärmebedarf und nicht den tatsächlichen Heizwärmeverbrauch ermittelt. Andere wichtige Einflußgrößen, die nur pauschaliert oder nicht berücksichtigt wurden, sind:

☐ regional unterschiedliche Klimafaktoren,

☐ Einfluß der Wärmespeicherfähigkeit auf den Heizwärmebedarf,

☐ Einfluß der Heizungsart und Betriebsweise auf den Heizwärmebedarf,

☐ Wärmebrückeneffekte,

☐ Nutzerverhalten.

Das Rechenverfahren der WSchV ist gültig für das definierte Anforderungsniveau, nicht aber für Niedrig-/Nullenergiehäuser. Einflüsse aus regional unterschiedlichem Klima und dem Niveau des Wärmeschutzes können zukünftig ergänzend einfließen, da die dafür erforderlichen Angaben in einem Beiblatt zu DIN 4108 enthalten sein werden.

Die Frage, welche Kenngröße herangezogen wird, um Anforderungen zu beschreiben, hat großen Einfluß auf die Akzeptanz und Durchsetzbarkeit von Regelwerken in der Praxis. Mitentscheiden kann dabei auch die Bandbreite der Nebenbedingungen, die diese Kenngröße mehr oder weniger variieren läßt. Bei dem in der WSchV vorgesehenen Verfahren, Anforderungen an die Kenngröße „Heizwärmebedarf" zu stellen, entstehen Vorteile und Nachteile, die gegeneinander abgewogen werden müssen.

Vorteile sind:

☐ Austauschbarkeit von Einzelmaßnahmen. Wärmeschutz der Einzelbauteile und Vorrichtungen zur Verringerung der Lüftungswärmeverluste.

☐ Auch für Nichtfachleute nachvollziehbarer Kennwert „Heizwärmebedarf".

☐ Anhand der tatsächlichen Verbrauchswerte mindestens näherungsweise kontrollierbarer Kennwert.

☐ Die Kenngröße könnte ein „Qualitätsnachweis" für den Energieverbrauch eines Gebäudes werden.

☐ Der Einfluß von Einzelmaßnahmen kann bewertet werden hinsichtlich des Einflusses auf den Heizwärmebedarf.

☐ Der Architekt und Planer wird nicht durch „starre" Einzelanforderungen eingeschränkt. Seine planerische Freiheit bleibt erhalten.

Nachteile sind:

☐ Die Kenngröße Heizwärmebedarf ist pro m[2] und Jahr in der Baupraxis bisher nicht eingeführt.

☐ Bei der Gebäudeplanung kann nicht sofort entschieden werden, ob die Anforderungen eingehalten werden.

☐ Im Vergleich zu den bisherigen Nachweisverfahren ist der rechnerische Aufwand höher.

☐ Die Austauschbarkeit von Einzelmaßnahmen geht zu weit. Es können langfristig wirksame bauliche Wärmeschutzmaßnahmen mit kurzfristig wirksamen Maßnahmen (Anlagentechnik) ausgetauscht werden.

☐ Der Kontroll- und Überwachungsaufwand ist aufwendiger.

21.2.2 Konsequenzen

In einer Zeit, da ganzheitliche Konzepte der Ökologie immer mehr in den Vordergrund treten und sich allgemein durchsetzen, ist es für Planer und Konstrukteure eine der großen Herausforderungen unserer Zeit, den Belastungen der Umwelt wirksam zu begegnen.

Trotzdem darf nicht unberücksichtigt bleiben, daß angesichts der in Deutschland anstehenden Bauaufgaben möglichst rationelle und wirtschaftliche Lösungen angestrebt werden müssen. Mit den empfohlenen KS-Konstruktionen werden die Forderungen nach Ökologie und Ökonomie auf einen Nenner gebracht. Die KS-Außenwandkonstruktionen bieten nicht nur einen hohen Wärmeschutz, sondern auch andere bauphysikalische und nutzungsrelevante Vorteile:

☐ hoher Schallschutz,

☐ sicherer Befestigungsuntergrund,

[1]) Stand: September 1993: Die Wärmeschutzverordnung wird in dem KS-Buch „Kostengünstiger Wärmeschutz" behandelt.

KS - Empfehlung zum kostengünstigen Wärmeschutz 1993*⁾

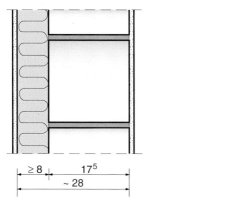

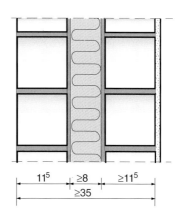

k = 0,35 - 0,40 W / m²K

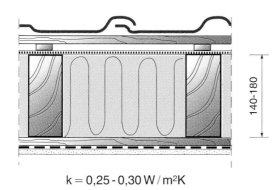

k = 0,25 - 0,30 W / m²K

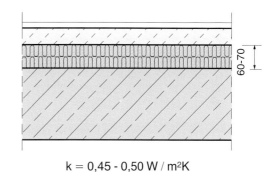

k = 0,45 - 0,50 W / m²K

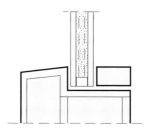

Fenster k = 1,70 W / m²K

Einfache Lösungen - keine Kostensprünge

*) Wohngebäude ohne Lüftungsanlagen

☐ Wohnflächengewinn,

☐ Wertbeständigkeit,

☐ hohe Wärmespeicherfähigkeit.

Aus der WSchV selbst entstehen folgende Konsequenzen:

Nachweisverfahren

Das in der WSchV vorgesehene Nachweisverfahren ist mindestens zum Teil neu und ungewohnt. Kurzverfahren (Bauteilverfahren), die einen einfachen Nachweis ermöglichen, sind nicht mehr im Text der WSchV enthalten. Die Möglichkeiten, wie ein Nachweis in der Praxis geführt wird, sind unterschiedlich (z. B. mit/ohne EDV-Anlage), außerdem ist eine hohe Genauigkeitsanforderung in einem frühen Planungsstadium nicht immer erforderlich. Für KS-Konstruktionen stehen folgende Planungshilfen zur Verfügung:

☐ Eine Tabelle mit durchgerechneten Beispielen und Bauteilempfehlungen.

☐ Ein vereinfachtes Nachweisverfahren mit geringem Rechenaufwand für verschiedene Gebäudetypen.

☐ Zwei Formblätter für einen exakten Nachweis.

☐ Hinweise und Empfehlungen zu EDV-Programmen für einen exakten Nachweis.

Austauschbarkeit, Wirtschaftlichkeit

Obwohl eine Austauschbarkeit von Wärmeschutzmaßnahmen nach der WSchV grundsätzlich möglich ist, sind die daraus entstehenden wirtschaftlichen Konsequenzen zu bedenken. Bei den Einzelbauteilen ist nach umfangreichen Untersuchungen klargeworden, daß die wirtschaftlichste Lösung darin besteht, den Wärmeschutz möglichst gleichmäßig zu verteilen.

Wesentlich ist aber auch noch, daß eine Wichtung nach den Flächenanteilen und den unterschiedlichen Temperaturdifferenzen erfolgt. „Beispiel: 2 cm Dämmung in der Kellerdecke entsprechen in ihrer Wirkung 1 cm Dämmung in der Außenwand." Das bedeutet, daß die Außenwandkonstruktion durch die Mehrdicke nicht verändert wird, wohl aber die Konstruktion der Kellerdecke durch Einbringen einer zweiten Dämmschicht. Anhaltswerte für Wärmedurchgangskoeffizienten, die zu einer wirtschaftlich günstigen Lösung beim Wärmeschutznachweis führen, gibt die KS-Empfehlung zum kostengünstigen Wärmeschutz.

Lüftungsanlagen

Mechanische Lüftungsanlagen mit oder ohne Wärmerückgewinnung bieten gute Voraussetzungen zur Verringerung der Lüftungswärmeverluste. Es ist selbstverständlich, daß auch mit solchen Anlagen die Fenster weiterhin geöffnet werden können. Die Möglichkeit, verringerte Lüftungswärmeverluste anzurechnen auf den Heizwärmebedarf nach der WSchV, was letztlich einem Bonus beim baulichen Wärmeschutz gleichkommt, sollte nicht in Anspruch genommen werden. Mangelnden baulichen Wärmeschutz mit Anlagentechnik zu kompensieren ist weder wirtschaftlich noch bauphysikalisch sinnvoll.

Ausblick

In der Begründung für die Novelle der WSchV ist die Absichtserklärung der Bundesregierung enthalten, das Anforderungsniveau der WSchV um das Jahr 2000 nochmals um 25 bis 35% zu erhöhen. Weiterhin ist wesentlich, daß mit dem vorgesehenen Nachweisverfahren die Möglichkeit geschaffen wird, die auf Grundlage dieser Verordnung entstehenden Gebäude energetisch zu klassifizieren.

☐ Ein Wärmeschutz, der über dem Anforderungsniveau der WSchV liegt, ist zukünftig ein wertbestimmendes Merkmal.

☐ Das Anforderungsniveau der WSchV ist nur eine gesetzlich festgelegte Mindestanforderung.

Noch ein wichtiger Aspekt:

☐ In der Wärmeschutzverordnung sind für Neubauten keine Mindest-k-Werte vorgeschrieben,

aber

die Mindestanforderungen bei der wärmeschutztechnischen Verbesserung bestehender Gebäude mit normalen Innentemperaturen ist für Außenwände mit $k \leq 0,5$ W/(m² · K) festgeschrieben. Es ist die Frage zu stellen, ob Neubauten mit Außenwänden $k > 0,5$ W/(m² · K) kurzfristig bei Um- oder Anbauten nicht zum Sanierungsfall werden.

21.2.3 Baukosten und Wärmeschutz

Aussagen zu Baukosten stoßen bei den am Bau Beteiligten oft auf Skepsis und Mißtrauen. Das ist z. T. berechtigt, da bei der Ermittlung von Baukosten zu viele Einflußgrößen zu beachten sind, die nur für ein konkretes Bauobjekt zutreffen. Hierzu kommen noch andere Einflußgrößen: zum Beispiel regionaler

Art, traditioneller Art oder der Einfluß tatsächlicher Preisangebote, die zu großen Kostenverschiebungen im Einzelfall führen. Dennoch können einige allgemeingültige Aussagen zu Baukostensteigerungen gemacht werden, die durch einen verbesserten Wärmeschutz entstehen, wie er von der WSchV gefordert wird. Eine Übersicht, welche Bauteile mit wieviel Anteil an den Baukosten betroffen sind, gibt Tafel 21/7. Am Beispiel Außenwand wird im folgenden dargestellt, welche Grundsätze zu beachten sind, damit Baukostensteigerungen durch einen verbesserten Wärmeschutz der Gebäude möglichst gering ausfallen.

Optimierung Bauteile

Die Leistungsfähigkeit eines bestimmten Bauteils wird über Kennwerte beschrieben, die einen speziellen Aspekt berücksichtigen. Für den Wärmeschutz wird dazu der Wärmedurchgangskoeffizient (k) benutzt. Bauteile können nur bis zu einem bestimmten Grenzwert optimiert werden. Beispiel: Die Dicke einer Außenwand läßt sich nicht beliebig vergrößern, weil ab einer bestimmten Dicke andere Kennwerte als der zunächst im Vordergrund stehende k-Wert dominant werden (Wohnflächenverlust, Kosten) und die Optimierung der eigentlichen Zielgröße in den Hintergrund tritt. Wenn ein derartiger Grenzwert erreicht wird, kann allerdings auch überlegt werden, ob man zu Konstruktionsänderungen des Bauteils greift, die die zuvor beschriebenen Nachteile nicht haben.

Um die Verbesserung des Wärmeschutzes (niedrige k-Werte) zu erreichen, kann die Außenwanddicke erhöht werden. Beim Übergang von einer Wanddicke auf die nächstmögliche Wanddicke ergeben sich aber erhebliche Kostensprünge,

Tafel 21/7: Anteil der Bauteile mit verbessertem Wärmeschutz an den Baukosten

Baukosten		100%
⁒ Kosten für Außenanlagen		7,5%
⁒ Baunebenkosten		12,5%
= Gebäudekosten		80,0%
⁒ Gewerke, die durch eine Verbesserung des Wärmeschutzes nicht betroffen sind:		40,0%

Die restlichen 40% sind:

Außenwände (evtl. Kelleraußenwände)

Fenster

Dach- und Dachdeckenkonstruktionen

Kellerdecken bzw. Fundamentplatten

die prozentual in Diagramm 2 auf eine Grundkonstruktion bezogen werden.

Diese Kostensprünge sind um so gravierender, je höher die Wärmeleitfähigkeit (λ_R) des betreffenden Mauerwerks ist. Der Grund dafür ist, daß höhere Wärmeleitfähigkeiten mehr Materialdicken erfordern als geringe Wärmeleitfähigkeiten. Andererseits sind geringe Wärmeleitfähigkeiten bei Mauerwerk gekoppelt an geringe Rohdichten (geringer Schallschutz) und geringe Festigkeiten (Tragfähigkeit).

Bei den vorgeschlagenen KS-Außenwandkonstruktionen gibt es dagegen spezielle Dämmschichten, die aus Materialien sehr geringer Wärmeleitfähigkeit bestehen. Sie sind etwa 4- bis 5-fach geringer als die Wärmeleitfähigkeiten, die derzeit mit Mauerwerk erreichbar sind. Wenn bei solchen Konstruktionen die Zielgröße k-Wert optimiert werden soll, ist der Zuwachs an Wanddicke nicht mehr entscheidend. Da die Wand nur geringfügig dicker wird, entstehen praktisch keine Kostensprünge bei der Außenwand (Diagramm 1) und keine Wohnflächenverluste.

Fazit

Unter wirtschaftlichen Aspekten sollen Kostensprünge bei allen Bauteilen, deren Wärmeschutz verbessert werden muß, vermieden werden.

Kostensprünge entstehen bei allen Bauteilen, wenn eine einfache Vergrößerung von Schichtdicken nicht zu dem gewünschten Wärmeschutz führt, oder wenn aus anderen Gründen zu große Sprünge bei Schichtdicken unumgänglich bleiben. Da Kostensprünge für verschiedene Bauteile bei unterschiedlichen Wärmedurchgangskoeffizienten auftreten, müssen die Bauteile einzeln betrachtet werden.

Anlagentechnik

Geringere Wärmedurchgangskoeffizienten für Bauteile werden möglich, wenn die Lüftungswärmeverluste durch mechanische Belüftungsanlagen mit oder ohne Wärmerückgewinnung verringert werden. Unstrittig ist, daß eine derartige Anlagentechnik im allgemeinen unwirtschaftlich ist, wenn damit Anforderungen der WSchV erfüllt werden sollen.

Mechanische Belüftungsanlagen mit Wärmerückgewinnung sollten dann eingesetzt werden, wenn über die Anforderungen der WSchV hinaus weitere Heizenergie eingespart werden soll. Eine Inanspruchnahme des Bonus bei den baulichen Maßnahmen, den die WSchV zuläßt, wenn derartige Lüftungsanlagen eingebaut werden, ist unter dem Aspekt Baukosten nicht sinnvoll.

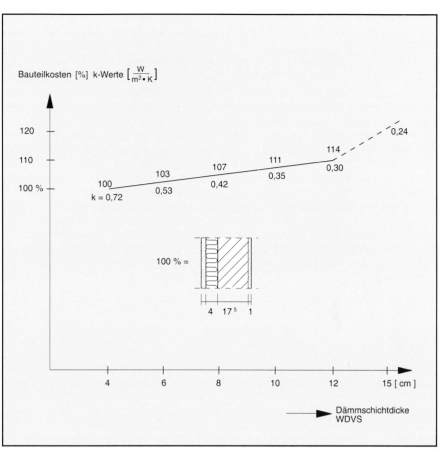

Diagramm 1: Kostenzuwachs bei Erhöhung von Dämmschichten

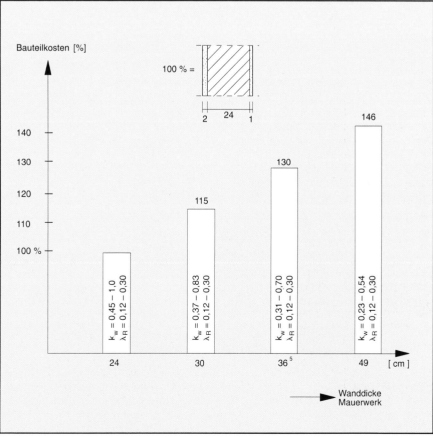

Diagramm 2: Kostenzuwachs bei Veränderungen von Wanddicken

Einzelbauteile

Außenwände

Die WSchV enthält keine Grenzwerte für Bauteile.

Aufgrund umfangreicher Berechnungen verschiedener Gebäudearten ist jedoch zu erwarten, daß nur mit Wärmedurchgangskoeffizienten kleiner als 0,40 W/(m² · K) für Außenwände Kostensprünge auch bei anderen Bauteilen vermieden werden können. Schlechter Wärmeschutz der Außenwände läßt sich zwar noch bis zu einer gewissen Größenordnung durch besseren Wärmeschutz, zum Beispiel des Daches oder der Kellerdecke, kompensieren, führt dann aber zu Kostensprüngen bei diesen Bauteilen. Wärmedurchgangskoeffizienten für Außenwände über 0,5 W/(m² · K) sollten grundsätzlich vermieden werden.

Die Anwendung von KS-Außenwänden mit Dämmschichten (WDVS oder zweischalige Außenwände mit Dämmschicht) führt nicht zu einem Kostensprung, da die Wanddicke der Hintermauerung nur nach statischen Erfordernissen, nicht aber nach wärmetechnischen Erfordernissen dimensioniert wird. Wanddicken von d = 17,5 cm für die Hintermauerschale aus druckfesten Kalksandsteinen sind im allgemeinen ausreichend. Eine Vergrößerung der Dämmschichten führt zwar zu Mehrkosten für die Gesamtkonstruktion, vermeidet aber Kostensprünge und ist flexibel (jeder Art von Anforderung) hinsichtlich eines erforderlichen Wärmeschutzes.

Flachdächer und Dachdecken unter nicht ausgebauten Dachräumen

Konstruktiv bedingt steht bei diesen Bauteilen mehr Platz für Dämmschichten zur Verfügung, so daß die erreichbaren k-Werte ohne Kostensprung niedriger liegen als bei den Dächern. Aufgrund der Zusammenhänge zwischen Dämmschichtdicke und k-Wert erscheinen jedoch k-Werte unter 0,20 W/(m² · K) unter Baukostengesichtspunkten nicht als sinnvoll, wenn die Anforderungen der WSchV zugrunde gelegt werden.

Wohnanlage Hürth, Architekt: H. Schmitz, Aachen

Dächer

Übliche Sparrenhöhen im Wohnungsbau bis zu 180 mm lassen sich vollständig mit Dämmstoffen ausfüllen, sofern auf eine Belüftungsebene zwischen Oberkante, Dämmung und Unterspannbahn verzichtet wird. Zwischensparrendämmungen mit 180 mm Dämmschicht erreichen k-Werte von $\approx$ 0,24 W/(m² · K). Soll auf eine Belüftung nicht verzichtet werden, lassen sich bei einer 40 mm dicken Belüftungsschicht oberhalb der Zwischensparrendämmung (d = 140 mm; WLG 040) k-Werte von k $\approx$ 0,30 W/(m² · K) erreichen. Günstigere k-Werte für Dächer als k $\approx$ 0,24 W/(m² · K) (0,30 W/(m² · K)) können nur erreicht werden, wenn eine zusätzliche Dämmebene oberhalb oder unterhalb der Sparren angeordnet wird.

Kellerdecken und Fundamentplatten

Dämmschichtdicken unter schwimmenden Estrichen lassen sich mit den üblicherweise verwendeten Materialien nicht beliebig vergrößern. Wenn Maßnahmen zur Trittschalldämmung erforderlich sind, lassen sich mit normalen Schichtdicken für einen Zementestrich (d = 5 bis 6 cm) wirksame Dämmschichtdicken für Trittschalldämmplatten von 20 mm sowie normal druckfeste Zusatzdämmplatten von d = 40 mm k-Werte von $\approx$ 0,50 W/(m² · K) erreichen. Bei Fußbodenheizungen ist mind. k = 0,35 W/(m² · K) einzuhalten.

Kostensprünge sind bei Kellerdecken bzw. Fundamentplatten unterhalb dieses k-Wertes zu erwarten, da zusätzliche Dämmschichten unterhalb der Stahlbetondecken oder größere und druckfestere Dämmschichten unter dem Zementestrich angeordnet werden müssen.

Fenster

Für Fenster lassen sich Kostensprünge im Vergleich zu bisher üblichen Anforderungen mit k_F = 2,6 W/(m² · K) häufig nicht vermeiden. Anzustreben sind Fenster mit k_F-Werten zwischen 1,4 bis 2,0 W/(m² · K). Dies bedeutet, daß Wärmeschutzverglasungen mit wärmetechnisch wirksamen Beschichtungen und zusätzlich schlecht wärmeleitenden Gasfüllungen eingesetzt werden sollten. Aufgrund derzeitiger Marktbeobachtungen im Fensterbereich muß für solche Fenster mit Mehrkosten von 10 bis 15% gerechnet werden. Tendenziell werden für Wärmeschutzverglasungen mit geringen k-Werten aufgrund verbesserter Produktionsmethoden und breiter Anwendung geringe Kostenerhöhungen erwartet. k_F = 2,6 kann in Betracht kommen, wenn die Außenwände einen k_w-Wert unter 0,25 W/(m² · K) haben.

Tafel 21/8: k_D-Werte für Dächer verschiedener Ausführungen

Konstruktion (Holzanteil 15%)	$S_{Dä}$ [mm]	k_D [W/m² · K] WLG$_{Dä}$ 040	WLG$_{Dä}$ 035
	120	0,32	0,29
	140	0,29	0,26
	160	0,26	0,24
	180	0,25	0,23
	180 +		
	40	0,21	0,18
	60	0,19	0,16
	80	0,17	0,15

[1] Die Dämmung auf den Sparren kann als Auf- oder Untersparrendämmung ausgeführt werden.

Tafel 21/9: k_G-Werte für Kellerdecken verschiedener Ausführungen

Konstruktion	$S_{Dä}$ [mm]	k_G [W/m² · K] für Variante ①	②
	20	0,68	0,68
	40	0,51	0,51
	50	0,45	0,45
	60	0,41	0,41
	70	0,37	0,37
	80	0,34	0,34

Dämmschichten: WLG 040

Tafel 21/10: k_F-Werte für Fenster verschiedener Ausführungen

Beschreibung	Verglasung k_v [W/m² · K]	g_F	k_F [W/m² · K] für Verglasung und Rahmen aus Holz/ Kunststoff	Metall
Doppelscheibenisolierverglasung mit Luftzwischenraum über 10 bis 16 mm	3,0	0,8	2,6	2,9
Dreischeibenisolierverglasung mit Luftzwischenraum über 8 bis 10 mm	2,2	0,7	2,1	2,3
Sondergläser (k_v und g_F belegt durch Prüfzeugnisse)	1,7	0,2	1,7	2,0
	1,5	bis	1,6	1,8
	1,4	0,8	1,5	1,8
	1,3		1,4	1,7

249

22. Historische Hintergründe zum KS-Bausystem

25 Jahre Innovationen im Mauerwerksbau

von Prof. Dr.-Ing. K. Kirtschig, Universität Hannover

1. Einleitung

Der Mauerwerksbau ist einige Jahrtausende alt. Es mag daher etwas verwunderlich erscheinen, wenn ein hier relativ kurzer Zeitraum von nur 25 Jahren zum Thema einer Abhandlung über Neuentwicklungen in einer so alten und traditionsreichen Bauweise wie dem Mauerwerksbau gemacht wird. Es läßt sich aber zeigen, daß in der Tat während der hier angesprochenen Zeit Entwicklungen im Mauerwerksbau stattgefunden haben, über die es sich lohnt, einmal eingehender zu berichten. Sie sind im Grunde genommen jedermann bekannt, doch geht im Tagesgeschäft unter, daß es sich hier um Entwicklungen handelt, ohne die der Mauerwerksbau heute mit Sicherheit nicht die − ja man kann schon sagen − Blütezeit erleben würde, in der er zur Zeit ist.

Bei allem Respekt vor denjenigen, die aktiv oder begleitend an den Entwicklungen beteiligt waren, muß hervorgehoben werden, daß es auch im wesentlichen zwei äußere Einflußfaktoren waren, die die Entwicklungen im Mauerwerksbau geradezu herausgefordert haben. Es ist dies einmal das bewußtere Umgehen mit den zur Zeit zur Verfügung stehenden Energien − im politischen Raum für das Bauwesen umgesetzt durch die Wärmeschutzverordnungen − und die mehr emotionell getragene Abkehr von der Beton- und Stahlbetonbauweise, zumindest soweit sie als solche sichtbar in Erscheinung treten. In welcher Weise der Mauerwerksbau die gegebene Situation für sich nutzen konnte bzw. welche technischen Lösungsansätze und Realisationen der Mauerwerksbau in den etwa letzten 25 Jahren anbieten und mit Erfolg einsetzen konnte, soll nachstehend aufgezeigt werden. Dabei sollen nur die Entwicklungen einbezogen werden, die weitgehend durch die vorstehend genannten äußeren Einflüsse ausgelöst oder zumindest stark beeinflußt wurden. Dabei wird sich zeigen, daß der Mauerwerksbau in mannigfacher Weise auf die Herausforderungen reagieren konnte.

2. Der Mauerwerksbau vor etwa 25 Jahren

Will man die technische Situation im Mauerwerksbau vor rund 25 Jahren beschreiben, so kann man zunächst die damals für den Mauerwerksbau gültige und für die Bauweise in erster Linie maßgebende DIN 1053 „Mauerwerk, Berechnung und Ausführung" Ausgabe November 1962, heranziehen. Sie behandelt die Herstellung von Mauerwerk mit damals üblichen Mauersteinen mit Festigkeiten bis zu 35 N/mm² unter Verwendung von Normalmauermörtel bis zu Druckfestigkeiten von 10 N/mm². Die Bemessung erfolgte vor allem auf Druck aus als mittig angenommener, einwirkender vertikaler Belastung aus Dach- und Deckenlasten sowie Eigengewicht. Besondere Regelungen im Blick auf einen besonderen Wärmeschutz waren nicht erkennbar.

Denkt man daran, daß die Bedeutung der DIN 1053 auch darin liegt, daß sie bauaufsichtlich eingeführt ist und damit ihre Regelungen vor allem den Belangen der öffentlichen Sicherheit gerecht werden mußten, so ist es aus damaliger Sicht auch einsehbar, daß der Wärmeschutz nicht besonders angesprochen war. Es gab auch keinen Regelungsbedarf in der DIN 1053 für entsprechende Bauweisen, da es sie einfach nicht gab. Herrschte doch die Meinung vor, daß sich die Bauaufsicht um Fragen des Wärmeschutzes nicht zu kümmern habe und jedem einzelnen es überlassen bleiben müsse, wieviel Geld er ausgibt, um eine warme Wohnung zu haben. Erst das in den 70er Jahren beschlossene Energieeinsparungsgesetz gab der Regierung und damit der Bauaufsicht die Aufgabe, auch gewisse Mindestanforderungen an den Wärmeschutz einzelner Gebäude aus der Sicht des Energiesparens zu stellen. Die zuvor auch in der DIN 4108 „Wärmeschutz im Hochbau" getroffenen Festlegungen mit Mindestanforderungen an den Wärmeschutz waren nur unter dem Gesichtspunkt der Sicherheit − hier gegen Gesundheitsschädigungen etwa wegen zu hoher Tauwasserbildungen in Wänden oder deren Oberflächen − und nicht unter dem Gesichtspunkt des Energiesparens zu sehen. Dieser grundlegenden Unterschiede in den Auffassungen sind wir uns heute kaum noch bewußt. Sie sollten hier wenigstens kurz angedeutet werden.

Etwa Ende der 60er Jahre erschien die Fassung November 1962 der DIN 1053 in folgenden Punkten verbesserungswürdig:

1. Durch die Begrenzung der ausnutzbaren Mauersteinfestigkeiten auf max. 35 N/mm² nur bei „Hochbauklinkern", und „Hochlochklinkern" und die größten Mörteldruckfestigkeiten auf 10 N/mm² (Mörtelgruppe III) war die zulässige Spannung von auf Druck beanspruchtem Mauerwerk auf 3,0 N/mm² (damals 30 kp/cm²) begrenzt. Dieser Höchstwert erschien im Hinblick auf die mit Beton bzw. Stahlbeton erreichbaren Tragfähigkeiten zu niedrig, um etwa mit der Beton- bzw. Stahlbetonbauweise im damals häufig anzutreffenden Hochhausbau wettbewerbsfähig zu sein. Dabei erschien es möglich, die Mauersteinfestigkeiten auf Höchstwerte bis zu 75 N/mm² heraufzusetzen und auch Mörtel mit Druckfestigkeiten bis zu 20 N/mm² einzusetzen. Damit konnte die Erhöhung der zulässigen Mauerwerksdruckspannung von rund 5 N/mm² erwartet werden.

2. Die Fassung vom November 1962 ließ die Verwendung von Mörteln mit einer Druckfestigkeit von 10 N/mm² (Mörtelgruppe III) nur in begrenztem Maße zu (vorzugsweise nur bei örtlich begrenzten Pressungen, nicht geschoßweise). Damit war die geschoßweise ansetzbare zulässige Druckspannung nur 2,2 N/mm². Die Begründung für die Beschränkung der Anwendung der Mörtelgruppe III war, daß Mauerwerk unter Verwendung höherer Mörtelfestigkeiten zu spröde und damit rißanfälliger sei. Andererseits war der Sprung zur nächst niedrigeren Mörtelgruppe (MG II mit mittlerer Mörteldruckfestigkeit von 2,5 N/mm²) sehr groß und der damit verbundene Abfall in der zulässigen Mauerwerksdruckspannung unverhältnismäßig ungünstig, so daß es nötig und daher auch im Hinblick auf die angesprochene Sprödigkeit des Mauerwerks vertretbar erschien, eine weitere Mörtelgruppe zwischen die Mörtelgruppen II und III zwischenzuschalten.

3. Verschiedentlich aufgetretene Rißschäden zwangen dazu, die Fragen der Verformungseigenschaften von Mauerwerk besser als bis dahin abzuklären. Hierzu war es nötig Verformungskennwerte zu erarbeiten und festzulegen und, wenn möglich, auch Rechenverfahren zum Nachweis der Rißsicherheit zur Verfügung zu stellen.

4. Die Bemessung auf Druck erfolgte in der Ausgabe 1962 der DIN 1053 mit Hilfe zulässiger Spannungen. Beim Arbeiten mit zulässigen Spannungen, deren Festlegungen mittlere Mauerwerksfestigkeiten zugrunde liegen, können sicherheitstheoretische Überlegungen nur unzureichend berücksichtigt werden. Ihnen kann besser Rechnung getragen werden, wenn Fraktilwerte − heute auch als charakteristische Festig-

keiten oder Nennfestigkeiten bezeichnet – zur Grundlage gemacht werden. Da gerade auch wegen des Wettbewerbs zur Beton- und Stahlbetonbauweise die bei Mauerwerk vorhandenen Sicherheiten eingehender als bis dahin zu untersuchen waren, erschien ein Umstellen auf Fraktilwerte unumgänglich.

5. Die Bemessung von Mauerwerk auf Druck praktisch ohne Berücksichtigung eines ausmittigen Lastangriffs und ohne Berücksichtigung der Tragwirkung des Gesamtsystems (Zusammenwirken von Wänden und Decken) erschien zu grob. Auch hier mußte im Hinblick auf eine möglicherweise bessere Ausnutzung der Tragfähigkeit des Mauerwerks die Möglichkeit eingehenderer Nachweise geprüft werden. Dabei war auch daran zu denken, die Regeln für Abstände und Wanddicken von aussteifenden Wänden auf eine wissenschaftliche Grundlage zu stellen und ggf. neu zu formulieren. Hier mußten auch insbesondere Kellerwände mit ihrer zusätzlichen und häufig maßgebenden Beanspruchung infolge Erddruck einbezogen werden.

Bei der Bemessung auf Druck war vor allem auch der Knickeinfluß auf eine völlig neue Grundlage zu stellen. Die in der Ausgabe 1962 gebrachten Abminderungswerte entbehrten jeglicher wissenschaftlicher Überlegungen und waren nur aus dem Gefühl festgelegt, „ja nicht zu schlank bauen". Dies war zwar eine richtige Grundüberlegung, wenn man vor allem noch berücksichtigt, daß Ausmittigkeiten außer acht gelassen wurden, mußte aber ingenieurmäßig ausgelotet werden.

6. Die Bemessung von Mauerwerk auf Schub nur über den Nachweis des Einhaltens zulässiger Scherspannungen erschien im Hinblick auf das tatsächliche Tragverhalten von Mauerwerk beim Angriff von Horizontal(Wind-)kräften in Wandrichtung überprüfungsbedürftig.

7. Ein großer Teil der Punkte, wie sie vorstehend für das unbewehrte Mauerwerk angeführt sind, galt auch für das bewehrte Mauerwerk. Seine Behandlung mußte auch unter dem Gesichtspunkt erfolgen, daß die Bemessung in Anlehnung an DIN 1045 erfolgte und diese aber bereits zu dem genannten Zeitpunkt völlig neu bearbeitet war bzw. noch wurde.

Vorstehend sind nur die wichtigsten Punkte genannt, die eine Überarbeitung der DIN 1053 in der Ausgabe 1962 nötig erscheinen ließen. Die allein nach diesen Punkten zu lösenden Aufgaben waren so vielfältig und umfangreich, daß es erforderlich wurde, ein eigenes Konzept zur Bewältigung der Arbeiten zu erarbeiten, das nur stufenweise behandelt werden konnte. Wie dieses Konzept aussah und was die Ergebnisse der Überarbeitung waren, soll im nächsten Abschnitt dargestellt werden.

Bevor hierauf eingegangen wird, sei jedoch noch eine allgemeine Bemerkung gemacht. Die vorgesehene Darstellung der Konzeption zur DIN 1053 kann den Eindruck erwecken, daß die normenmäßige Behandlung der Bemessung und Ausführung von Mauerwerk das A und O in der Entwicklung des Mauerwerksbaues in den etwa letzten 25 Jahren gewesen wäre. Bei aller Wichtigkeit der Normung dürfen aber nicht die Arbeiten aus dem Auge verloren werden, die schließlich erst die Normung ermöglicht haben. Hierzu zählen die zahlenmäßig nicht abschätzbaren vielen Einzelüberlegungen vor allem in der Mauerstein- und Mauermörtelindustrie und in deren Verbänden, bei denen nötige Innovationen erkannt und umgesetzt wurden, ebenso wie die zahlreichen wissenschaftlichen Arbeiten, die gerade in den letzten 25 Jahren entstanden sind. Hier zuzurechnen ist aber auch das Interesse der Bauaufsicht und der praktisch tätigen Ingenieure sowie des Handwerks und der Bauindustrie, die ständig ihre Erfahrungen im Bereich des Mauerwerksbaues eingebracht haben. Auch sei hier das nun seit 1976 jährliche Erscheinen des Mauerwerk-Kalenders erwähnt, in dem u.a. auch in einem regelmäßig erscheinenden Beitrag die Literatur über Mauerwerk zusammengestellt ist. Es wird bewußt in diesem Beitrag auf die namentliche Nennung einzelner Personen verzichtet, da die Entwicklungen der letzten Jahre schließlich eine Gemeinschaftsarbeit aller im Bereich des Mauerwerksbaues Tätigen war.

3. Konzeption zur DIN 1053 im Jahre 1971 und ihre Verwirklichung

Vom zuständigen Arbeitsausschuß des Deutschen Instituts für Normung (DIN) wurde zu Beginn der 70er Jahre die Aufteilung der DIN 1053 „Mauerwerk" in vier Teile vorgesehen:
Teil 1: Rezeptmauerwerk, Berechnung und Ausführung;
Teil 2: Mauerwerk nach Eignungsprüfung, Berechnung und Ausführung;
Teil 3: Bewehrtes Mauerwerk, Berechnung und Ausführung;
Teil 4: Bauten aus Ziegelfertigbauteilen.

Der Aufteilung lagen folgende Überlegungen zugrunde. Zunächst wollte man sicherstellen, daß Mauerwerk, dessen Tradition im Handwerk begründet ist, auch weiterhin nach relativ einfachen Regeln berechnet und ausgeführt werden konnte. Bestärkt wurde der Arbeitsausschuß in dieser Auffassung durch die etwa gerade zum Überarbeitungszeitpunkt fertiggestellte neue DIN 1045, also der für die Beton- und Stahlbetonbauweise maßgebenden Vorschrift, deren Überarbeitung sich über mehr als ein Jahrzehnt erstreckte und, da sie für alle Bauwerke gültig sein sollte, entsprechend aufwendig und gerade auch für einfachere Gebäude zu unangemessen anspruchsvoll und umfangreich erschien. Richtig erschien daher, beim Mauerwerksbau eine Zweiteilung vorzusehen, Unterbringung der traditionell gewachsenen Regeln für die Berechnung und Ausführung von Mauerwerk in einem Teil 1 (Rezeptmauerwerk) und Festlegung der nach mehr ingenieurmäßigen Gesichtspunkten zu erarbeitenden Bestimmungen für die Berechnung und Ausführung von Mauerwerk in einem Teil 2 (zunächst mit dem Arbeitstitel, „Ingenieurmauerwerk" und später dann „Mauerwerk nach Eignungsprüfung"). Weiterhin wurde vorgesehen, das bewehrte Mauerwerk in einem eigenen Teil (Teil 3) unterzubringen, um einmal die für das unbewehrte Mauerwerk nach den Teilen 1 und 2 zu erarbeitenden Normen umfangmäßig zu entlasten und zum anderen aber auch, um das bewehrte Mauerwerk eingehender darstellen zu können.

Schließlich wurde an einen Teil 4 gedacht, in dem die für Bauten aus Ziegelbauteilen zu beachtenden Berechnungs- und Ausführungsregeln darzustellen waren. Für diese bestand bereits eine Richtlinie, mit der ausreichende Erfahrungen vorlagen, so daß sie in eine Norm überführt werden konnte.

Die vorstehend beschriebene Konzeption wurde in den Folgejahren verwirklicht. 1974 erschien der Teil 1, 1984 der Teil 2, 1990 der Teil 3 und 1978 der Teil 4. An den Ausgabedaten sind die bei der Bearbeitung zu überwindenden Schwierigkeitsgrade und auch die gesetzten Prioritäten erkennbar.

Dem Teil 1 wurde die erste Priorität gegeben, da dieser „einfache" Teil möglichst bald auf den neuesten Stand gebracht werden sollte. Folgende Punkte sollten vor allem berücksichtigt werden:

☐ Zwischenschaltung der Mörtelgruppe II a zwischen die Mörtelgruppen II und III mit einer mittleren Druckfestigkeit von 5 N/mm² und Festlegung zugehöriger zulässiger Mauerwerksdruckspannungen;

☐ Fortfall der Einschränkung für die Verwendung von Mörtel der Mörtelgruppe III bei nur örtlich höher beanspruchten Bauteilen;

☐ Angabe von zulässigen Druckspannungen für Mauerwerk bei Verwendung von Mauersteinen aller Art bis zur Steinfestigkeitsklasse 35 MN/m², wobei damals die Bezeichnung der Steinfestigkeitsklasse sich nach der mittleren Steindruckfestigkeit richtete;

☐ Erweiterte Angaben zu zulässigen Scher- und Schubspannungen;

☐ Angaben zum Nachweis der Güte der Baustoffe, insbesondere des Mauermörtels bei Eignungs- und Güteprüfungen;

☐ Aufnahme von Verformungskennwerten für Mauerwerk.

Die Arbeiten zum Teil 2 wurden von Anfang an als zeitaufwendiger angesehen. Insbesondere mußten hier auch die Ergebnisse laufender Forschungsarbeiten abgewartet werden. Die Arbeit lag bei folgenden Schwerpunkten:

☐ Festlegung von Fraktilwerten in Abhängigkeit von den Steinfestigkeitsklassen und Mörtelgruppen (Mauerwerksfestigkeitsklassen bei Rezeptmauerwerk);

☐ Festlegung der Vorgehensweise, um auf dem Versuchswege im Einzelfall zu Fraktilwerten, insbesondere auch für Steinfestigkeitsklassen mit mittleren Steindruckfestigkeiten bis zu 75 N/mm² in Verbindung mit Mörteln mit mittleren Mörteldruckfestigkeiten von 20 N/mm² (Mörtelgruppe III a) zu kommen (Einreihung in Mauerwerksfestigkeitsklassen bei Mauerwerk nach Eignungsprüfung);

☐ Völlige Neubearbeitung der Berechnungsgrundlagen (Ermittlung der Schnittgrößen infolge Lasten, Zwängungen, Grundlagen für die Berechnung der Formänderung, Aussteifung und Knicklängen von Wänden, räumliche Steifigkeit, mitwirkende Breite von zusammengesetzten Querschnitten);

☐ Völlige Neubearbeitung der Bemessungsansätze (zentrische und exzentrische Druckbeanspruchung einschließlich Knicken und Teilflächenpressungen, Zugspannungen, Schubnachweis);

☐ Nachweis ausreichender Haftscherfestigkeit zwischen Mauersteinen

und Mauermörtel. Dieser Punkt sei hier besonders hervorgehoben, da die Charakterisierung der Mauermörtel einschließlich ihres Verbundes mit den Mauersteinen bis dahin stets nur über deren Druckfestigkeit erfolgte und mit der Festlegung einer Anforderung an die Haftscherfestigkeit dokumentiert wurde, daß mit einer Druckfestigkeitsanforderung allein die Verbundeigenschaften nicht gewährleistet sind.

Der Vollständigkeit halber ist hier zu erwähnen, daß die Erarbeitung des Teils 2 nicht reibungslos verlief. Der anfängliche Arbeitstitel „Ingenieurmauerwerk" oder auch „Hochbeanspruchtes Mauerwerk" sowie die teilweise größeren Anforderungen an die Ausführung des Mauerwerks ließen bei den Ausführenden die Befürchtung aufkommen, daß eine Entwicklung eintreten könnte, die zu einer Zweiteilung der Betriebe führt:

Solche, die „nur" das „einfachere" Mauerwerk nach Teil 1, und solche, die „auch" das „hochwertige" Mauerwerk nach Teil 2 herstellen könnten. Wenngleich seitens des zuständigen Arbeitsausschusses solch eine „Spaltung" natürlich nicht beabsichtigt war, so mußte den vorgebrachten Bedenken doch Rechnung getragen werden. Dies führte zum Teil erhöhten Anforderungen für z. B. die Festlegung von Mauerwerksfestigkeitsklassen bei Eignungsprüfungen und zu einer sachlich nicht gerechtfertigten Erhöhung der Anforderungen an die Baustoffseite mit der Folge, daß das Mauerwerk nach Eignungsprüfung kaum angewendet wurde und auch heute nicht wird. Dabei ist diese Art des Mauerwerks, von der Sicherheit her gesehen, dem Rezeptmauerwerk vorzuziehen.

Die Arbeiten zum Teil 3 haben sich bis zur Ausgabe des Normblattes im Jahre 1990 unverhältnismäßig lange hingezogen. Die Hauptursachen hierfür waren, daß von der Forschung her gesehen grundsätzliche Fragen des Korrosionsschutzes der Bewehrung abzuklären waren und daß dem bewehrten Mauerwerk in Deutschland aber auch keine besondere Bedeutung zukommt, so daß es nicht nötig erschien, die Arbeiten vorrangig zu betreiben.

Relativ schnell konnte der Teil 4 herausgegeben werden. Dies war möglich, weil nur die bestehende Richtlinie in einer Norm umzuarbeiten war.

Abschließend kann gesagt werden, daß sich bisher die etwa 1971 entwickelte

und in den Folgejahren verwirklichte Konzeption zur DIN 1053 als gut erwiesen hat und z. Z. kein Anlaß besteht, sich wesentliche Änderungen zu wünschen. Allerdings ist hier noch eine wesentliche Ergänzung zu bringen:

Der Teil 1 ist zwischenzeitlich erneut überarbeitet worden. Dies war nicht erforderlich, weil er etwa von der Konzeption her nicht richtig angelegt war, sondern vielmehr waren die seit 1974 eingetretenen Neuentwicklungen normenmäßig zu verankern und war auch der Teil 1 an den Teil 2 anzugleichen. Der Teil 1 liegt nun in der Fassung Februar 1990 vor. Die dort eingearbeiteten Entwicklungen sind so umfangreich, daß sie in einem eigenen Abschnitt (siehe Abschnitt 4) behandelt werden sollen und auch auf die Veranlassung zur Überarbeitung noch etwas ausführlicher eingegangen wird.

4. Die in DIN 1053 Teil 1, Februar 1990, berücksichtigten Neuentwicklungen

4.1 Veranlassung zur Überarbeitung des Teils 1 von DIN 1053 im Jahre 1981

In der Einleitung ist aufgeführt worden, daß u.a. zwei von außen kommende Einflüsse mit zu den Neuentwicklungen im Mauerwerk beigetragen haben. Der Wettbewerb zur Beton- und Stahlbetonbauweise und die Bestrebungen, mit der zur Verfügung stehenden Energie sorgfältiger als bisher umzugehen.

Dem Wettbewerb zur Beton- und Stahlbetonbauweise zu begegnen, ist von der Material- und Berechnungsseite weitgehend durch die Herausgabe des Teils 2 erfolgt. Um den erhöhten Wärmeschutz zu berücksichtigen, war — wollte man diesen nicht einfach durch entsprechende Vergrößerung der Außenwanddicken erreichen, was unwirtschaftlich gewesen wäre — eine Reihe von Entwicklungen und Erprobungen erforderlich. D. h., um die Entwicklungen auch praxisgerecht erproben zu können, waren allgemein bauaufsichtliche Zulassungen erforderlich, die vom Deutschen Institut für Bautechnik in Berlin nach der Vorlage entsprechend geforderter Untersuchungen erteilt wurden. So konnte sich eine Reihe von Neuentwicklungen in der Praxis bewähren und nach als ausreichend angesehener Bewährungszeit auch normenmäßig als nun bewährte Baustoffe und Bauweisen berücksichtigt werden. Für eine ganze Reihe von neuen Ansätzen schien die ausreichende Bewährung Ende der 80er Jahre als gegeben und dementsprechend ihre Einarbeitung in die DIN 1053 und dort im Teil 1 möglich. Bei der Gelegenheit konnte dann auch eine Angleichung des Teils 1 an im Teil 2 verankerte Regelungen erfolgen.

4.2 Die Neuentwicklungen im einzelnen

4.2.1 Verbesserung des Wärmeschutzes bei einschaligen Außenwänden

Eine Verbesserung des Wärmeschutzes einschaliger Außenwände kann durch folgende Maßnahmen erfolgen:

☐ Verringerung der Wärmeleitfähigkeit der Mauersteine;

☐ Verringerung der Wärmeleitfähigkeit des Mauermörtels;

☐ Verwendung von Dünnbettmörtel zur Verringerung des Mörtelfugenanteils, wenn der Mörtel eine gegenüber den verwendeten Mauersteinen wesentlich größere Wärmeleitfähigkeit besitzt;

☐ Verwendung wärmedämmender Putze;

☐ Verwendung von Dämmsystemen mit Außenputz (Thermohaut);

☐ Verwendung von Dämmsystemen mit hinterlüfteter Außenfassade.

Bevor zu den verschiedenen Möglichkeiten weitere Ausführungen gemacht werden, muß hier erwähnt werden, daß die beiden zuletzt genannten Dämmsysteme keiner Regelung in DIN 1053 bedurften und daher hier − wenn nur in DIN 1053 aufgenommene Entwicklungen behandelt werden sollen − nicht anzusprechen wären. Hierzu muß allerdings gesagt werden, daß die Beschränkung auf die DIN 1053 hier nur aus redaktionellen Gründen erfolgt und daß natürlich in diesem Beitrag die gesamten Innovationen im Auge behalten werden sollen. Und hierzu zählen die beiden angesprochenen Dämmsysteme. Dabei ist vor allem das mit Thermohaut bezeichnete System als bewährte Bauweise zu erwähnen, da es insbesondere im Neubaubereich gerade in Verbindung mit einer hier noch besonders hervorzuhebenden Entwicklung bei der Berechnung von Mauerwerk sinnvoll angewendet werden kann:

Gemeint ist, daß in DIN 1053 sowohl im Teil 2 als auch nun im Teil 1 der Ausgabe Februar 1990 die Mindestwanddickenbeschränkung für Außenwände (bisher 24 cm) entfallen ist. Die Wanddicke richtet sich nun nur nach den statischen Erfordernissen. Dies heißt, daß bei Verwendung von Mauersteinen relativ großer Druckfestigkeiten und gleichzeitig nicht besonders ausge-

prägter Wärmedämmeigenschaften (z. B. Kalksandsteine), deren hohe Tragfähigkeit voll ausgenutzt werden kann (Folge: relativ dünne und damit platzsparende Außenwände) und der Wärmeschutz praktisch voll von hochwärmedämmenden Dämmstoffen übernommen wird.

Als nächstes sei auf die Verbesserung des Wärmeschutzes durch Verringerung der Wärmeleitfähigkeit der Mauersteine eingegangen. Hier sind vor allem wesentliche Neuentwicklungen bei Mauerziegeln, Poren- und Leichtbetonsteinen, aber auch Kalksandsteinen, zu erwähnen. Hier ist es gelungen, durch Herabsetzung der Rohdichten des Steinmaterials und der Steine selbst (Optimierung der Lochgestaltung bei Lochsteinen, Einlage von Dämmstoffen in die Löcher = integrierte Wärmedämmung) die Wärmeleitfähigkeit wesentlich herabzusetzen. Dabei konnte noch ein i-Punkt auch durch entsprechende Einbeziehung des Einflusses des Mauermörtels auf die Wärmeleitfähigkeit von Mauerwerk aufgesetzt werden: Verringerung des ungünstigen Mörteleinflusses durch Herabsetzung des Mörtelanteils bei Plansteinen aus Material mit selbst guten wärmedämmenden Eigenschaften (z.B. Porenbetonsteine, Dünnbettmörtel) und Verringerung der Rohdichten des Mauermörtels und damit Angleichung an die geringen Rohdichten der Mauersteine bei Steinen, die weniger wirtschaftlich als Plansteine hergestellt werden können (z.B. Mauerziegel, Leichtmauermörtel). Der Einsatz von Dünnbettmörteln und Leichtmauermörteln führt dazu, daß im allgemeinen der Wärmeschutz des Mauerwerks um mindestens eine Wärmeleitfähigkeitsgruppe verbessert werden kann. Auf die Auswirkungen der Verwendung von Dünnbett- und Leichtmauermörtel auf die Tragfähigkeit von Mauerwerk und auch die Verwendung von Dünnbettmörtel aus einem anderen Grund als dem hier angesprochenen Wärmeschutz wird im Abschnitt 4.2.5 kurz hingewiesen werden.

4.2.2 Verbesserung des Wärmeschutzes bei zweischaligen Außenwänden

Hier ist vor allem an zweischalige Außenwände mit Luftschicht und Wärmedämmung sowie an zweischalige Außenwände mit Kerndämmung zu denken. Dabei ist der wesentliche Unterschied zwischen beiden Wandaufbauten, daß bei der erstgenannten Bauweise zwischen äußerer und innerer Schale noch eine Luftschicht verbleibt, wäh-

rend im Falle der Kerndämmung der Abstand zwischen den beiden Schalen voll mit Wärmedämmstoffen ausgefüllt werden kann. Da der zulässige Schalenabstand von 12 cm auf 15 cm heraufgesetzt wurde, steht also bei der Kerndämmung ein Schalenabstand von bis zu 15 cm voll zum Verfüllen mit Wärmedämmstoffen zur Verfügung. Dies bewirkt natürlich einen optimalen Wärmeschutz. Voraussetzung für diesen Wandaufbau ist u. a., daß wasserabweisende Wärmedämmstoffe verwendet werden, da ja die generelle Vorstellung über die Wirkungsweise von zweischaligem Mauerwerk bei Regenbeanspruchung die ist, daß durch die äußere Schale Wasser eindringen kann und dieses nicht zu einer Durchfeuchtung und damit Vergrößerung der Wärmeleitfähigkeit der Wärmedämmstoffe führen darf.

Auch die Mauerwerksbauweise mit Kerndämmung gehörte zu den nicht bewährten Bauweisen. Sie war daher bis zu ihrer Aufnahme in die DIN1053, Ausgabe Februar 1990, zulassungsbedürftig. Grundlage für die erteilten bauaufsichtlichen Zulassungen waren Erkenntnisse aus umfangreichen Forschungsvorhaben, bei denen Grundsatzfragen und vor allem auch die Bewährung der Bauweise in der Praxis im Vordergrund standen. Alle Untersuchungen führten eindeutig zu dem Ergebnis, daß die Kerndämmbauweise als eine den Wärmeschutz hervorragend gewährleistende Bauweise anzusehen ist und daher ohne Wenn und Aber als bewährte Bauweise mit in die DIN 1053, Ausgabe Februar 1990, aufzunehmen war. Dies sei hier besonders hervorgehoben, da z. T. gegen diese Bauweise in wenig fundierter Weise polemisiert worden ist.

4.2.3 Mauerwerk mit offenen Stoßfugen

Der Autor dieses Beitrages ist gelernter Maurer. Als Grundvoraussetzung wurde ihm während seiner Lehrzeit beigebracht, daß Mauerwerk „vollfugig", also bei voller Vermörtelung der Lager- und Stoßfugen herzustellen sei. Nun liest man in der Neuausgabe der DIN 1053, daß ohne wesentliche Verungünstigungen Mauerwerk auch ohne Vermörtelung der Stoßfugen hergestellt werden kann. Gelernten Maurern, wie dem Verfasser, aber noch mehr seinen Lehrmeistern, muß diese Änderung geradezu ein Schlag ins Gesicht sein. Es bedarf daher mit Sicherheit einer Erklärung für diesen „Sinneswandel". Als Ausgangspunkt der Erklärung muß die Frage der

253

Aufgabe von Mauermörtel gestellt werden. Dabei ist eine Erklärung für die Notwendigkeit des Lagerfugenmörtels schnell gegeben: Ungenauigkeiten bei den Mauersteinhöhen müssen ausgeglichen werden, um die Mauersteine sicher aufschichten zu können und um bei Druckbeanspruchung Spannungsspitzen zu vermeiden. Darüber hinaus soll der Mörtel den Verbund zwischen den einzelnen Steinen sicherstellen. Weiterhin beeinflußt die Festigkeit des Mörtels auch die Tragfähigkeit des Mauerwerks. Der Mörtel in den Stoßfugen dient ebenfalls der Herstellung des Verbundes und gleicht ebenfalls Maßungenauigkeiten bei den Längen der Mauersteine aus. Die Vermauerung der Steine ohne Stoßfugenvermörtelung beeinflußt aber kaum die Druckfestigkeit des Mauerwerks und hat auch für die Schubtragfähigkeit nicht die Bedeutung, wie man sie vielleicht auf den ersten Blick annehmen möchte. Insbesondere geht die Schubbruchtheorie, die der Bemessung von Mauerwerk heute zugrunde gelegt wird, davon aus, daß die Stoßfugen nicht vermörtelt sind und demgemäß in der Praxis auch nicht vermörtelt zu werden brauchen. Die Annahme bei der Schubbruchtheorie, daß die Stoßfugen als unvermörtelt angesehen werden, beruht auf der Kenntnis, daß die Stoßfugen – auch früher schon – nicht zuverlässig genug voll vermörtelt werden.

Tatsächlich erhöht die vermörtelte Stoßfuge die Schubtragfähigkeit natürlich, doch aber nicht in dem Maße, daß bei Nichtverfüllen der Stoßfuge die Schubtragfähigkeit so stark abfallen würde, daß damit das Mauerwerk nicht mehr sinnvoll ausgeführt werden könnte. Die rechnerische Schubtragfähigkeit ist demgemäß auch in DIN 1053 bei Nichtvermörtelung der Stoßfugen nicht gravierend herabgesetzt.

Der Bestrebung, auf das Verfüllen der Stoßfugen zu verzichten, liegen wirtschaftliche Gesichtspunkte zugrunde. Und dies führt dann auch folgerichtig zu der Frage, ob denn nicht auch auf die Vermörtelung der Lagerfugen verzichtet werden könnte, d.h., ob das Mauerwerk nicht als „Trockenmauerwerk" ausgeführt werden könnte. Diese Frage ist grundsätzlich zu bejahen, und Trockenmauerwerk wird ja auch teilweise – wenn auch nicht nach in DIN 1053 festgelegten Regeln – ausgeführt. Hierauf soll nicht näher eingegangen werden. Es muß hier nur noch ergänzt werden, welche Überlegungen es möglich machen, nun bei diesem Mauerwerk auch

noch auf den Lagerfugenmörtel zu verzichten. Die Überlegungen sind, daß eine wesentliche Aufgabe des Lagerfugenmörtels ist, Ungenauigkeiten bei den Steinhöhen auszugleichen. Werden diese Ungenauigkeiten zu Null, dann kann auch der Lagerfugenmörtel wenigsten aus diesem Grunde entfallen. Die Verbundeigenschaften und die vertikale Tragfähigkeit werden zwar ungünstiger, aber sie sind immer noch groß genug, um etwa bis zu zweigeschossige Wohnhäuser zu bauen. Tatsächlich gelingt es auch industriell, ausreichend genaue Plansteine zur Verwendung im Trockenmauerwerk herzustellen. Im kleineren Maßstab darf hier in etwa auf die „Lego"- Spielsteine hingewiesen werden, mit denen wohl fast jeder in seiner Kindheit „stabile Mauern" hergestellt hat. Tatsächlich lag auch bei der Entwicklung des ersten Trockenmauerwerksystems aus Kalksandsteinen das Lego-System mit der Ausbildung von Noppen und Vertiefungen zugrunde.

4.2.4 Verbesserung der Mörtelqualität durch geeignetere Nachweise

In den letzten 25 Jahren hat sich mehr und mehr die Verwendung von Werkmörteln, vor allem als Werk-Trockenmörtel und Werk-Frischmörtel, durchgesetzt. Die wesentlichen Gründe hierzu sind seine baustellenmäßig leichte Handhabung, seine gute Verarbeitbarkeit und seine werkmäßige Herstellung mit der Folge einer gleichmäßigen Qualität. Es sind allerdings auch gewisse Schwierigkeiten aufgetreten, die Anlaß waren, über das Verbundsystem Stein / Mörtel eingehender nachzudenken. Die Anlässe waren: Diskrepanz zwischen der im Mauerwerk sich entwickelnden Mörteldruckfestigkeit und der bei der Prüfung an in Stahlformen hergestellten Prismen ermittelten Druckfestigkeit sowie mangelnde Haftfestigkeit zwischen Mauersteinen und Mauermörtel. Die angesprochene Diskrepanz der Mörteldruckfestigkeiten war zwar schon lange bekannt, sie schien jedoch immer größer zu werden und im Hinblick auf Sicherheitsfragen nicht mehr hinnehmbar. Dazu sei erläutert, daß die in den Mauerwerksfugen sich einstellende geringere Mörtelfestigkeit konform geht mit einem entsprechenden Abfall der Mauerwerksdruckfestigkeit, so daß anstelle der vorgegebenen Sicherheit von 3 diese z. T. auf 2 herabfällt. Es sei hier nicht der Frage nachgegangen, worauf die genannten Unzulänglichkeiten zurückzuführen sind. Wichtiger erscheint es hervorzuheben, wie in der DIN 1053

Abhilfe geschaffen worden ist. Es sind zwei Maßnahmen: Bei Mörteleignungsprüfungen sind mit festgelegten Prüfverfahren Nachweise zu führen, daß der Mörtel auch in der Fuge eine ausreichende Druckfestigkeit erreicht und daß bei Prüfung der Haftscherfestigkeit sich ein ausreichender Verbund zwischen Mauerstein und Mörtel einstellt. Der Nachweis ausreichender Haftscherfestigkeit wurde auch schon für Mauerwerk nach DIN 1053 Teil 2 gefordert. Beide Maßnahmen können als wesentliche Verbesserung zur zielsicheren Herstellung von Mauerwerk mit festgelegten Eigenschaften angesehen werden.

4.2.5 Berechnung und Bemessung von Mauerwerk

Auch bei der Bearbeitung zur Fassung Februar 1990 des Teils 1 der DIN 1053 galt der Grundsatz, diesen Teil so einfach wie möglich zu halten. Dies wurde dadurch erreicht, daß ein gegenüber dem Verfahren nach DIN 1053 Teil 2 vereinfachtes aber mit Teil 2 widerspruchsfreies Verfahren für die Berechnung und Bemessung von Mauerwerk entwickelt wurde. Es bleibt aber auch freigestellt, die Berechnung und Bemessung nach Teil 2 vorzunehmen. Das vereinfachte Verfahren, das naturgemäß nur innerhalb gewisser festgelegter Grenzen gelten kann, betrifft vor allem folgende Punkte:

☐ Ermittlung der Schnittgrößen infolge von Lasten;

☐ Wind;

☐ räumliche Steifigkeit;

☐ Zwängungen;

☐ Aussteifung und Knicklängen von Wänden;

☐ Spannungsnachweise bei Druck, Biegung und Schub.

Es ist hier nicht der Platz, auf die Fachfragen zu den Berechnungsänderungen einzugehen. Es sei hier nur angeführt, daß jeder der angesprochenen Punkte eingehender Überlegungen bedurfte, was aus der vorstehend gebrachten Aufzählung nicht hervorgeht. Als zwei Beispiele seien hier nur genannt: die Konzeption zum vereinfachten Verfahren überhaupt und seine Abgrenzung zum genaueren Verfahren nach Teil 2 sowie die Festlegung von Grundwerten der zulässigen Druckspannungen bei Verwendung von Dünnbettmörtel und Leichtmauermörtel. Am Rande sei hierzu auch erwähnt, daß die Arbeiten zur Festlegung der Berechnung und Bemessung von Mauerwerk natürlich auch von der wissenschaftlichen Seite her gesehen einen insgesamt tieferen Einblick in z. B. den Bruchmechanismus von Mauerwerk bei den verschiedenen Beanspruchungsarten gebracht haben. Dies trifft insbesondere für den Schub und den Druck zu, wobei bei dem letzteren vor allem die Verwendung von Leichtmauermörtel zu Erkenntnissen führte, die auch quantitativ zu berücksichtigen waren.

Im Zusammenhang mit den Festlegungen von Grundwerten der zulässigen Druckspannungen von Mauerwerk bei Verwendung von Dünnbettmörtel soll hier noch auf ein Einsatzgebiet hingewiesen werden, das bisher nicht erwähnt wurde und auf das aber wegen seiner Bedeutung hier hinzuweisen ist.

Es ist der Einsatz von Dünnbettmörtel bei Verwendung größerer und damit schwererer Elemente, bei denen bei sonst üblicher Lagerfugendicke von 12 mm der Mörtel herausgedrückt und die angestrebte Fugendicke nicht erreicht wurde. Da die Anforderung an die Haftscherfestigkeit bei Dünnbettmörteln größer als bei Normalmörteln ist, wird damit gleichzeitig der Verbund noch sicherer.

Zusammenfassend sei für alle Neuentwicklungen bei der Berechnung und Bemessung von Mauerwerk gesagt, daß sie maßgeblich dazu beitragen, Mauerwerk unter ingenieurmäßigen Gesichtspunkten so zu betrachten, daß es mit Vorteil in nahezu allen Bereichen eingesetzt werden kann.

5. Entwicklungen im europäischen und internationalen Bereich

Es ist heute nicht denkbar, wenn man über Entwicklungen in den verschiedensten Bereichen spricht, nicht über die nationalen Grenzen hinauszusehen. Dabei geht es nicht nur darum zu erfahren, wie z. B. der Mauerwerksbau in dem einen oder anderen Land gehandhabt wird, und daraus u. U. zu lernen, sondern auch die eigenen Gedanken und Entwicklungen dort einzubringen. Dies ist auch deswegen so wichtig, weil zur Zeit − denkt man z. B. an die Auswirkungen des europäischen Binnenmarktes − gemeinsame Vorstellungen entwickelt werden, wie in Zukunft auch im Bereich des Mauerwerksbaues für alle geltende „Spielregeln" aussehen sollen und angewendet werden können. Oder man kann es auch so sehen: Der gesamte − bleiben wir wieder beim europäischen Binnenmarkt − auf einem Gebiet in Europa vorhandene Sachverstand wird zusammengetragen

werden, offene Fragen gemeinsam und damit kostengünstiger behandelt und gelöst und in ganz Europa geltende Vorschriften erarbeitet werden. Dabei muß mit Sicherheit ein Land wie Deutschland, in dem der Mauerwerksbau besonders weit entwickelt ist, sein Wissen mit einbringen; sei es, daß es dieses nur weitergibt, oder sei es auch, daß es dafür sorgt, daß bislang erarbeitete Kenntnisse und angewandte Techniken auch in Zukunft angewendet werden können. Als Beispiel hierzu sei nur die in Abschnitt 4.2.3 angesprochene Nichtvermörtelung von Stoßfugen angeführt, die durchaus noch nicht in allen Ländern zum Stand der Technik gehört. Es wäre als ein Rückschlag anzusehen, wenn etwa in zukünftigen gemeinsamen europäischen oder auch internationalen Vorschriften diese Art der Herstellung des Mauerwerks nicht mehr möglich wäre. Etwas Ähnliches gilt für die Verwendung von Leichtmauermörtel und Dünnbettmörtel.

Der deutsche Mauerwerksbau arbeitet aus den vorstehend genannten Gründen seit 1981 verstärkt auch an der Erarbeitung internationaler Vorschriften für den Mauerwerksbau mit. Das Deutsche Institut für Normung (DIN) hat hierzu insbesondere die Weichen durch Übernahme des Sekretariats bei ISO (International Standard Organisation) zur Erarbeitung einer internationalen Vorschrift für den Mauerwerksbau gestellt. Die Arbeiten sind dort so weit gediehen, daß eine Reihe von schon weitgehend international abgestimmten Entwürfen vorliegt. Auf diese soll hier nicht weiter eingegangen werden. Es sei jedoch hervorgehoben, daß diese Entwürfe, in die deutsche Vorstellungen gut eingebracht werden konnten, u.a. Grundlage zur Erarbeitung europäischer Mauerwerksnormen waren und noch sind. Letztere werden z. Z. bei CEN (Comité Européen de Normalisation) behandelt. Dort ist der Bearbeitungsstand wie folgt:

1. Wie in deutschen Vorschriften üblich, erfolgt eine Trennung zwischen Baustoff-, Prüf- und Anwendungsnormen.

2. Die Baustoff- und Prüfnormen werden im TC 125, und die Anwendungsnorm wird im TC 250 erarbeitet. Zum TC 250 sei erläutert, daß dieses Technische Komitee für alle „Structural Eurocodes" (also auch die Stahlbeton-, Stahlbau-, Holzbauweisen etc.) zuständig ist und die Arbeiten für den Mauerwerksbau in einem Subkomitee (SC 6) erfolgen.

3. Vom TC 125 sind bisher mehr als 60

Normenentwürfe vorgelegt worden. Sie befassen sich mit Festlegungen für die verschiedenen Mauersteinarten, Mörtelarten (Mauer- und Putzmörtel), Hilfsbaustoffe (Anker, Stürze etc.) und den Prüfverfahren für diese Stoffe. Sie liegen z. Z. überwiegend, um im deutschen Sprachgebrauch zu bleiben, als „Gelbdruck" vor, und die Mitgliedsländer sind aufgefordert, zu diesen Entwürfen Stellung zu nehmen.

4. Im TC 250/ SC 6 wird die „europäische DIN 1053" bearbeitet. Grundlage ist ein erster von der Kommission der europäischen Gemeinschaft im Jahre 1988 vorgelegter und unter dem Namen EC 6 besser bekannter Entwurf. Zu diesem haben die Mitgliedsländer inzwischen ihre Stellungnahmen abgegeben. Die Stellungnahmen werden z. Z. überprüft und ggf. eingearbeitet. Nach den derzeitigen Zeitvorstellungen soll der „Gelbdruck zur europäischen DIN 1053" im Laufe des Jahres 1994 vorliegen.

An den bisherigen Ergebnissen der europäischen Normung und insbesondere den vom TC 125 vorgelegten Entwürfen wird derzeit vielerorts reichlich und überwiegend auch berechtigte Kritik geübt. Sie richtet sich deutscherseits vor allem gegen die „Verwässerung" im Vergleich zu den Regelungen in den DIN-Vorschriften. Dem soll hier nicht widersprochen werden. Bei der Kritik muß aber berücksichtigt werden, daß die Entwürfe nur mühsam erarbeitete Kompromisse sein können, in denen sich die einzelnen Länder nicht in allen Punkten wiederfinden. Schließlich muß auch beachtet werden, daß es der erste Versuch ist, gemeinsame Vorschriften aufzustellen, und auch die deutschen Vorschriften einer langen Entwicklung bedurften, um zu dem heutigen Stand zu kommen. Dabei kann man sich durchaus fragen, ob es unserem Drang nach Perfektionismus nicht guttäte, nicht nur etwas abgebremst zu werden, und es unserem Normenwerk auch ohnehin nicht gut bekäme, „abgespeckt" zu werden.

Es ist vielfach üblich, die Bürokratie im allgemeinen und die Brüsseler Bürokraten im besonderen für (und wenn auch nur vermeintliche) Fehlentwicklungen verantwortlich zu machen. Und da das TC 125 allein für die Baustoff- und Prüfseite im Mauerwerksbau − wie oben angegeben − mehr als 60 Entwürfe vorgelegt hat, liegt es auch hier nahe, die Brüsseler Bürokraten aufs Korn zu nehmen. Damit diese Einwände nicht zu leichtfertig erhoben werden, sei hier nur die Feststellung gebracht, daß im TC 125 etwa 90% der Mitarbeiter Vertreter der beteiligten Industrien sind.

6. Zusammenfassung

Der Mauerwerksbau konnte in den letzten 25 Jahren im Wettbewerb mit anderen Bauweisen sich nicht nur behaupten, sondern zu einer neuen Blütezeit kommen. Er konnte in vielfältiger Weise insbesondere auf neue Herausforderungen, wie z. B. das bewußtere Umgehen mit der Energie oder den stärker werdenden Wettbewerb mit anderen Bauweisen, reagieren. Er hat hierzu in allen Bereichen − Verbesserung der Baustoffe, Wandbauarten und Berechnungen − entsprechende Entwicklungen vorgenommen und zur Baureife gebracht, so daß sie auch als bewährt inzwischen genormt werden konnten.

Die Normung wurde so gestaltet, daß der gesamte Mauerwerksbau in einer Norm − der DIN 1053 − erfaßt und diese Norm in vier Teile so aufgegliedert wurde, daß mit diesen Teilen die jeweiligen Aufgaben leicht handhabbar bearbeitet werden können. Die einzelnen Teile der Norm können wie folgt kurz charakterisiert werden:

Teil 1: „Rezeptmauerwerk" als Grundnorm, mit der der überwiegende Teil der Aufgaben im Mauerwerksbau erfaßt ist;

Teil 2: Mauerwerk nach Eignungsprüfung, für in statischer Hinsicht eingehendere Untersuchungen von Mauerwerksbauten und der Möglichkeit, aufgrund von Eignungsprüfungen eine bessere Ausnutzung der Baustoffe vorzunehmen;

Teil 3: „Bewehrtes Mauerwerk" als besonderen Teil, um bei gleichzeitiger Entlastung der Teile 1 und 2 das bewehrte Mauerwerk eingehender darstellen zu können;

Teil 4: „Bauten aus Ziegelbauteilen", als besonderer Teil mit gleicher Zielsetzung wie der des Teiles 3.

Die politischen und wirtschaftlichen Entwicklungen in der Welt und speziell in Europa mit dem Ziel des Zusammenwachsens bedeuten für den Mauerwerksbau, daß auch er über die nationalen Grenzen hinaussehen muß. Es finden daher z. Z. im Bereich des Mauerwerks auf internationaler (bei ISO) und europäischer (bei CEN) Ebene entsprechende Normungsarbeiten − auch unter starker deutscher Beteiligung − statt. Erarbeitet werden Normen für die Baustoffe (Mauersteine, Mauermörtel, Hilfsbaustoffe) sowie für die Berechnung und Ausführung von Mauerwerk. Entsprechende Normenentwürfe liegen teilweise schon als „Gelbdruck" vor.

Literaturverzeichnis

[2/1]   Merkblatt Vorwandinstallation; Zentralverband Sanitär Heizung Klima; St. Augustin (1993)

[3/1]   Reeh, H. et. al.: Kalksandstein-Statik und Bemessung DIN 1053 Teil 2. Beton-Verlag Düsseldorf (1986)

[3/2]   Oswald, R.: Querschnittsabdichtungen bei erdberührten Bauteilen. DAB 11/1988 (S. 1607ff.)

[3/3]   Anstötz, W.; Kirtschig, K.: Harmonisierung europäischer Baubestimmungen – Eurocode 6 – Mauerwerksbau. Ermittlung der Reibungsbeiwerte von Feuchtesperrschichten. Technische Universität Hannover (7/90)

[3/4]   Schwamborn, B.; Schubert, H.: Abdichtungen von Kellermauerwerk mit Bitumen-Dickbeschichtungen. Berlin: Ernst & Sohn – In: Mauerwerk-Kalender 18 (1993), S. 611–618

[4/1]   Außenwandfugen für Mauerwerksbauten. Merkblatt der Deutschen Gesellschaft für Mauerwerksbau (DGfM). Berlin: Ernst & Sohn – In: Mauerwerk-Kalender 18 (1993), S. 534–538

[5/1]   Nichttragende innere Trennwände aus künstlichen Steinen und Wandbauplatten. Merkblatt der Deutschen Gesellschaft für Mauerwerksbau (DGfM), Bonn

[12/1]   Kirtschig, K.: Gutachtliche Stellungnahme zu Verbandsvorschriften bei Verbandsmauerwerk in DIN 1053 Teil 1, Hannover 11/90

[14/1]   Schubert, P.: Eigenschaftskennwerte von Mauerwerk, Mauersteinen und Mauermörtel. Berlin: Ernst & Sohn – In: Mauerwerk-Kalender 18 (1993), S. 141–151

[14/2]   Schubert, P.: Formänderungen von Mauersteinen, Mauermörtel und Mauerwerk. Berlin: Ernst & Sohn – In: Mauerwerk-Kalender 17 (1992), S. 623–637

[14/3]   Schubert, P.; Wesche, K.: Verformung und Rißsicherheit von Mauerwerk, Berlin: Ernst & Sohn – In: Mauerwerk-Kalender 12 (1993), S. 121–130

[14/4]   König, G.; Fischer, A.: Vermeiden von Schäden im Mauerwerk- und Stahlbetonbau. Darmstadt: Bundesminister für Raumordnung, Bauwesen und Städtebau (1991) – Abschlußbericht

[14/5]   Schneider, K. H.; Wiegand. E.: Untersuchungen zur Rissefreiheit bei stumpfgestoßenem Mischmauerwerk mit Kalksandsteinen. Berlin: Springer-Verlag. – In: Bauingenieur 61 (1986) S. 3541

[14/6]   Mann, W.; Zahn, J.: Murfor®: Bewehrtes Mauerwerk zur Lastabtragung und zur konstruktiven Rissesicherung – Ein Leitfaden für die Praxis –. 1992. N. V. BEKAERT S.A., Zwevegem Belgien.

[14/7]   Schubert, P.: Zur rißfreien Wandlänge von nichttragenden Mauerwerkwänden. Berlin: Ernst & Sohn – In: Mauerwerk-Kalender 13 (1988). S. 473–488

[14/8]   Kasten, D.; Schubert, P.: Verblendschalen aus Kalksandsteinen – Beanspruchung, rißfreie Wandlänge, Hinweise zur Ausführung. In: Bautechnik 6 (1985), Nr. 3, S. 86–94 und Kasten, D.; Schubert, P.: Zur rißfreien Wandlänge von Mauerwerk aus Kalksandplansteinen und Planelementen. In: Bautechnik 64 (1987), Nr. 7, S. 220–223

[14/9]   Pfefferkorn, W.: Dachdecken und Mauerwerk. Köln: Rudolf Müller, 1980

[14/10] Glitza, H.: Brüstungsmauerwerk ohne Risse. In: beton 34, Nr. 11, S. 459–460

[15/1]   Reeh, H. et. al.: Kalksandstein – DIN 1053 Teil 1 – Rezeptmauerwerk – Berechnung und Ausführung. Beton-Verlag Düsseldorf (1990)

[16/1]   Hums, D.: Bio-Bau allein genügt nicht! Baumarkt 1/88

[16/2]   Rose, W. D.: Handbuch zur kritischen Auswahl der Materialien für gesundes Bauen und Einrichten. Erweiterte u. vollständig überarbeitete Neuausgabe, Eichhorn Verlag 1986

[16/3]   Schneider, A.: Ökologische Baustoffe. Baukultur 5/91

[16/4]   Göbel, K.: Wagner, S.: Bauen mit biologisch verträglichen Produkten. Bundesbaublatt 3/1988

[16/5]   Beckert; Mechel; Lamprecht: Gesundes Wohnen. Beton-Verlag 1986

[16/6]   Wettig: Bauherren-Befragungen 1991. Compagnon Marktforschungsinstitut, Stuttgart

[16/7]   RWE-Handbuch: Technischer Ausbau. 10. Ausgabe (1990), Energie-Verlag GmbH, Heidelberg

[16/8]   Frank, W.: Raumklima und thermische Behaglichkeit. Berichte aus der Bauforschung, Heft 104, Ernst & Sohn, Berlin 1975

[16/9]   IBK – Bau-Fachtagung 1991, Göttingen: Modernes Bauen und Wohnen.

[16/10] Ehrsam, R.: Fachtagungen 1992: Neues Bauen in Kalksandstein. Informationsstelle der Schweizerischen KS-Fabrikanten, Hinwill

[19/1]   Forschungsbericht über den Einfluß der Vermauerungsart und der Knotenpunktsausbildung auf die Längs-Schalldämmung von Kalksandsteinwänden, 1988

[19/2]   Cordes, R. et al.: KALKSANDSTEIN – Schallschutznachweis für ein Mehrfamilienhaus. Kalksandstein-Information, 1. Auflage (1992)

[19/3]   Cordes, R. et al.: KALKSANDSTEIN – Schallschutz DIN 4109. Kalksandstein-Information, 4. Auflage (1992)

[20/1]   Schubert, P.: Zur rißfreien Wandlänge von nichttragenden Mauerwerkwänden. Berlin: Ernst & Sohn – In: Mauerwerk-Kalender 13 (1988). S. 473–488

Sonstige Literatur

Schmitz; Gerlach; Naumann; Stüdgens: Neue Wege im Geschoßwohnungsbau. Köln: Verlagsgesellschaft R. Müller, 1992.

KS Erdbebensicher Bauen – Planungshilfe für Bauherren, Architekten und Ingenieure. Innenministerium Baden-Württemberg. 2. Auflage (12/1988)

Wessig, J.: KS-Maurerfibel. 5. Auflage 1992

Landau, K.: Prepens, M.: Rationalisierung und Humanisierung beim Vermauern großformatiger Kalksandsteine. Baugewerbe 1/88

Eden, W.; Martin, P.; Paul, T.: Mauerwerk aus Kalksand-Planelementen, Bautechnik 70 (1992), Heft 6

Morgenweck, G.: Schlankheitskur für den Wohnungsbau. Baugewerbe 5/93

Mauerwerk-Kalender 1994 (13), Ernst & Sohn, Berlin (1994)

Merkblatt – Handhaben von Mauersteinen. Bau Berufsgenossenschaft, Frankfurt/M. (4/1991)

Gesellschaft für Rationelle Energieverwendung e. V., Berlin: Aufgaben und Möglichkeiten einer novellierten Wärmeschutzverordnung. DBZ 40 (1992), H. 5, S. 727-738

Lutz, P.: Entwurf und Ausführung von Mauerwerk unter schalltechnischen Gesichtspunkten. Tagungsunterlagen der Deutschen Gesellschaft für Mauerwerksbau e. V. (DGfM) zum Deutschen Mauerwerkstag 1993, Aschaffenburg.

Gertis, K.; Erhorn, H.: CO_2-bedingte Klimaprobleme – ein neues Motiv für Energieeinsparung. IBP-MItteilung 189 (1989)

Fotonachweis

Kapitel 1
Bild 1/1 – U. Schwarz, Berlin

Kapitel 2
Bild 2/12 – Hilti

Kapitel 3
Bild 3/6 und Bild 3/8 – Deitermann

Kapitel 4
Bildfolge: Bild 1 und 2,
Bild 6, 7, 8 und 9 – Sto AG
Bildfolge: Bild 5, 6 und 7 – Capatect
Bild 4/6 bis 4/9 – Sto AG
Bild 4/19 – Algo Stat

Kapitel 5
Bild 5/2 – K. v. Gramatzki, Braunschweig
Bild 5/4 – D. Altenkirch, Karlsruhe

Kapitel 12
Bild 12/13a – Steinweg
Bild 12/13b – Schoch
Bild 12/13c – Weber

Kapitel 18
Bild 18/10, 18/11, 18/12 – Bayerische Versicherungskammer, München